Physik
für jedermann

Gert Braune

© 2010 Compact Verlag GmbH München
Alle Rechte vorbehalten. Nachdruck, auch auszugsweise,
nur mit ausdrücklicher Genehmigung des Verlages gestattet.
Redaktion: Anke Fischer
Fachredaktion: Rainer Wonisch
Produktion: Wolfram Friedrich
Abbildungen: Compact Verlag GmbH, München; fotolia.de; dpa Picture-Alliance, Frankfurt; Gruppo Editoriale Fabbri, Mailand; Lidman Production, Stockholm; (siehe auch Bildnachweis auf S. 384)
Titelabbildungen: Compact Verlag GmbH, München (1); fotolia.de (2); Lidman Production, Stockholm (2); Gruppo Editoriale Fabbri, Mailand (1); pixelio.de (1)
Gestaltung: textum GmbH, München
Umschlaggestaltung: Karl Kovacs

ISBN 978-3-8174-7829-3
7178291

Besuchen Sie uns im Internet: www.compactverlag.de

Vorwort

Herzlich willkommen – es beginnt hier unsere Entdeckungsreise durch die Welt der Physik! Wir werden sehr große Dinge wie Sterne und Galaxien erkunden, aber auch sehr kleine wie Atomkerne und Quarks. Den Ausgangspunkt unserer Reise bilden jedoch Beobachtungen und Untersuchungen unserer ganz normalen alltäglichen Umgebung. Anders geht es auch gar nicht: Unser Gehirn wurde von der Evolution nicht entworfen, um die sehr großen und sehr kleinen Dinge erfassen zu können, sondern uns sollte ermöglicht werden, auf dem Planeten Erde zu überleben. Alles, was wir denken können, alle unsere Vorstellungen und Begriffe entstammen daher der Auseinandersetzung mit unserer unmittelbaren Umgebung. Insbesondere sind wir „Gefangen in Raum und Zeit" – so der Titel eines Buches von Heinz Haber (1913–90).

Wir werden uns also zunächst in alltäglichen Dimensionen bewegen und die Bereiche der sogenannten *klassischen Physik* kennenlernen: die *Mechanik*, die *Akustik*, die *Elektrizitätslehre*, die *Wärmelehre* und die *Optik*. Doch schon bei der Beschäftigung mit der Elektrizität und mit der Wärme sind erste kleine Abstecher in die Welt des Mikrokosmos vorgesehen. In den Kapiteln über die *Quanten- und Atomphysik* und über die *Physik der Atomkerne und Elementarteilchen* wenden wir uns dann verstärkt den kleinen Dingen zu und ergründen frei nach Goethes *Faust*, „was die Welt im Innersten zusammenhält". Um die sehr großen Dinge geht es dagegen in der *Relativitätstheorie* und der *Astrophysik*, nämlich um das Weltall und um Phänomene, die die Begriffe *Zeit* und *Raum* in einem neuen Licht erscheinen lassen. Ganz von allein tun sich dabei die fundamentalen Fragen auf, die wir Menschen uns seit jeher stellen: Woher kommen wir, und wohin gehen wir? Wie ist „alles" entstanden, und wie geht es weiter? Unter anderem werden wir sehen, dass man die großen Dinge nur verstehen kann, wenn man die kleinen Dinge durchdrungen hat.

Doch zunächst blenden wir jetzt wieder in unsere normale Welt zurück. Es geht los: Unsere Reise beginnt!

Inhalt

I. Mechanik — 7
Zeit und Länge — 7
Gleichförmige geradlinige Bewegungen — 10
Beschleunigte geradlinige Bewegungen — 12
Wurfbewegungen — 19
Gleichförmige Kreisbewegungen — 25
Trägheit — 30
Masse und Kraft — 34
Wechselwirkung zwischen Körpern — 42
Arbeit, Leistung, Energie — 48
Impuls — 58
Drehimpuls — 61
Dichte — 65
Druck — 67
Strömende Flüssigkeiten und Gase — 82
Gravitation — 88
Reibung — 95

II. Mechanische Schwingungen und Wellen — 99
Schwingungsvorgänge — 99
Harmonische Schwingungen — 103
Erzwungene Schwingungen — 110
Wellenvorgänge — 113
Interferenz — 118
Stehende Wellen — 122
Chaotische Vorgänge — 125

III. Akustik — 131
Erzeugung und Ausbreitung des Schalls — 131
Töne und Klänge — 134
Lautstärke und Lärm — 141

IV. Elektrizität — 146

Ladung	146
Elektrische Felder	150
Spannung und Stromstärke	154
Widerstand und das Ohm'sche Gesetz	160
Elektrische Netzwerke	164
Kondensatoren	168
Freie Elektronen	170
Magnetische Felder	173
Lorentzkraft	176
Massenspektrometrie und Teilchenbeschleuniger	181
Magnetfelder von Strömen	185
Elektromagnetische Induktion	187
Halbleiter	192
Fotovoltaik	197

V. Elektrische Schwingungen und Wellen — 201

Wechselstrom	201
Der Transformator	207
Das öffentliche Stromnetz	210
Elektrische Schwingungen	213
Elektromagnetische Wellen	217

VI. Wärme — 222

Temperaturmessung	222
Atomistischer Aufbau der Materie	224
Der erste Hauptsatz der Wärmelehre	231
Der zweite Hauptsatz und die Entropie	234
Periodisch arbeitende Maschinen	241
Wärmetransport	243
Strahlungsgesetze	246

VII. Optik — 250

Lichtgeschwindigkeit	250
Geometrische Optik	253

Optische Geräte ... 257
Beugung und Interferenz ... 262
Farbe ... 267

VIII. Relativitätstheorie ... 272
Das Michelson-Experiment ... 272
Spezielle Relativitätstheorie ... 275
Allgemeine Relativitätstheorie ... 283

IX. Quanten- und Atomphysik ... 287
Quanten ... 287
Teilcheneigenschaften von Photonen ... 292
Welleneigenschaften von Elektronen ... 294
Heisenberg'sche Unschärferelation ... 298
Quantenhafte Emission und Absorption ... 302
Historische Atommodelle ... 308
Das quantenmechanische Atommodell ... 312
Anwendungen der Quantenphysik ... 317

X. Kern- und Elementarteilchenphysik ... 323
Radioaktivität ... 323
Aufbau des Atomkerns ... 328
Kernspaltung ... 333
Kernfusion ... 339
Elementarteilchen ... 342
Das Standardmodell ... 346

XI. Astrophysik ... 350
Größen und Entfernungen im Weltraum ... 350
Sterne ... 356
Sternsysteme ... 362
Entwicklung des Universums ... 367

Register ... 374

I. Mechanik

Unsere Reise durch die Physik beginnt dort, wo sie auch historisch ihren Anfang nahm: mit der Untersuchung von *Bewegungen*. Wenn man sich bewegt, ändert man seinen Ort, während Zeit vergeht. Um Bewegungen analysieren zu können, muss man deshalb *Zeiten* und Wegstrecken, also *Längen*, messen können. Dies ist unser erstes Ziel.

Zeit und Länge

Zeit

Augustinus

Albert Einstein

Was ist Zeit? Über diese Frage haben sich schon viele berühmte und weniger berühmte Menschen den Kopf zerbrochen, aber bis heute ist niemandem eine befriedigende Antwort gelungen. Der „Kirchenvater" Augustinus (354–430) drückte es so aus: „Was ist Zeit? Wenn niemand mich danach fragt, weiß ich es; wenn ich es einem Fragenden erklären will, weiß ich es nicht." Die Physik versucht gar nicht erst, das Wesen der Zeit zu ergründen, sondern sie beschränkt sich auf das aus ihrer Sicht Machbare: „Zeit ist, was eine Uhr misst." So formulierte es Albert Einstein (1879–1955). Das klingt banal, aber gerade die konsequente Anwendung dieser Sichtweise führte Anfang des 20. Jahrhunderts zu Entdeckungen, die unsere hergebrachten Vorstellungen von der Zeit über den Haufen warfen und sie in einem neuen Licht erscheinen ließen. Dazu später mehr! (→ im Kapitel „Relativitätstheorie" ab S. 272)

Mechanik 8

Erde und Sonne

Wir benötigen also eine – natürliche oder künstliche – Uhr. Da wir auf einem rotierenden Planeten und somit sozusagen auf einer natürlichen Uhr wohnen, liegt es nahe, zur Definition der Zeiteinheit die Drehbewegung der Erde heranzuziehen, und so hat man es auch zunächst gemacht: Von einem mittäglichen Sonnenhöchststand bis zum nächsten vergeht ein Tag. Dieser wird nun in 24 *Stunden* zu je 60 *Minuten* und je 60 *Sekunden* aufgeteilt, sodass also eine Sekunde der 86.400ste Teil eines Tages ist. Die für uns merkwürdigen Unterteilungen in 24 und 60 Teile gehen auf das Sexagesimalsystem der Babylonier (um 2000 v. Chr.) zurück. Doch diese Festlegung hat – abgesehen von der Schwierigkeit, einen Sonnenhöchststand ganz genau zu messen, und der Tatsache, dass die Tageslänge auch von der Bewegung der Erde um die Sonne und damit von der Jahreszeit abhängt – weitere gravierende Nachteile. Zum einen dreht sich unsere Erde nicht ganz gleichmäßig, sondern sie „rumpelt" gewissermaßen. Zum anderen wird ihre Rotation durch die von den Gezeiten herrührenden Reibungskräfte gebremst, sodass der Tag im Laufe der Zeit ganz allmählich etwas länger wird. Dieser Effekt ist für uns nicht unmittelbar besorgniserregend – man kann nämlich ausrechnen, dass der Tag ungefähr alle 60.000 Jahre eine Sekunde länger dauern wird. Trotzdem taugt eine Uhr, bei der eine Sekunde nicht eine Sekunde bleibt, nicht viel!

Seit 1967 ist die Zeiteinheit „Sekunde" mithilfe einer sehr genauen künstlichen Uhr festgelegt, und zwar nutzt man die Strahlung von Cäsium aus. Wie das genau funktioniert, können wir erst im Kapitel „Quanten- und Atomphysik" (→ S. 287 ff.) klären, hier vorweg nur so viel: Cäsiumatome senden elektromagnetische Strahlung aus, deren Frequenz (Anzahl der Schwingungen pro Zeit) und damit auch deren Periodendauer (für eine Schwingung benötigte Zeit) sehr genau messbar ist. Man legt nun fest, wie viele dieser Periodendauern zusammen eine Sekunde ergeben sollen. Dabei erhält man einen „krummen" Wert, weil die so festgelegte Sekunde ja mit der althergebrachten Sekunde übereinstimmen soll:

> Die Sekunde (*s*) ist das 9.192.631.770-Fache der Periodendauer der dem Übergang zwischen den beiden Hyperfeinstrukturniveaus des Grundzustandes von Atomen des Nuklids ^{133}Cs entsprechenden Strahlung.

Falls Ihnen das noch nicht allzu viel sagt, ist es nicht verwunderlich. Wir kommen, wie gesagt, später darauf zurück.

Länge

„Länge ist, was ein Maßstab misst" – so könnte man in Abwandlung des Einsteinzitats formulieren. Aber wie soll der Maßstab eingeteilt sein? Es gab und gibt eine Vielzahl von Längeneinheiten, die man überwiegend dem menschlichen Körper abschaute („Elle": Abstand vom Ellenbogen bis zur Spitze des Mittelfingers) oder mit denen man den jeweiligen Herrscher zum Maß aller Dinge machte („königliche Elle"). Die französische Nationalversammlung schlug 1791 zur Vereinheitlichung das *metrische System* mit dem Meter als Längeneinheit vor. Im Bereich der Physik und auch im Alltag vieler Länder hat sich dieses System durchgesetzt, aber insbesondere in den angelsächsischen Ländern werden Längen auch heute noch im täglichen Gebrauch mit anderen Einheiten gemessen.

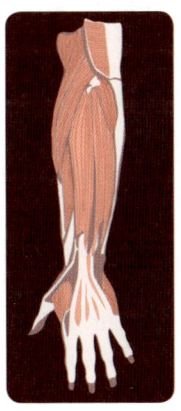

Elle

Ein Meter sollte den 40.000.000sten Teil des Erdumfangs darstellen. Das ist natürlich eine etwas umständliche Festlegung, trotzdem galt sie ungefähr 100 Jahre lang. 1889 schuf man aus einer, wie man hoffte, beständigen Platin-Iridium-Legierung einen Stab, der das „Urmeter" darstellen sollte. Er wird noch heute in Sèvres bei Paris aufbewahrt, hat allerdings als Längennormal ausgedient. Es zeigte sich nämlich, dass der Stab für genaue Messungen unbrauchbar ist: Die Markierungen auf dem Urmeter haben ja selbst eine gewisse Dicke

Internationaler Meterprototyp; der Standardbarren aus Platin-Iridium galt als Längennormal bis 1960.

Mechanik

und sind auch, wie man unter dem Mikroskop erkennt, unregelmäßig. Wo also beginnt der Meter und wo endet er? Das ließ sich nicht genau genug klären.

Seit 1983 ist das Längennormal über die Lichtgeschwindigkeit definiert, die man inzwischen sehr genau messen kann. Wie man das macht? Dazu kommen wir im Kapitel „Optik" (→ S. 250 ff.)!

> Der Meter (*m*) ist die Länge der Strecke, die Licht im Vakuum während der Dauer von 1/299792458 Sekunden durchläuft.

Gleichförmige geradlinige Bewegungen

Sie sind nachts mit Ihrem Auto unterwegs. Ein grellroter Lichtblitz zerreißt die Dunkelheit. Verflixt – Sie sind geblitzt worden! Ein schneller Blick auf den Tacho: Er zeigt 82. Waren Sie zu schnell? Auf jeden Fall, denn kurz zuvor haben Sie ein Ortseingangsschild passiert, und das heißt ja, dass Sie höchstens 50 fahren durften. Es könnte sogar sein, dass Sie Ihren Führerschein für eine Weile los sind, die Grenze dafür wäre 80. Aber vielleicht zeigt der Tacho ja nicht die richtige Geschwindigkeit an? Ein Tacho darf bis zu fünf Prozent zu viel anzeigen, und das könnte Sie retten!

Achtung, Kontrolle

Leitpfosten, eine Messhilfe

Wie können Sie nun herausfinden, wie schnell Sie tatsächlich gefahren sind? Ganz einfach: Die Leitpfosten entlang der Landstraße haben immer einen Abstand von 50 Metern. 20 Abstände ergeben also zusammen einen Kilometer. Stoppen Sie nun (z. B. mit dem Handy) die Zeit, die Sie für einen Kilometer benötigen, wenn Ihr Tacho konstant 82 anzeigt. (Das muss natürlich Ihr Beifahrer oder Ihre Beifahrerin tun, sonst begehen Sie die nächste Ordnungswidrigkeit!) Und nun rechnen Sie Ihre Geschwindigkeit aus …, aber was ist eigentlich die Geschwindigkeit? Was bedeutet die 82 auf dem Tacho?

Geschwindigkeit

Mit der Geschwindigkeit ist diejenige Strecke in Kilometern gemeint, die man pro Stunde zurücklegt. Mit anderen Worten erhält man die Geschwindigkeit, indem man die zurückgelegte Strecke durch die dazu benötigte Zeit teilt, immer unter der Voraussetzung, dass das Auto nicht einmal schneller und einmal langsamer fährt, sondern dass die Tachoanzeige immer gleich bleibt. Eine solche Bewegung heißt *gleichförmig*.

Tachometer – stimmt die Anzeige?

> Die Geschwindigkeit einer gleichförmigen Bewegung erhält man, indem man die zurückgelegte Strecke durch die dazu benötigte Zeit teilt:
> $$v = \frac{s}{t}$$
> Dabei bedeutet s die Wegstrecke (z. B. in m oder in km) und t die Zeit (z. B. in s oder in h). v bezeichnet die Geschwindigkeit (z. B. in m/s oder in km/h).

Nun können wir die tatsächliche Geschwindigkeit leicht ausrechnen. Nehmen wir an, dass Sie für den einen Kilometer 46 Sekunden benötigt haben. Die Geschwindigkeit beträgt dann:

$$v = \frac{1\ km}{46\ s} = \frac{1000\ m}{46\ s} = 21{,}7\ \frac{m}{s}\ \text{(gerundet)}$$

In einer Minute wären das 1302 Meter (21,7 m · 60), in einer Stunde 78.120 Meter (1302 m · 60); also betrug Ihre Geschwindigkeit 78,1 Kilometer pro Stunde und Sie verlieren Ihren Führerschein nicht, vorausgesetzt, Ihr Beifahrer beziehungsweise Ihre Beifahrerin hat richtig gemessen!

Weg-Zeit-Diagramm

Stoppt man die benötigte Zeit nicht nur einmal, sondern fortlaufend, sodass man also weiß, wie viel Zeit für die Strecke vom ersten Pfosten bis zum zweiten, vom ersten bis zum dritten, vom ersten bis zum vierten usw. benötigt wird, und trägt man über den gestoppten Zeiten die entsprechenden Wegstrecken auf, so erhält man ein sogenanntes *Weg-Zeit-Diagramm* der Bewegung:

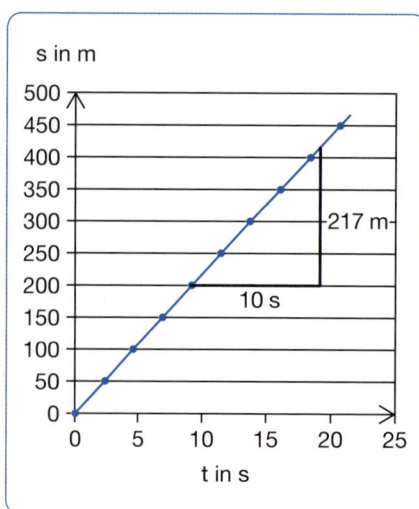

Das Diagramm stellt natürlich eine Gerade dar, weil in gleichen Zeiten gleiche Strecken zurückgelegt werden – darin äußert sich die Gleichförmigkeit. Berechnet man die Steigung dieser Geraden (siehe Steigungsdreieck), so bedeutet das, dass man die Wegstrecke durch die benötigte Zeit teilt. Die (mathematisch berechnete) Steigung ist also (physikalisch) nichts anderes als die Geschwindigkeit. Große Steigung bedeutet große, kleine Steigung entsprechend kleine Geschwindigkeit. Stillstand wird im Weg-Zeit-Diagramm als Parallele zur Zeitachse dargestellt.

> Im Weg-Zeit-Diagramm einer gleichförmigen Bewegung bedeutet die Steigung die Geschwindigkeit des bewegten Körpers.

Beschleunigte geradlinige Bewegungen

Über eine Physikprüfung an einer Universität wird die folgende Anekdote erzählt, von der nicht mehr festgestellt werden kann, ob sie einen wahren Kern enthält oder aber nur gut erfunden ist: Der Professor bittet den Prüfling darzulegen, wie man „mit einem Barometer" (einem Luftdruckmessgerät) die Höhe eines Hochhauses bestimmen kann. Im Hinterkopf hat er dabei sicherlich eine Methode, die die Luftdruckunterschiede zwischen dem Erdboden und dem Dach des Hauses zur Höhenmessung ausnutzt. Das funktioniert, und wir werden in dem Abschnitt „Druck" sehen, wie man dabei vorgeht (→ S. 67 ff.). Der Student aber hat ganz andere Ideen. Zunächst schlägt er vor, das Barometer an ein langes Seil zu binden und es vom Dach aus bis zum Boden abzuseilen; die Länge des Seils sei dann gleich der Haushöhe. Alternativ dazu könne man auch das Barometer vom Dach fallen lassen und aus der Zeit, die bis zum Aufprall auf den Boden vergehe, die Fallhöhe berechnen. Ohne Zweifel sind das praktikable Möglichkeiten, aber der Legende nach tat sich der Professor sehr schwer damit, den Prüfling nicht durchfallen zu lassen, denn eigentlich wollte er ja dessen Kenntnisse über den Luftdruck überprüfen. Er musste jedoch zugeben, dass die Frage physikalisch korrekt beantwortet worden war.

Wie lässt sich die Höhe bestimmen?

Die erste vom Studenten vorgeschlagene Methode enthält wenig Physik, der zweiten aber wollen wir nachgehen: Wir untersuchen den sogenannten freien Fall.

Freier Fall

Wovon hängt die Fallzeit des Barometers ab? Davon, wie schwer es ist? Von dem Material, aus dem es gebaut ist? Davon, wie es geformt ist? Falls zu viele Faktoren mitmischen, haben wir keine Chance, einen brauchbaren Zusammenhang zwischen Fallzeit und Fallhöhe zu finden. Also müssen wir die möglichen Einflüsse experimentell untersuchen und hoffen, dass einige davon keine Rolle spielen, damit wir einen möglichst einfachen Zusammenhang entdecken können.

Mit einem einzigen Laborexperiment können wir fast schon alle Antworten finden:
In einer Glasröhre befinden sich eine kleine Bleikugel und eine Flaumfeder. Dreht man die Röhre um, sodass sich die beiden Gegenstände oben befinden, so fällt die Bleikugel schnell nach unten, während die Flaumfeder ihr langsam schwebend folgt. Könnte es sein, dass an diesem Ausgang des „Wettfallens" die Luft schuld ist? Pumpt

Mechanik 14

Was kommt schneller unten an: Bleikugeln …

… oder eine Feder?

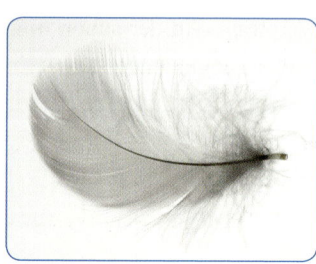

man die Luft aus der Röhre und wiederholt das Experiment, so liefern sich beide Körper ein „Kopf-an-Kopf-Fallen" und erreichen exakt gleichzeitig das Ziel. An den Gegenständen lag es also nicht, sondern „nur" an der Luft. Es ist also egal, wie das Barometer geformt ist, wie schwer es ist und aus welchem Material es besteht – alle Barometer (und überhaupt alle Körper) fallen im Vakuum gleich schnell!

> Eine Fallbewegung im Vakuum heißt freier Fall.

Nun ist es praktisch etwas schwierig, das Hochhaus in eine Röhre zu packen und diese leer zu pumpen. Experimente haben aber gezeigt, dass der Einfluss der Luft auf die Fallbewegung vernachlässigbar gering ist, wenn man strömungsgünstig geformte Körper nimmt, die bei großem Gewicht eine kleine Oberfläche haben. Am besten sind metallene Kugeln geeignet, aber in der Praxis wird sich mit dem fallenden Barometer ein nicht wesentlich anderer Wert ergeben.

Weg-Zeit-Gesetz des freien Falls

Welche Art von Bewegung führt der fallende Körper aus? Wir befragen das Experiment.

Eine Kugel fällt vor einem Maßstab herunter und wird dabei fortlaufend fotografiert, und zwar in immer gleichen Zeitabständen von 0,1 Sekunden. Das Bild zeigt eindeutig, dass die Bewegung nicht gleichförmig ist. Wir können daher unsere Berechnungsmethode aus dem vorigen Abschnitt (→ S. 11 f.) nicht verwenden. Wie verläuft die Bewegung aber dann?

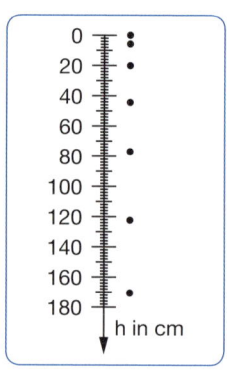

Wir tragen in der schon bekannten Weise die zurückgelegte Wegstrecke über der bis dahin vergangenen Zeit auf (die Wegstrecken wurden in Meter umgerechnet):

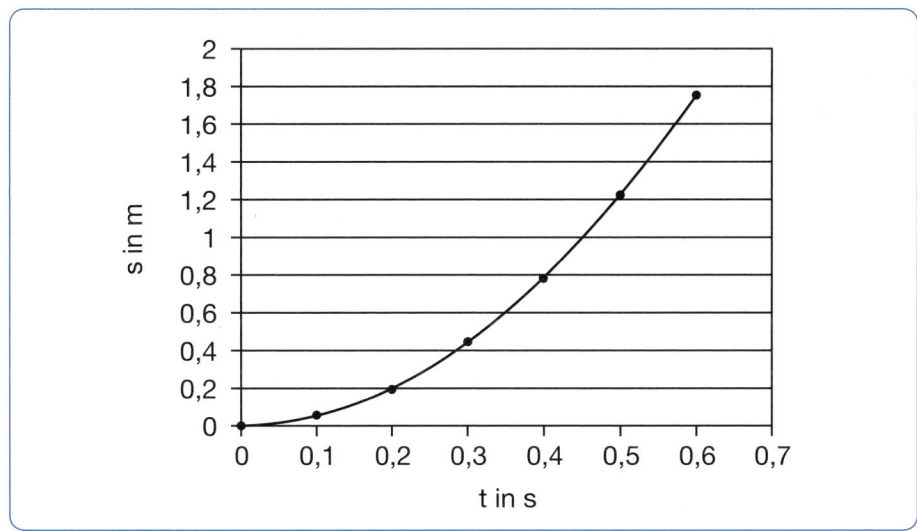

Weg-Zeit-Diagramm

Das Ergebnis sieht aus wie eine bekannte mathematische Kurve – nämlich wie ein Teil einer *Parabel!* Eine Parabel ist das Bild einer *quadratischen Funktion*. Solche Funktionen werden in dem Band *Mathematik* aus dieser Reihe anschaulich und ausführlich erklärt. Die für uns infrage kommende Funktion hat die Bauform $s = c \cdot t^2$, wobei c eine Konstante ist, die die Einheit m/s² haben muss (sonst stimmt die Gleichung nicht). Nun kann man (z. B. mit einem Tabellenkalkulationsprogramm) ausprobieren, für welches c die entstehende Kurve sich den Messwerten am besten anpasst. Das ist für c = 4,9 m/s² der Fall. In diesem c versteckt sich eine berühmte Konstante, deren Geheimnis in wenigen Augenblicken gelüftet wird. Nur so viel sei schon verraten:

Sie wird mit g bezeichnet und es gilt: $c = \frac{1}{2} \cdot g$

g hat also ungefähr den Wert 9,8 m/s² und unsere Gleichung lautet: $s = \frac{1}{2} \cdot g \cdot t^2$. Das „Tricksen" mit den Konstanten mag Ihnen unmotiviert erscheinen, aber Sie werden gleich sehen, dass es sinnvoll ist.

Geschwindigkeits-Zeit-Gesetz des freien Falls

Wenn wir die Geschwindigkeit der Kugel berechnen wollen, stehen wir vor der Schwierigkeit, dass sich die Geschwindigkeit dauernd ändert, weil die Kugel ja immer schneller fällt. Wir können höchstens an verschiedenen Stellen der Bahn *Durchschnittsgeschwindigkeiten* berechnen. In den ersten 0,1 Sekunden legt die Kugel 0,049 Meter zurück, also beträgt ihre Geschwindigkeit in diesem Intervall durchschnittlich $\frac{0{,}049\,m}{0{,}1\,s} = 0{,}49\,\frac{m}{s}$. Bildet man nun um einen bestimmten Zeitpunkt herum immer kleinere Intervalle und rechnet man jeweils die dazugehörige Durchschnittsgeschwindigkeit aus, so kann man zeigen, dass die Durchschnittsgeschwindigkeiten einem Grenzwert zustreben. Diesen nennt man *Momentangeschwindigkeit.* Die Berechnung von Momentangeschwindigkeiten gehört in das mathematische Gebiet der *Differenzialrechnung* und wird in dem bereits erwähnten Mathe-Band ausführlich dargestellt. Für unsere Zwecke genügt es, uns vorzustellen, dass wir entlang der Parabel zu vielen Zeitpunkten Durchschnittsgeschwindigkeiten für sehr kleine Zeitintervalle berechnen. Diese nähern dann die Momentangeschwindigkeiten mit ausreichender Genauigkeit an. Es entsteht folgendes Geschwindigkeits-Zeit-Diagramm:

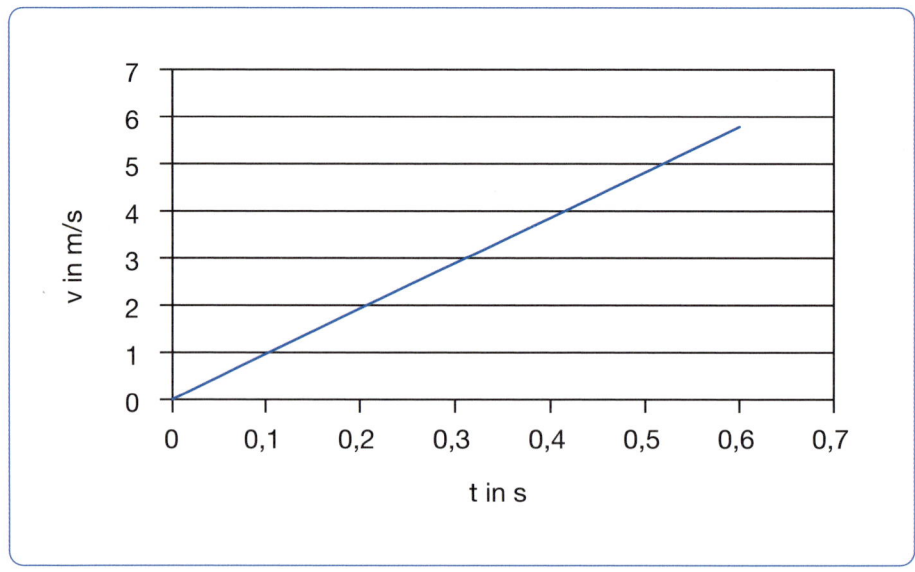

Geschwindigkeits-Zeit-Diagramm

Wir sehen: Die Geschwindigkeit ändert sich zwar, aber sie ändert sich gleichmäßig! Jede 0,1 Sekunde wird sie um ca. ein Meter pro Sekunde größer. Wegen dieser Geschwindigkeitsänderung heißt die Bewegung *beschleunigt* und wegen des konstanten Anstiegs heißt sie *gleichmäßig* beschleunigt.

> Unter Beschleunigung versteht man die Änderung der Geschwindigkeit geteilt durch die dazu benötigte Zeit.
> Eine gleichmäßig beschleunigte Bewegung ist eine Bewegung mit konstanter Beschleunigung.

Im Geschwindigkeits-Zeit-Diagramm zeigt sich die Beschleunigung als Steigung der Geraden. Wir lesen ab, dass sie ungefähr einen Wert von zehn Metern je Sekundenquadrat hat. Es wird Sie sicherlich nicht überraschen, dass genauere Messungen den Wert 9,8 Meter pro Sekundenquadrat ergeben, und in der Tat kann man mithilfe der Differenzialrechnung beweisen, dass die Steigung und damit die Beschleunigung genau den Wert g aus den Betrachtungen weiter oben haben.

Damit können wir nun das Geheimnis um g lüften: Es handelt sich dabei um diejenige Beschleunigung, die ein beliebiger fallender Körper erfährt. Sie erhält den Namen *Fallbeschleunigung*. Ihr Wert hängt von der Höhe des Messortes über dem Meeresspiegel und von der geografischen Breite ab.

> Der freie Fall ist eine gleichmäßig beschleunigte Bewegung mit der Fallbeschleunigung g.
> In Mitteleuropa hat die Fallbeschleunigung auf Meereshöhe den Wert
> $g = 9{,}81 \text{ m/s}^2$.
>
> Für den freien Fall gelten folgende Gesetze:
>
> Weg-Zeit-Gesetz: $s = \frac{1}{2} \cdot g \cdot t^2$
>
> Geschwindigkeits-Zeit-Gesetz: $v = g \cdot t$

Mechanik

Nun sind wir in der Lage, die „Barometer-Wurf-Methode" zur Bestimmung der Höhe des Hochhauses anzuwenden. Nehmen wir an, dass das Barometer 3,2 Sekunden unterwegs ist. Dann folgt für den Fallweg und damit für die Höhe:

$$s = \frac{1}{2} \cdot g \cdot t^2 = 0,5 \cdot 9,81 \frac{m}{s^2} \cdot (3,2\ s)^2 = 50,2\ m$$

Als „Zugabe" können wir sogar die Geschwindigkeit des Barometers kurz vor dem Aufprall ausrechnen:

$$v = g \cdot t = 9,81 \frac{m}{s^2} \cdot 3,2\ s = 31,4 \frac{m}{s}$$

Das sind ca. 113 Kilometer in der Stunde. Ob das Barometer diesen Sturz wohl heil überstehen wird?

Andere beschleunigte Bewegungen

Ein Wagen, der einen Berg (eine sogenannte *schiefe Ebene*) hinabrollt, führt auch eine gleichmäßig beschleunigte Bewegung aus, nur ist die Beschleunigung geringer als die Fallbeschleunigung – sie hängt vom Neigungswinkel der Ebene ab. Andere Bewegungen sind zwar beschleunigt, aber nicht gleichmäßig beschleunigt. Wird z. B. mit einem Bogen ein Pfeil abgeschossen, so ist die

Verkehrszeichen Gefälle

Junge mit Pfeil und Bogen

Beschleunigung des Pfeils während der Beschleunigungsphase zunächst groß und wird dann kleiner, weil der Bogen sich entspannt. Im Falle einer nicht gleichmäßig beschleunigten Bewegung muss man in ähnlicher Weise wie bei unseren Betrachtungen zur Geschwindigkeit mithilfe der Differenzialrechnung eine *Momentanbeschleunigung* definieren. Allgemein wird die Beschleunigung mit dem Symbol *a* bezeichnet.

Für eine gleichmäßig beschleunigte Bewegung mit der Beschleunigung *a* gilt:

Weg-Zeit-Gesetz: $s = \frac{1}{2} \cdot a \cdot t^2$

Geschwindigkeits-Zeit-Gesetz: $v = a \cdot t$

Zum Ausklang dieses Abschnitts können Sie mit den gewonnenen Kenntnissen Ihre Reaktionszeit messen: Sie bitten einen Bekannten, ein Lineal lotrecht zu halten. Der Nullpunkt soll sich unten befinden. Nun tun Sie so, als wollten Sie das Lineal in Höhe des Nullpunktes mit Daumen und Zeigefinger umfassen, berühren es aber nicht. Irgendwann lässt der Bekannte los und Sie schnappen zu. Wie viele Zentimeter ist das Lineal gefallen, bevor Sie es festhalten konnten? Rechnen Sie jetzt Ihre Reaktionszeit aus! Sie müssen dazu das Weg-Zeit-Gesetz nach t umstellen und dann das gemessene s einsetzen:

$$s = \frac{1}{2} \cdot g \cdot t^2$$
$$\Rightarrow t^2 = \frac{2 \cdot s}{g}$$
$$\Rightarrow t = \sqrt{\frac{2 \cdot s}{g}}$$

Vergessen Sie nicht, die Sekunden in Meter umzurechnen, bevor Sie s einsetzen, sonst erhalten Sie ein falsches Resultat. Welchen Wert hat nun Ihre Reaktionszeit? (Sie liegt normalerweise bei ca. 0,2 bis 0,3 Sekunden.)

Wurfbewegungen

Fliegt eine Kanonenkugel so wie hier dargestellt? Also erst geradeaus, dann auf einem Kreisbogen und schließlich wieder auf einer geraden Linie lotrecht nach unten?

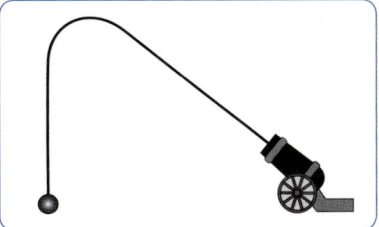

Oder gar ohne Kreisbogen – wie der holländische Astronom und Mathematiker Daniel Santbech (um 1560) meinte?

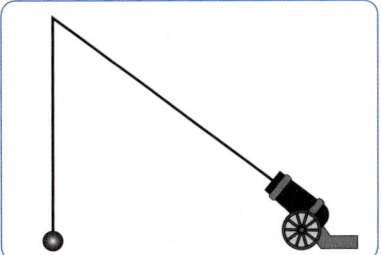

Mechanik 20

Die Bahn einer Kanonenkugel ist leider nicht nur von akademischem Interesse. Wer einen Krieg gewinnen wollte, musste mit seinen Kanonen möglichst gut treffen, und die Wissenschaftler sollten ausrechnen, wie man das anstellt.

Die Geschosse führen sogenannte *Wurfbewegungen* aus. Würfe sind unser erstes Beispiel für nicht geradlinig verlaufende Bewegungen. Wie sieht die Bahn eines Wurfs aus? Wir müssen wieder das Experiment befragen und haben dabei, wie Sie sehen werden, bessere technische Möglichkeiten als die Wissenschaftler früherer Jahrhunderte.

Man klassifiziert Würfe nach der Abschussrichtung: Beim *horizontalen Wurf* fliegt die Kugel parallel zum Boden los, beim *vertikalen Wurf* senkrecht zu diesem und beim *schrägen Wurf* liegt die Abschussrichtung irgendwo dazwischen. Militärisch gesehen ist der vertikale Wurf natürlich sinnlos und außerdem selbstzerstörerisch. Der horizontale Wurf wird nur zum Einsatz kommen, wenn man z. B. von einem Berg aus schießt. Physikalisch gesehen jedoch ist der horizontale Wurf sehr wichtig, weil man an ihm schon alles Wesentliche studieren kann. Aus diesem Grund betrachten wir ihn genauer.

Der horizontale Wurf

Das folgende Bild zeigt schematisch drei im Laborexperiment fortlaufend fotografierte Kugeln, die mit unterschiedlicher Anfangsgeschwindigkeit jeweils waagerecht abgeschossen wurden.

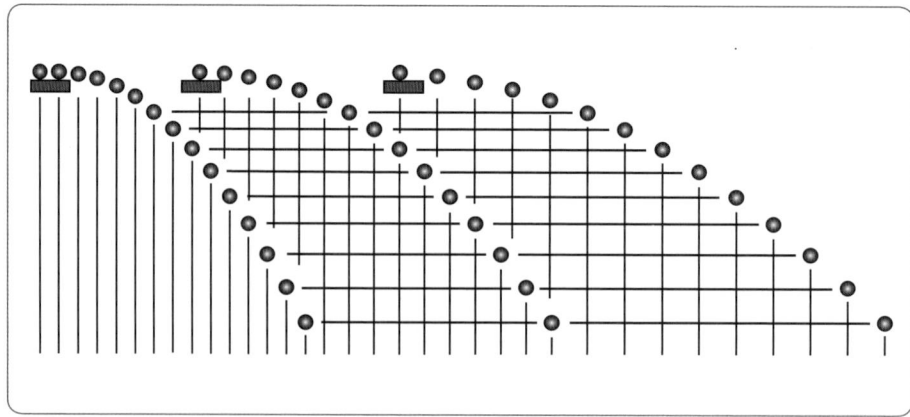

Wir erkennen sofort, dass die Bewegung offenbar nicht so verläuft wie auf den Bildern am Anfang des Abschnitts (→ S. 19). Aber welchen Gesetzen gehorcht sie dann? Schauen wir einmal in Gedanken *von oben* auf die Versuchsanordnung und fassen wir eine der Kugeln ins Auge. Was sehen wir? Die lotrechten Linien markieren, wie weit die Kugel aus unserer Sicht von Aufnahme zu Aufnahme gekommen ist, nämlich immer gleich weit! Und da wir von oben nicht erkennen können, in welcher Höhe sie sich jeweils befindet, registrieren wir eine *gleichförmige Bewegung:* Die Kugel scheint (von oben betrachtet) einfach mit gleichbleibender Geschwindigkeit geradeaus zu fliegen, und die Geschwindigkeit, mit der sie dies tut, hängt offenbar nur von der Abschussgeschwindigkeit ab!

Nun blicken wir *von rechts* auf die Anordnung. Die waagerechten Linien deuten an, dass die *Höhe* einer Kugel über dem Boden offenbar nicht von ihrer Anfangsgeschwindigkeit abhängt. Wenn wir alle drei Kugeln gleichzeitig abschießen und von rechts schauen, scheinen sie sich immer genau auf gleicher Höhe zu befinden, wir sehen nur *eine* Kugel! Misst man nun die Entfernungen der waagerechten Linien von der Starthöhe aus, so ergibt sich genau die Weg-Zeit-Abhängigkeit des freien Falls. Von der Seite gesehen liegt also eine *gleichmäßig beschleunigte Bewegung,* eben ein freier Fall vor.

Sie ahnen sicher schon, worauf unsere Betrachtung hinausläuft: Aus irgendeinem Grund, den kein Mensch kennt, verhält sich die Kugel so, als würde sie gleichzeitig zwei Bewegungen auf einmal ausführen: in der einen Richtung eine gleichförmige und in der anderen eine gleichmäßig beschleunigte. Diese beiden Bewegungen beeinflussen sich nicht gegenseitig und finden unabhängig voneinander statt.

> Unabhängigkeitsprinzip: Die reale Bewegung setzt sich aus voneinander unabhängigen Teilbewegungen zusammen.

Wie gesagt: Niemand weiß, *warum* die Kugel sich so verhält, aber die Physiker nehmen diese Tatsache als Geschenk der Natur dankend an und nutzen sie für ihre Zwecke aus: Jetzt kann man nämlich die Bewegung der Kugel auf Gesetze zurückführen, die man schon kennt. Ein scheinbar kompliziertes Problem in einfachere Teilprobleme zerlegen und es dadurch lösen: Das ist eines der Erfolgsgeheimnisse der Physik!

Bewegungsgesetze für den horizontalen Wurf

Unser Ziel ist es, Gleichungen aufzustellen, die beschreiben, wo sich die Kugel zu einem bestimmten Zeitpunkt befindet und welche Geschwindigkeit sie zu diesem Zeitpunkt hat.

Wir führen ein Koordinatensystem ein, dessen Ursprung im Startpunkt der Kugel liegt und das eine waagerechte x-Achse sowie eine lotrechte y-Achse hat. Da wir es beim Wurf mit zwei Dimensionen zu tun haben, empfiehlt es sich, Orte und Geschwindigkeiten als *Vektoren* darzustellen. Was Vektoren mathematisch gesehen sind und wie man mit ihnen rechnet, können Sie wiederum im Mathe-Band dieser Reihe nachlesen. Hier reicht im Moment die Feststellung, dass Vektoren gerichtete Größen sind, die durch Pfeile repräsentiert werden und „Komponenten" haben, die ihre Ausrichtung in Bezug auf die Achsen des Koordinatensystems angeben.

Die x-Koordinate der Kugel führt eine gleichförmige Bewegung aus und gehorcht daher folgendem Gesetz:

$x = v_0 \cdot t$

(Dabei ist v_0 der Betrag der Abschussgeschwindigkeit.)

In y-Richtung gilt das Gesetz des freien Falls:

$y = -\frac{1}{2} \cdot g \cdot t^2$

(Das Minuszeichen gibt wieder, dass die Bewegung entgegen der Richtung der y-Achse stattfindet.)

Der *Ortsvektor* zum momentanen Ort der Kugel hat daher die folgende Form:

$$\vec{r} = \begin{pmatrix} x \\ y \end{pmatrix} = \begin{pmatrix} v_0 \cdot t \\ -\frac{1}{2} \cdot g \cdot t^2 \end{pmatrix}$$

Die Geschwindigkeit lässt sich vektoriell so schreiben:

$$\vec{v} = \begin{pmatrix} v_0 \\ -g \cdot t \end{pmatrix}$$

Bahnkurve des horizontalen Wurfs

Nun können wir die Frage nach der Bahnkurve einer Kanonenkugel beantworten. Die Bahnkurve aufstellen heißt: y in Abhängigkeit von x ausdrücken. Leider hängen beide Koordinaten von t ab. Also müssen wir t eliminieren. Das tun wir, indem wir die Gleichung für x nach t auflösen und den gefundenen Ausdruck in die Gleichung für y einsetzen: $x = v_0 \cdot t \Rightarrow t = \dfrac{x}{v_0}$

Also folgt: $y = -\dfrac{1}{2} \cdot g \cdot t^2 = -\dfrac{1}{2} \cdot g \cdot \left(\dfrac{x}{v_0}\right)^2 = -\dfrac{1}{2} \cdot \dfrac{g}{v_0^2} \cdot x^2$

Dies ist, da der Faktor vor x^2 eine Konstante ist, die Gleichung einer nach unten geöffneten Parabel durch den Ursprung. Die Kugel beschreibt einen der beiden Zweige einer Parabel!

> Die Bahnkurve des waagerechten Wurfs ist ein Zweig einer nach unten geöffneten Parabel, die ihren Scheitel im Startpunkt der Kugel hat.

Das nebenstehende Bild stellt die Bahnkurve für die Abschussgeschwindigkeit

$v_0 = 2\,\dfrac{m}{s}$ dar.

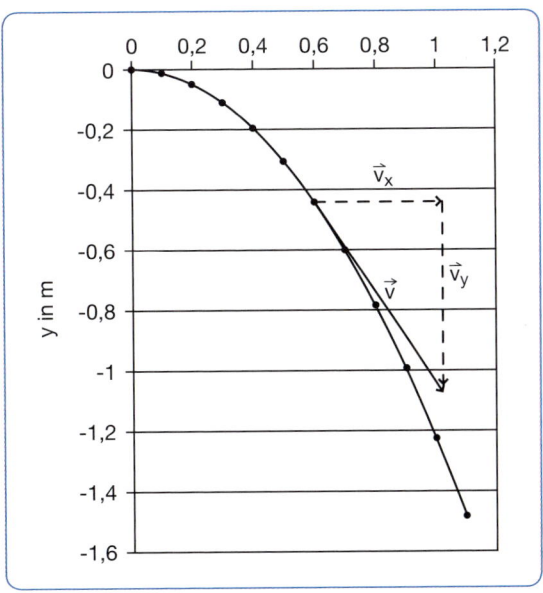

Mechanik

Für den Zeitpunkt $t = 0{,}3\ s$ wurde auch der Geschwindigkeitsvektor $\vec{v}$ mit seinen beiden Komponenten eingetragen. Da die Komponenten die Katheten eines rechtwinkligen Dreiecks mit $\vec{v}$ als Hypotenuse sind, kann man die Höhe der Geschwindigkeit, also ihren Betrag, mit dem Satz des Pythagoras ausrechnen:

$$v = |\vec{v}| = \sqrt{v_x^2 + v_y^2} = \sqrt{(2\ \tfrac{m}{s})^2 + (9{,}81\ \tfrac{m}{s^2} \cdot 0{,}3\ s)^2} = 3{,}56\ \tfrac{m}{s}$$

Büste des Pythagoras

Wo wird die im Bild dargestellte Kugel den Boden treffen? Nehmen wir an, dass sich der Startpunkt 1,4 Meter über dem Boden befindet. Dann gilt $y = -1{,}4\ m$ und wir können x aus der Parabelgleichung ausrechnen:

$$x = \sqrt{\frac{-2 \cdot y \cdot v_0^2}{g}} = 1{,}07\ m \text{ (in Übereinstimmung mit der Grafik)}$$

Auch der Zeitpunkt des Auftreffens auf dem Boden lässt sich berechnen: $t = \frac{x}{v_0} = 0{,}54\ s$

Der schräge und der vertikale Wurf

Es wird Sie nicht überraschen, dass die Kugel beim schrägen Wurf auch eine Parabel beschreibt und dass der vertikale Wurf als ein Extremfall des schrägen Wurfs aufgefasst werden kann, bei dem die Parabel praktisch nur noch ein „Strich" ist. Die Rechnungen sind denen für den horizontalen Wurf ähnlich. Wir übergehen sie hier.

Unter realen Bedingungen stellt man zum Teil erhebliche Abweichungen von der Parabelform fest, die überwiegend durch Reibungskräfte verursacht werden, die von der Bewegung in der Luft herrühren. Man erhält dann statt der Parabeln unsymmetrische, sogenannte *ballistische* Kurven. Dieser Effekt tritt insbesondere bei großen Wurfweiten und -höhen auf.

Vorhersagbarkeit

Ist es nicht faszinierend? Falls der Luftwiderstand vernachlässigbar klein ist, schaffen wir es, mit nur zwei Gesetzen und einem Prinzip vorherzusagen, wo die Kugel landen wird! Sie verhält sich genau so, wie wir es ausgerechnet haben, und sie tut dies zuverlässig und – wenn wir wollen – immer wieder! Falls es eine höhere Macht gibt, die die

Kugel lenkt, so hat sie einen festen und unveränderlichen Plan dafür! Kein Wunder, dass die Physiker des 18. und 19. Jahrhunderts meinten, alle physikalischen Vorgänge und sogar die ganze Welt außerhalb der Physik mit Mitteln der Mechanik beschreiben zu können: die Welt als Maschine, die mechanischen Gesetzen folgt und deren Lauf für alle Zeiten festgelegt ist! Dieser grenzenlose Optimismus erreichte Ende des 19. Jahrhunderts seinen Höhepunkt. Als der spätere Nobelpreisträger Max Planck (1858–1947) bei dem Münchner Physikprofessor Philipp von Jolly (1809–84) vorsprach und Interesse an einem Studium der theoretischen Physik äußerte, antwortete dieser: „Es ist doch schon alles erforscht, und es gilt, nur noch einige unbedeutende Lücken zu schließen." Doch die Natur spielte nicht mit: Einige wenige Experimente zu Beginn des 20. Jahrhunderts brachten das Kartenhaus zum Einsturz und führten zu der Erkenntnis, dass es Dinge gibt, die sich mit den Mitteln der klassischen Mechanik weder beschreiben noch vorhersagen lassen. Es begann –

Max Planck

gekennzeichnet durch die Begriffe *Quantenphysik* und *Relativitätstheorie* – die Entwicklung der modernen Physik. Aber auch wenn man den Boden der klassischen Physik nicht verlässt, gibt es Phänomene, die sich einer Vorhersage im hergebrachten Sinne hartnäckig entziehen. Zu diesem Thema hat man im Rahmen der *Chaosforschung* in den letzten Jahrzehnten neue Erkenntnisse zusammengetragen. Wir werden uns am Ende des Abschnitts „Mechanische Schwingungen und Wellen" damit beschäftigen (→ S. 125 ff.).

Gleichförmige Kreisbewegungen

Mit welcher Geschwindigkeit bewegt sich die Spitze des Rotorblattes einer Windenergieanlage bei frischem bis starkem Wind? Bitte schätzen Sie!
Wir rechnen es aus: Die Geschwindigkeit ist, wie wir wissen, die zurückgelegte Wegstrecke geteilt durch die dafür benötigte Zeit. Es bietet sich an, einen kompletten Umlauf der Spitze zu betrachten. Die dafür benötigte Zeit können wir leicht mit dem Handy oder einer anderen Stoppuhr messen. Nehmen wir an, dass wir für eine Umdrehung die Zeit $T = 3\,s$ stoppen (das ist bei frischem bis starkem Wind ein realistischer Wert). Aber wie lang ist der Weg, den die Spitze in dieser Zeit zurücklegt? Auch das können wir abschätzen, ohne auf den Turm klettern zu müssen. Wie man den Herstellerangaben

entnehmen kann, sind die Rotorblätter heutiger Windenergieanlagen etwa 40 Meter lang. Die Spitze beschreibt also einen Kreis mit dem Radius $r = 40\,m$. Den Umfang u des Kreises rechnet man mit der Formel $u = 2 \cdot \pi \cdot r$ aus, wobei π die berühmte Kreiszahl mit dem Wert 3,14159265… ist. Also ergibt sich für die Geschwindigkeit der Rotorspitze der Wert:

Windanlagen

$$v = \frac{2 \cdot \pi \cdot r}{T} = \frac{2 \cdot \pi \cdot 40\,m}{3\,s} = 83{,}8\,\frac{m}{s} = 301{,}6\,\frac{km}{h} \approx 300\,\frac{km}{h}$$

Hätten Sie das gedacht?

Um eine gute Vorstellung von den Vorgängen bei einer Kreisbewegung zu bekommen, müssen wir uns jetzt mit den Begriffen *Winkelgeschwindigkeit* und – im Zusammenhang damit – *Bogenmaß* beschäftigen

Bahngeschwindigkeit und Winkelgeschwindigkeit

Die von uns errechnete Geschwindigkeit heißt genau genommen *Bahngeschwindigkeit,* weil sie entlang der Bahn gemessen wird, die die Spitze zurücklegt. Die Bahngeschwindigkeiten weiter innen gelegener Punkte des Rotorblattes sind geringer, und zwar umso geringer, je kleiner der Radius ist. Allen Punkten des Rotorblattes (außer der Nabe natürlich) ist jedoch gemein, dass sie in einer bestimmten Zeit denselben Winkel überstreichen, z. B. 360 Grad während eines kompletten Umlaufs. Legt man also als *Winkelgeschwindigkeit* den überstrichenen Winkel geteilt durch die dafür benötigte Zeit fest, so ist diese für alle Punkte auf dem Rotorblatt (außer der Nabe) gleich.

Das Bogenmaß

Im Alltag misst man Winkel meistens in Grad. Die Physik bevorzugt das sogenannte *Bogenmaß*. Um zu verstehen, was damit gemeint ist, stellen Sie sich bitte denjenigen Kreis mit dem Radius r vor, den die Spitze des Rotorblattes beschreibt. Dreht sich das Blatt um den Winkel α, so legt die Spitze auf dem Kreis eine entsprechende Wegstrecke zurück. Beträgt der Winkel z. B. 360 Grad, so ist die dazugehörige Wegstrecke $2 \cdot \pi \cdot r$. Die Idee ist nun, Winkel mithilfe dieser Wegstrecken auf dem Kreis zu messen. Das Problem ist nur, dass die Wegstrecken vom Radius abhängen: Sie sind größer, wenn der Radius größer ist, und umgekehrt. Also „normiert" man sie, indem man sie durch den Radius r teilt. Anschaulich bedeutet dies, dass man die Wegstrecken auf dem *Einheitskreis,* einem Kreis mit dem Radius eins, misst. Den Quotienten aus der Wegstrecke auf dem Kreis und dem Radius des Kreises nennt man das *Bogenmaß des Winkels*.

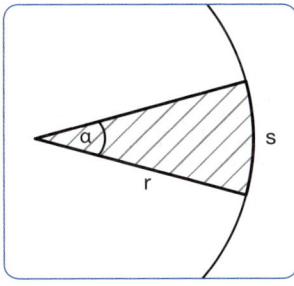

Ist ein Winkel α durch einen Kreisbogen mit der Länge s und dem Radius r gekennzeichnet, so bezeichnet der Quotient

$$\alpha = \frac{s}{r}$$

die Größe des Winkels im Bogenmaß.
Das Bogenmaß ist eine Zahl ohne Einheit.

Überstreicht die Spitze des Rotorblattes den Winkel 360 Grad, so legt sie die Wegstrecke $2 \cdot \pi \cdot r$ zurück, also beträgt der Winkel im Bogenmaß $2 \cdot \pi$ ($\approx 6{,}28$). Zu 180 Grad gehört dann natürlich das Bogenmaß π ($\approx 3{,}14$), zu 90 Grad der Wert $\frac{\pi}{2}$ ($\approx 1{,}57$) und so weiter.

Können Sie 40 Grad in das zugehörige Bogenmaß umrechnen? Wenn Sie möchten, versuchen Sie es selbst und lesen Sie dann erst weiter!

Hier die Lösung:
360 Grad entsprechen dem Bogenmaß: $2 \cdot \pi$

Also entspricht ein Grad dem Bogenmaß: $\dfrac{2 \cdot \pi}{360}$

Also entsprechen 40 Grad dem Bogenmaß: $40 \cdot \dfrac{2 \cdot \pi}{360} = 0{,}698$

Genauso gut kann man natürlich im Bogenmaß gegebene Winkel in Grad umwandeln.

Nun können wir unsere bisher gewonnenen Erkenntnisse zusammenfassen:

> Formeln für die Geschwindigkeiten einer gleichförmigen Kreisbewegung:
>
> Bahngeschwindigkeit: $v = \dfrac{2 \cdot \pi \cdot r}{T}$
> Dabei bedeutet r den Radius des Kreises und T die Zeit für einen Umlauf.
>
> Winkelgeschwindigkeit: $\omega = \dfrac{\alpha}{t}$
> Dabei bedeutet α den Winkel (im Bogenmaß) und t die Zeit, in der der Winkel α überstrichen wird.
>
> Insbesondere gilt für einen Umlauf: $\omega = \dfrac{2 \cdot \pi}{T}$

Zusammenhang zwischen Bahn- und Winkelgeschwindigkeit

In der Formel für die Bahngeschwindigkeit tritt der Quotient $\dfrac{2 \cdot \pi}{T}$ auf, und dieser ist ja gerade gleich der Winkelgeschwindigkeit. Also setzen wir diesen Ausdruck in die Formel für die Bahngeschwindigkeit ein und erhalten:

> Zusammenhang zwischen Bahn- und Winkelgeschwindigkeit:
> $v = \omega \cdot r$

Beschleunigung

Wir wollen nun die Beschleunigung der Rotorspitze ausrechnen ... doch halt! Sie werden sagen: Die Geschwindigkeit ändert sich doch nicht, wo ist denn da eine Beschleunigung? Der Einwand klingt stichhaltig, solange wir nur den *Betrag*, also die Größe der Geschwindigkeit betrachten. Die Geschwindigkeit hat aber auch eine *Richtung* und diese ändert sich fortlaufend, sonst würde sich die Rotorspitze ja geradeaus bewegen!

Also müssen wir die Geschwindigkeitsänderung und damit die Beschleunigung als *Vektor* auffassen.

Damit es jetzt nicht zu kompliziert wird, sei verraten, dass die Beschleunigung der Kreisbewegung konstant ist. Unter dieser Voraussetzung können wir definieren:

> Eine Bewegung heißt *gleichmäßig beschleunigt,* wenn der Quotient aus der Geschwindigkeitsänderung $\Delta \vec{v}$ und der für die Änderung benötigten Zeit Δt konstant ist. Dieser Quotient heißt *Beschleunigung* und wird mit $\vec{a}$ bezeichnet:
> $$\vec{a} = \frac{\Delta \vec{v}}{\Delta t}$$

Differenzen werden in der Physik oft durch ein vorangestelltes Δ (sprich: Delta) ausgedrückt.

Die Beschleunigung ist stets genau auf den Kreismittelpunkt gerichtet, denn wäre es nicht so, könnte man sie in zwei Komponenten zerlegen, von denen die eine radial (also zum Mittelpunkt zeigend) und die andere tangential zum Kreis gerichtet wäre – und dann würde die tangentiale Komponente für eine Steigerung der Bahngeschwindigkeit sorgen, sodass die Kreisbewegung nicht gleichförmig wäre.

Mit einer geometrischen Überlegung, die wir hier übergehen, kann man Formeln für den Betrag der Beschleunigung aufstellen. Die Ergebnisse sind:

> Der Radiusvektor $\vec{r}$ sei zum kreisenden Punkt hin orientiert. Dann gilt für den Beschleunigungsvektor $\vec{a}$:
> $$\vec{a} = -\omega^2 \cdot \vec{r}$$
>
> Für den Betrag der Beschleunigung gilt:
> $$a = \omega^2 \cdot r = \frac{v^2}{r}$$
>
> Dabei ist v die Bahn- und ω die Winkelgeschwindigkeit.

Mechanik

Nun können wir den Betrag der Beschleunigung ausrechnen. Mit dem zu Beginn dieses Abschnitts (→ S. 26) berechneten Wert für v ergibt sich:

$$a = \frac{v^2}{r} = \frac{\left(83{,}8\,\frac{m}{s}\right)^2}{40\,m} \approx 176\,\frac{m}{s^2}$$

Das ist immerhin ungefähr der 18-fache Wert der Fallbeschleunigung!

Trägheit

Am 5. September 1977 startete die amerikanische Raumfahrtorganisation NASA die Raumsonde Vojager 1. Sie passierte 1979 den Planeten Jupiter und ein Jahr später Saturn. Im Jahre 1990 verließ sie unser Planetensystem. Sie fliegt aber weiterhin von uns weg und sendet auch heute noch Daten zur Erde. Dabei hat sie gar keinen eigenen Antrieb. Wie kann es sein, dass sie genug Schwung hat, um immer noch weiterzufliegen? Warum bleibt sie nicht stehen?

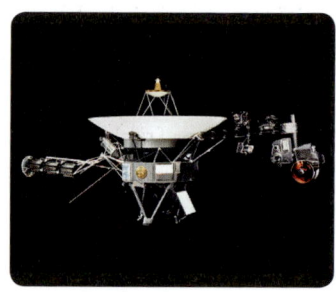

Modell von Voyager 1

Das Trägheitsprinzip

Der berühmte griechische Naturphilosoph Aristoteles (384–322 v. Chr.) lehrte, dass jeder sich bewegende Gegenstand danach strebt, einen Zustand der Ruhe zu erreichen. Das entsprach (und entspricht auch heute noch) genau den alltäglichen Beobachtungen:

Galileo

Zieht ein Maulesel einen Wagen und durchtrennt man das Zugseil, so trabt der Maulesel weiter und der Wagen bleibt früher oder später stehen. Der Wagen will also gewissermaßen den Zustand der Ruhe! Dies ist nicht der Weisheit letzter Schluss, aber es bedurfte weiterer 2000 Jahre und eines Mannes wie Galileo Galilei (1564–1642), um diese These erstmalig ernsthaft infrage zu stellen. Galilei ließ kleine Kugeln eine Rinne hinab- und anschließend eine andere Rinne wieder hinaufrollen, sodass sie durch die Schwerkraft wieder gebremst wurden. Stellte er die zweite Rinne so auf, dass sie genauso steil war wie die erste, erreichten die Kugeln fast wieder die Ausgangshöhe. Machte er die zweite Rinne nun nicht ganz so steil, rollten die Kugeln weiter, und zwar umso weiter, je weniger Steigung die zweite Rinne hatte. Am weitesten kamen die Kugeln, wenn die zweite Rinne waagerecht auf dem Tisch lag und sie somit von der Schwerkraft nicht gebremst wurden. Und nun hatte Galilei eine geniale Idee: Könnte es nicht sein, so fragte er sich, dass die Kugeln beziehungsweise der Wagen nur deshalb zum Stillstand kommen, weil sie durch *Reibungskräfte* gebremst werden? Und dass sie, wenn sie keinen Kräften ausgesetzt wären, niemals zur Ruhe kommen würden? Er *idealisierte* also und nahm an, dass bewegte Körper eine Eigenschaft haben, die wir in reiner Form praktisch nie beobachten können, nämlich die Eigenschaft, in ihrem Bewegungszustand verharren zu wollen. Körper sind also gewissermaßen „träge".

> Galilei'sches Trägheitsprinzip: Ein sich selbst überlassener Körper bewegt sich ohne äußere Einwirkung geradlinig gleichförmig oder bleibt in Ruhe.

Lassen wir einen Stein über eine Eisfläche gleiten, sind wir einer reibungsfreien Bewegung schon viel näher als in den Beispielen mit den Kugeln oder dem abgekoppelten Wagen. Die Voraussetzungen des Trägheitsprinzips sind am ehesten im Weltall erfüllt: Auf die Raumsonde Voyager 1 wirken, sobald sie unser Planetensystem verlassen hat, praktisch keine Kräfte mehr (die Gravitationseinflüsse sind sehr gering), und allein deshalb bewegt sie sich immer weiter. Man benötigt also gar keinen Antrieb, um sich fortzubewegen (da irrte Aristoteles), man muss nur verhindern, dass man gebremst wird! Im Übrigen wohnen wir alle auf einem Raumschiff, das sich seit ca. vier Milliarden Jahren ohne Antrieb fortbewegt und dies voraussichtlich auch weiterhin tun wird. Unsere Erde wird zwar durch von der Sonne ausgehende Kräfte auf der Bahn gehalten, aber in Bewegungsrichtung der Erde gibt es weder beschleunigende noch bremsende Einflüsse, und darum umkreisen wir die Sonne immer weiter, Jahr für Jahr, ohne den geringsten Antrieb: Auch unsere Erde ist träge!

Alles träge

Fernrohr bei Nacht

Neben seinen relativ „harmlosen" Behauptungen über die Trägheit von Körpern äußerte Galilei auch andere Meinungen, die von der Kirche als massive Bedrohung aufgefasst wurden. Unter anderem richtete er das kurz zuvor in Holland erfundene Fernrohr auf den Nachthimmel und entdeckte Dinge, die in eklatantem Widerspruch zu den Lehrmeinungen der Kirche standen. Im Verlaufe des nun aufkommenden Disputs wurde Galilei von den Kirchenoberen dezent darauf hingewiesen, dass die Auseinandersetzung auch mithilfe des Scheiterhaufens beendet werden könne. Galilei überdachte seine Situation und beschloss, seine Thesen öffentlich zu widerrufen, um nicht als Ketzer verurteilt zu werden. An der Gültigkeit der von ihm entdeckten Naturgesetze hat sich dadurch jedoch nichts geändert, und auch die Kirche hat inzwischen eingesehen, dass sie falsch lag. Bertolt Brecht (1898–1956) hat über den Konflikt zwischen Galilei und der Kirche sein bekanntes Theaterstück *Leben des Galilei* geschrieben, das viele Fragen aufwirft, die auch für uns heute bedeutsam sind.

Bertolt Brecht

Galileis größte Leistung war die von ihm begründete Erkenntnismethode, die bis heute die Grundlage jeder physikalischen Forschung ist: Das Experiment hat recht! Erkenntnisse gewinnt man in der Physik, indem man systematische Versuche durchführt und diese deutet.

Inertialsysteme

U-Bahn

Es scheint Situationen zu geben, in denen das Trägheitsprinzip nicht gilt: Sie sitzen in der U-Bahn, nur innen ist es hell, draußen sehen Sie nichts. Auf dem Sitz neben Ihnen steht Ihre Tasche. Plötzlich schießt die Tasche nach vorne, wie von Geisterhand, ohne dass etwas Besonderes geschehen ist. Nun, so ganz stimmt das nicht, denn die

U-Bahn hat gebremst, aber als Verfechter des Trägheitsprinzips werden Sie trotzdem fragen: Auf die Tasche hat keine Kraft gewirkt, wieso hat sie sich dann in Bewegung gesetzt?

Ein Perspektivwechsel bringt Aufklärung. Was hätte jemand gesehen, der im dunklen U-Bahn-Tunnel gestanden und die Szene von außen betrachtet hätte? Seiner Beobachtung nach wirkte eine (Brems-)Kraft auf die Bahn, dadurch änderte sich ihr Bewegungszustand, sie wurde langsamer und mit ihr alle Sitze und Passagiere. Nur die Tasche wurde nicht gebremst, weil sie nicht am Sitz befestigt war. Sie gehorchte stattdessen dem Trägheitsprinzip und „versuchte", im Zustand gleichförmiger Bewegung zu bleiben. Von außen betrachtet ging also alles mit rechten Dingen zu. Sie und die anderen Passagiere haben nur deshalb eine Kraft auf die Tasche registriert, weil *Sie selbst* gebremst wurden.

Etwas Ähnliches können Sie beobachten, wenn Sie Beifahrer sind und das Auto durch eine enge Kurve fährt. Der Fahrer wird denken, dass eine Kraft wirkt, die Sie gegen die Beifahrertür drückt. Von außen betrachtet setzt Ihr Körper aber nur seine durch das Trägheitsprinzip geforderte gleichförmige geradlinige Bewegung fort und es wirkt gar keine Kraft auf Sie.

Kurvige Straße

Wir sehen: Es kommt auf den Standpunkt an! Was der eine für eine Kraft hält, hält der andere für eine Folge der Trägheit. Es ist daher wichtig, zu wissen, in welchem *Bezugssystem* man sich gerade befindet. Für die *Relativitätstheorie* ist dies von entscheidender Bedeutung; wir kommen in Kapitel 8 darauf zurück (→ S. 272 ff.).

In Bezugssystemen, in denen das Trägheitsprinzip gilt, haben die physikalischen Gesetze die mathematisch einfachste Darstellung. Man nennt diese Systeme *Inertialsysteme* (von lat. „inertia" – Trägheit).

> Ein Bezugssystem, in dem das Trägheitsprinzip gilt, heißt *Inertialsystem*.

Als Bewohner eines rotierenden Planeten befinden wir uns genau genommen in derselben Situation wie das Auto, das eine Kurve durchfährt: Unser Bezugssystem ist eigentlich kein Inertialsystem. Der Erdradius ist jedoch so groß, dass wir die Abweichung zwischen der Dreh- und der geradlinigen Bewegung im Alltag vernachlässigen können.

Masse und Kraft

Der vorangehende Abschnitt über die Trägheit eröffnet einen neuen Bereich der Mechanik, nämlich die *Dynamik*. In der Dynamik untersucht man, welche Ursachen zu bestimmten Bewegungen führen. Die Abschnitte davor gehören zur *Kinematik,* die die Bewegungen beschreibt, ohne ihre Ursachen zu ergründen.

Zu Beginn unserer Betrachtungen über die Kinematik mussten wir uns zunächst darüber klar werden, welche physikalische Bedeutung die Wörter *Zeit* und *Länge* haben sollen. In ähnlicher Weise müssen wir nun den Begriffen *Trägheit* und *Kraft*, die wir im vorigen Abschnitt ohne weitere Reflexion „einfach so" benutzt haben, einen physikalischen Sinn geben.

Masse

Woran erkennt man, dass eine Kraft wirkt? Das erkennt man daran, dass ein Körper *beschleunigt* wird – so fordert es das Trägheitsgesetz. Wirkt nämlich keine Kraft, so bleibt der Körper im Zustand der gleichförmigen Bewegung oder der Ruhe. Um zu einer physikalischen Bedeutung des Wortes Kraft zu kommen, müssen wir also Körper beschleunigen.

Unterschiedliche Ballgrößen

Stellen Sie sich vor, Sie würden nacheinander mit einer immer gleichen Bewegung Ihres Kniegelenks einen Tischtennisball, einen Fußball und einen Medizinball wegkicken, also beschleunigen. Wir können dann sagen, dass die „Kraft", die auf die Bälle wirkt, in allen drei Fällen gleich ist. Die Beschleunigung wird aber sehr unterschiedlich sein: Der Tischtennisball wird sehr schnell losfliegen, der Fußball etwas langsamer und der Medizinball wird bestenfalls gemächlich losrollen, falls Sie sich wirklich getraut haben, ihn zu treten, und ihr Fußgelenk diese Aktion einigermaßen heil überstanden hat. Gleiche Kräfte können also verschiedene Beschleunigungen bewirken. Es können daher nicht alle Körper gleich träge sein, sondern es muss verschiedene Abstufungen von Trägheit geben. Um die Trägheit messen zu können, führt man den Begriff der *Masse* ein. Große Masse bedeutet große Trägheit, kleine Masse kleine Trägheit.

Um Massen messen zu können, ist man analog zum Urmeter so vorgegangen, dass man willkürlich eine Basiseinheit, nämlich das Kilogramm *(kg)*, festgelegt und dann ein Urkilogramm geschaffen hat, das diese Einheit darstellen soll. Das Urkilogramm ist aus einer Platin-Iridium-Legierung gefertigt und wird in Sèvres gleich neben dem Urmeter aufbewahrt, befindet sich aber im Gegensatz zu jenem bis heute „im Dienst". Es soll die Masse eines Liters Wasser bei einer Temperatur von vier Grad Celsius darstellen – darum hat also ein Liter Wasser die Masse von einem Kilogramm.

Leider mehren sich in letzter Zeit die Zweifel an der Beständigkeit und Unveränderlichkeit des Urkilogramms, aber über eine bessere Methode zur Festlegung der Masseneinheit hat man sich bisher noch nicht einigen können.

Das Urkilogramm ist ein kleiner, nur knapp 4 Zentimeter hoher Zylinder und steht unter drei Glasglocken.

Ein Kilo?

Wenn Sie nun einen Körper hergestellt haben, von dem Sie glauben, dass er die Masse von einem Kilogramm haben könnte, müssen Sie zur Überprüfung dieser Behauptung den Körper und eine Balkenwaage einpacken und nach Sèvres reisen. Dort bitten Sie dann freundlich um die Aushändigung des Urkilogramms und stellen es auf die eine Schale Ihrer Waage. Ihr selbst gefertigter Körper kommt auf die andere Schale. Befindet sich die Waage nun im Gleichgewicht, hatte Ihr Körper

Wägesatz

tatsächlich die Masse von einem Kilogramm. Nun reisen Sie nach Hause und stellen einen sogenannten Wägesatz her: Fertigen Sie einen weiteren Kilogrammkörper (Test mit der Balkenwaage!) und schneiden Sie ihn in genau zwei gleiche Teile. Ob Ihnen das gelungen ist, können Sie wiederum mit der Waage testen. Nun haben Sie ein halbes Kilogramm hergestellt. So fahren Sie fort – und bald können Sie jede beliebige Masse messen! (Streng genommen muss man an dieser Stelle die beiden Begriffe *träge Masse* und *schwere Masse* voneinander unterscheiden, aber das sprengt den Rahmen dieser Darstellung. Für uns gibt es nur die *Masse*.)

> Basiseinheit der Masse ist das Kilogramm (*kg*).
> 1 *kg* ist die Masse des Urkilogramms.

Kraft

Nun können wir festlegen, was wir physikalisch unter Kraft verstehen wollen. Es muss ja so sein, dass die Kraft größer ist, wenn die Beschleunigung oder die Masse vergrößert wird (oder sogar beides auf einmal). Das ist am einfachsten durch die folgende Festlegung zu realisieren: Kraft ist Masse *mal* Beschleunigung. Dabei hat die Kraft auch eine Richtung, nämlich die der Beschleunigung. Also können wir sagen: Die Kraft ist ein Vektor, dessen Richtung mit der der Beschleunigung übereinstimmt und dessen Betrag sich aus dem Produkt aus Masse und Beschleunigung errechnet.

Isaac Newton

Die Einheit der Kraft muss nicht neu festgelegt werden, sondern sie ergibt sich aus den Einheiten der Masse und der Beschleunigung. Zu Ehren des genialen britischen Physikers Isaac Newton (1643–1727) führte man dennoch ein neues Symbol ein, um Kräfte zu kennzeichnen: *N* (Newton). $1\,N$ ist dasselbe wie $1\,kg \cdot 1\,\frac{m}{s^2}$.

> Festlegung:
>
> Erfährt ein Körper der Masse m die Beschleunigung $\vec{a}$, so ist dazu die Kraft $\vec{F} = m \cdot \vec{a}$ erforderlich.
>
> Kräfte werden in N (Newton) gemessen. Es gilt: $1\,N = 1\,kg\,\frac{m}{s^2}$

Nun können wir die Beschleunigungen ausrechnen, die der Tischtennisball (Masse: 2,7 Gramm), der Fußball (Masse: 430 Gramm) und der Medizinball (Masse: 5 Kilogramm) erfahren. Nehmen wir an, dass jeweils die beschleunigende Kraft von 50 Newton wirkt. Dann ergibt sich durch Umstellung der Kraftformel für den Tischtennisball folgender Wert:

$$a_{TT\text{-}Ball} = \frac{F}{m_{TT\text{-}Ball}} = \frac{50\,N}{0{,}0027\,kg} = 18{,}519\,\frac{kg\,\frac{m}{s^2}}{kg} \approx 18{,}500\,\frac{m}{s^2}$$

Entsprechend können wir ausrechnen:

$$a_{Fußball} \approx 116\,\frac{m}{s^2} \quad \text{und} \quad a_{Medizinball} \approx 10\,\frac{m}{s^2}$$

Wir bekommen also genau die erwarteten Abstufungen.

Federkräfte

Wenn Sie versuchen, eine Stahlfeder zusammenzudrücken oder auseinanderzuziehen, dann „wehrt" sich diese dagegen. Der Grund dafür ist die *Federkraft,* mit der die Feder versucht, wieder in den ursprünglichen Zustand zu gelangen. Federn werden z. B. in Fahrradsätteln verwendet, um Stöße abzumildern.

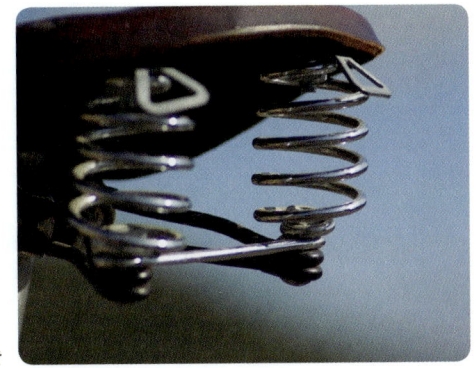

Federn am Fahrradsattel – eine Wohltat

Mechanik

Oft ist die Federkraft zu der jeweiligen Verlängerung oder Verkürzung proportional. Dann gehört z. B. zur doppelten Auslenkung die doppelte Federkraft. Ist dies der Fall, so sagt man, dass das *Hooke'sche Gesetz* (nach dem britischen Physiker Robert Hooke (1635–1703) gilt.

> Ist bei einer Feder die Federkraft $\vec{F}_F$ proportional zur Verlängerung bzw. Verkürzung $\vec{x}$, so gilt für sie das Hooke'sche Gesetz:
>
> $$\vec{F}_F = -D \cdot \vec{x}$$
>
> Der Faktor D ist eine für die Feder charakteristische Konstante. Sie heißt *Federkonstante*.

Das Minuszeichen zeigt an, dass Federkraft und Auslenkung entgegengesetzt gerichtet sind.

Bei manchen Federn gilt das Hooke'sche Gesetz nur für das Auseinanderziehen oder nur für das Zusammendrücken.

Kraftmesser

Da es manchmal unpraktisch ist, Kräfte über Beschleunigungen zu messen, hat man *Kraftmesser* erfunden, die mithilfe von Federn Kräfte messen. Ein Kraftmesser besteht aus einem durchsichtigen Gehäuse, in dem eine Feder angebracht ist. Auf einer Skala kann man die Auslenkung der Feder und damit die Größe der wirkenden Kraft ablesen.

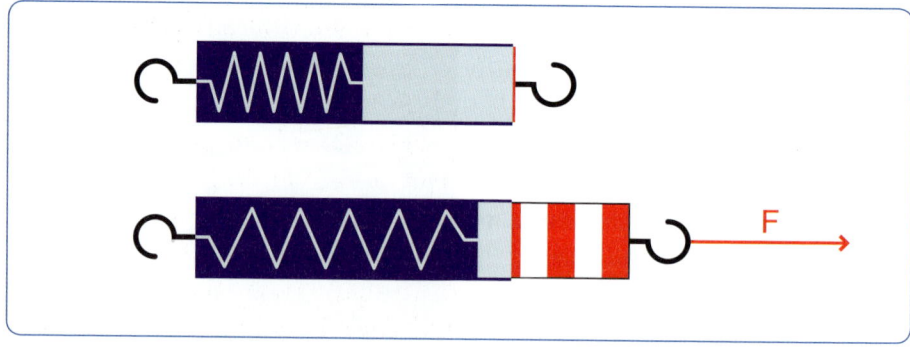

Gewichtskräfte

Was zeigt ein Kraftmesser an, wenn Sie ihn lotrecht halten und an ihn eine handelsübliche 100-Gramm-Tafel Schokolade hängen?

Die Masse beträgt 0,1 Kilogramm und die Beschleunigung hat den Wert 9,81 Meter pro Sekundenquadrat, denn die Schokolade würde ja mit der Fallbeschleunigung g frei fallen, wenn wir sie loslassen würden. Also gilt für den Betrag der Gewichtskraft F_G, mit der die Erde die Schokolade anzieht:

$$F_G = m \cdot g = 0{,}1 \; kg \cdot 9{,}81 \, \frac{m}{s^2} = 0{,}981 \; N \approx 1 \; N.$$

> Jeder Körper auf der Erde unterliegt der *Gewichts-* oder *Schwerkraft*. Ein Körper der Masse 100 g wird ungefähr mit 1 N angezogen.

Im Alltag wird häufig der Begriff „Gewicht" verwendet, wenn man eigentlich „Masse" sagen müsste. Die Physik unterscheidet streng zwischen „Gewichtskraft" und „Masse". Warum tut sie das? Warum könnte auf einer Tafel Schokolade nicht statt „100 Gramm" genauso gut „1 Newton" stehen?

Auch Schokolade unterliegt der Schwerkraft.

Stellen Sie sich vor, ein Astronaut würde die Tafel Schokolade, einen Wägesatz und eine Balkenwaage mit zum Mond nehmen. Auf dem Mond herrscht eine kleinere Fallbeschleunigung als auf der Erde, sie beträgt etwa ein Sechstel unseres Wertes. Die Gewichtskraft ist also auch viel kleiner. Misst der Astronaut jedoch mithilfe der Balkenwaage die Masse der Schokolade, so kommt er – wie auf der Erde – zu dem Wert 100 Gramm, weil ja die (geringere) Gewichtskraft auf beide Schalen der Waage gleichermaßen wirkt. Mit anderen Worten: Gäbe es auf dem Mond Supermärkte und würde man von der Erde Schokoladentafeln importieren, auf denen

Mechanik

„1 Newton" stünde, so würde dies auf dem Mond nicht der Wahrheit entsprechen. Die Aufschrift „100 Gramm" wäre aber nach wie vor gültig. Die Gewichtskraft ist ortsabhängig, die Masse nicht!

Kräfte bei der Kreisbewegung

Wie wir im entsprechenden Abschnitt (→ S. 29) schon gesehen haben, wirkt auf einen kreisenden Körper eine Beschleunigung, die den Betrag $a = \omega^2 \cdot r$ hat und stets zum Kreismittelpunkt gerichtet ist. Also erfährt der Körper wegen des zweiten Newton'schen Gesetzes eine (vom Betrag her konstante) Kraft, die wie die Beschleunigung zur Mitte zeigt. Diese Kraft verursacht die Kreisbewegung. Sie heißt *Zentripetalkraft*.

> Die zum Zentrum gerichtete Zentripetalkraft, die einen Körper der Masse m bei konstanter Winkelgeschwindigkeit ω bzw. Bahngeschwindigkeit v auf einer Kreisbahn mit dem Radius r hält, ist:
>
> $$\vec{F}_Z = -m \cdot \omega^2 \cdot \vec{r}$$
>
> Dabei ist der Vektor $\vec{r}$ vom Mittelpunkt zum Körper gerichtet.
>
> Für den Betrag von $\vec{F}_Z$ gilt: $F_Z = m \cdot \omega^2 \cdot r = m \cdot \dfrac{v^2}{r}$

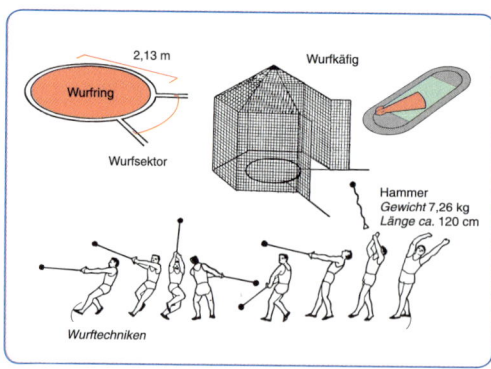

Hammerwerfen

Die Zentripetalkraft wird bei einem Hammerwerfer durch die Schnur übertragen, bei der Bewegung der Planeten um die Sonne (die näherungsweise ein Kreis ist) ist es die Gravitationskraft.

Wann muss der Hammerwerfer loslassen, wenn der Hammer aus dem Wurfkäfig heraus auf das Spielfeld fliegen soll?

An dieser Frage ist schon so mancher Wurf gescheitert – sonst bräuchte man ja auch gar keinen Wurfkäfig.

Zusammenwirken von Kräften

Zwei Schlepper ziehen ein großes Schiff durch einen Hafen. Das folgende Bild zeigt die Situation von oben. Jeder der Schlepper muss ein wenig „seitlich" ziehen, um nicht dem jeweils anderen Schlepper ins Gehege zu kommen. In welche Richtung wird nun das große Schiff gezogen, und wie groß ist die Kraft, mit der das geschieht?

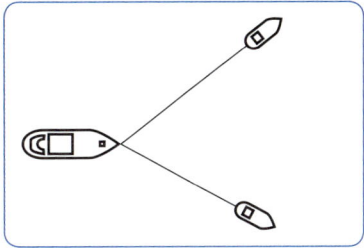

Durch Experimente kann man nachweisen, dass sich Kraftpfeile wie Vektoren verhalten. Also lassen sie sich vektoriell addieren. Die Summe der Vektoren stellt die auf das große Schiff wirkende Gesamtkraft (die sogenannte *resultierende Kraft*) dar.

Wir nehmen an, dass der eine Schlepper mit einer Kraft von 3000 Newton und der andere mit einer Kraft von 2000 Newton zieht. Diese Kräfte legen wir als Kraftpfeile (mit einem beliebigen Maßstab) über das Bild und addieren sie. Das bedeutet, dass wir ein Parallelogramm konstruieren, dessen Diagonale die resultierende Kraft darstellt. Aus der Länge der Diagonalen können wir den Betrag der gesuchten Kraft auf das große Schiff ablesen. Er beträgt in unserem Beispiel 4400 Newton.

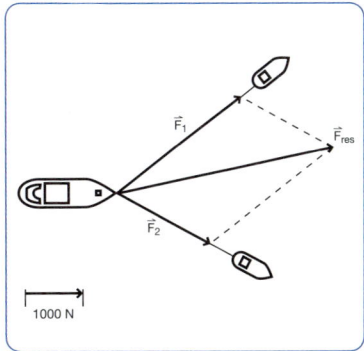

Zerlegung von Kräften

Wenn man in Umkehrung der Vorgehensweise beim Zusammenwirken von Kräften eine gegebene resultierende Kraft in vorhandene Richtungen auflöst, um herauszufinden, durch welche Einzelkräfte sie verursacht wurde, so spricht man von einer *Kräftezerlegung*.

Mechanik 42

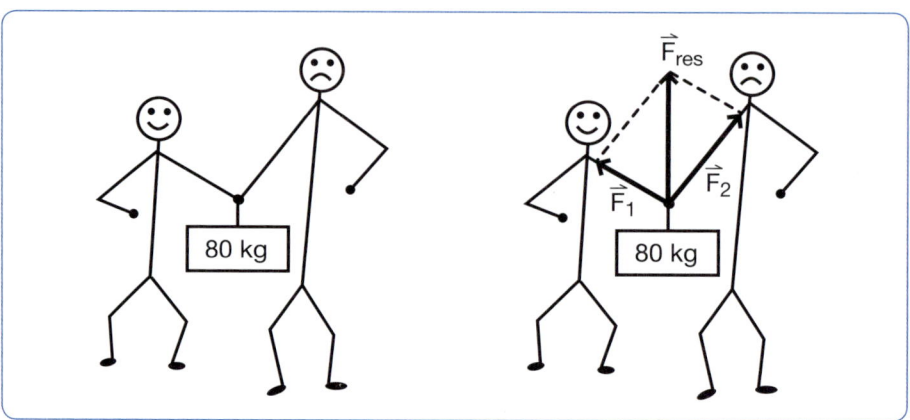

Die Gesichtsausdrücke in dem Bild deuten darauf hin, dass die Kräfte, die die beiden Personen aufwenden müssen, nicht gerecht verteilt sind. Die resultierende Kraft muss natürlich den Wert 800 Newton haben (wenn wir für g näherungsweise $10\frac{m}{s^2}$ ansetzen) und vertikal nach oben zeigen, weil sie die Gewichtskraft genau kompensieren muss. Fassen wir nun die resultierende Kraft als Diagonale eines noch nicht existierenden Parallelogramms auf und „rekonstruieren" wir dieses Parallelogramm mithilfe der Richtungen der Arme, so können wir ablesen, wer wie viel trägt. Wie man sieht, lohnt es sich in diesem Fall, eine kleinere Körpergröße zu haben!

Wechselwirkung zwischen Körpern

Sie sind im Schwimmbad und tun etwas für Ihre Kondition. Bitte schwimmen Sie einmal auf den Beckenrand zu, führen Sie eine elegante Wende aus und stoßen Sie sich mit den Füßen ab, sodass Sie in die entgegengesetzte Richtung beschleunigt werden. Doch Halt: Sie *werden* beschleunigt? Von wem oder was? Die Beckenwand tut doch gar nichts, sie steht nur so da, wie sie gebaut wurde! Wie kann sie Sie durch Nichtstun beschleunigen?

Wer beschleunigt hier wen?

Reaktionskräfte

Die Schwimmbadsituation ist unser erstes Beispiel für eine Wechselwirkung zwischen Körpern, in diesem Fall zwischen Ihnen und der Beckenwand. Bisher ging es nur um die Bewegung *eines* Körpers, jetzt geht es darum, was geschieht, wenn mehrere Körper aufeinandertreffen. Der schon erwähnte Isaac Newton fand heraus, dass bei der Wechselwirkung Kräfte nie allein auftreten, sondern immer paarweise: Wenn ein Körper auf einen anderen eine Kraft ausübt, so reagiert dieser stets mit einer entgegengesetzt gerichteten Kraft, deren Betrag genauso groß ist wie derjenige der verursachenden Kraft. Eine *Aktion* bewirkt immer eine *Reaktion!* Dafür, dass das tatsächlich so ist, gibt es vielfältige Belege. Drücken Sie einmal gegen die Wand und spüren Sie, wie die Wand „zurückdrückt". Oder halten Sie dieses Buch hoch und fühlen Sie, wie das Buch „versucht", Ihre Hand nach unten zu bewegen. Und wenn Sie schon einmal auf dem Jahrmarkt einen Schuss aus einem Gewehr abgefeuert haben, wissen Sie, dass die Kraft auf das Geschoss von diesem mit einer Kraft auf das Gewehr beantwortet wird, die wir als Rückstoß registrieren. Sie können auch Folgendes versuchen: Besorgen Sie sich zwei Skateboards und einen Versuchspartner. Nun stellt sich jeder auf ein Skateboard und Sie versuchen, die andere Person wegzudrücken. Was geschieht? Zwar setzt sich das andere Skateboard in Bewegung, aber Ihres auch, und zwar in die entgegengesetzte Richtung. Ihre Aktion auf das andere Skateboard führt zu einer Reaktion auf Ihr Skateboard. Und nun stellen Sie sich vor, dass Sie das

Aktion oder Reaktion?

andere Skateboard immer schwerer machen: Erst stellen Sie mehrere Leute darauf, dann beschweren Sie es zusätzlich mit Blei und so weiter. Sie werden feststellen, dass das andere Skateboard immer weniger beschleunigt wird (weil seine Masse größer wird) und dass zum Schluss fast nur noch Sie sich merklich bewegen. Schließlich schrauben Sie das Skateboard am Boden fest. Nun müssen Sie die ganze Erde wegschieben. Das geschieht auch ein ganz kleines bisschen, aber aufgrund der großen Masse der Erde ist es nicht wahrnehmbar. Die Reaktionskraft der Erde auf Sie hingegen ist deutlich spürbar: Sie werden merklich beschleunigt, da Sie eine viel kleinere Masse als die Erde haben.

Nun können wir die Schwimmbadsituation aufklären: Sie üben auf die Beckenwand eine Kraft aus und beschleunigen diese dadurch unmerklich. Die Wand „antwortet" mit einer Reaktionskraft auf Ihren Körper, die Sie vom Beckenrand wegbeschleunigt.

> **Wechselwirkungsprinzip:** Übt ein Körper 1 eine Kraft auf einen Körper 2 aus, so übt Körper 2 eine entgegengesetzt gleiche Kraft auf Körper 1 aus.
> In Kurzform: actio = reactio.

Die Newton'schen Gesetze

In seinem berühmten, im Jahre 1687 erschienenen Werk *Philosophiae naturalis principia mathematica* („Mathematische Prinzipien der Naturphilosophie") baute Newton das erste umfassende Theoriegebäude der Physik auf. Er führte die mechanischen Erscheinungen auf nur drei Gesetze zurück, die er „Axiome" (Grundsätze) nannte. Aus heutiger Sicht ist der Begriff „Gesetz" besser. Es handelt sich um genau diejenigen Sachverhalte, die wir in den letzten drei Abschnitten kennengelernt haben. Hier die Zusammenfassung:

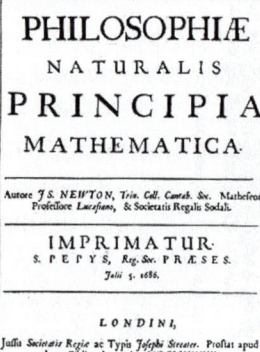
Newtons Principia Mathematica

> **Erstes Newton'sches Gesetz** (Trägheitsgesetz):
> Jeder Körper verharrt in seinem Zustand der Ruhe oder der gleichförmigen geradlinigen Bewegung, solange keine äußeren Kräfte auf ihn einwirken.
>
> **Zweites Newton'sches Gesetz** (Grundgleichung der Mechanik):
> Die Kraft ist das Produkt aus der Masse des beschleunigten Körpers und der Beschleunigung: $\vec{F} = m \cdot \vec{a}$
>
> **Drittes Newton'sches Gesetz** (Wechselwirkungsgesetz):
> Die Kraft $\vec{F}_{12}$ des Körpers 1 auf den Körper 2 ist entgegengesetzt gleich der Kraft $\vec{F}_{21}$ des Körpers 2 auf den Körper 1: $\vec{F}_{12} = -\vec{F}_{21}$

Das erste Gesetz ist in Wirklichkeit ein Sonderfall des zweiten Gesetzes: Ist $\vec{F} = \vec{0}$, so ist auch $\vec{a} = \vec{0}$. Der Körper wird nicht beschleunigt.

Scheinkräfte

In dem Abschnitt über Trägheit sind uns erstmals „Kräfte" begegnet, die für bestimmte Beobachter gar keine sind (→ S. 30 ff.). Wir beschäftigen uns jetzt mit zwei berühmten Vertretern dieser etwas „flüchtigen" Gattung. Man nennt sie Schein- oder Trägheitskräfte.

Zentrifugal-„Kräfte"

Der Hammerwerfer sagt: „Wenn ich den Hammer kreisen lasse, spüre ich ganz deutlich, wie er an mir zieht. Wieso soll das eine Scheinkraft sein? Ich sehe es so: Es wirkt eine *Flieh-* oder *Zentrifugal*kraft, die den Hammer von mir wegziehen will. Das lasse ich natürlich nicht zu, also halte ich dagegen, und deshalb gibt es ein Kräftegleichgewicht und der Hammer fliegt nicht weg!"

Neben dem Hammerwerfer steht ein Zentrifugalkraftgegner und will dessen Argumentation entkräften. Nur mit dem Wissen aus dem Abschnitt „Trägheit" gelingt das nicht, aber die neu hinzugekommenen Kenntnisse über Wechselwirkung werden für ihn zum rettenden Anker. Er sagt: „Ich sehe es so: Der Hammerwerfer zieht während der Drehung an der Schnur. Dadurch wirkt eine Kraft auf den Hammerkopf, die ihn auf der Kreisbahn hält. Das ist nichts anderes als die uns schon bekannte *Zentripetalkraft*. Was der Hammerwerfer spürt, ist Folgendes: Wenn er auf den Hammerkopf eine Kraft $\vec{F}$ wirken lässt (eben die Zentripetalkraft), so wirkt der Hammerkopf auf den Werfer mit der Kraft $-\vec{F}$ zurück. Das ist einfach eine Folge des Dritten Newton'schen Gesetzes: Der Hammerwerfer spürt die Gegenkraft gemäß ‚actio = reactio'. Es ist völlig unnötig und aus meiner Sicht unsinnig, dafür eine Zentrifugalkraft zu bemühen!"

Wer hat nun recht? Die Antwort lautet: Beide – wenn man ihr jeweiliges Bezugssystem zugrunde legt. Beschleunigte Bezugssysteme lassen aber die Vorgänge oft unübersichtlich und schwierig erscheinen. Der Standpunkt des Zentrifugalkraftgegners, der sich ja in einem Inertialsystem befindet, ist meistens einfacher zu verstehen.

Mechanik

Coriolis-„Kräfte"

Von der Decke des Museumsturmes im „Deutschen Museum" in München hängt ein 60 Meter langes Seil herunter, an dessen Ende eine 30 Kilogramm schwere Bleikugel befestigt ist. Es handelt sich um den Nachbau eines Versuches, den der französische Physiker Bernard Léon Foucault (1819–68) im Pariser Pantheon durchgeführt hat. Morgens wird das Pendel in einer bestimmten Richtung (z. B. in Nord-Süd-Richtung) ausgelenkt und dann schwingt es den Tag über hin und her. Das Merkwürdige ist: Schon bald pendelt es nicht mehr in Nord-Süd-Richtung, sondern die Schwingungsebene dreht sich. Im Laufe des Tages nimmt die Abweichung von der ursprünglichen Richtung gleichmäßig zu, so, als würde eine

Der Originalversuch

unsichtbare Hand die Kugel fortwährend immer ein bisschen in eine andere Richtung drängen. Unsichtbare Hand? Da kommt uns doch sofort der Verdacht, dass wieder eine Scheinkraft am Werke sein könnte! Schließlich leben wir nur näherungsweise in einem Inertialsystem, und vielleicht ist die Näherung jetzt gerade nicht erlaubt!

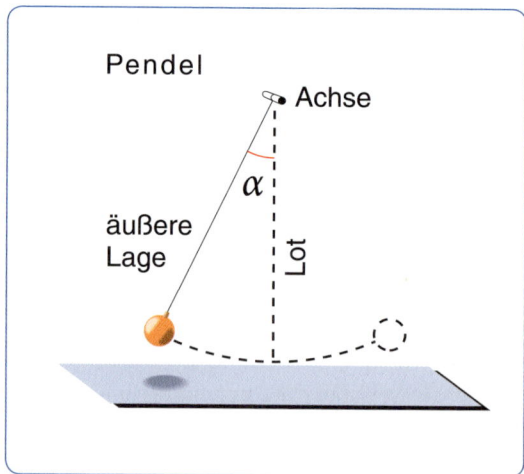

Die Lösung des Problems ist am einfachsten am Nordpol zu erklären. Also reißen wir den Museumsturm ab und bauen ihn genau am Nordpol wieder auf. Dann setzen wir das Pendel in Bewegung und bitten den Zentrifugalkraftgegner von vorhin um eine Stellungnahme. Dieser steigt in ein Raumschiff und schaut sich die Sache von oben an. Weil er ein Inertialbeobachter sein möchte, sorgt er dafür, dass sein Raumschiff nicht mit der Erde mitdreht, sondern in Bezug auf den Fixsternhimmel ruht. Hier seine Aussage: „In Bezug auf mich und mein Raumschiff behält das Pendel seine Schwingungsrichtung bei, da ändert sich gar nichts, und das muss ja auch aufgrund des Trägheitsprinzips so sein! Allerdings dreht sich der Turm, denn die Erde rotiert ja, und jemand, der im Turm steht, denkt, dass das Pendel seine Richtung ändert. Er ist es aber selbst, weil er sich gewissermaßen unter dem Pendel wegdreht!" Dem ist nichts hinzuzufügen, außer, dass der Versuch an jedem Ort der Erde (abgesehen vom Äquator) klappt, nur muss man dann eine etwas kompliziertere Komponentenzerlegung durchführen, auf die wir hier verzichten. Im Umkehrschluss beweist der Versuch, dass die Erde rotiert, und genau dies bezweckte Foucault!

Gaspard de Coriolis

Wenn wir in unserem (beschleunigten) Bezugssystem bleiben, dann müssen wir die Drehung der Pendelebene auf eine Scheinkraft zurückführen. Diese trägt den Namen *Coriolis*-„Kraft" (nach dem Physiker Gaspard Gustave de Coriolis (1792–1843)). Sie „wirkt" nicht nur auf Pendel, sondern z. B. auch auf Luftmassen, die in Bewegung sind. Auf der Nordhalbkugel führt dies zu einer *Rechtsablenkung* der strömenden Luft. Dadurch entstehen *linksdrehende* Zyklone. Falls Sie sich fragen, wieso die Ablenkung nach rechts zu einer Linksdrehung führt, stellen Sie sich einfach einen Kreisverkehr vor: Die Autos biegen nach rechts in den Kreisel ein, fahren anschließend aber im Kreisel linksherum. Genauso machen es die Luftmassen in einem Tiefdruckgebiet auf der Nordhalbkugel. Auf der Südhalbkugel ist es umgekehrt.

Linksdrehender Zyklon auf der Nordhalbkugel

Mechanik

Arbeit, Leistung, Energie

Kein physikalischer Begriff kommt in unserem Alltag häufiger vor als die Energie: *Energie*versorger bieten einen *Energie*mix an, es gibt *Energie*sparlampen und *Energie*berater, für Ihr Haus können Sie sich einen *Energie*pass ausstellen lassen und in den Medien ist die Rede von der *Energie*krise. Aber was ist Energie? Das klären wir in diesem Abschnitt. Den Boden dafür bereiten wir mithilfe der physikalischen *Arbeit,* die auch kulturgeschichtlich die Wurzel für den Energiebegriff bildet. Am Ende des Abschnitts werden wir so weit sein, dass wir uns zum ersten Mal in diesem Buch mit einer der zentralen Aussagen der Physik vertraut machen können: mit dem *Satz von der Erhaltung der Energie.*

Energiesparlampe

Arbeit

Nehmen wir an, dass Sie der Chef eines Warenlagers sind, z. B. in der Speicherstadt in Hamburg, und einen Lagerarbeiter beschäftigen. Seine Aufgabe ist es, angelieferte Kisten mit einem Seil in die verschiedenen Stockwerke des Speichers zu heben, wobei wir der Einfachheit halber annehmen, dass alle Kisten gleich groß und gleich schwer und dass alle Stockwerke gleich hoch sind.

Gebäude in der Speicherstadt

Wie sollten Sie den Arbeiter fairerweise bezahlen? Von eher planwirtschaftlichen Ansätzen („der Arbeiter bekommt einen Pauschalbetrag, unabhängig davon, ob er überhaupt Kisten hebt") sehen wir einmal ab. Naheliegend ist folgende Idee: Sie zahlen dem Arbeiter einen bestimmten Betrag *pro Kiste und Stockwerk*, z. B. einen Euro. Wenn er nun vier Kisten in den dritten Stock gebracht hat, so erhält er dafür:

$4 \cdot 3 \cdot 1\,€ = 12\,€$

Die Anzahl der Kisten muss also immer mit der Anzahl der Stockwerke *multipliziert* werden. Genau diese Idee verfolgen wir jetzt!

James Prescott Joule

Wir übersetzen die Kisten und die Stockwerke in die Sprache der Physik. Um eine Kiste zu heben, muss der Arbeiter eine *Kraft* aufbringen. Diese ist vom Betrag her genau gleich der Gewichtskraft auf die Kiste, wirkt aber in entgegengesetzter Richtung. (Genau genommen muss der Arbeiter am Anfang eine geringfügig größere Kraft aufbringen, um die Kiste in Bewegung zu setzen, aber dafür wendet er am Ende eine etwas kleinere Kraft auf, damit die Kiste durch die Gewichtskraft wieder gebremst wird; also kompensiert er im Mittel genau die zusätzliche Kraft.) Die Anzahl der Stockwerke gibt natürlich die *Wegstrecke* wieder, um die die Kiste gehoben wird. Die Idee aus dem Warenlager legt also nahe, physikalische Arbeit als „Kraft mal Wegstrecke" zu definieren. Die Einheit der Arbeit wäre dann *1 N · 1 m = 1 Nm* (1 Newtonmeter). Zu Ehren des britischen Physikers James Prescott Joule (1818–89) sagt man stattdessen *1 J* (1 Joule).

> Unter physikalischer Arbeit (W) versteht man das Produkt aus der in Wegrichtung wirkenden Kraft (F_s) und der zurückgelegten Wegstrecke (s):
>
> $W = F_s \cdot s$
>
> Die Einheit der Arbeit ist das Joule (J). Es ist $1\,J = 1\,N \cdot 1\,m$.

Die Formulierung „in Wegrichtung wirkende Kraft" rührt daher, dass Kräfte und Wege nicht immer dieselbe Richtung haben. Ziehen Sie z. B. einen Schlitten über eine Eisfläche, so ziehen Sie ja schräg nach oben, und nur diejenige Komponente der von Ihnen aufgebrachten Kraft, die in Bewegungsrichtung des Schlittens zeigt, bewegt diesen. Allgemeiner definiert man die Arbeit mithilfe des sogenannten *Skalarprodukts* der Vektoren $\vec{F}$ und $\vec{s}$: $W = \vec{F} \cdot \vec{s} = F \cdot s \cdot \cos\alpha$, wobei *cos* die Kosinusfunktion darstellt und α der Winkel zwischen $\vec{F}$ und $\vec{s}$ ist. Näheres zum Skalarprodukt finden Sie in dem Buch *Mathematik* aus dieser Reihe.

Mechanik

Verschiedene Formen von Arbeit

Je nach Wirkung unterscheidet man verschiedene Arbeitsformen: Der Lagerarbeiter verrichtet *Hubarbeit,* ein anfahrendes Auto *Beschleunigungsarbeit.* Spannen Sie eine Feder oder ein elastisches Band (z. B. beim Krafttraining mit einem Expander), dann verrichten Sie *Spannarbeit.* Ziehen Sie bei der Gartenarbeit eine Harke gleichförmig durch das Beet, so verrichten Sie *Reibungsarbeit.*

Gartenarbeit mit Harke

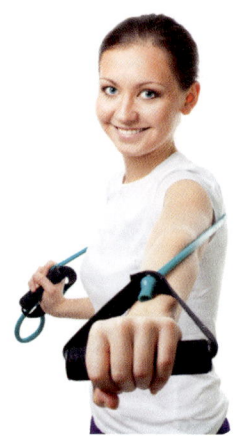

Training mit Expander

Goldene Regel der Mechanik

Wir bleiben zunächst bei der *Hubarbeit.* Wenn die Kisten sehr schwer sind, könnte unser Lagerarbeiter auf die Idee kommen, Vorrichtungen zu benutzen, die das Heben der Kisten erleichtern. Eine Möglichkeit wäre, die Kisten entlang einer *schiefen Ebene* nach oben zu rollen, etwa so, wie der Mann links das mit dem Fass macht. Tatsächlich muss er dann nicht die gesamte Gewichtskraft der Kiste aufbringen, sondern nur den parallel zur Ebene wirkenden Teil.

Arbeit entlang einer schiefen Ebene

Die ägyptischen Pyramidenbauer hatten schon vor ca. 4500 Jahren dieselbe Idee. Sie errichteten riesige Rampen, auf denen sie die Steinquader nach oben zogen.

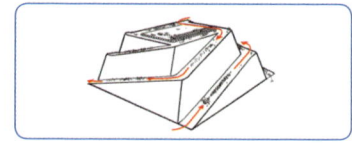

Aber wie es im Leben so ist: Nie hat man nur Vorteile, sondern man bezahlt immer mit einem Nachteil! Der Nachteil besteht in diesem Fall darin, dass man die Kiste über einen deutlich längeren Weg transportieren muss als beim direkten Hochheben. Man kann durch Rechnung oder auch durch Experimente zeigen, dass die Arbeit, also das Produkt aus Kraft und Weg, gleich bleibt. Es lässt sich zwar *Kraft* sparen, aber keine *Arbeit!*

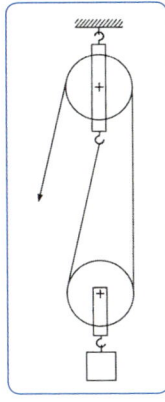

Beim *Flaschenzug* ist es genauso: Die Kiste hängt nun an mehreren Seilabschnitten (im Bild sind es zwei). Dadurch benötigt man nur die Hälfte der Zugkraft, die beim direkten Heben erforderlich wäre. Aber leider muss man nun, um die Kiste einen Meter hochzuziehen, zwei Meter Seil einziehen, denn jeder der tragenden Seilabschnitte muss ja einen Meter kürzer werden. Also bezahlt man wieder das Weniger an Kraft mit einem Mehr an Weg.

Es ist bis heute niemandem gelungen, eine Vorrichtung (man sagt auch: eine *Maschine*) zu bauen, die die Arbeit verringert. Diesen Erfahrungssatz fasst man unter dem Namen „Goldene Regel der Mechanik" zusammen.

Flaschenzug

> **Goldene Regel der Mechanik**
> Die physikalische Arbeit wird beim Gebrauch von Maschinen nicht geändert.

Leistung

Als Chef des Warenlagers kann es Ihnen nicht egal sein, in welcher Zeit eine bestimmte Arbeit verrichtet wird. Einem Lagerarbeiter, der die Kisten schneller transportiert, der also mehr leistet, werden Sie mehr Geld zahlen als einem anderen. Wir definieren physikalische Leistung als Arbeit pro Zeit. Die Einheit der Leistung ist eigentlich $1\,\frac{J}{s}$. Hierfür hat man das „Watt" (nach dem britischen Physiker James Watt; 1736–1819) mit dem Symbol W eingeführt. Was ein Aufdruck wie „60 W" auf einer Glühlampe mit dieser Festlegung zu tun hat, erfahren Sie im Kapitel „Elektrizität" (→ S. 146 ff.).

James Watt

Mechanik

> Leistung (P) ist der Quotient aus Arbeit (W) und Zeit (t):
>
> $$P = \frac{W}{t}$$
>
> Die Einheit der Leistung ist das Watt (W): $1\ W = 1\ \frac{J}{s}$
>
> Es ist $1\ kW = 1000\ W$ (1 Kilowatt).

Ein Arbeiter, der eine Kiste mit der Masse von zehn Kilogramm um drei Meter hebt, benötigt dazu die Kraft:

$$F = F_G = m \cdot g = 98{,}1\ N \approx 100\ N$$

Er verrichtet dabei die Arbeit:

$$W = F \cdot s = 100\ N \cdot 3\ m = 300\ J$$

Schafft er das in zwei Sekunden, so beträgt seine Leistung:

$$P = \frac{W}{t} = \frac{300\ J}{2\ s} = 150\ W$$

Ein Arbeiter, der nur die halbe Zeit benötigt, leistet das Doppelte.

Energie

Die Arbeit, die der Lagerarbeiter verrichtet hat, ist nicht einfach verschwunden, sondern sie steckt in gewisser Weise in der gehobenen Kiste und lässt sich wieder hervorlocken. Wir könnten nämlich z. B. das Seil über eine oben am Gebäude befestigte Rolle nach unten umlenken und am freien Ende eine zweite Kiste befestigen. Würden wir nun die erste Kiste langsam abseilen, so würde sie die zweite Kiste hochziehen (solange diese nicht zu schwer ist), und damit würde *Hubarbeit* verrichtet werden. Man könnte sich auch ohne Weiteres vorstellen, wie die absinkende Kiste über ein geeignetes Seil- und Rollensystem eine Feder spannt und somit *Spannarbeit* verrichtet. Schließlich wäre es auch möglich, sie fallen zu lassen, dann würde die Gewichtskraft an ihr *Beschleunigungsarbeit* verrichten. Die beschleunigte Kiste könnte wieder eine Feder spannen, die gespannte Feder eine andere Kiste hochziehen, diese wieder einen Wagen beschleunigen … und so weiter!

Durch die Arbeit des Lagerarbeiters erhält die Kiste Arbeitsfähigkeit, die verrichtete Arbeit wird in ihr *gespeichert* und kann unter geeigneten Umständen zur Verrichtung neuer Arbeit genutzt werden. Wir nennen diese gespeicherte Arbeit *Energie*.

> Energie ist gespeicherte Arbeit.

Zugegeben: Das klingt nicht besonders bedeutsam. Sie fragen vielleicht, wieso dieser Begriff so wichtig ist. Am Ende dieses Kapitels werden Sie den Kern der Antwort auf diese Frage kennen.

Verschiedene Formen von Energie

Je nach verrichteter Arbeit unterscheidet man verschiedene Energieformen. Verrichtet man an einem Körper Beschleunigungsarbeit, so erhält er *Bewegungsenergie* (man sagt auch: *kinetische Energie*). Verrichtet man an ihm Hubarbeit, so erhält er *Lageenergie* (auch: *potenzielle Energie im Gravitationsfeld*). Verrichtet man an ihm Spannarbeit, so erhält er *Spannenergie* (auch: *potenzielle Federenergie*). Will man Formeln für diese Energiearten aufstellen, so muss man die zugehörigen Arbeiten berechnen. Zum Beispiel ergibt sich die kinetische Energie aus der Beschleunigungsarbeit. Für den Fall einer gleichmäßig beschleunigten Bewegung sieht das so aus:

$$W = F \cdot s = (m \cdot a) \cdot \left(\frac{1}{2} \cdot a \cdot t^2\right) = \frac{1}{2} \cdot m \cdot (at)^2 = \frac{1}{2} \cdot m \cdot v^2$$

Ein Auto mit einer Masse von 1000 Kilogramm, das mit einer Geschwindigkeit von 80 Kilometern pro Stunde dahinfährt, hat also die kinetische Energie:

$$W = \frac{1}{2} \cdot 1000 \, kg \cdot 22{,}2 \, \frac{m}{s} = 11.100 \, J$$

(Umrechnung in Meter pro Sekunde nicht vergessen!)

Für die potenzielle Energie im Gravitationsfeld gilt:
$W = F \cdot s = m \cdot g \cdot h$, wenn der Körper um die Strecke h gehoben wird.

Mechanik

Die vorhin betrachtete Kiste mit der Masse von zehn Kilogramm, die um drei Meter gehoben wurde, hat also eine potenzielle Energie von 300 Joule (wenn für g näherungsweise $10\,\frac{m}{s^2}$ angesetzt werden).

Für eine Feder, die dem Hooke'schen Gesetz gehorcht, gilt (hier ohne Beweis):
$W = \frac{1}{2} \cdot D \cdot s^2$, wenn s die Auslenkung aus der Ruhelage ist.

> Die kinetische Energie eines Körpers der Masse m, der sich mit der Geschwindigkeit v bewegt, beträgt:
>
> $W_{kin} = \frac{1}{2} \cdot m \cdot v^2$
>
> Die potenzielle Energie eines Körpers der Masse m, der im Gravitationsfeld um die Höhe h angehoben wird, beträgt:
>
> $W_{pot} = m \cdot g \cdot h$
>
> Die potenzielle Energie einer Feder mit der Federkonstanten D, die vom entspannten Zustand um die Strecke s gespannt wird, beträgt:
>
> $W_{pot} = \frac{1}{2} \cdot D \cdot s^2$

Energieerhaltung

Und nun: Vorhang auf für den Satz von der Erhaltung der Energie! Es geht um nichts Geringeres als um eine der bedeutendsten kulturellen Leistungen der Menschheit überhaupt!

Mit fallenden Gegenständen haben wir bisher gute Erfahrungen gemacht, darum vertrauen wir ihnen auch jetzt. Wir lassen die zu Beginn des Abschnitts betrachtete Kiste mit der Masse von zehn Kilogramm aus dem dritten Stock des Speichers fallen, also aus neun Meter Höhe. Die beim Hochheben verrichtete Arbeit ist als potenzielle Energie in der Kiste gespeichert, sie ist die Startenergie. Sie hat den Wert:

$W_{pot} = m \cdot g \cdot h = 10\,kg \cdot 10\,\frac{m}{s^2} \cdot 9\,m = 900\,J$

(Wir rechnen, um glatte Zahlen zu erhalten, mit dem Näherungswert $10\,\frac{m}{s^2}$ für g. Der genaue Wert von g ist für die Rechnung völlig ohne Belang und die Überlegung würde prinzipiell auch für einen freien Fall auf dem Mond gelten.)

Für die kinetische Energie gilt natürlich:
$W_{kin} = 0\,J$,
da die Geschwindigkeit am Anfang den Wert null hat.

Nun wird die Kiste losgelassen und setzt sich in Bewegung. Nachdem sie ein Stockwerk (also drei Meter) gefallen ist, beträgt ihre potenzielle Energie nur noch:

$W_{pot} = m \cdot g \cdot h = 10\,kg \cdot 10\,\frac{m}{s^2} \cdot 6\,m = 600\,J$

(Das sieht man natürlich auch so – ohne große Rechnung.)

Was könnte mit den 300 Joule passiert sein, die an potenzieller Energie verloren gegangen sind? Wir wissen, dass die Kiste schneller geworden ist, dass sie also kinetische Energie gewonnen hat. Also berechnen wir die kinetische Energie zu dem Zeitpunkt, zu dem die Kiste sich sechs Meter über dem Boden befindet. Aber wann ist das? Das können wir mit derjenigen Formel ausrechnen, die Sie aus dem Reaktionstest im Abschnitt über gleichmäßig beschleunigte Bewegungen kennen ($\rightarrow$ S. 19):

$t = \sqrt{\dfrac{2 \cdot s}{g}} = \sqrt{\dfrac{2 \cdot 3\,m}{10\,\frac{m}{s^2}}} = 0{,}774597\,s$

(Damit das Ergebnis überzeugend wird, berücksichtigen wir sehr viele Nachkommastellen. Eine solche Genauigkeit ist praktisch natürlich unmöglich.)

Zum Zeitpunkt t beträgt die Geschwindigkeit:

$v = g \cdot t = 10\,\frac{m}{s^2} \cdot 0{,}774597\,s = 7{,}74597\,\frac{m}{s}$

Die kinetische Energie hat dann den Wert:

$W_{kin} = \dfrac{1}{2} \cdot m \cdot v^2 = \dfrac{1}{2} \cdot 10\,kg \cdot 60\,\dfrac{m^2}{s^2} = 300\,J$

Die 300 Joule, um die die potenzielle Energie abgenommen hat, sind also nicht einfach verschwunden, sondern sie tauchen als kinetische Energie wieder auf – komplett und ohne Verlust! Für jeden anderen Zeitpunkt könnten wir eine entsprechende Rechnung durchführen und immer würde sich ergeben: Die *Summe* aus potenzieller und kinetischer Energie ändert sich nicht! Genau dies ist der Kern des Energieerhaltungssatzes: Energie verschwindet nicht und entsteht nicht neu, sondern geht höchstens in eine andere Form über. Dabei müssen wir natürlich voraussetzen, dass die betrachteten Körper unter sich bleiben, das heißt, es darf keine Kraftwirkungen von außen geben. Eine Anordnung von Körpern, die diese Bedingung erfüllt, heißt ein *abgeschlossenes System*. Das System Kiste-Erde ist ein solches abgeschlossenes System. Außerdem fordern wir zunächst, dass die Vorgänge *reibungsfrei* ablaufen müssen. Das ist in dem Kistenbeispiel sicherlich nur näherungsweise der Fall, aber wie Sie schon mehrfach gesehen haben, kommen wir nicht ohne Idealisierungen aus. Das Reibungsproblem werden wir in einem späteren Kapitel durch eine passende Erweiterung des Energieerhaltungssatzes lösen (→ S. 231 ff.).

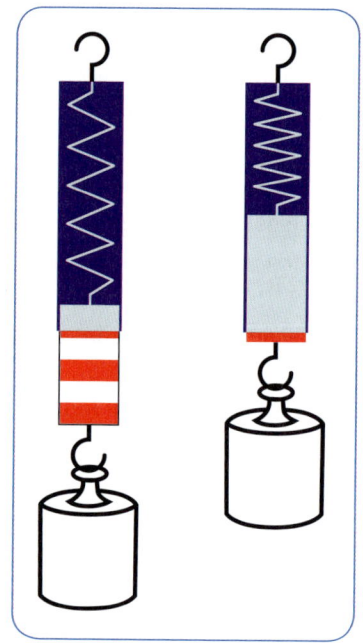

Als Beispiel, das alle drei bisher besprochenen Energieformen umfasst, kann man ein Wägestück betrachten, das an einer lotrecht aufgehängten Feder befestigt ist und auf- und abschwingt. Alle drei Energieformen sind in ständig wechselnden Anteilen vertreten – ihre Summe bleibt jedoch stets gleich (abgesehen von Reibungseinflüssen).

> **Energieerhaltungssatz der Mechanik**
> In einem abgeschlossenen System ist zu jedem Zeitpunkt die Summe aller mechanischen Energien konstant, solange die Vorgänge im System reibungsfrei ablaufen.

Beispiel zur Energieerhaltung

Eine Stabhochspringerin nimmt Anlauf, schnellt empor und überspringt die Latte – oder auch nicht. Wie schnell muss sie anlaufen, um den Weltrekord zu überbieten?

Sie werden sagen: Das hängt ja von sehr vielen Dingen ab! Zum Beispiel von der Lauftechnik, vom Umgang mit dem Stab und von der Körperhaltung beim Sprung. Aber der Vorteil des Energieerhaltungssatzes ist gerade, dass es *nicht* auf Einzelheiten ankommt, sondern auf eine *Bilanzierung* im Großen. Natürlich wird man dadurch auch keine *genauen* Ergebnisse erhalten, wohl aber eine brauchbare Größenordnung.

Wir nehmen also jetzt an, dass für den ganzen Sprung der Energieerhaltungssatz gilt. Zunächst ist nur kinetische Energie (der Springerin zum Zeitpunkt des Absprungs) vorhanden. Sie verwandelt sich während des Sprunges in potenzielle Federenergie und potenzielle Energie im Gravitationsfeld. Am höchsten Punkt der Bahn ist die gesamte anfänglich vorhandene kinetische Energie in potenzielle Energie im Gravitationsfeld verwandelt worden:

$$W_{kin} = \frac{1}{2} \cdot m \cdot v^2 = m \cdot g \cdot h = W_{pot}$$

Dividieren wir die innere Gleichung durch *m*, so sehen wir, dass die Masse der Springerin keine Rolle spielt (!). Auflösung der Gleichung nach *v* ergibt:

$$v = \sqrt{2 \cdot g \cdot h}$$

Die russische Stabhochspringerin Jelena Issinbajewa stellte bei den Olympischen Spielen in Peking 2008 mit 5,05 Metern einen Weltrekord auf. Ihre Geschwindigkeit müsste demnach zum Zeitpunkt des Absprungs $10{,}0\,\frac{m}{s}$ betragen haben. (Das ist übrigens genau die Geschwindigkeit, die unsere fallende Kiste nach 5,05 Metern auch hätte.) Wie gesagt: Das ist nur eine Größenordnung! Wir tun ja auch so, als sei die Springerin ein Massen*punkt* ohne Ausdehnung. In Wirklichkeit beschreiben die Gleichungen eher die Bewegung ihres *Schwerpunktes,* und dieser befindet sich sicherlich beim Absprung schon ein

Jelena Issinbajewa beim Absprung

Stück über dem Boden und erreicht auch nicht ganz die Höhe der Latte: Beim Überfliegen der Latte krümmt die Springerin ihren Körper. Dadurch unterwandert der Schwerpunkt die Latte, der Körper selbst aber überquert sie. Der Schwerpunkt wird also nicht ganz um 5,05 Meter angehoben, und infolgedessen darf die Geschwindigkeit zum Zeitpunkt des Absprungs auch etwas kleiner als 10,0 $\frac{m}{s}$ sein.

Nach dem (hoffentlich erfolgreichen) Sprung fällt die Springerin in die Matte und bleibt liegen. Was ist mit der ganzen Energie geschehen? Ist sie doch verschwunden? Keineswegs! Mehr darüber im sechsten Kapitel (→ S. 232 ff.).

Impuls

Auf einem Parkplatz fahren zwei Autos genau aufeinander zu. Die Fahrer halten nach Parklücken Ausschau und blicken nicht nach vorne. Es knallt – die Autos stoßen zusammen und verkeilen sich an den Stoßfängern ineinander. Können wir vorhersagen, was nun geschieht? Bleiben die Autos stehen? Fahren sie als eine Art Gespann in eine Richtung? In welche?

Autozusammenstoß

Stöße

Die Wechselwirkung der beiden Autos heißt in der Physik ein *Stoß*, und zwar genauer ein *zentraler* Stoß, weil die Autos auf einer geraden Linie aufeinander zu fahren. Um Hinweise zu bekommen, wie man die Kollision der Autos physikalisch beschreiben könnte, ziehen wir uns ins Labor zurück und betrachten den zentralen Stoß von Kugeln, z. B. mit der im Bild fotografierten Anordnung.

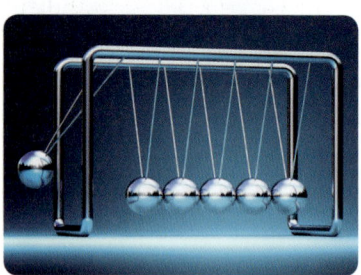

Stoßende Kugeln

Damit es nicht gleich zu kompliziert wird, montieren wir die hinteren vier Pendel ab und lassen nur die ersten beiden Kugeln Stöße ausführen.

Lenkt man die erste Kugel aus und lässt sie auf die zweite prallen, so bleibt die stoßende Kugel stehen. Die gestoßene Kugel setzt sich in Bewegung und pendelt genauso weit aus, wie wir die erste Kugel ausgelenkt haben. Daraus können wir schließen, dass die kinetische Energie der ersten Kugel vollständig auf die zweite übertragen wurde; es ging also keine kinetische Energie verloren. Ist das immer so?

Wir befestigen an einer der Kugeln vorne einen „gebrauchten" Kaugummi und wiederholen den Versuch. Nun kleben die Kugeln nach dem Aufprall aneinander und bewegen sich gemeinsam weiter. Dieser Stoß hat schon eher Ähnlichkeit mit der Parkplatzkollision. Aber bleibt hier die kinetische Energie erhalten? Wir lenken die (mit Kaugummi ausgestatteten) Kugeln gleich weit aus – die eine nach links, die andere nach rechts – und lassen los. Beobachtung: Die Kugeln stoßen zusammen und bleiben in der Mitte stehen. Die kinetische Energie ist ganz sicher nicht erhalten geblieben!

Es gibt also solche und solche Stöße: solche, bei denen die kinetische Energie vor und nach dem Stoß dieselbe ist, und solche, bei denen dies nicht der Fall ist.

> Stöße, bei denen keine kinetische Energie verloren geht, heißen *elastisch*. Alle anderen Stöße heißen *unelastisch*.

Impuls und Impulserhaltung

Da es offenbar Stöße gibt, bei denen wir mit dem Satz von der Erhaltung der (mechanischen) Energie nicht weiterkommen, wäre es schön, wenn es einen weiteren Erhaltungssatz gäbe, mit dem wir derartige Probleme lösen könnten. Einen solchen Erhaltungssatz gibt es in der Tat und wir kennen ihn eigentlich schon, er hat sich bisher nur gut versteckt! In Wirklichkeit ist er nämlich eine Folge des Dritten Newton'schen Gesetzes, und das soll jetzt gezeigt werden.

Wenn Körper 1 und Körper 2 zusammenstoßen, gilt *immer* – unabhängig davon, ob der Stoß elastisch ist oder nicht – das Gesetz „actio = reactio":
$\vec{F}_{21} = -\vec{F}_{12}$, oder gleichbedeutend: $m_1 \cdot \vec{a}_1 = -m_2 \cdot \vec{a}_2$

Beschleunigung ist Geschwindigkeitsänderung pro Zeit. Werden die Geschwindigkeitsänderungen eingesetzt, die die Körper während des Stoßes in einem Zeitraum Δt erfahren, ergibt sich:

$$m_1 \cdot \frac{\Delta v_1}{\Delta t} = - m_2 \cdot \frac{\Delta v_2}{\Delta t}$$

Sind v_1 und v_2 die Geschwindigkeiten vor und v_1^* und v_2^* die Geschwindigkeiten nach dem Stoß, so können wir schreiben:
$\Delta v_1 = v_1^* - v_1$ und $\Delta v_2 = v_2^* - v_2$

Setzen wir dies ein und multiplizieren wir noch die Gleichung mit Δt, so erhalten wir:
$m_1 \cdot (v_1^* - v_1) = - m_2 \cdot (v_2^* - v_2)$

Nun multiplizieren wir noch aus und schreiben diejenigen Summanden, die die Situation nach dem Stoß betreffen, auf die linke Seite und die anderen auf die rechte Seite:
$m_1 \cdot v_1^* + m_2 \cdot v_2^* = m_1 \cdot v_1 + m_2 \cdot v_2$

Das bedeutet: Multipliziert man immer die Masse der Körper mit der Geschwindigkeit und zählt man die so erhaltenen Produkte zusammen, so ergibt sich vor und nach dem Stoß dieselbe Summe! Damit haben wir den gesuchten Erhaltungssatz gefunden. Um den Sachverhalt bequem ausdrücken zu können, geben wir dem Produkt aus Masse und Geschwindigkeit einen Namen: Es soll *Impuls* heißen. Diesen Begriff definieren wir in allgemeiner Form vektoriell und benutzen ihn gleich, um den neuen Erhaltungssatz griffig zu formulieren:

> Unter dem Impuls $\vec{p}$ eines Körpers verstehen wir das Produkt aus Masse m und Geschwindigkeit $\vec{v}$:
> $\vec{p} = m \cdot \vec{v}$
>
> **Satz von der Erhaltung des Impulses**
> In einem abgeschlossenen System ist die Summe der Impulse nach dem Stoß gleich der Summe der Impulse vor dem Stoß:
> $\vec{p_1}^* + \vec{p_2}^* = \vec{p_1} + \vec{p_2}$

Dass der Impulserhaltungssatz auch für nicht zentrale Stöße gilt, sei hier nur mitgeteilt.

Anschaulich kann man sich unter dem Impuls so etwas wie „Stoßvermögen" vorstellen: Je größer die Masse und je größer die Geschwindigkeit eines Körpers ist, desto besser kann er sich beim Stoß „durchsetzen".

Kennt man im Parkplatzbeispiel die Massen der Autos und ihre Geschwindigkeiten vor dem Stoß, so benötigt man nur den Impulssatz, um die Geschwindigkeit des „Gespanns" nach dem Stoß zu berechnen. Für $m_1 = 1000\ kg$, $m_2 = 1500\ kg$, $v_1 = 10\ \frac{km}{h}$, $v_2 = -8\ \frac{km}{h}$ (entgegengesetzte Richtung!) ergibt sich aus der Gleichung
$m_1 \cdot v_1^* + m_2 \cdot v_2^* = m_1 \cdot v_1 + m_2 \cdot v_2$
unter Berücksichtigung der Tatsache, dass beide Geschwindigkeiten nach dem Stoß gleich sind ($v_1^* = v_2^*$):
$(m_1 + m_2) \cdot v_1^* = m_1 \cdot v_1 + m_2 \cdot v_2$ und damit:
$$v_1^* = v_2^* = \frac{m_1 \cdot v_1 + m_2 \cdot v_2}{m_1 + m_2} = -0{,}8 \frac{km}{h}$$

Das Auto mit der größeren Masse „gewinnt", obwohl es langsamer fährt.

Ist ein Stoß elastisch, so kann man die Geschwindigkeiten der Stoßpartner nach dem Stoß berechnen, indem man den Energieerhaltungssatz hinzunimmt.

Drehimpuls

Der Turmspringer auf dem Bild führt zwar einerseits eine fortschreitende Bewegung (eine *Translation*) aus, andererseits dreht er sich aber auch um sich selbst (das heißt dann eine *Rotation*). Man kann zeigen, dass der Springer um seinen Schwerpunkt rotiert, während der Schwerpunkt selbst eine Wurfparabel beschreibt.

Turmspringer

Mechanik

In diesem Abschnitt geht es um *Rotationsbewegungen.* Diese sind z. B. für alle Arten von Maschinen wichtig, weil jede Maschine rotierende Teile enthält. Da im weiteren Verlauf des Buchs jedoch überwiegend Translationen vorkommen, entwickeln wir die für die Rotationsbewegung benötigten Begriffe hier nicht in der allgemeinsten Form. Auch werden die Ergebnisse der Überlegungen und Untersuchungen zwar vorgestellt, aber nicht hergeleitet.

Rotationsenergie und Trägheitsmoment

Ein Fußballspieler hat ein Tor geschossen, läuft jubelnd über den Platz und schlägt einen Salto. Dabei zieht er die Arme und Beine ganz dicht an sich heran und macht sich möglichst klein. Warum tut er das?

Torjubel mit Salto

Eiskunstläuferin

Um eine Antwort zu finden, beobachten wir eine Eiskunstläuferin, die eine Pirouette ausführt: Zunächst dreht sie sich im Kreis und nimmt dabei Geschwindigkeit auf. Dann zieht sie Arme und Beine ein und wir sehen, dass dadurch die Drehung von allein plötzlich viel schneller wird, obwohl die Läuferin von außen keine Beschleunigung mehr erfahren hat. Offenbar bewirkt das Einziehen der Arme und Beine eine Steigerung der Drehgeschwindigkeit. Der Fußballspieler macht sich also beim Salto klein, weil er sich nur so schnell genug dreht, um wieder auf den Füßen zu landen!

Wenn Sie im Büro einen Drehstuhl haben, können Sie diesen Effekt am eigenen Leibe erfahren – aber bitte ganz vorsichtig, damit es keine Sach- oder Personenschäden gibt: Nehmen Sie zwei schwere Bücher (oder besser noch Hanteln), halten Sie sie an den ausgestreckten Armen und lassen Sie Ihren Stuhl langsam rotieren. Ziehen Sie dann die Arme schnell ein und Sie werden merken, wie Ihr Karussell Fahrt aufnimmt.

Speichenrad

Um herauszufinden, wie es zu dieser Steigerung der Geschwindigkeit kommt, betrachten wir zunächst möglichst einfache rotierende Körper, nämlich *Räder*. Wenn ein Rad in Rotation versetzt wird, erhält es kinetische Energie. Untersucht man nun verschiedene Radtypen (z. B. Speichenräder, bei denen sich praktisch die gesamte Masse „außen" befindet, oder Massivräder, wie sie bei der Eisenbahn vorkommen), so findet man, dass sich die kinetische Energie der Rotation stets in der Form $E_{kin} = \frac{1}{2} \cdot J \cdot \omega^2$ schreiben lässt, wobei ω die Winkelgeschwindigkeit ist. Dabei bezeichnet J eine Konstante, die von der Massenverteilung der Masse m und dem Radius r des Rads abhängt. Zum Beispiel gilt für das Speichenrad $J_{SR} = m \cdot r^2$ und für das Massivrad $J_{MR} = \frac{1}{2} \cdot m \cdot r^2$. Je größer J ist, desto mehr Arbeit ist erforderlich, um das Rad auf eine bestimmte Winkelgeschwindigkeit zu beschleunigen, und desto größer ist auch die kinetische Energie des Rads. J beschreibt also die Trägheit bei Rotationsbewegungen. Was die Masse m für die Translation ist, ist J für die Rotation. Man nennt J das *Trägheitsmoment* des rotierenden Körpers.

> Für die kinetische Energie der Rotation gilt: $E_{kin} = \frac{1}{2} \cdot J \cdot \omega^2$
>
> Dabei bedeutet der Faktor J das *Trägheitsmoment*. J ist eine für den rotierenden Körper charakteristische Konstante.

Drehimpuls und Drehimpulserhaltung

Wenn das Trägheitsmoment J bei der Rotation der Masse m bei der Translation entspricht und wenn zur Winkelgeschwindigkeit ω bei der Rotation die Bahngeschwindigkeit v bei der Translation gehört, dann liegt es nahe, in Analogie zum Impuls $p = m \cdot v$ eine Größe „Drehimpuls" als Produkt aus J und ω zu definieren. Durch Rechnungen, die denjenigen bei der Translation sehr ähnlich sind, kann man zeigen, dass das Produkt $J \cdot \omega$ unverändert bleibt, solange keine äußeren Kräfte wirken. Dies ist in Wirklichkeit eine Folge des Ersten Newton'schen Grundgesetzes, also des Trägheitsprinzips.

Mechanik 64

> Der Drehimpuls L eines rotierenden Körpers ist das Produkt aus Trägheitsmoment J und Winkelgeschwindigkeit ω:
> $L = J \cdot \omega$
> Wirken keine äußeren Kräfte auf den Körper, so bleibt der Drehimpuls konstant.

Jetzt können wir die Frage nach der Ursache für die Geschwindigkeitssteigerung bei dem Salto schlagenden Fußballspieler und bei der Eiskunstläuferin leicht beantworten: Sie verringern, indem sie sich kleiner machen, ihr Trägheitsmoment. Da aber der Drehimpuls konstant bleiben muss, steigt die Winkelgeschwindigkeit!

Auch Katzen nutzen den Drehimpuls.

Ebenso wie der Impuls hat der Drehimpuls Vektoreigenschaften, und in abgeschlossenen Systemen mit mehreren drehenden Körpern gilt ein *Drehimpulserhaltungssatz*. Eine fallende Katze ist so ein „System": Sie dreht ihren Schwanz in die eine Richtung und wegen der Drehimpulserhaltung dreht sich ihr Körper andersherum. Dadurch landet sie (hoffentlich) stets auf den Füßen!

Die Achse eines rotierenden Körpers behält ihre Orientierung bei, wenn keine äußeren Kräfte wirken. Dies gilt näherungsweise auch für unsere Erde: Die Erdachse zeigt immer in dieselbe Richtung, sie steht aber nicht senkrecht auf der Ebene ihrer Bahn um die Sonne, sondern ist um ca. 23 Grad geneigt. Dadurch entstehen die Jahreszeiten. (Eine genauere Betrachtung der Bewegung der Erdachse ergibt, dass sie aufgrund der Wirkung der Gezeiten in Wirklichkeit nicht kräftefrei ist und eine sogenannte Präzessionsbewegung ausführt. Die daraus resultierende Drehung ist jedoch sehr langsam und benötigt für einen Umlauf etwa 26.000 Jahre.)

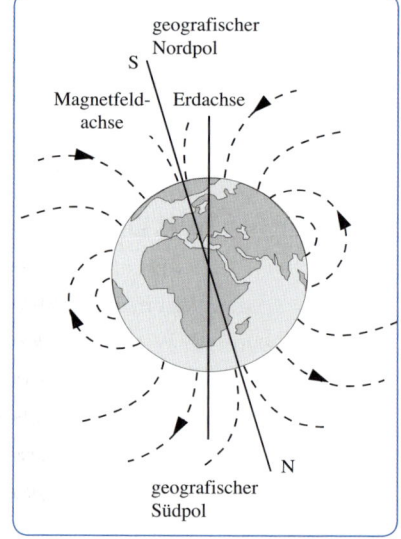

Dichte

LKW mit Kies – überladen?

Bei einem Unternehmer, der eine Kiesgrube betreibt, werden vier Kubikmeter (m^3) Kies bestellt. Kann die Lieferung mit einem Lkw erfolgen, der höchstens mit sieben Tonnen (t) beladen werden darf?

Man könnte es natürlich ausprobieren, indem man den Lkw mit immer mehr Kies belädt und ihn dabei fortlaufend wiegt. Das ist aber ziemlich umständlich. Einfacher geht es, indem man die Masse einer kleinen Menge Kies ermittelt und das Ergebnis „hochrechnet". Misst man z. B. mit einem Messbecher eine 100-Kubikzentimeter-Portion Kies ab und stellt man durch Wägung fest, dass sie die Masse von 160 Gramm hat, dann weiß man, dass jeder Kubikzentimeter Kies die Masse von 1,6 Gramm besitzt.

Nun sind in jedem Kubikmeter 1.000.000 Kubikzentimeter enthalten. Sie glauben das nicht? Dann stellen Sie sich bitte einen Würfel mit einer Kantenlänge von einem Meter (eben einen Kubikmeter) vor und füllen Sie ihn in Gedanken mit Würfeln von der Kantenlänge eines Zentimeters (also mit Kubikzentimeter-Würfeln): In die erste untere Schicht passen $100 \cdot 100 = 10.000$ kleine Würfel, da ja gilt: $1\ m = 100\ cm$. Da es 100 Schichten gibt, benötigt man insgesamt $10.000 \cdot 100 = 1.000.000\ cm^3$-Würfel.

Also wissen wir jetzt, dass 4.000.000 Kubikzentimeter Kies transportiert werden sollen. Da jeder Kubikzentimeter die Masse von 1,6 Gramm hat, ergibt sich als Gesamtmasse: $4.000.000 \cdot 1,6\ g = 6.400.000\ g$. Das sind 6,4 Tonnen, weil in einer Tonne 1000 Kilogramm und in jedem Kilogramm 1000 Gramm enthalten sind. Der Lkw ist also nicht überladen!

Dichte als physikalische Größe

Um die Masse zu bestimmen, die ein Kubikzentimeter Kies besitzt, haben wir die Masse durch das Volumen geteilt. Das kann man für andere Stoffe natürlich auch tun.

Mechanik

So entsteht eine neue Größe, die für den jeweiligen Stoff charakteristisch ist: die *Dichte*.

> Die Dichte ρ („Rho") eines Stoffes ist der Quotient aus Masse m und Volumen V:
> $$\rho = \frac{m}{V}$$
> Dichten kann man z. B. in $\frac{g}{cm^3}$ oder $\frac{kg}{m^3}$ angeben.

Stoffe sind sehr unterschiedlich dicht. Wir haben gesehen, dass Kies ungefähr die Dichte $1{,}6 \frac{g}{cm^3}$ hat. Gold besitzt eine viel größere ($19{,}3 \frac{g}{cm^3}$), Luft eine viel kleinere Dichte ($0{,}0012 \frac{g}{cm^3}$) – dabei handelt es sich um unkomprimierte Luft auf Meeresspiegelhöhe. Wasser hat die Dichte $\rho = 1 \frac{g}{cm^3}$. Das ist kein Zufall, sondern liegt an der Einheit von einem Kilogramm. Wir erinnern uns: 1 kg sollte die Masse von $1 l = 1 \, dm^3$ Wasser darstellen. Wenn aber 1 dm^3 die Masse 1 kg hat, hat 1 cm^3 die Masse 1 g.

Die Dichte der Erde

Die Erde hat ungefähr die Masse $m = 6{,}0 \cdot 10^{24} \, kg$ (das ist eine Sechs mit 24 Nullen dahinter) und den Radius $r = 6400 \, km$. Woher man das weiß? Das klären wir im weiteren Verlauf des Buchs! Aus dem Radius kann man das Volumen der Erde berechnen:

$$V = \frac{4}{3} \cdot \pi \cdot r^3 = 1{,}1 \cdot 10^{21} \, m^3 = 1{,}1 \cdot 10^{27} \, cm^3$$

Da $6 \cdot 10^{24} \, kg$ dasselbe ist wie $6 \cdot 10^{27} \, g$, folgt für die Dichte der Erde:

$$\rho = \frac{m}{V} = 5{,}5 \frac{g}{cm^3}$$

Das ist natürlich ein Mittelwert. Um einen Stoff zu erhalten, der diese Dichte hat, müsste man die ganze Erde zerkleinern und zerstampfen und alles anschließend kräftig durchrühren. Immerhin kann man erkennen, dass die Erde nicht durchgehend aus Kies bestehen kann – aber das hätten Sie wahrscheinlich ohnehin nicht vermutet. Wenn wir uns extrem vereinfacht vorstellen, dass unser Planet an der Oberfläche nur aus Kies und Wasser besteht, dann muss es im Inneren der Erde Stoffe geben, deren Dichte größer ist!

Druck

Haben Sie schon einmal darüber nachgedacht, wieso es eigentlich möglich ist, mit einem Trinkhalm Flüssigkeit einzusaugen? Nein? Vielleicht halten Sie das auch für nicht erwähnenswert, man saugt halt einfach. Aber aus physikalischer Sicht ist es gar nicht so trivial. Schließlich bedarf es einer Kraft, um eine Flüssigkeit in Bewegung zu setzen. Woher kommt diese Kraft? Am Ende dieses Abschnitts werden wir sie enttarnen. Vorher müssen wir aber einen etwas weiteren Bogen schlagen. Es wird sich nämlich zeigen, dass die Lösung des Problems mit *Druck* zu tun hat. Wir werden uns damit beschäftigen, was man in der Physik unter Druck versteht, und uns dann einer besonderen Art von Druck zuwenden, nämlich dem *Schweredruck*. Nebenbei werden Sie erfahren, wie eine hydraulische Hebebühne funktioniert, warum ein Schiff schwimmt und wodurch der Luftdruck entsteht.

Glas mit Trinkhalm

Druck in Flüssigkeiten

Das Bild zeigt das Prinzip einer hydraulischen Hebebühne. Eine Hebebühne wird z. B. in Autowerkstätten zum Anheben der Autos benutzt. Der Begriff „hydraulisch" kommt vom griechischen Wort „hydor" für Wasser oder Flüssigkeit und rührt daher, dass zwischen den beiden Kolben eine Flüssigkeit, meistens Öl, eingeschlossen ist. Eine richtige Hebebühne enthält natürlich noch diverse andere Teile wie z. B. Ventile, Pumpen,

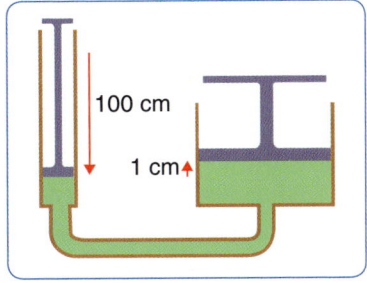
Hydraulik

Rücklaufrohre und Vorratsbehälter, aber das Bild stellt das Wesentliche einer Hebebühne dar. Wir können uns vorstellen, dass jemand den kleinen Kolben nach unten drückt. Daraufhin bewegt sich der große Kolben und mit ihm das Auto nach oben. Aber wie wird die Kraft umgelenkt? Und wie viel Kraft ist am kleinen Kolben erforderlich, um das Auto anzuheben?

Um das zu verstehen, überzeugen wir uns zunächst einmal am Beispiel des Wassers davon, dass Flüssigkeiten *inkompressibel,* also nicht zusammendrückbar, sind: Füllen Sie eine flexible Plastikflasche ganz mit Wasser auf und schrauben Sie den Deckel zu (es darf im Inneren keine Luftblase mehr sein). Versuchen Sie dann, die Flasche zusammenzudrücken: Es geht nicht!

Das Wasser in der Hebebühne wird sich also nicht einfach kleiner machen, wenn man mit dem Kolben darauf herumdrückt. Stattdessen quillt es offenbar an anderer Stelle wieder hervor, nämlich beim anderen Kolben. Aber wie wird die Kraft vom kleinen zum großen Kolben umgelenkt? Das können wir uns am besten erklären, indem wir uns eine *Vorstellung* (man sagt auch: ein *Modell*) von der physikalischen Natur einer Flüssigkeit machen. An dieser Stelle reicht uns folgende sehr einfache Vorstellung: Wir denken uns die Flüssigkeit aus lauter sehr kleinen kugelförmigen Teilchen aufgebaut, die dicht gepackt aneinanderliegen, aber frei verschiebbar sind, so wie Erbsen in einem Glas. Wie man auf eine solche Vorstellung kommt und welche Eigenschaften diese kleinsten Teilchen sonst noch haben, darauf gehen wir im Kapitel „Wärmelehre" genauer ein (→ S. 225 ff.).

Kugelförmige Teilchen

Dieses Modell kann erklären, warum eine Flüssigkeit inkompressibel ist: Die Kügelchen sind selbst nicht zusammendrückbar und zwischen ihnen ist einfach kein Platz vorhanden! Außerdem können wir uns jetzt auch leicht vorstellen, wie die Flüssigkeit die Kraft umlenkt: Die Teilchen geben aufgrund ihrer Kugelform und ihrer leichten Verschiebbarkeit den Druckzustand, den der kleine Kolben erzeugt, in alle Richtungen weiter, sodass er überallhin gelangt – auch an die Gefäßwände und den beweglichen großen Kolben. Die Gefäßwände halten dem Druck (hoffentlich) stand, der große

Kolben aber setzt sich in Bewegung. Wie sich die Kügelchen „fühlen", können Sie nachempfinden, wenn Sie bei einem Rockkonzert im Stadion ganz vorne an der Bühne inmitten einer Menschenmenge stehen. Sie spüren dann am eigenen Leibe den besagten Druckzustand, und zwar nicht nur aus einer Richtung, sondern von allen Seiten her.

Rockkonzert im Druckzustand

Wenn nun das Gewicht des Autos und damit die am großen Kolben wirkende Kraft bekannt ist – wie kann man dann die Kraft berechnen, die am kleinen Kolben aufzuwenden ist? Dies gelingt, indem wir zunächst davon ausgehen, dass sich die Hebebühne wie jede vernünftige Maschine an die Goldene Regel der Mechanik hält. Anschließend nutzen wir die Inkompressibilität aus. Hier die Herleitung:

Drückt man den kleinen Kolben mit der Kraft $\vec{F_1}$ um das Stück s_1 nach unten, so wird dadurch die Arbeit $W_1 = F_1 \cdot s_1$ verrichtet. Für die am großen Kolben verrichtete Arbeit gilt: $W_2 = F_2 \cdot s_2$, wenn dort die Kraft $\vec{F_2}$ über den Weg s_2 wirkt. Wegen der Goldenen Regel sind die beiden Arbeiten gleich groß. Daher folgt:

(1) $F_1 \cdot s_1 = F_2 \cdot s_2$

Hat der kleine Kolben die Querschnittsfläche A_1, so drückt er das Flüssigkeitsvolumen $V_1 = A_1 \cdot s_1$ weg, denn das Volumen errechnet sich als „Grundfläche mal Höhe". Am großen Kolben tritt die Flüssigkeit wieder heraus. Für ihr Volumen muss hier gelten: $V_2 = A_2 \cdot s_2$, wenn A_2 die Querschnittsfläche des großen Kolbens ist. Da die Flüssigkeit sich nicht zusammendrücken lässt, muss $V_1 = V_2$ sein, also gilt:

(2) $A_1 \cdot s_1 = A_2 \cdot s_2$

Nun dividieren wir jeweils die linken und die rechten Seiten der Gleichungen (1) und (2) durch einander. Dabei bleibt die Gleichheit bestehen und es folgt:

$$\frac{F_1}{A_1} = \frac{F_2}{A_2}$$

Mit anderen Worten: Der Quotient aus Kraft und Fläche ist konstant! Die Kraft wächst proportional zur Fläche. Ist A_2 100-mal so groß wie A_1, so muss auch F_2 100-mal so groß sein wie F_1. Indem man die Querschnittsfläche des Kolbens, auf dem das Auto steht, nur genügend groß macht, kann man (jedenfalls theoretisch) jedes noch so schwere Auto mit der immer gleichen Kraft am kleinen Kolben heben. Man bezahlt dies natürlich wieder mit mehr Wegstrecke.

Hydraulisch betriebene Baggerschaufel

Nach demselben Prinzip wie die Hebebühne funktionieren auch hydraulische Pressen, Antriebe von Baggerschaufeln und die Bremsanlagen von Autos.

Dass der Quotient aus Kraft und Fläche konstant ist, gilt natürlich nicht nur für die Kolben, sondern auch für jede andere Stelle der Gefäßwände (nur mit dem Unterschied, dass diese dem Druck standhalten). Der Term „Kraft geteilt durch Fläche" ist daher hervorragend geeignet, um den in der Flüssigkeit herrschenden Druckzustand zu beschreiben und messbar zu machen. Als physikalische Bedeutung des Begriffs *Druck* legen wir fest:

> Wirkt senkrecht auf eine Fläche A die Kraft $\vec{F}$, so versteht man unter dem Druck p den Quotienten:
>
> $$p = \frac{F}{A}$$
>
> Der Druck ist ein Skalar, also eine nicht gerichtete Größe.
> Die Einheit des Drucks ist 1 Pa (Pascal). Es gilt: $1\ Pa = 1\ \frac{N}{m^2}$
> Eine ältere, aber noch vielfach gebräuchliche Druckeinheit ist das *Bar*: $1\ bar = 100.000\ Pa$.
> Entsprechend ist $1\ mbar = 100\ Pa$ (*mbar* heißt Millibar).

Blaise Pascal

Die Druckeinheit *Pa* wurde zu Ehren des französischen Mathematikers und Physikers Blaise Pascal (1623–62) eingeführt.

Drückt der kleine Kolben mit der Kraft $F_1 = 500\ N$ auf die Flüssigkeit und hat seine Querschnittsfläche die Größe $A_1 = 10\ cm^2 = 0{,}001\ m^2$, so herrscht in der Flüssigkeit der Druck:

$$p = \frac{F_1}{A_1} = \frac{500\ N}{0{,}001\ m^2} = 500.000\ Pa = 5\ bar$$

Druck in Gasen

Während Flüssigkeiten sich nicht zusammendrücken lassen, trifft dies auf Gase wie z. B. Luft nicht zu. Davon können Sie sich z. B. überzeugen, indem Sie den Kolben einer Fahrradluftpumpe herausziehen und dann wieder hineindrücken, wobei Sie aber die Öffnung mit dem Finger verschließen, sodass die Luft nicht heraus kann. Es geht zwar nicht ganz leicht, aber ein wenig Spielraum ist da: Luft lässt sich zusammendrücken. Das liegt daran, dass zwischen den Teilchen, anders als bei Flüssigkeiten, „Platz" ist. Eine genauere Vorstellung von der physikalischen Natur der Gase folgt im Kapitel „Wärmelehre" (→ S. 228). Auch der Druck in eingeschlossenen Gasen wird als „Kraft pro Fläche" definiert. Im Reifen eines Pkws beträgt der Druck typischerweise ungefähr zwei Bar.

Druckmessgeräte

Geräte zur Messung des Drucks heißen Manometer (von griech. „manos" = dünn, durchlässig). Ein einfaches Druckmessgerät ist das *Membranmanometer*. In ihm befindet sich eine Dose (P), die an einer Seite durch eine flexible Blechmembran (M) verschlossen ist. Durch einen Schlauch (S) oder ein Rohr wird die Dose mit dem Gefäßsystem verbunden, in dem der Druck gemessen werden soll. Die vom Druck abhängige Verbiegung der Membran wird über einen Hebelmechanismus (H) auf einen Zeiger (Z) übertragen, sodass man auf einer Skala den Druck ablesen kann.

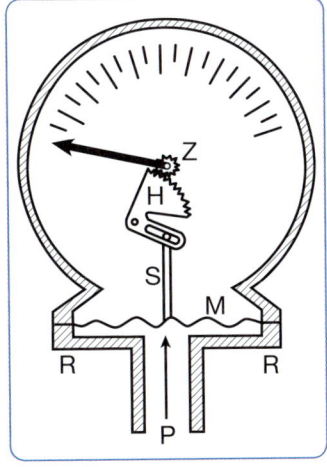

Membranmanometer

Mechanik

Manometer

Blutdruckmessgerät

Wir alle kommen hin und wieder mit Manometern in Berührung, wenn wir unseren *Blutdruck* messen lassen. Der Blutdruck ist nicht konstant, sondern schwankt im Rhythmus der Herzschläge. Den Maximalwert des Blutdrucks nennt man den *systolischen* Druck. Er wird in dem Moment erreicht, in dem sich der Herzmuskel maximal zusammenzieht. Sobald sich dieser wieder entspannt, sinkt der Druck auf den minimalen Wert, der *diastolischer* Druck heißt. Sagt einem der Arzt dann so etwas wie „120 zu 80", so meint er damit, dass der systolische Druck 120 und der diastolische Druck 80 beträgt (und man ist beruhigt, denn das sind normale Werte). Die Einheit, in der der Arzt den Blutdruck misst, ist jedoch nicht Bar (das wäre auch ziemlich viel), sondern „Millimeter-Quecksilbersäule" (mmHg) oder „Torr" nach dem italienischen Physiker Evangelista Torricelli (1608–47). Wie es zu dieser reichlich merkwürdig anmutenden Druckeinheit kommt, klären wir im folgenden Abschnitt.

Evangelista Torricelli

Schweredruck in Flüssigkeiten

Wenn Sie am Meer oder im Schwimmbad sind und ins Wasser hinabtauchen, spüren Sie in den Ohren einen mit der Tiefe zunehmenden Druck. Es handelt sich hierbei um eine richtige Druckmessung, denn das Trommelfell ist ja nichts anderes als eine Membran, die unter Druck verbogen werden kann, und damit lässt sich unser Ohr als eine Art natürliches Membranmanometer auffassen. Mit „richtigen" Manometern kann man messen, dass der Druck unter Wasser für jeden Zentimeter Wassertiefe um ungefähr ein Millibar zunimmt.

Wieso nimmt der Druck im Wasser mit der Tiefe zu? Eine bestimmte Vermutung drängt sich natürlich sofort auf: Es könnte an der *Gewichtskraft* der Wasser-„Säule" liegen, die sich über Ihnen befindet – diese Säule wird ja höher und damit schwerer, je tiefer Sie tauchen. (In Wirklichkeit lastet außer dem Wasser auch noch die Luft der Atmosphäre auf Ihnen, aber aus Gründen, die im Abschnitt über den Luftdruck (→ S. 79 ff.) noch geklärt

Woher kommt der Druck im Ohr?

werden, müssen wir diesen nicht berücksichtigen.) Jetzt werden Sie vielleicht sagen: Es kann nicht am Gewicht des über mir befindlichen Wassers liegen, denn den Druck in den Ohren spüre ich ja aus *allen* Richtungen (egal, wie ich den Kopf drehe) und nicht nur von oben! Dieses Argument lässt sich aber mit dem Kügelchenmodell aus dem Abschnitt über die hydraulische Hebebühne (→ S. 67 ff.) leicht entkräften: Die Teilchen lenken die auf sie wirkenden Kräfte in alle Richtungen um und sorgen für einen Druck von allen Seiten! Auch wird jemand mit einem großen Trommelfell keinen anderen Druck verspüren als jemand mit einem kleinen Trommelfell, denn Druck ist ja gerade Kraft *pro Fläche* und damit von der Größe der Fläche unabhängig.

Wie groß ist der Druck, den z. B. eine Wassersäule der Höhe 1 m = 100 cm aufgrund ihres Gewichts ausübt? Um das auszurechnen, müssen wir das Gewicht ermitteln, mit dem das Wasser auf eine bestimmte Fläche wirkt, und dann die Gewichtskraft durch die Fläche teilen. Nehmen wir an, die Fläche sei zehn Quadratzentimeter groß. Dann ergibt sich für das Volumen der Wassersäule 1000 Kubikzentimeter (Grundfläche mal Höhe). Ihre Masse beträgt dann 1000 g = 1 kg, da die Dichte des Wassers ja den Wert $1 \frac{g}{cm^3}$ hat. Aus der Masse erhalten wir die Gewichtskraft F_G durch Multiplikation mit der Fallbeschleunigung g. Wenn wir als Näherung $g \approx 10 \frac{m}{s^2}$ verwenden, ergibt sich für F_G der Wert zehn Newton. Um den Druck zu berechnen, müssen wir jetzt noch durch die Fläche (zehn Quadratzentimeter) teilen. Es ergibt sich:

$$p = \frac{10\ N}{10\ cm^2} = 1\ \frac{N}{cm^2} = 1\frac{N}{0{,}0001\ m^2} = 10.000\ Pa = 100\ mbar,$$

also herrscht in 100 Zentimeter Tiefe der Druck von 100 Millibar, und genau das misst man (siehe oben). Der Verursacher für die Druckzunahme ist damit gefunden, es ist tatsächlich das über Ihnen befindliche Wasser! Naheliegenderweise nennen wir diese Art von Druck ab sofort *Schweredruck*.

Die eben beispielhaft erläuterte Berechnung des Schweredrucks kann man auch allgemein durchführen und für eine Flüssigkeit beliebiger Dichte und für eine beliebige Höhe durchführen. Es ergibt sich dann:

> Der Schweredruck p in der Tiefe h einer Flüssigkeit mit der Dichte ρ errechnet sich nach der Formel:
>
> $p = \rho \cdot g \cdot h$
>
> Dabei ist g die Fallbeschleunigung.

Früher hat man in sogenannten Quecksilber-Manometern den Schweredruck des flüssigen Metalls Quecksilber ausgenutzt, um Drücke zu messen – daher die Einheit „mmHg" (Millimeter-Quecksilbersäule), die uns bei der Blutdruckmessung begegnete. Die Dichte von Quecksilber ist $\rho = 13{,}6 \frac{g}{cm^3}$. Der Druck einer Quecksilbersäule mit der Höhe von einem Millimeter beträgt damit:

$$\rho = 13{,}6 \frac{g}{cm^3} \cdot 9{,}8 \frac{m}{s^2} \cdot 1 \, mm = 13.600 \frac{kg}{m^3} \cdot 9{,}81 \frac{m}{s^2} \cdot 0{,}001 \, m = 133{,}4 \, Pa$$

Also ist 1 *mmHg* = 133,4 *Pa*.

Beispiel: Wasserversorgung einer Stadt

Die Industrialisierung führte im Europa des 19. Jahrhunderts zu einer Verstädterung der Bevölkerung. Die Stadtbewohner mussten mit hygienisch einwandfreiem Wasser in ausreichender Menge versorgt werden. Zu diesem Zweck wurden Rohre verlegt und Wassertürme gebaut. Die Türme sollten einerseits als Wasserspeicher dienen und andererseits (durch den Schweredruck des hochgepumpten Wassers) für ausreichenden und gleichbleibenden Druck in den Leitungen sorgen.

Wasserturm

Mechanik

Die folgende Zeichnung zeigt schematisch die Wasserversorgung mit einem Wasserturm. Eine elektrische Pumpe sorgt dafür, dass das Wasser in den hoch liegenden (hier trichterförmigen) Behälter gelangt. Von dort aus fließt es bei Bedarf in die Haushalte.

Wasserversorgung mit einem Wasserturm

Wovon hängt es ab, wie hoch das Wasser in den Leitungen der Haushalte steigen kann? Wir untersuchen dies im Labor mithilfe sogenannter kommunizierender Röhren. In eine dieser Röhren wird Flüssigkeit gefüllt.

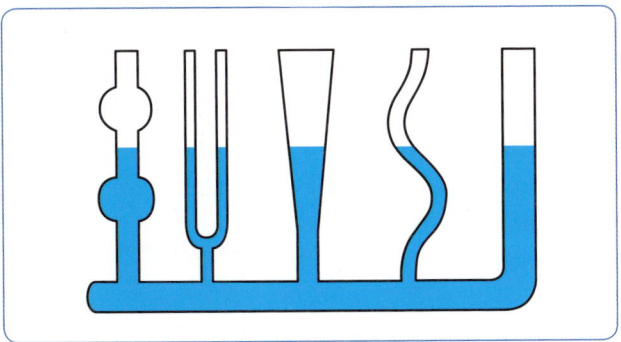

Kommunizierende Röhren

Mechanik 76

Weinfässer

Das Ergebnis ist eindeutig: Die Flüssigkeit verteilt sich so auf die Röhren, dass die Pegel überall dieselbe Höhe haben. Wie hoch das Wasser steigt, hängt nicht von der Form der Gefäße und damit auch nicht von der Wassermenge ab, die sich in der jeweiligen Röhre befindet. Auf die städtische Wasserversorgung übertragen bedeutet dies: Es ist völlig egal, wie das Leitungsnetz aussieht, wie dick die Wasserleitungen sind und welche Form irgendwo im Netz angebrachte Behälter haben – das Wasser steigt (sofern die Rohre das von der Höhe her zulassen) immer gleich hoch! Die Ursache dafür besteht darin, dass der Schweredruck (neben der Dichte und der Fallbeschleunigung) eben nur von der *Höhe* der Flüssigkeitssäule abhängt, von nichts weiter! Angeblich hat Pascal, der Namensgeber der Druckeinheit, dies selbst demonstriert, indem er in ein volles Weinfass ein sehr dünnes, nach oben führendes Rohr steckte, welches er dann von einem Balkon aus mit ein paar Gläsern Wein befüllte. Es wird berichtet, dass dies reichte, um das Fass zum Platzen zu bringen! Die *Höhe* der Flüssigkeitssäule ist wichtig, nicht ihr *Volumen!*

Die Wasserversorgung mit einem Turm hat den Nachteil, dass nur Haushalte versorgt werden können, die nicht höher liegen als der Wasserspiegel des Turms. Man baut heute keine Wassertürme mehr, sondern erzeugt den Wasserdruck durch elektrische Pumpen.

Wasserpumpe

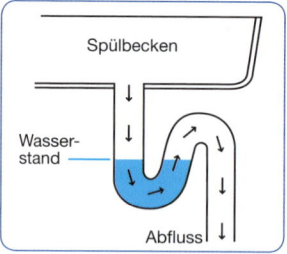

Auf dem Prinzip der kommunizierenden Röhren beruhen auch die Geruchsverschlüsse in Abflüssen von Spülbecken und Toiletten. Das Wasser in den u-förmigen Rohren bildet eine Geruchsbarriere.

Geruchsverschluss eines Spülbeckens

Auftrieb

Versuchen Sie einmal, einen Plastikeimer mit dem Boden nach unten in Wasser einzutauchen (z. B. in der Badewanne oder in einem Gartenteich). Spüren Sie, wie das Wasser versucht, den Eimer zurückzudrücken? Es wirkt eine nach oben gerichtete Kraft auf den Eimer; man nennt sie die *Auftriebskraft*.

Woher kommt die Auftriebskraft?

Wir drücken den Eimer um das Stück h ins Wasser. In der Tiefe h herrscht ein nur von h abhängender Schweredruck. Diesen Druck verursacht die Wassersäule außerhalb des Eimers, der Druckzustand wird aber, wie wir gesehen haben, innerhalb des Wassers weitergegeben. Also steht auch der Boden des Eimers unter Druck und das Wasser versucht, diesen hochzudrücken. Der Schweredruck des Wassers ist die Ursache der Auftriebskraft!

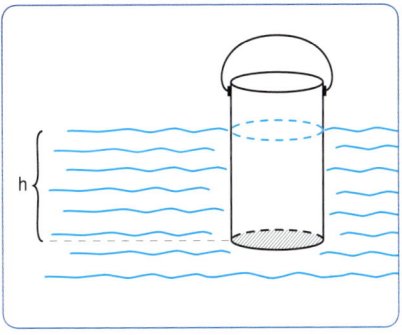

Auftrieb und Schweredruck

Wenn Sie in den eingetauchten Eimer ein Loch stechen, können Sie sehen, wie das Wasser um Druckausgleich bemüht ist: Es sprudelt springbrunnenartig nach oben, und der Eimer füllt sich allmählich, bis … ja, bis wohin eigentlich?

Wir können den Bereich außerhalb des Eimers und den Eimer selbst als ein Paar kommunizierender Röhren auffassen, und dann ist klar, dass der Eimer sich so lange füllen wird, bis das Wasser genau die Höhe h erreicht hat! Es gibt dann keine Druckunterschiede mehr, das Wasser kommt zur Ruhe und es ist keine Auftriebskraft mehr feststellbar.

Wie groß ist nun die Auftriebskraft? Ganz einfach: Da wir sie durch das Gewicht des Wassers im Eimer genau ausgeglichen haben, müssen die Auftriebskraft und das Gewicht des „nachgefüllten" Wassers vom Betrag her gleich sein! Und wenn wir jetzt idealisierend annehmen, dass die Wände des Eimers verschwindend dünn sind, dann

Mechanik 78

ist das nachgefüllte Wasser (jedenfalls von der Menge her) genau dasjenige Wasser, das der Eimer durch sein Eintauchen verdrängt hat, das sich also vorher am Ort des Eimers befand. Damit haben wir die Größe der Auftriebskraft bestimmt: Sie ist vom Betrag her genauso groß wie das Gewicht des verdrängten Wassers beziehungsweise – allgemeiner – der verdrängten Flüssigkeit.

Leider können wir nicht behaupten, dass diese Entdeckung von uns kommt, und leider ist sie auch nicht sehr neu. Sie stammt vielmehr von dem berühmten griechischen Gelehrten Archimedes von Syrakus (ca. 287–212 v. Chr.) und heißt *Archimedisches Gesetz*.

Archimedes

Gesetz des Archimedes

Die Auftriebskraft in einer Flüssigkeit wird durch ihren Schweredruck verursacht.

Die Auftriebskraft hat den gleichen Betrag wie die Gewichtskraft der durch den Körper verdrängten Flüssigkeit.

Auf die Verdrängung kommt es an!

Schwimmen, schweben, sinken

Der Eimer ist in Wirklichkeit schon ein Schiff, denn er schwimmt im Wasser, sofern wir ihn nicht überladen. Wir könnten auch einen Metalleimer nehmen – darauf kommt es nicht an, sondern nur darauf, dass das Gewicht der verdrängten Wassermenge nicht überschritten wird. Ein massives Metallschiff könnte nicht schwimmen, denn es wäre schwerer als das verdrängte Wasser, aber Wände aus Metall darf es haben, solange sich im Innern auch leichtere Dinge befinden. Ein Schiff könnte nie so viel Wasser transportieren, wie es verdrängt, es würde dann untergehen! Diesen Sachverhalt können wir auch so ausdrücken: Ist die mittlere Dichte eines Körpers kleiner als diejenige der Flüssigkeit, in die der Körper eingetaucht wird, so *schwimmt* der Körper. Ist die mittlere Dichte des Körpers größer als die der Flüssigkeit, so *sinkt* er. Stimmen die Dichten überein, so *schwebt* der Körper – er erfährt weder nach oben noch nach unten eine Kraft.

Einige Meerestiere besitzen Schwimmblasen, die sie mit mehr oder weniger Luft füllen können. Eine große Schwimmblase bedeutet, dass das Volumen des Tiers (bei gleicher Masse) größer ist, also sinkt die mittlere Dichte und das Tier steigt nach oben. Umgekehrt führt eine kleine Schwimmblase zu einem Absinken.

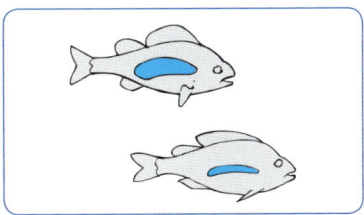

Schwimmblase

Luftdruck

Dadurch, dass die Erde eine Atmosphäre besitzt, leben wir am Boden eines Luftmeeres. Den auf uns lastenden Schweredruck der Luft nennen wir *Luftdruck*. Er beträgt auf Meereshöhe im Mittel 101.300 *Pa* = 1013 *mbar*, also gut ein Bar. Bei schönem Wetter, also „Hochdruck", ist es etwas mehr (ca. 1040 Millibar), bei schlechtem Wetter, also „Tiefdruck", etwas weniger (ca. 970 Millibar). Dass unsere Häuser unter diesem Druck nicht zusammenbrechen, liegt natürlich daran, dass sich auch in den Häusern Luft befindet und dass der innere Luftdruck genauso groß ist wie der äußere. Wäre das nicht so, würde eine Luftströmung („Wind" oder „Luftzug") entstehen, die die Druckunterschiede ausgleicht. Übrigens hat der Luftdruck unter normalen Umständen auch vor und hinter unserem Trommelfell denselben Wert und wir bemerken ihn nicht. Das ist auch der Grund dafür, warum wir bei der Untersuchung des Schweredrucks in Flüssigkeiten vom Luftdruck absehen konnten: Was auf beiden Seiten einer Membran mit entgegengesetzt gleicher Kraft drückt, macht sich nicht bemerkbar, es zeigen sich nur die Druck*unterschiede*.

Auch bei einem Reifen spricht man von „Luftdruck", hier ist aber der im Reifen herrschende Überdruck gegenüber dem äußeren Luftdruck der

Autoreifen

Atmosphäre gemeint: Zwei Bar Reifendruck bedeutet zwei Bar mehr als der äußere Luftdruck.

Den Luftdruck können Sie spüren, wenn Sie den Kolben einer Fahrradluftpumpe bei zugehaltener Öffnung herausziehen. Dazu ist ein erheblicher Kraftaufwand nötig, weil der äußere Luftdruck den Kolben hineindrücken will. Geben Sie die Öffnung frei, so ist es leicht, den Kolben herauszuziehen, weil dann Luft nachströmen kann und innen und außen derselbe Druck herrscht.

Otto von Guericke

Eine spektakuläre Version dieses Versuchs hat der deutsche Politiker, Jurist und Naturwissenschaftler Otto von Guericke (1602–86) in Magdeburg durchgeführt. Er ließ zwei halbkugelförmige Metallschalen („Magdeburger Halbkugeln") bauen, die aneinandergelegt eine Kugel bildeten. Dem Inneren der Kugel entzog er mit einer von ihm selbst erfundenen Pumpe die Luft. Dadurch drückte der äußere Luftdruck die Halbkugelschalen zusammen, und zwar so stark, dass selbst zwei Pferdegespanne sie nicht voneinander trennen konnten. Als man dann die Luft durch ein Ventil wieder in das Innere der Kugel einströmen ließ, fielen die Schalen von selbst auseinander. Von Guericke bewies auf diese Weise eindrucksvoll die Existenz des Luftdrucks.

Magdeburger Halbkugeln

Jetzt können wir die Eingangsfrage („Wieso ist es möglich, mit einem Trinkhalm ein Getränk einzusaugen?") leicht beantworten. Was tun Sie, wenn Sie mit dem Mund eine Saugbewegung machen? Sie vergrößern lediglich den Mundraum. Dadurch sinkt, weil keine Luft nachströmen kann, dort der Luftdruck. Er ist dann kleiner als der auf dem Getränk lastende äußere Luftdruck. Infolgedessen drückt der äußere Luftdruck die Flüssigkeit nach oben in Richtung Mund!

Das Einsaugen mit einem Trinkhalm funktioniert ausgezeichnet, es gibt aber eine Grenze für diese Methode: Je höher die Flüssigkeitssäule im Trinkhalm steigt, desto mehr Schweredruck erzeugt sie. Dieser wirkt dem äußeren Luftdruck entgegen. Das bedeutet: Ist der Schweredruck der Flüssigkeit schließlich so groß wie der Luftdruck, nützt auch noch so intensives Saugen nichts mehr: Die Flüssigkeit kann dann nicht mehr weitersteigen!

Eine Frage des Luftdrucks

Das ist im Falle von Wasser bei einer Höhe von ca. zehn Metern der Fall, denn dann beträgt der Schweredruck der Wassersäule, wie wir gesehen haben, ein Bar und ist genauso groß wie der Luftdruck. Da wohl niemand auf die Idee kommt, zehn Meter lange Trinkhalme benutzen zu wollen, hat diese Begrenzung natürlich eher akademischen als praktischen Wert.

Nun beantworten wir noch die Frage, wie man „mit einem Barometer" die Höhe eines Hochhauses bestimmen kann. Sie tauchte im Zusammenhang mit der gleichmäßig beschleunigten Bewegung auf (→ S. 12 f.), wir verwenden jetzt aber das Barometer nicht als fallenden Körper, sondern wirklich als Luftdruckmessgerät.

Die Dichte der Luft nimmt mit zunehmender Höhe allmählich ab, und zwar exponentiell, das heißt, die Abnahme folgt einer Exponentialfunktion. Den Druck p in der Höhe h über dem Boden kann man schreiben als $p(h) = p_0 \cdot e^{\frac{\rho_0 \cdot g}{p_0} \cdot h}$, wobei p_0 den Druck und ρ_0 die Dichte der Luft – jeweils am Boden – bezeichnet. e ist die berühmte Euler'sche Zahl ($e \approx 2{,}71818$). Es existiert also eine eindeutige Beziehung zwischen der Dichte der Luft und der Höhe: Zu einer bestimmten Höhe gehört eine bestimmte

Mechanik

Altimeter zur Höhenanzeige

Dichte und umgekehrt. Daher kann man aus dem Luftdruck auf dem Dach des Hochhauses die Höhe des Hauses ausrechnen. Dies geschieht durch eine „Logarithmierung" der angegebenen Gleichung. Näheres zu Exponential- und Logarithmusfunktionen können Sie im Band *Mathematik* dieser Reihe nachlesen.

Die Höhenmesser in Flugzeugen sind eigentlich Barometer, auf deren Skala statt der Dichte die Flughöhe angegeben wird. Das dargestellte Verfahren hat also eine große praktische Bedeutung.

Strömende Flüssigkeiten und Gase

Ein Flugzeug rollt zum Anfang der Startbahn und bleibt dort stehen. Wenig später bekommt es die Freigabe. Die Triebwerke heulen auf, das Flugzeug setzt sich in Bewegung, wird immer schneller und schneller, hebt schließlich ab und fliegt seinem Ziel entgegen.

Startendes Flugzeug

Ein startendes Flugzeug haben Sie – in der Wirklichkeit oder im Film – schon oft gesehen, und die Wahrscheinlichkeit ist groß, dass Sie auch schon mitgeflogen sind. Aber *warum* kann ein Flugzeug fliegen? Das muss mit der *Luft* und den *Tragflächen* zu tun haben, und zwar mit *strömender Luft*, denn wenn wir uns in Gedanken auf die Tragfläche stellen, merken wir, wie die Luft auf uns zuströmt. Dass es in Wirklichkeit die Tragfläche ist, die sich bewegt, ist unerheblich und, wie wir im Abschnitt über Inertialsysteme gesehen haben, einfach eine Frage des Standpunkts (→ S. 32 ff.).

Strömende Flüssigkeiten und Gase werden in der *Hydrodynamik* untersucht. Eigentlich müsste es *Hydro- und Aerodynamik* heißen, aber der Begriff Hydrodynamik hat sich eingebürgert, außerdem lassen sich Gase auch oft idealisierend wie Flüssigkeiten behandeln. Die im Abschnitt „Druck" besprochenen Erscheinungen gehören zur *Hydrostatik* (→ S. 67 ff.).

Die Hydrodynamik ist ein sehr umfangreiches Gebiet. Um den Rahmen des Buchs nicht zu sprengen, behandeln wir die Hydrodynamik gerade so weit, dass wir uns eine zwar vereinfachte, aber im Kern richtige Antwort auf die Frage geben können, wieso ein Flugzeug fliegt.

Tragflächenprofile

Wir bauen im Labor die folgende Anordnung auf, um zu untersuchen, wie eine Tragfläche auf anströmende Luft reagiert. Der Luftstrom wird durch einen Windgenerator (ein Föhn ohne Heizvorrichtung) erzeugt.

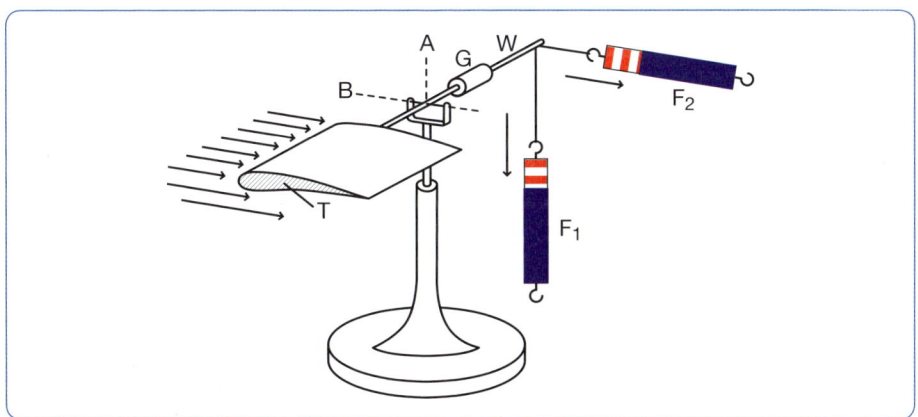

Tragflächenmodell

Da die Luft gegen den Tragflügel anströmt, misst man in horizontaler Richtung eine *Luftwiderstandkraft* $\vec{F_L}$. Sie hängt von verschiedenen Dingen ab: von der Dichte der Luft, von ihrer Geschwindigkeit, von der Querschnittsfläche des Flügels und von der Form des Profils. Die Form des Profils geht als sogenannter *Widerstandsbeiwert* c_W ein, den man auch von im Windkanal geformten Autokarosserien her

Autokarosserie

kennt. Das folgende Bild zeigt einige Profile und ihre c_W-Werte. Das *Stromlinienprofil* setzt der anströmenden Luft den kleinsten Widerstand entgegen.

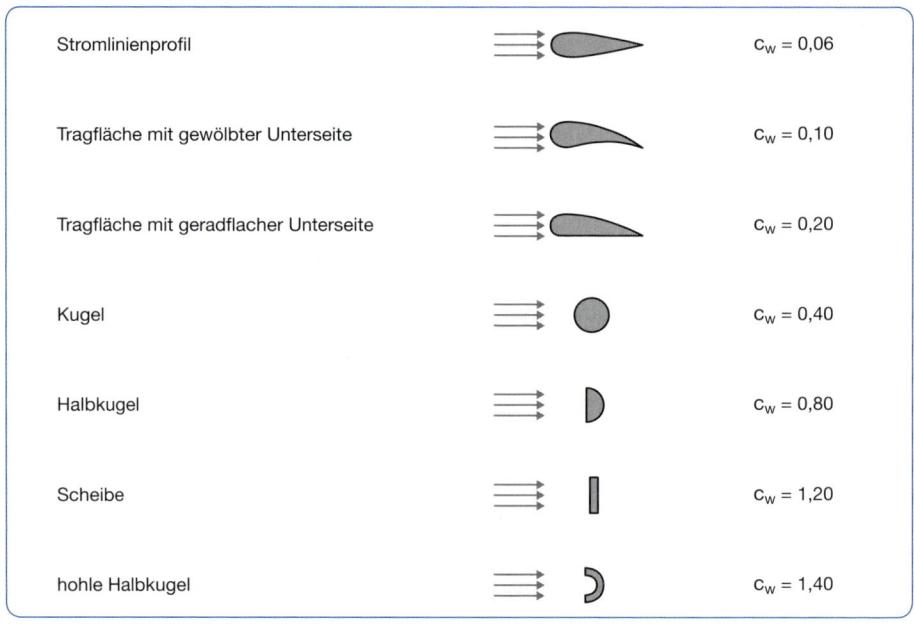

Widerstandsbeiwerte verschiedener Profile

Bei allen Profilen, die in irgendeiner Weise gewölbt sind, misst man außerdem eine *dynamische Auftriebskraft* $\vec{F}_A$. Sie ist es, die das Flugzeug trägt. Im Labor kann man experimentell herausfinden, bei welcher Profilform die Auftriebskraft am größten ist, das heißt, man kann das Tragflächenprofil *optimieren*. Dem Flugzeugingenieur wird die Tatsache reichen, dass es die Auftriebskraft *gibt,* denn er hat ja „nur" die Aufgabe, ein Flugzeug zu entwerfen, das auch tatsächlich fliegen kann. Aber es bleibt ein unzufriedenes Gefühl zurück, denn wir möchten natürlich wissen, *warum* es diese Auftriebskraft gibt – wir möchten eine *Erklärung.*

Etwas physikalisch zu erklären bedeutet, es auf schon geklärte Sachverhalte zurückzuführen und es in das bestehende Theoriegebäude einzugliedern. Das versuchen wir jetzt.

Kontinuitätsgleichung

Fluss mit engen Schleifen

Autobahnteilsperrung mit Stau

Wie können Sie erreichen, dass das Wasser schneller aus Ihrem Gartenschlauch herausspritzt und Sie damit einen größeren Bereich bewässern können? Ganz klar: Sie drücken die Schlauchöffnung zusammen! Offenbar bewirkt eine Verengung eine Beschleunigung der Wasserteilchen. Diesen Effekt kann man auch an Flüssen beobachten: Ist das Wasserbett breit, fließt das Wasser gemächlich dahin, an engen Stellen jedoch kann sich ein reißender Strom entwickeln. Als Autofahrer kennen Sie einen ähnlichen Effekt: Wenn sich wegen einer Baustelle die Autobahn von zwei Spuren auf eine verengt und vor der Baustelle ein Stau entsteht, dann kommen Sie im zweispurigen Bereich nur langsam voran. Sobald Sie aber die Verengung erreicht haben, bewegen Sie sich schneller. Das ist klar, denn alle Autos müssen durch den einspurigen Bereich hindurch, und das geht nur, wenn alle (gegenüber dem zweispurigen Bereich) mit doppelter Geschwindigkeit fahren.

Der Gartenschlauch bildet eine *Röhre* mit einem bestimmten *Querschnitt*. Zu einem kleinen Querschnitt gehört offenbar eine große Strömungsgeschwindigkeit und umgekehrt. Das ist der Kern der *Kontinuitätsgleichung*.

> **Kontinuitätsgleichung:** In einer gleichmäßigen, reibungsfreien Strömung eines inkompressiblen Mediums gilt:
>
> $A_1 \cdot v_1 = A_2 \cdot v_2$
>
> Dabei bezeichnet A_1 die Querschnittsfläche der Röhre an irgendeinem Ort 1 und v_1 die dort herrschende Strömungsgeschwindigkeit. Entsprechend sind A_2 und v_2 die Querschnittsfläche bzw. die Geschwindigkeit an einem Ort 2.

Dass die Strömung *gleichmäßig* ist, heißt, dass die Geschwindigkeit in jedem Raumpunkt zeitlich konstant ist. Dass sie *reibungsfrei* sein muss, stellt eine Idealisierung dar, die in der Realität mehr oder weniger gut erfüllt ist. Dass schließlich die Bedingung der *Inkompressibilität* erfüllt sein muss, ist für Flüssigkeiten gewährleistet, aber auch näherungsweise für Gase, solange die Strömungsgeschwindigkeit klein gegen die Schallgeschwindigkeit ist.

Das Gesetz von Bernoulli

Wenn die strömenden Teilchen an einer Verengung beschleunigt werden, muss es eine beschleunigende Kraft geben, die auf sie wirkt. Hierfür kommt nur ein Druckgefälle infrage: Es muss vor der Verengung ein größerer (hydrostatischer) Druck herrschen als in der Verengung. Dass dies so ist, kann man experimentell nachweisen, indem man in den Rohrwänden Manometer anbringt. (Die Membranen dieser Manometer müssen natürlich

Daniel Bernoulli

parallel zur Strömung gerichtet sein, damit nur der hydrostatische Druck gemessen wird und die Teilchen nicht aufgrund ihrer Geschwindigkeit auf die Membranen drücken.)

Der Schweizer Mathematiker und Physiker Daniel Bernoulli (1700–82) hat den Zusammenhang zwischen dem Druck und der Strömungsgeschwindigkeit untersucht und ist zu folgendem Ergebnis gekommen:

> **Gesetz von Bernoulli:** In einer gleichmäßigen, reibungsfreien Strömung eines inkompressiblen Mediums gilt, dass der Ausdruck
>
> $p + \frac{1}{2} \cdot \rho \cdot v^2$ für alle Orte konstant ist.
>
> Dabei ist p der hydrostatische Druck, ρ die Dichte des strömenden Mediums und v die Strömungsgeschwindigkeit.

Dieses Gesetz besagt Folgendes: Wo der Druck klein ist, ist die Geschwindigkeit groß und umgekehrt.

Warum fliegt ein Flugzeug?

Eine erschöpfende Antwort auf diese Frage ist sehr kompliziert. Mit den inzwischen gewonnenen Kenntnissen können wir aber den Kern einer Antwort darstellen.

Man kann experimentell zeigen, dass an der Oberseite des (gewölbten) Tragflächenprofils eine größere Strömungsgeschwindigkeit herrscht als an der Unterseite. Wenn wir dies akzeptieren, ist klar, woher die dynamische Auftriebskraft kommt: Eine größere Strömungsgeschwindigkeit bedeutet nach dem Gesetz von Bernoulli einen kleineren hydrostatischen Druck. Also ist der Druck an der Oberseite kleiner als an der Unterseite. Folglich wirkt auf den Tragflügel eine Kraft nach oben!

So weit, so gut! Aber *warum* ist die Strömungsgeschwindigkeit an der Oberseite größer als an der Unterseite? Das folgende Bild zeigt „Stromlinien" bei der Umströmung einer Kugel. (Stromlinien stellen die Geschwindigkeitsverteilung in der Flüssigkeit dar: Sie zeigen die Richtung der Geschwindigkeit an, und ihre Dichte veranschaulicht den Betrag der Geschwindigkeit – je dichter die Stromlinien zusammenliegen, desto größer ist die Geschwindigkeit.)

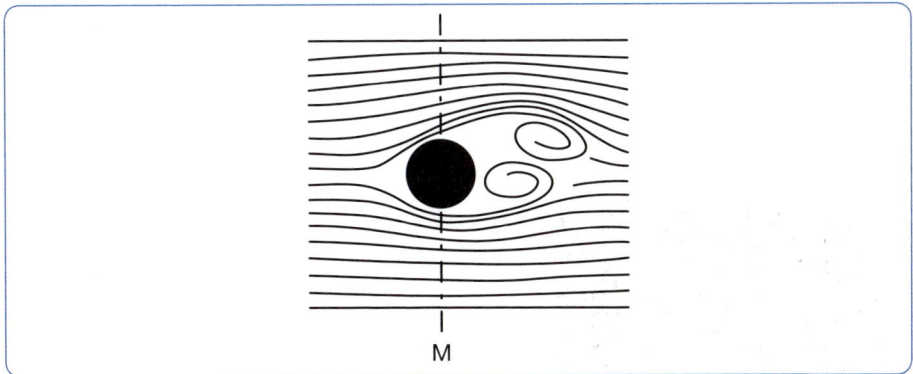

Stromlinien bei der Umströmung einer Kugel

Die Teilchen haften in einer dünnen Grenzschicht an der Kugel. Durch diese Grenzschichtreibung kommt es zu einer Wirbelbildung. Es entstehen hinter der Kugel zwei Wirbel mit entgegengesetztem Drehsinn. Bei einer Tragfläche behindert die Wölbung des Profils mit der scharfen Hinterkante den linksherum laufenden Wirbel mehr als den rechtsherum laufenden und bringt ihn zum Abreißen. Der Rechtswirbel bleibt hängen, umströmt das ganze Profil und überlagert sich dem von vorne kommenden Luftstrom. Durch diese Überlagerung wird die Geschwindigkeit des Luftstroms auf der Unterseite des Profils verkleinert und auf der Oberseite vergrößert. Also ist der (hydrostatische) Druck an der Oberseite kleiner als an der Unterseite und das Flugzeug fliegt!

Gravitation

Gravitationskräfte sorgen dafür, dass wir nicht davonschweben, dass Regentropfen stets nach unten fallen und dass eine Balkenwaage funktioniert. Außerdem halten sie den Mond auf seiner Bahn um die Erde und die Erde auf ihrer Bahn um die Sonne und verursachen die Gezeiten. Dass Himmelskörper der Gravitation unterliegen, ist für uns heute selbstverständlich, aber für die Menschen des ausgehenden 16. Jahrhunderts war es ganz unerhört: Seit Aristoteles war man der Meinung, dass die Erde und der Himmel getrennte Bereiche darstellen, und man wäre nie auf die Idee gekommen, dass irdische Gesetze auch im Himmel gelten könnten. Doch dann änderten sich die Ansichten, und gerade die Beobachtung des Himmels lieferte schließlich eine mathematisch korrekte Beschreibung der Gravitationskräfte: das von Newton formulierte *Gravitationsgesetz*. Die Frage nach der *Ursache* der Gravitation ist damit leider noch nicht beantwortet – wir greifen sie in dem Abschnitt

Satellit

„Allgemeine Relativitätstheorie" wieder auf (→ S. 283 ff.). Aber auch wenn das Gesetz „nur" eine Beschreibung ist, ermöglicht es, Satelliten zu positionieren und sie für das Fernsehen und die GPS-Navigation zu verwenden. Auch der bisher größte Triumph der Raumfahrt, die bemannte Mondlandung im Jahre 1969, war letztlich nur durch die Entdeckung des Gravitationsgesetzes möglich. Die Geschichte dieser Entdeckung zeichnen wir jetzt nach.

Kepler'sche Gesetze

Der dänische König Frederik II. (1534–88) war am Sternenhimmel interessiert (jedoch, wie fast alle Herrscher, eher an der Astrologie als an der Astronomie). Er stellte dem

Tycho Brahe

Adligen und Astronomen Tycho Brahe (1546–1601) die zwischen Dänemark und Schweden gelegene Insel Ven zur Verfügung und richtete ihm darauf ein Observatorium ein. Brahe hatte bei einem Duell einen Teil seiner Nase verloren und trug eine Nasenprothese. Ob das der Grund dafür war, dass er sich auf die Insel Ven zurückzog, kann nicht gesagt werden. Auf jeden Fall aber sammelte er über Jahre hinweg umfangreiche Daten über die Positionen von Sternen und Planeten, und das mit einer bis dahin nicht für möglich gehaltenen Genauigkeit – trotz der Tatsache, dass das Observatorium über kein Fernrohr verfügte und die Beobachtungen daher mit bloßem Auge gemacht wurden.

Sternenhimmel

Observatorium in der heutigen Zeit

Es gelang Brahe nicht, aus diesen Daten Gesetzmäßigkeiten zu gewinnen. Das blieb dem deutschen Theologen und Astronomen Johannes Kepler (1571–1630) vorbehalten, der auf der Grundlage der von Tycho Brahe gesammelten Daten mit einer Mischung aus rationaler Überlegung und intuitiver Eingebung herausfand, dass für die Bewegung der Planeten um die Sonne drei relativ einfache Gesetze gelten. Man nennt sie heute die *Kepler'schen Gesetze*.

Johannes Kepler

Mechanik

> **Kepler'sche Gesetze**
>
> 1. Die Planeten bewegen sich auf Ellipsen, in deren einem Brennpunkt die Sonne steht.
>
> 2. Der Radiusvektor von der Sonne zum Planeten überstreicht in gleichen Zeiten gleiche Flächen.
>
> 3. Bezeichnet r den mittleren Abstand zur Sonne und T die Umlaufzeit, so ist der Ausdruck $\frac{T^2}{r^3}$ für alle Planeten des Sonnensystems gleich.

Eine Ellipse ist eine Art Oval – Näheres darüber können Sie im Mathe-Band dieser Reihe nachlesen. Ein Kreis stellt eine Sonderform einer Ellipse dar: Er entsteht, wenn beide Brennpunkte zusammenfallen.

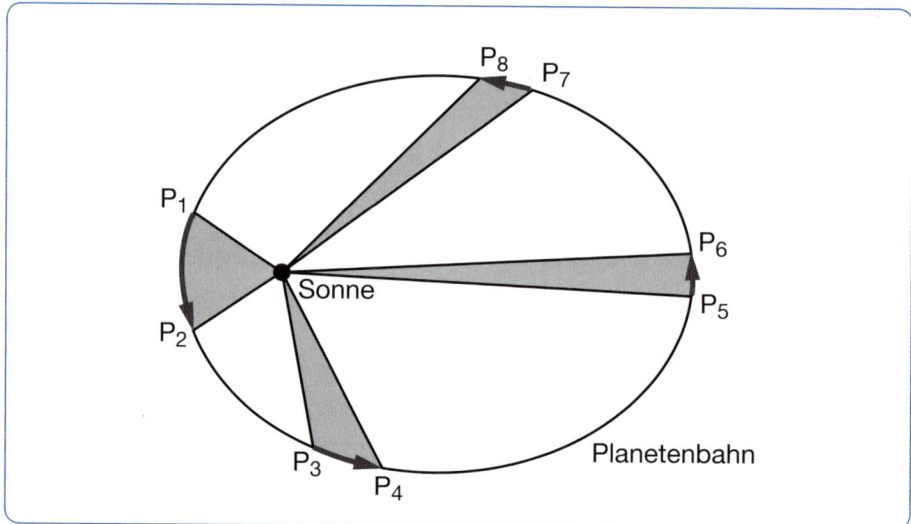

Zweites Kepler'sches Gesetz (Flächensatz)

Das Bild illustriert das zweite Kepler'sche Gesetz, den sogenannten Flächensatz. Er besagt, dass Planeten sich in Sonnennähe schneller bewegen als in Sonnenferne.

Newton'sche Mondrechnung

Die Kepler'schen Gesetze beschreiben, auf welchen Bahnen die Planeten sich bewegen. Sie beantworten aber nicht die Frage nach der *Ursache* der Bewegung, also nach den herrschenden *Kräften*. Newton hatte die Idee, dass es *Gravitationskräfte* sind, die die Planeten auf ihren Bahnen halten, und leitete aus den Kepler'schen Gesetzen eine mathematische Formel her, mit der man diese Kräfte berechnen kann: das Gravitationsgesetz. Ausgangspunkt seiner Überlegungen war die sogenannte Mondrechnung.

Der Legende nach saß Newton unter einem Apfelbaum und dachte angestrengt nach. Angeblich fiel ihm plötzlich ein Apfel genau auf den Kopf, und dieser Schlag bewirkte einen genialen Gedankengang ungefähr folgenden Inhalts: „Ich möchte ja zu gerne beweisen, dass sowohl der Apfel als auch der Mond der Gravitation unterliegen ... Dass der Mond nicht wie der Apfel auf die Erde fällt, liegt ja einfach daran, dass seine Geschwindigkeit senkrecht zum Radius Erde-Mond gerichtet ist; würde man ihn stoppen, dann würde er sofort auf die Erde fallen ... den Apfel könnte man ja auch parallel zum Boden loswerfen; wenn die Anfangsgeschwindigkeit groß genug wäre, würde er die Erde wie der Mond umkreisen ... dann könnte man doch das dritte Kepler'sche Gesetz benutzen, um die Beschleunigung des Apfels zu berechnen ... und dann müsste doch herauskommen, dass ... ja, das ist es! Das ist genial, damit werde ich noch berühmter!"

Newton unter dem Apfelbaum

Können Sie sagen, welcher Wert für die Beschleunigung des Apfels herauskommen muss, wenn sowohl „im Himmel" als auch auf der Erde dasselbe Gravitationsgesetz gilt?

Mechanik

Vielleicht ging es eben auch etwas zu schnell, darum hier Newtons Überlegung in einer ausführlicheren Version:

Ein die Erde umkreisender Körper erfährt die Beschleunigung

$$a = \omega^2 \cdot r = \left(\frac{2 \cdot \pi}{T}\right)^2 \cdot r = \frac{4 \cdot \pi^2}{T^2} \cdot r,$$

wie wir aus dem Abschnitt über die Kreisbewegung wissen (→ S. 28 f.). Dabei ist ω die Winkelgeschwindigkeit, T die Umlaufdauer und r der Bahnradius. Wenn wir (etwas vereinfachend) annehmen, dass die Bahn des Mondes um die Erde ein Kreis ist, können wir die Beschleunigung, die der Mond erfährt, berechnen, denn sowohl die Umlaufdauer als auch der Radius der Mondbahn sind bekannt. (Wie man diesen Radius misst, werden wir im ersten Abschnitt des Kapitels „Astrophysik" besprechen; → S. 350 ff.) Bei einer Umlaufdauer von 27,3 Tagen und einem Radius von 384.000 Kilometern ergibt sich als Beschleunigung des Mondes der Wert:

$$a_M = 0{,}00272 \, \frac{m}{s^2}$$

Bitte rechnen Sie nach (und vergessen Sie dabei die Umrechnung der Tage in Sekunden und der Kilometer in Meter nicht)!

Wenn nun sowohl der Apfel als auch der Mond die Erde umkreisen, muss für beide das dritte Kepler'sche Gesetz gelten:

$$\frac{T^2}{r^3} = C$$

Dabei ist C eine für alle die Erde umkreisenden Körper charakteristische Konstante. (Für die Bewegung der Planeten um die Sonne gilt dasselbe Gesetz, nur hat die Konstante einen anderen Wert.) Aus dieser Gleichung rechnen wir T^2 aus und setzen den gefundenen Ausdruck in die Formel für die Beschleunigung ein:

$$a = \frac{4 \cdot \pi^2}{C \cdot r^3} \cdot r = \frac{4 \cdot \pi^2}{C} \cdot \frac{1}{r^2}$$

Für den Apfel gilt also: $a_A = \dfrac{4 \cdot \pi^2}{C} \cdot \dfrac{1}{r_A^2}$

Entsprechend gilt für den Mond: $a_M = \dfrac{4 \cdot \pi^2}{C} \cdot \dfrac{1}{r_M^2}$

Dividiert man die beiden letzten Gleichungen durch einander und löst man a_A auf, so ergibt sich: $a_A = a_M \cdot \dfrac{r_M^2}{r_A^2}$

a_M und r_M kennen wir (siehe oben). r_A muss so groß sein wie der Erdradius, also den Wert 6400 Kilometer haben. Und was ergibt sich nun wohl, wenn man all diese Größen einsetzt? Sie haben es bestimmt längst erraten:

$a_A = 9{,}8 \; \dfrac{m}{s^2}$ (auf eine Nachkommastelle gerundet)

Mit anderen Worten: Wenn für den Mond und den Apfel dieselben Gesetze gelten, ergibt sich für die Beschleunigung des Apfels genau der Wert, der sich ergeben *muss*: die Fallbeschleunigung g! Das ist so stichhaltig, dass wir ab sofort davon ausgehen, dass das Gravitationsgesetz *überall* gilt.

Das Gravitationsgesetz

Bis zum Gravitationsgesetz ist es jetzt nur noch ein kleiner Schritt. Wir gehen von der mit dem dritten Kepler'schen Gesetz aufgestellten Formel für die Beschleunigung aus, multiplizieren mit der Masse (denn Kraft ist Masse mal Beschleunigung) und beachten, dass es sich nach dem dritten Newton'schen Gesetz um eine Wechselwirkung zwischen zwei Körpern handelt. Das führt dazu, dass die Massen beider Körper in die Formel für die Kraft eingehen. Als Ergebnis einer kurzen Rechnung, die wir hier übergehen, ergibt sich:

> **Gravitationsgesetz**
>
> Zwei beliebige Körper der Massen m_1 und m_2, die den Abstand r voneinander haben, üben aufeinander jeweils die Gravitationskraft
> $$F = \gamma \cdot \dfrac{m_1 \cdot m_2}{r^2}$$
> aus. Dabei bezeichnet γ (Gamma) die sogenannte Gravitationskonstante. Sie hat den Wert: $\gamma = 6{,}674 \cdot 10^{-11} \dfrac{N \cdot m^2}{kg^2}$

Streng genommen gilt das Gravitationsgesetz nur für punktförmige Körper, aber man kann zeigen, dass man damit auch die Gravitationswirkungen von beliebigen Körpern aufeinander beschreiben kann, wenn man den Abstand ihrer *Schwerpunkte* zugrunde legt. Bei Kugeln fällt der Schwerpunkt mit dem Mittelpunkt zusammen.

γ ist eine universelle Naturkonstante. Man kann sie nur im Laborversuch auf der Erde bestimmen. Dies ist nicht einfach, weil γ sehr klein ist, und geschieht z. B. mit empfindlichen Drehwaagen, die die Kraftwirkung von Bleikugeln aufeinander messen.

Anziehung beruht nicht nur auf Gravitation.

Beachten Sie bitte, dass das Gravitationsgesetz aussagt, dass sich *beliebige* Körper gegenseitig anziehen, also z. B. auch zwei beliebige Menschen. Diese Kraft ist jedoch außerordentlich klein: Bei zwei Menschen mit einer Masse von 70 Kilogramm, die einen Meter voneinander entfernt sind, beträgt sie ungefähr 0,0000003 Newton (bitte rechnen Sie nach!), und das ist unterhalb jeder praktischen Wahrnehmungs- und Messgrenze! Diese Art der Anziehung ist also eher unbedeutend.

Astronomische Massenbestimmung

Nun können wir die Masse der Erde berechnen, indem wir die Gravitationswirkung zwischen ihr und irgendeinem anderen Körper, z. B. einem Apfel, ausnutzen. Die auf den Apfel wirkende Gravitationskraft berechnen wir auf zwei Arten: einmal als Produkt aus Masse und Fallbeschleunigung und einmal mit dem Gravitationsgesetz. Auf beiden Wegen muss sich dasselbe ergeben:

$$F_G = m \cdot g = \gamma \cdot \frac{m \cdot M}{r^2}$$

Dabei bedeutet m die Masse des Apfels und M die Masse der Erde. Für den Erdradius r nehmen wir wieder den Wert von 6400 Kilometern an. Wenn wir die rechte Gleichung betrachten, sehen wir sofort, dass die Masse des Apfels keine Rolle spielt (sie fällt beim

Dividieren durch *m* weg). Es bleiben lauter Größen übrig, die wir kennen – bis auf *M*! Also lösen wir nach M auf und berechnen die Masse der Erde:

$$M = \frac{g \cdot r^2}{\gamma} = \frac{9{,}81 \frac{m}{s^2} \cdot (6.400.000 \, m)^2}{6{,}674 \cdot 10^{-11} \frac{N \cdot m^2}{kg^2}} = 6{,}0 \cdot 10^{24} \, kg$$

Das ist ein unvorstellbar großer Wert, der uns auch sofort deutlich macht, warum sich Apfel und Erde zwar gegenseitig mit derselben Kraft anziehen, aber nur der Apfel merklich beschleunigt wird: Die Erde ist einfach viel zu träge!

Wie kann man nun die Massen des Mondes, der Sonne und der Planeten bestimmen? Ganz einfach: genauso! Man muss nur die Umlaufdauer und den Bahnradius eines (natürlichen oder künstlichen) Satelliten kennen, der den Körper umkreist. Aus diesen Daten kann man (wie bei der Mondrechnung) die Beschleunigung ausrechnen, die der Satellit erfährt, und mithilfe des Gravitationsgesetzes dann die Masse. So ergibt sich z. B. als Masse der Sonne der Wert $2{,}0 \cdot 10^{30}$ *kg*. Die Masse der Erde beträgt also lediglich drei Millionstel der Masse der Sonne.

Eigentlich ist es nicht korrekt, davon zu sprechen, dass ein Körper einen anderen Körper umkreist, denn in Wirklichkeit führen beide Körper eine Drehbewegung um ihren gemeinsamen Schwerpunkt aus. Das Drehzentrum fällt aber, wenn der Massenunterschied zwischen den Körpern groß ist, praktisch mit dem Schwerpunkt desjenigen Körpers zusammen, der die größere Masse besitzt.

Reibung

In den bisherigen Abschnitten trat die Reibung als eine Art Störenfried auf – vernünftige Ergebnisse erhielt man meistens erst, wenn man sie ausschloss. Diese Rolle wird ihr aber keineswegs gerecht, denn ohne die Reibung würde im wahrsten Sinne des Wortes „nichts gehen": Unsere Füße beziehungsweise Schuhe *haften* am Boden.

Marathonlauf – dank Reibung

Würden sie es nicht tun, könnten wir nicht gehen, geschweige denn stehen. Auch die Fortbewegung eines Autos klappt nur deshalb, weil die Reifen an der Straße haften.

Wir untersuchen in diesem Abschnitt diejenigen Reibungskräfte, die beim Kontakt zwischen festen Körpern auftreten, und werfen anschließend einen Blick auf die Widerstandskräfte, die ein Körper erfährt, der sich in Luft bewegt.

Haften und gleiten

Ein Auto fährt im Winter eine spiegelglatte Straße hinunter. Der Fahrer bremst, die Räder blockieren und das Auto rutscht weiter, ohne stoppen zu können. (Wir nehmen an, dass kein ABS, also kein Antiblockiersystem, vorhanden ist.) Am Straßenrand parken andere Autos, deren Räder auch stillstehen, aber diese Autos rutschen nicht den Berg hinunter. Also muss es hier zwei verschiedene Arten von Kräften geben: *Haftkräfte* (auch Haftreibungskräfte genannt), die bei Stillstand wirken, und *Gleitreibungskräfte,* die bei Bewegung auftreten. Die Haftkräfte müssen die Gleitreibungskräfte überwiegen können, denn sonst würden auch die parkenden Autos wegrutschen.

Haften oder gleiten

Beim Eislaufen ist die Reibung eher gering.

Im Labor kann man die Reibungskräfte untersuchen, indem man mit einem Kraftmesser an einem quaderförmigen Körper zieht, der auf einer festen Unterlage steht. Bei allmählich steigender Kraft geschieht zunächst nichts, doch irgendwann setzt sich der Quader in Bewegung. Dies ist bei der *maximalen Haftkraft* der Fall. Nun lässt man den Quader über die Unterlage gleiten und sorgt für eine gleichförmige Bewegung, weil dann die Kraft, mit der man zieht, gleich der *Gleitreibungskraft* ist. Durch Versuche mit unterschiedlich beschaffenen Quadern und Unterlagen stellt man fest, dass tatsächlich die Gleitreibungskraft stets kleiner als die maximale Haftkraft ist. Außerdem ergibt sich:

> Die maximale Haftkraft $F_{H,\,max}$ und die Gleitreibungskraft F_R sind proportional zur *Normalkraft* F_N, mit der ein Körper auf seine Unterlage drückt:
>
> $F_{H,\,max} = f_H \cdot F_N$ bzw. $F_R = f_R \cdot F_N$
>
> Dabei heißt f_H *Haftreibungszahl* und f_R *Gleitreibungszahl*.

Die Normalkraft ist nicht immer identisch mit der Gewichtskraft. Steht der Körper z. B. auf einer schiefen Ebene, so ist die Normalkraft nur diejenige Komponente der Gewichtskraft, die senkrecht auf die Ebene gerichtet ist.

Misst man z. B. die Haftreibungszahlen für Reifen auf der Straße, so erhält man für einen trockenen Straßenbelag Werte zwischen 0,7 und 0,9, für einen vereisten Belag Werte zwischen 0,1 und 0,4. Je größer f_H ist, desto besser haftet der Körper an der Unterlage.

Die Ursache für das Auftreten dieser Reibungskräfte liegt darin, dass die Oberflächen von Körpern nie ganz glatt sind, sondern mikroskopisch kleine Unregelmäßigkeiten aufweisen, die sich ineinander verzahnen und somit das Gleiten behindern.

Luftwiderstand

Ein Regentropfen, der aus einer Wolke in zwei Kilometer Höhe herabfällt, träfe wie ein Geschoss auf dem Boden auf, wenn er einen freien Fall ausführen würde. In Wirklichkeit wird er nur anfangs schneller. Mit steigender Geschwindigkeit wächst nämlich auch die *Luftwiderstandskraft*. Nach kurzer Zeit ist sie genauso groß wie die Gewichtskraft, sodass die resultierende Kraft den Wert null

Regen ist dank Luftwiderstand harmlos.

hat und der Rest des Falls gleichförmig verläuft. Große Tropfen fallen etwa mit der Geschwindigkeit von acht Metern pro Sekunde zu Boden.

Bei kleinen Geschwindigkeiten ist die Luftwiderstandskraft proportional zur Geschwindigkeit (sogenannte Stokes'sche Reibung). Bei größeren Geschwindigkeiten treten Wirbel auf. Dies führt zu einer quadratischen Abhängigkeit (sogenannte Newton'sche Reibung):

> Für den Betrag der Luftwiderstandkraft F_L gilt bei größeren Geschwindigkeiten:
> $$F_L = \frac{1}{2} \cdot c_W \cdot \rho \cdot A \cdot v^2$$
>
> Dabei ist c_W der Widerstandsbeiwert, ρ die Dichte der Luft, A die Fläche, die der Körper der Luft bietet, und v die Geschwindigkeit des Körpers.

Dass die Geschwindigkeit quadratisch eingeht, bedeutet z. B., dass ein schnell fahrendes Auto bei doppelter Geschwindigkeit die vierfache Benzinmenge verbraucht, um den Luftwiderstand auszugleichen und die Geschwindigkeit zu halten.

Der Luftwiderstand macht schnelles Autofahren zu einem teuren Vergnügen.

II. Mechanische Schwingungen und Wellen

Schwingungsvorgänge

Auf unserer Entdeckungsreise durch die Welt der Physik haben wir jetzt einige wichtige Grundlagen der Mechanik kennengelernt. Auch die mechanischen Schwingungen und Wellen, um die es jetzt gehen soll, gehören zum Bereich der Mechanik. Sie haben aber eine so fundamentale und weitreichende Bedeutung, dass ihnen ein eigenes Kapitel gewidmet wird.

Die Entstehung einer Schwingung

Schaukeln macht Spaß!

Eine Kinderschaukel (mit Kind) wird ausgelenkt und dann losgelassen. Auch ohne Zutun des Kindes findet nun eine periodische Hin- und Herbewegung, eine sogenannte *Schwingung*, statt. Dafür, dass diese irgendwann von allein aufhört, wenn wir nichts unternehmen, können wir getrost der Reibung in den Aufhängungslagern und dem Luftwiderstand die Schuld geben (man spricht von einer *Dämpfung*). Aber warum entsteht überhaupt eine Schwingung?

Wir ersetzen die komplexe Schaukel mit Kind im Labor durch einen Faden, an dessen Ende sich eine Kugel befindet. Eine solche Vorrichtung heißt *Fadenpendel*. Auf dem Bild wird dargestellt, wo sich die Kugel zu einigen willkürlich ausgesuchten Zeitpunkten während ihrer Schwingungsbewegung befindet.

Fadenpendel

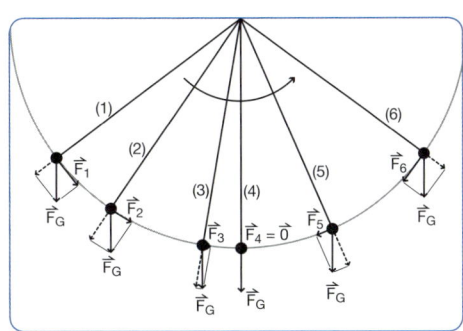

Auf die Kugel wie auf die Schaukel wirkt nur eine einzige immer gleiche Kraft, nämlich die Gewichtskraft.

Wie kommt es zu der Hin- und Herbewegung? Das Bild zeigt es: Nicht die gesamte Gewichtskraft beschleunigt die Kugel, sondern nur diejenige Komponente, die tangential zum Kreisbogen gerichtet ist. Die andere Komponente zieht immer in Schnurrichtung und trägt zur Beschleunigung der Kugel nichts bei. Wenn das Pendel nach links bis zur Position 1 ausgelenkt und dann losgelassen wird, ist die tangential gerichtete Kraftkomponente zunächst groß und die Kugel erfährt eine große Beschleunigung. Dann wird die Kraft und mit ihr die Beschleunigung allmählich kleiner, bis die Kugel am unteren Punkt der Bahn (Position 4) angekommen ist. Dort wirkt in Bewegungsrichtung keine Kraft mehr auf die Kugel, aber ihre Geschwindigkeit ist maximal, und aufgrund ihrer Trägheit bewegt sie sich weiter. Im aufsteigenden Teil der Bahn erfährt sie aber eine immer größer werdende Kraft, die entgegen der Bewegungsrichtung wirkt, das heißt, die Kugel wird gebremst. Schließlich erreicht sie den rechten Umkehrpunkt (Position 6) und erfährt eine Beschleunigung in umgekehrter Richtung – das Spiel beginnt von vorne!

Wie das Beispiel zeigt, müssen zwei Bedingungen erfüllt sein, wenn eine Schwingung entstehen soll:
Erstens muss es eine *Ruhelage* geben, in der keine Kräfte auf das Pendel wirken (im Bild Postion 4), und zweitens muss überall außerhalb der Ruhelage eine Kraft wirken, die zur Ruhelage hin gerichtet ist. Man nennt eine solche Kraft eine *rücktreibende Kraft*.

Schwingungsgrößen

Schwingungen können unterschiedlich schnell ablaufen und verschiedene Schwingungsweiten haben. Um solche Merkmale erfassen zu können, hat man die folgenden grundlegenden Schwingungsgrößen eingeführt.

> Unter der *Schwingungsdauer* (oder *Periodendauer*) T versteht man die zeitliche Dauer einer vollständigen Schwingung.

Für das besprochene Fadenpendel ist *T* z. B. die Zeit, die das Pendel benötigt, um von Position 1 aus wieder zu Position 1 zu gelangen. Gemeint ist also die Zeit für eine vollständige Hin- und Herbewegung.

> Die *Frequenz* (oder *Schwingungszahl*) *f* ist der Quotient aus der Anzahl der Schwingungen und der dazu benötigten Zeit.
>
> Ihre Einheit ist das Hertz: $1\ Hz = 1\ \frac{1}{s} \cdot = 1\ s^{-1}$

Heinrich Rudolf Hertz

Die Einheit *Hz* ehrt den deutschen Physiker Heinrich Rudolf Hertz (1857–94).

Ein Zahlenbeispiel zur Frequenz: Führt ein Pendel in zehn Sekunden 30 Schwingungen aus, so gilt für die Frequenz: $f = 3\ Hz$ (drei Schwingungen pro Sekunde). Wenn es aber drei Schwingungen pro Sekunde ausführt, dann beträgt die Schwingungsdauer $T = \frac{1}{3}\ s$. Es gibt also folgenden Zusammenhang zwischen *f* und *T*:

> Für die Schwingungsdauer *T* und die Frequenz *f* gilt:
> $T = \frac{1}{f}$ und $f = \frac{1}{T}$

Es folgen jetzt diejenigen Begriffe, die die *räumlichen* Aspekte der Bewegung beschreiben.

> Die *momentane Auslenkung* oder *Elongation y(t)* gibt an, *wo* sich der Pendelkörper relativ zur Ruhelage zum Zeitpunkt *t* befindet.

Beim Fadenpendel misst man den Weg, den die Kugel zurücklegt, entlang des Kreisbogens. Wenn wir den Punkten auf der rechten Seite der Ruhelage positive und den Punkten auf der linken Seite negative Werte zuweisen, könnte die Kugel z. B. in Position 5

Mechanische Schwingungen ...   102

die Elongation plus vier Zentimeter und in Position 3 die Elongation minus zwei Zentimeter haben.

> Die *Schwingungsweite* oder *Amplitude* $\hat{y}$ (sprich: y-Dach) ist der Betrag der maximalen Elongation.

Im Fadenpendelbeispiel wird die Amplitude in den Positionen 1 und 6 erreicht.

Schwingungsdämpfung

Nimmt die Amplitude einer Schwingung im Laufe der Zeit ab, so heißt die Schwingung *gedämpft*. Die Schaukelschwingung ist eine gedämpfte Schwingung, es sei denn, man gibt der Schaukel immer wieder einen Schubs und gleicht dadurch die Reibungsverluste aus.

Die Fahrbahnstöße, denen ein Auto ausgesetzt ist, werden durch Federn abgefangen. Diese sollen jedoch nicht ungedämpft schwingen können, denn ein auf- und abschwingendes Auto lässt sich nicht beherrschen. Daher verwendet man *Stoßdämpfer*. Das sind ölgefüllte Zylinder, in denen ein Kolben bei seiner Hin- und Herbewegung das Öl durch enge Kanäle presst. Die dabei auftretenden Reibungskräfte sorgen für eine starke Dämpfung. Einen kaputten Stoßdämpfer erkennt man daran, dass das Auto nachschwingt, wenn man es an dem entsprechenden Kotflügel herunterdrückt und dann loslässt.

Stoßdämpfer (in der Feder angebracht)

> Eine Schwingung mit konstanter Amplitude heißt *ungedämpft*. Nimmt die Amplitude mit der Zeit ab, so nennt man die Schwingung *gedämpft*.

Harmonische Schwingungen

Viele natürliche und künstliche Vorgänge sind Schwingungen: Das Pendel einer Standuhr, der Wasserstand an der Nordseeküste, die Räder eines Autos beim Überfahren einer Bodenwelle schwingen, und auch die Membran eines Lautsprechers schwingt, wie wir sehen werden. Wenn wir die Gesetze ermitteln wollen, nach denen Schwingungen ablaufen, müssen wir „von unten" anfangen, also bei möglichst einfachen Schwingungsgrundtypen, sonst haben wir keine Chance. In diesem Abschnitt lernen Sie einen einfachen, aber – wie sich zeigen wird – fundamentalen Schwingungstyp kennen: die harmonische Schwingung. Wir benutzen zu diesem Zweck das sogenannte Feder-Schwere-Pendel.

Ob Wasserstand an der Nordseeküste oder Lautsprecher: Alles schwingt.

Das Feder-Schwere-Pendel

Ein Feder-Schwere-Pendel besteht aus einer elastischen Schraubenfeder, an die eine Kugel als Pendelkörper angehängt wurde. Wir wollen annehmen, dass die Feder dem Hooke'schen Gesetz gehorcht, dass also die Federkraft proportional zur Auslenkung ist.

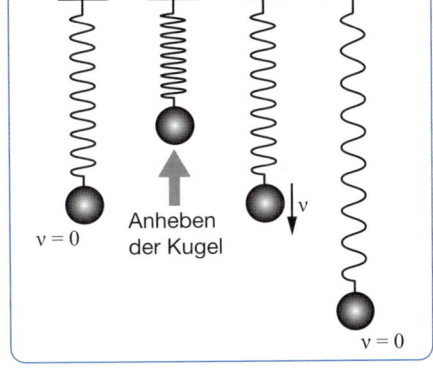

Feder-Schwere-Pendel

Mechanische Schwingungen ... 104

Hebt man die Kugel an und lässt sie dann los, so beginnt sie, auf- und abzuschwingen. Fotografiert man sie fortlaufend, so kann man anschließend ausmessen, wo sie sich zu welchem Zeitpunkt befunden hat. Aus diesen Daten ergibt sich dann als Weg-Zeit-Diagramm die folgende Kurve:

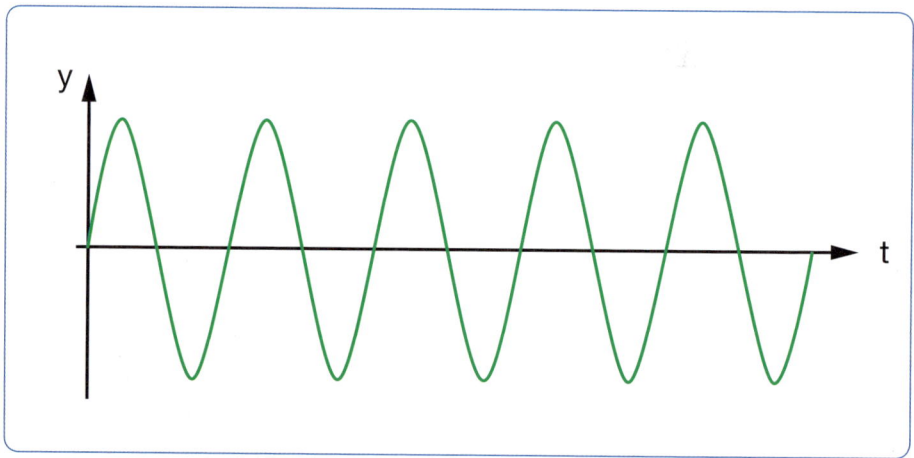

Weg-Zeit-Diagramm der Schwingung eines Feder-Schwere-Pendels

Als Startzeitpunkt wurde der Durchgang durch die Ruhelage gewählt.

Könnte das eine Sinuskurve sein? Aber was ist das, eine Sinuskurve? Und wie erkennt man sie? Wir begeben uns auf einen kleinen mathematischen Exkurs!

Mathematischer Einschub: Sinus und Kosinus

Der linke Teil des Bildes auf Seite 105 oben zeigt den *Einheitskreis,* den wir schon bei der Kreisbewegung kennengelernt haben. Auf dem Kreis befindet sich ein beweglicher Punkt P, dessen Ort eindeutig durch den Winkel festgelegt ist, den der Strahl vom Ursprung zum Punkt P mit der x-Achse bildet. Wir geben diesen Winkel im Bogenmaß an und nennen ihn φ („Phi"). Das Bild zeigt die Situation für einen ausgewählten Winkel φ_0. Jedem Winkel φ kann man eindeutig den Ort des Punktes, also seine x- und y-Koordinate zuordnen. Hat φ z. B. den Wert $\frac{\pi}{2}$ (im Gradmaß wären das 90 Grad), dann hat P die Koordinaten $x = 0$ und $y = 1$.

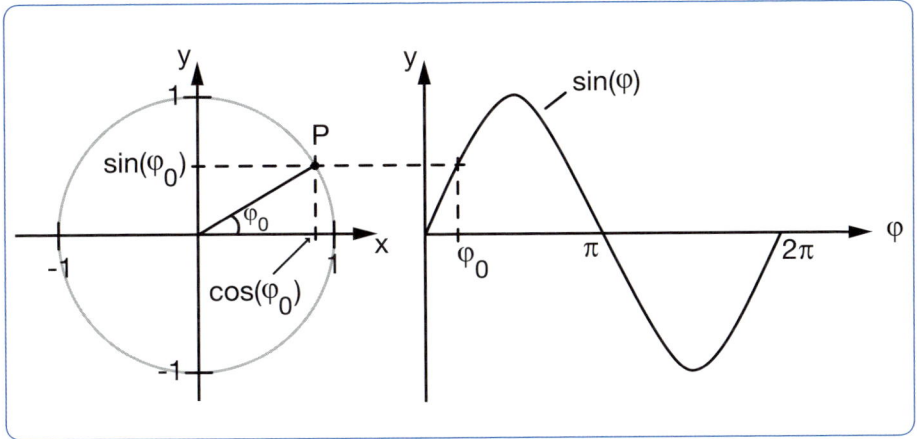

Und was sind nun Kosinus und Sinus? Ganz einfach: Es sind diejenigen Funktionen, die dem Punkt P seine *x*- beziehungsweise *y*-Koordinate zuordnen!

> Bildet der Strahl vom Ursprung zu einem Punkt P (x; y) auf dem Einheitskreis mit der x-Achse den Winkel φ, so gilt:
>
> $x = \cos(\varphi)$ und $y = \sin(\varphi)$

Bitte überzeugen Sie sich davon, dass folgende Aussagen richtig sind:

$\cos\left(\frac{\pi}{2}\right) = 0$, $\cos(\pi) = -1$, $\sin\left(\frac{\pi}{2}\right) = 1$, $\sin(\pi) = 0$, $\sin\left(\frac{3 \cdot \pi}{2}\right) = -1$

Im rechten Bildteil ist $\sin(\varphi)$ dargestellt. Der Graph der Kosinusfunktion sieht im Prinzip genauso aus. Man erhält ihn, wenn man den Graphen der Sinusfunktion um $\frac{\pi}{2}$ nach links verschiebt.

Befindet sich der Punkt nicht auf dem Einheitskreis, sondern auf einem Kreis mit dem Radius $r \neq 1$, so muss man natürlich alle Koordinaten mit dem Faktor *r* multiplizieren, und es gilt:

$x = r \cdot \cos(\varphi)$ und $y = r \cdot \sin(\varphi)$.

Bewegungsgesetze für das Feder-Schwere-Pendel

Wenn das Feder-Schwere-Pendel tatsächlich sinusförmig schwingt, dann muss die Elongation sich genauso verhalten wie die *y*-Koordinate einer entsprechenden Kreisbewegung. Dass dies tatsächlich so ist, lässt sich experimentell leicht nachweisen.

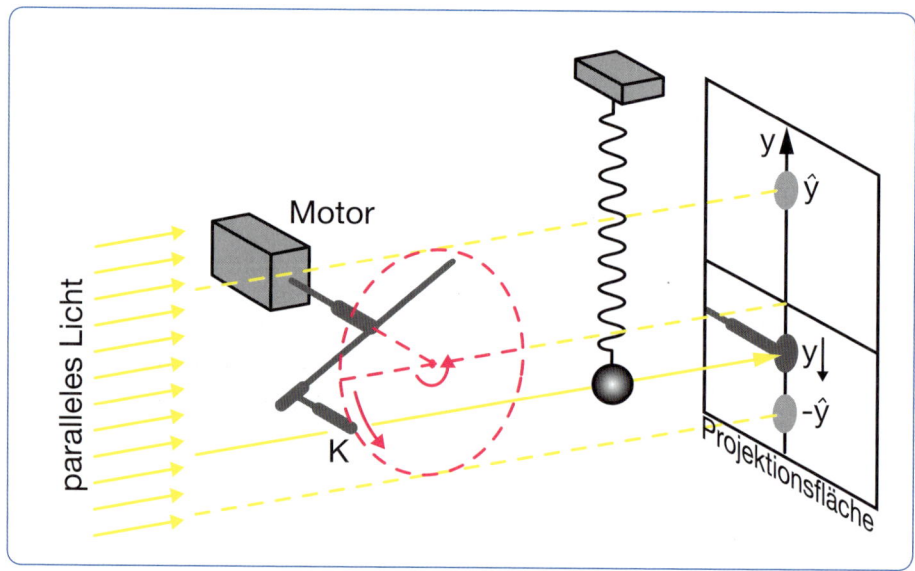

Ein Körper K (z. B. ein kleiner Stift) rotiert gleichförmig mit der Winkelgeschwindigkeit ω. Das bedeutet, dass der Drehwinkel φ linear wächst: $\varphi = \omega \cdot t$. Neben dem rotierenden Körper ist das Feder-Schwere-Pendel angebracht. Die Anordnung wird von links beleuchtet, sodass der Körper und die Kugel des Pendels Schatten auf eine Projektionsfläche werfen. Nun lässt man das Pendel so schwingen, dass die Amplitude gleich dem Radius der Bahn des rotierenden Körpers ist. Durch passende Wahl der Rotationsgeschwindigkeit des Motors kann man erreichen, dass der Körper und die Kugel sich genau „im Takt" bewegen: Auf der Projektionsfläche befinden sich die beiden Schatten stets genau aufeinander! Dies ist der experimentelle Nachweis dafür, dass das Pendel genau so schwingt wie die y-Koordinate der Kreisbewegung, also sinusförmig.

Sinusförmige Schwingungen haben in der Physik einen besonderen Namen: Man nennt sie *harmonische Schwingungen*.

Der Winkel φ charakterisiert den momentanen Schwingungszustand. Ist z. B. $\varphi = \frac{\pi}{2}$, hat das Pendel ein Viertel einer Hin- und Herbewegung ausgeführt und befindet sich „ganz oben". Man nennt φ den *Phasenwinkel* oder einfach die *Phase*. Wenn wir jetzt den Zusammenhang $\varphi = \omega \cdot t$ ausnutzen, erhalten wir:

> Ein Feder-Schwere-Pendel schwingt *harmonisch*.
>
> Für die Elongation $y(t)$ einer harmonischen Schwingung in Abhängigkeit von der Zeit t gilt:
>
> $y(t) = \hat{y} \cdot \sin(\omega \cdot t)$
>
> Dabei ist $\hat{y}$ die Amplitude. Sie ist gleich dem Radius der entsprechenden Kreisbewegung.

Das Fadenpendel führt eigentlich keine harmonische Schwingung aus, aber man kann zeigen, dass die Schwingung *näherungsweise* harmonisch ist, wenn die Amplituden klein genug sind. Das ist der Fall, wenn man das Pendel um nicht mehr als ca. zehn Grad auslenkt.

Mithilfe der Differenzialrechnung kann man Formeln für die Geschwindigkeit und die Beschleunigung einer harmonischen Schwingung aufstellen:

> Für die Geschwindigkeit $v(t)$ und die Beschleunigung $a(t)$ einer harmonischen Schwingung gilt:
>
> $v(t) = \hat{y} \cdot \omega \cdot \cos(\omega \cdot t)$ und $a(t) = -\omega^2 \cdot \hat{y} \cdot \sin(\omega \cdot t)$

Rücktreibende Kraft bei der harmonischen Schwingung

Wie muss die rücktreibende Kraft beschaffen sein, damit eine harmonische Schwingung entsteht? Ist sie *konstant,* so ergibt sich bestimmt keine harmonische Schwingung, wie das folgende Beispiel zeigt.

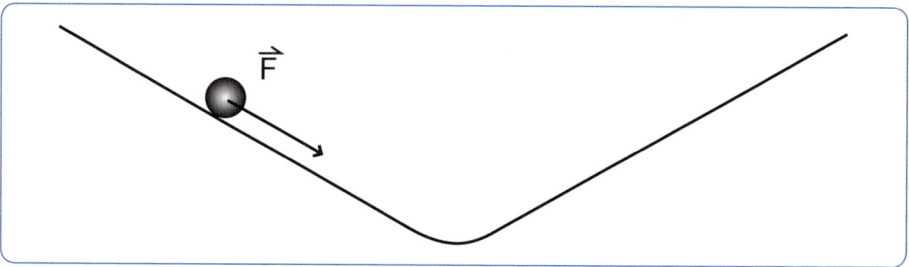

Kugel auf zwei schiefen Ebenen

Auf die Kugel wirkt stets die parallel zur Ebene orientierte Komponente der Gewichtskraft. Als Weg-Zeit-Funktion werden sich Parabelzweige ergeben, nicht jedoch eine Sinusfunktion.

Was also ist das Besondere am Schwere-Feder-Pendel? Die einzige besondere Eigenschaft, die wir vorausgesetzt haben, ist diejenige, dass die Feder dem Hooke'schen Gesetz gehorchen soll, dass also Federkraft und Auslenkung proportional zueinander sind. Man kann zeigen, dass dies auch für die rücktreibende Kraft bei der Schwingung gilt, die ja aus der Federkraft und der Schwerkraft zusammengesetzt ist. Ist also diese Proportionalität verantwortlich dafür, dass eine harmonische Schwingung entsteht?

Da Kraft das Produkt aus Masse und Beschleunigung ist, gilt für die rücktreibende Kraft:

$F_y(t) = m \cdot a(t) = m \cdot (-\omega^2) \cdot \hat{y} \cdot \sin(\omega \cdot t)$

Die letzten beiden Faktoren stellen aber gerade $y(t)$ dar, also gilt:

$F_y(t) = -m \cdot \omega^2 \cdot y(t)$

Die rücktreibende Kraft ist also tatsächlich proportional zur Auslenkung. Der Proportionalitätsfaktor wird mit D bezeichnet, heißt *Richtgröße* und ist im Falle des Schwere-Feder-Pendels identisch mit der Federkonstanten.

> Eine harmonische Schwingung entsteht genau dann, wenn die rücktreibende Kraft proportional zur Auslenkung ist, wenn also ein lineares Kraftgesetz herrscht:
>
> $F_y = -D \cdot y$
>
> D heißt Richtgröße.

Schwingungsdauer

Nun ist es ganz leicht, die Schwingungsdauer einer harmonischen Schwingung zu berechnen. Es ist ja $D = m \cdot \omega^2$ und $\omega = \dfrac{2 \cdot \pi}{T}$. Quadriert man den zweiten Ausdruck und setzt man ihn in den ersten ein, erhält man:

$$D = m \cdot \dfrac{4 \cdot \pi^2}{T^2}$$

Umformen nach T ergibt:

> Für die Schwingungsdauer einer harmonischen Schwingung gilt:
>
> $T = 2 \cdot \pi \cdot \sqrt{\dfrac{m}{D}}$

Zum Beispiel ergibt sich für ein Schwere-Feder-Pendel, dessen Kugel die Masse von 0,2 Kilogramm hat (die Masse der Feder selbst wird als vernachlässigbar angenommen) und bei dem die Federkonstante den Wert von vier Newton pro Meter hat, die Schwingungsdauer T = 1,4 s (unabhängig von der Amplitude!).

Energiebilanz einer harmonischen Schwingung

Bei einer harmonischen Schwingung wandeln sich die kinetische und die potenzielle Energie ständig ineinander um. Wir stellen eine Energiebilanz auf.

Für die kinetische Energie gilt:

$$W_{kin} = \frac{1}{2} \cdot m \cdot v^2 = \frac{1}{2} \cdot \hat{y}^2 \cdot m \cdot \omega^2 \cdot \cos^2(\omega \cdot t) = \frac{1}{2} \cdot \hat{y}^2 \cdot D \cdot \cos^2(\omega \cdot t)$$

Für die potenzielle Energie gilt, da die rücktreibende Kraft proportional zur Auslenkung ist ($F = -D \cdot y$):

$$W_{pot} = \frac{1}{2} \cdot D \cdot y^2 = \frac{1}{2} \cdot D \cdot \hat{y}^2 \cdot \sin^2(\omega \cdot t)$$

Für die Gesamtenergie ergibt sich:

$$W_{ges} = W_{kin} + W_{pot} = \frac{1}{2} \cdot \hat{y}^2 \cdot D \cdot (\cos^2(\omega \cdot t) + \sin^2(\omega \cdot t)) = \frac{1}{2} \cdot \hat{y}^2 \cdot D$$

Hier wurde der Faktor $\frac{1}{2} \cdot \hat{y}^2 \cdot D$ ausgeklammert und ausgenutzt, dass ein Satz aus der Trigonometrie besagt: $\cos^2(\omega \cdot t) + \sin^2(\omega \cdot t) = 1$ („Pythagoras am Einheitskreis").

Die Gesamtenergie ist also (erwartungsgemäß) konstant und proportional zum Quadrat zur Amplitude: Verdoppelt man die Amplitude, so ist in der Schwingung viermal so viel Energie gespeichert.

Erzwungene Schwingungen

Am 7. November 1940 versetzte ein normaler Wind die Tacoma-Brücke, eine Hängebrücke über dem Puget-Sound im US-Bundesstaat Washington, in Schwingungen. Diese schaukelten sich über mehrere Stunden hinweg auf, die Amplitude wurde größer und größer. Schließlich konnte die

Die Tacoma-Brücke nach dem Einsturz

Brücke der Belastung nicht mehr standhalten: Sie brach auseinander und stürzte ins Wasser. Menschen kamen nicht zu Schaden, weil die Fahrbahn rechtzeitig gesperrt wurde. Aber wie konnte ein Wind, der durchaus kein Sturm war (die Windgeschwindigkeit betrug 68 Kilometer pro Stunde), die Brücke zerstören?

Selbst erregte Schwingungen

Der Wind selbst nahm sicherlich nicht periodisch zu und ab (jedenfalls nicht über mehrere Stunden hinweg), eher wehte er gleichmäßig, vielleicht auch böig, aber nicht periodisch. Wie kann ein nicht periodischer Luftstrom eine Schwingung verursachen? Das können Sie selbst ausprobieren, indem Sie auf den Rand eines Blattes Papier, z. B. einer Zeitung, blasen. Wenn Sie es geschickt

Fahnen im Wind

anstellen, „flattert" das Papier. Auf ähnliche Weise kann der Wind die Blätter von Bäumen oder eine Fahne in Schwingungen versetzen.

Wie entsteht eine solche Schwingung? Betrachten wir ein Blatt im Wind und nehmen wir an, dass es dem Luftstrom zunächst eine große Angriffsfläche bietet. Also „verbiegt" der Wind das Blatt. Dadurch wird aber die Angriffsfläche kleiner, das Blatt schnellt zurück. Nun ist die Angriffsfläche wieder größer, der Wind drückt erneut auf das Blatt. Dieses Spielchen wiederholt sich immer wieder und das Blatt schwingt hin und her. Die Schwingung entsteht „von selbst", man spricht von einer *selbst erregten Schwingung*. Solche Schwingungen spielen u. a. bei Musikinstrumenten eine große Rolle. Zum Beispiel werden die Orgelpfeifen einer Kirchenorgel über einen Windkanal mit strömender Luft versorgt. In der Pfeife entsteht dann eine selbst erregte Schwingung, die wir als Ton hören. Mit Tönen und Klängen werden wir uns im Kapitel „Akustik" näher beschäftigen (→ S. 131 ff.).

Orgelpfeifen

Resonanz

Nun wissen wir zwar, wie der Wind die Brücke in Schwingungen versetzen konnte, aber noch ist nicht klar, wieso die Amplitude so groß wurde, dass die Brücke zerbrach. Die Lösung dieses Problems lässt sich mit einem einfachen Versuch finden.

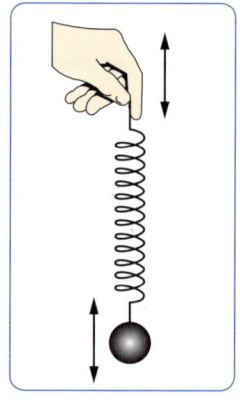

Bewegen Sie bitte ein Feder-Schwere-Pendel mit der Hand auf und ab. (Wenn Sie keine Feder haben, können Sie sich auch aus einem Faden und z. B. einem Schlüsselbund ein Fadenpendel bauen, Sie müssen dann allerdings die Hand nicht auf- und ab-, sondern hin- und herbewegen.) Durch die Bewegung zwingen Sie das Pendel zu einer Schwingung – man nennt so etwas eine „erzwungene Schwingung". Das lässt das Pendel nicht ohne Weiteres mit sich machen, denn es besitzt ja eine *Eigenfrequenz:* Wenn wir es nur auslenken und dann sich selbst überlassen, schwingt es mit einer ganz bestimmten Schwingungsdauer, die wir im vorigen Abschnitt berechnet haben (→ S. 109). Also kommt es zu einer Art Konflikt zwischen der Schwingung, zu der wir das Pendel zwingen wollen, und derjenigen, die das Pendel selbst gerne ausführen möchte. Solange Ihre Hand (der *Erreger* der Schwingung) sich langsam bewegt, folgt das Pendel dieser Bewegung, die Feder verlängert sich kaum. Bei sehr schneller Handbewegung entsteht auch keine nennenswerte Schwingungsamplitude. Je näher Sie aber mit Ihrer Auf- und Abbewegung der Eigenfrequenz des Pendels kommen, desto größer wird die Amplitude. Probieren Sie es aus: Mit sehr kleinen Handbewegungen können Sie das Pendel in mächtige Schwingungen versetzen. Offenbar wird, wenn sich die Hand im „richtigen Takt" bewegt, die kinetische Energie der Hand optimal auf das Pendel übertragen und unterstützt dessen Bewegung. Man sagt, dass eine *Resonanz* zwischen Erreger und Pendel vorliegt. Mit der Änderung der Amplitude der erzwungenen Schwingung in Abhängigkeit von der Erregerfrequenz geht eine *Phasenverschiebung* einher: Bei kleinen Frequenzen schwingen Erreger und Pendel im Takt, bei großen Frequenzen sind die Schwingungen um π (also 180 Grad) gegeneinander verschoben, Erreger und Pendel schwingen gegenläufig. Bei der Resonanzfrequenz beträgt die Phasenverschiebung $\frac{\pi}{2}$, also 90 Grad.

Theoretisch kann die Amplitude unendlich groß werden, aber die stets vorhandene Dämpfung sorgt für eine Begrenzung. Die Theorie zeigt weiter, dass die Eigenfrequenz des Pendels und die Resonanzfrequenz nicht ganz genau übereinstimmen, dass sie aber sehr dicht beieinanderliegen.

Resonanzphänomene treten im Alltag oft auf: Wenn draußen ein Lkw vorbeifährt, kann es sein, dass die Gläser im Regal klirren, weil zufällig die Resonanzfrequenz des Regals getroffen wurde. Und wenn im Auto Dinge lose herumliegen, fangen sie manchmal bei bestimmten Motordrehzahlen zu klappern an. Bei schlecht konstruierten oder alten Autos kann dies auch auf Karosserieteile zutreffen. Während diese Art von Resonanz unerwünscht ist, ist sie bei Musikinstrumenten willkommen beziehungsweise sogar erforderlich. Wir kommen im Kapitel „Akustik" darauf zurück (→ S. 134 ff.).

Im Falle der Tacoma-Brücke verstärkte der Wind die Eigenschwingungen der Brücke und es kam zur *Resonanzkatastrophe*. An der gleichen Stelle wurde 1950 eine neue Brücke errichtet. Durch konstruktive Maßnahmen (Änderung des Brückenquerschnittes) veränderte man die Eigenfrequenz, sodass sich bei normalen Windstärken keine Schwingungen mehr aufschaukeln konnten. Die „neue" Brücke ist auch heute noch in Betrieb.

Tacoma-Narrows-Brücken von Südosten im Jahr 2009. Links die 2007 fertiggestellte neue Brücke, rechts die Brücke von 1950.

Wellenvorgänge

Wenn sich eine Schwingung räumlich ausbreitet, entsteht eine *Welle*. Wellen haben in vielen Bereichen der Physik grundlegende Bedeutung: Es gibt *Wasser-*, *Schall-*, *Erdbeben-* und *elektromagnetische Wellen*; in der Quantenphysik treten *Materiewellen* und *Wahrscheinlichkeitswellen* auf; die Existenz von *Gravitationswellen* wird

Welle

vermutet. In diesem Abschnitt machen wir uns mit grundlegenden Eigenschaften von Wellen vertraut.

Ausbreitung von Wellen

Wenn Sie im Sommer an der See sind, dann beobachten Sie bitte Wasservögel, die etwas weiter draußen im Wellengang schwimmen. Wenn eine Welle auf die Vögel trifft, so werden diese nicht etwa mitgenommen, sondern sie bewegen sich nur an der Stelle, an der sie sind, auf und ab. Es sieht so aus, als ob die Welle unter den Vögeln hindurchwandert! Es kann also in Bewegungsrichtung der Welle keinen Wassertransport geben, denn das würde man an den Vögeln ja sehen. Vielmehr schwingt auch das Wasser nur auf und ab. (Genauere Untersuchungen ergeben, dass sich die Wasserteilchen in Wirklichkeit nicht auf einer Linie auf- und abbewegen, sondern eine lang gezogene Ellipse beschreiben, aber das lassen wir hier außer Acht.)

Vogel im Wellengang

Was sich in der Welle fortbewegt, ist nichts *Materielles*, sondern es ist ein *Zustand* – es fließt kein Tropfen Wasser in Ausbreitungsrichtung! An einer La-Ola-Welle im Stadion kann man dies ganz deutlich erkennen: Sie wandert nicht dadurch durch die Zuschauerreihen, dass Menschen durch die Ränge laufen, sondern dadurch, dass die Zuschauer der Reihe nach aufstehen und sich wieder setzen. Kein Mensch verändert seine Position, aber die Welle läuft als *Zustand* durch das Stadion.

Vorbereiten einer La-Ola-Welle

Eine Welle lässt sich also dadurch charakterisieren, dass eine Schwingung räumlich weitergegeben wird. Es muss deshalb schwingungsfähige Gebilde, sogenannte *Oszillatoren*, sowie eine *Kopplung* zwischen diesen geben. Übrigens müssen die Oszillatoren nicht immer materieller Natur sein, sondern es kommen auch „immaterielle" schwingende Größen wie z. B. die elektrische Feldstärke infrage; → S. 217 ff.

Die Wellenausbreitung kann man im Labor mit einer Kette gekoppelter Pendel untersuchen. Das Bild zeigt, dass die Oszillatoren prinzipiell auf zwei verschiedene Arten schwingen können: Entweder schwingen sie in Ausbreitungsrichtung (dann spricht man von einer *Longitudinalwelle*) oder sie schwingen senkrecht dazu (dann spricht man von einer *Transversalwelle*).

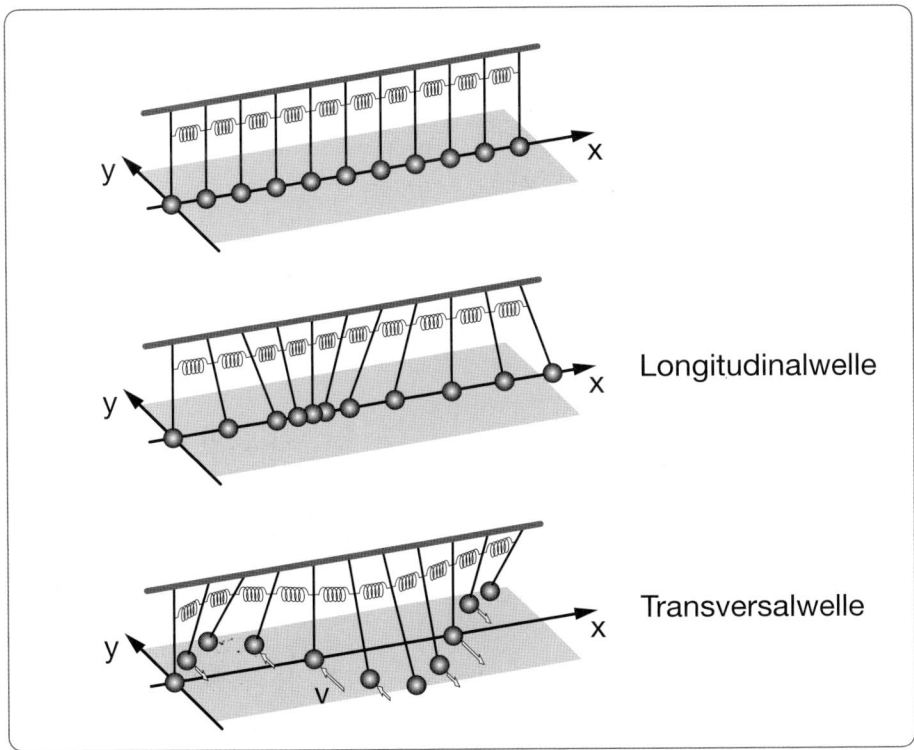

Kette gekoppelter Oszillatoren

Das folgende Bild zeigt, wie sich die Welle durch die Oszillatorenkette hindurch ausbreitet. Der erste Oszillator wird ausgelenkt, durch die Kopplung setzt sich wenig später der zweite Oszillator in Bewegung und so weiter. Schließlich schwingen alle Oszil-

Mechanische Schwingungen ...   116

latoren hin und her und die Wellenberge und -täler wandern durch die Kette. Damit ist natürlich auch ein *Energietransport* verbunden: Die Energie wird von Oszillator zu Oszillator weitergegeben und gelangt dadurch von einem Ort zum anderen.

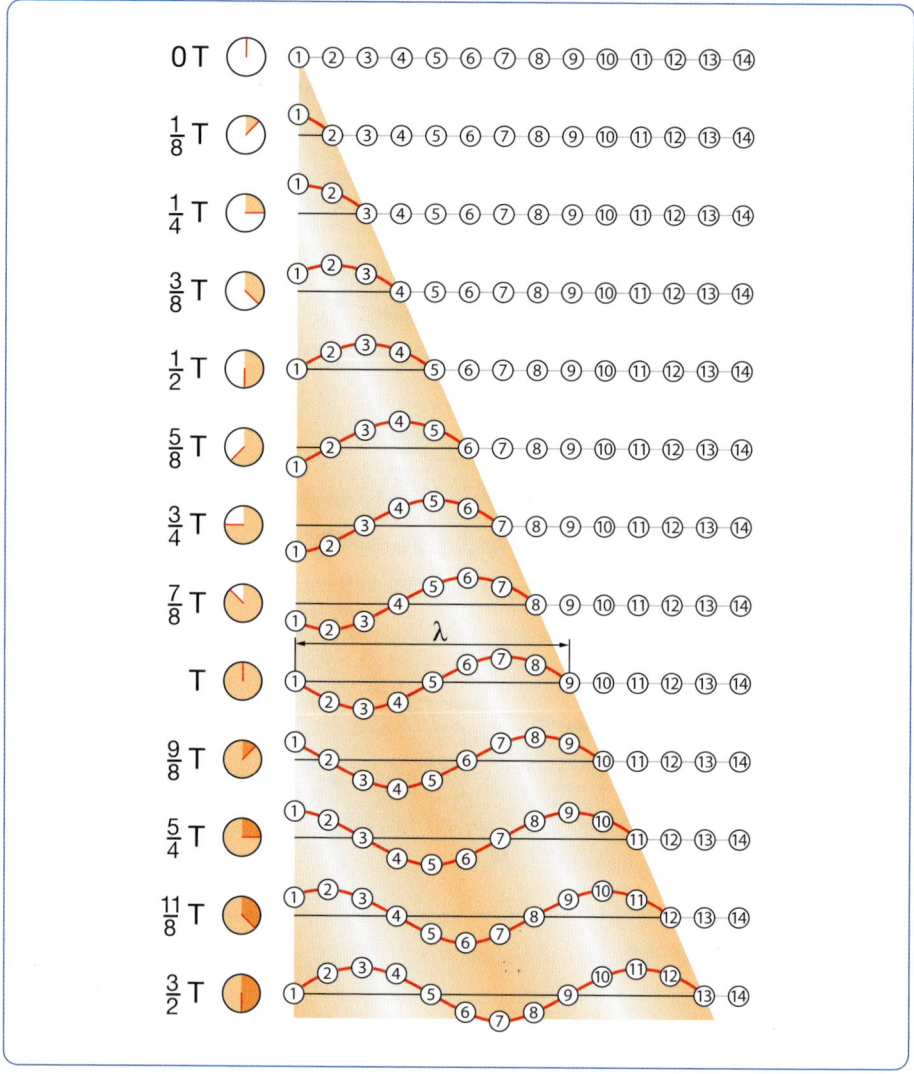

Ausbreitung einer Welle

Phasengeschwindigkeit

Die Oszillatoren führen zeitversetzt dieselbe Schwingung aus. Dadurch wandern Zustände gleicher Phase, also z. B. Wellenberge, durch die Oszillatorenkette. Wenn wir die Momentaufnahme einer Welle betrachten und von irgendeinem Oszillator aus weitergehen (egal, ob nach rechts oder nach links), müssen wir wegen der Zeitversetzung irgendwann erstmals wieder auf einen Oszillator treffen, der die gleiche Phase hat wie unser Ausgangsoszillator. Im Bild oben trifft dies z. B. auf die Oszillatoren 1 und 9 zu, nachdem die Welle den Oszillator 9 erreicht hat. Die Zeitversetzung muss dann insgesamt eine Schwingungsdauer, also T, betragen.

Der Abstand benachbarter Oszillatoren gleicher Phase ist wichtig, weil er die *räumliche Periodizität* charakterisiert. Man nennt ihn die *Wellenlänge* und bezeichnet ihn mit λ („Lambda").

Da ein bestimmter Schwingungszustand die Zeit T benötigt, um die Strecke λ zurückzulegen, kann man die Geschwindigkeit, mit der der Zustand sich ausbreitet, also die *Phasengeschwindigkeit,* berechnen, indem man λ durch T teilt. Für die Phasengeschwindigkeit verwendet man üblicherweise das Symbol c.

> Die *Wellenlänge* λ ist der Abstand benachbarter Oszillatoren gleicher Phase.
>
> Für die *Phasengeschwindigkeit c* gilt:
>
> $c = \dfrac{\lambda}{T}$

Da Frequenz f und Schwingungsdauer T über die Formel $f = \dfrac{1}{T}$ zusammenhängen, wie wir im Abschnitt Schwingungsgrößen (→ S. 100 f.) gesehen haben, können wir auch schreiben:

$c = \lambda \cdot f$

Eine Welle mit der Wellenlänge $\lambda = 0{,}5\ m$, bei der die Oszillatoren mit der Frequenz $f = 4\ Hz$ schwingen, breitet sich also mit der Geschwindigkeit $c = 2\ \dfrac{m}{s}$ aus.

Interferenz

Wirft man einen Stein ins Wasser, so entsteht eine Kreiswelle.

Zwei nebeneinander ins Wasser geworfene Steine verursachen zwei Kreiswellen, die sich gegenseitig durchdringen. Auffällig ist, dass beide Kreise unverändert bestehen bleiben. Die Wellen „verbiegen" sich nicht gegenseitig, sondern jedes Wellensystem breitet sich so aus, als wäre das andere gar nicht da.

Kreiswelle

Eine ähnliche Beobachtung können Sie machen, wenn Sie ein langes, dickes Seil auf den Boden legen und mit einer schnellen Hin- und Herbewegung der Hand wandernde Wellenberge erzeugen. Falls ein Versuchspartner oder eine Versuchspartnerin von der anderen Seite her dasselbe tut, können Sie sehen, wie die Wellenberge durcheinander hindurchlaufen und anschließend aussehen wie vorher.

Überlagerung zweier Kreiswellen

Sowohl bei der Wasser- als auch bei der Seilwelle gibt es Punkte, die sich trotz des Einflusses zweier Wellensysteme überhaupt nicht bewegen, also in Ruhe bleiben. Das kann man an der folgenden Aufnahme, die im Labor mit einer *Wellenwanne* gemacht wurde, gut erkennen. In einer Wellenwanne wird das Wasser von unten beleuchtet. Die Wasserberge und -täler wirken wie Linsen und machen dadurch die Auslenkungen sichtbar.

Überlagerung von Kreiswellen in der Wellenwanne

In den sehr hellen und sehr dunklen Bereichen ist die Schwingungsamplitude groß. Dazwischen gibt es „graue" Gebiete, in denen das Wasser dauernd in Ruhe bleibt, obwohl es von zwei Wellensystemen beeinflusst wird. Wie kommt das?

Superposition und Interferenz

Dass die beiden Wellen sich ungestört durchdringen, ist eine Folge der Art und Weise, wie die Schwingungen der Oszillatoren sich überlagern: Sie werden (mit Vorzeichen) *addiert*. Würde also z. B. an irgendeinem Ort zu einem bestimmten Zeitpunkt die von dem einen Wellensystem herrührende Elongation plus drei Millimeter betragen und die von dem anderen System stammende Elongation minus zwei Millimeter, so würde die Auslenkung tatsächlich plus ein Millimeter betragen. Dass die Schwingungen sich auf diese Weise überlagern, ist eine Erfahrungstatsache. Sie gilt z. B. für Schall nur angenähert: Im Ohr können durch die Wechselwirkung von zwei Schallwellen neue Wellen mit anderen Frequenzen entstehen (sogenannte Kombinationstöne), sodass hier von einer ungestörten Überlagerung nicht die Rede sein kein. Wir gehen aber im Folgenden davon aus, dass das *Superpositionsprinzip* gilt.

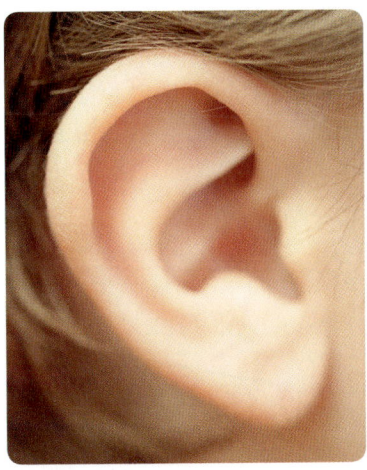

Das Ohr empfängt Schallwellen.

> **Superpositionsprinzip**
> Treffen an einer Stelle eines Wellenträgers mehrere Wellen aufeinander, so addieren sich dort die Elongationen der Schwingungen.

Wenn sich Wellen gleicher Frequenz (und damit auch gleicher Wellenlänge) überlagern, so spricht man von *Interferenz*. In der Wellenwanne erzeugen periodisch in das Wasser eintauchende Stifte die Wellen. Dadurch haben sie dieselbe Frequenz und interferieren folglich.

Mechanische Schwingungen ... 120

> Überlagern sich Wellen gleicher Frequenz nach dem Superpositionsprinzip, so spricht man von *Interferenz*.

Interferenzbedingung

Um zu klären, warum es Orte gibt, an denen die Oszillatoren mit großer Amplitude schwingen, und andere Orte, an denen sie gar nicht schwingen, betrachten wir die folgende Abbildung.

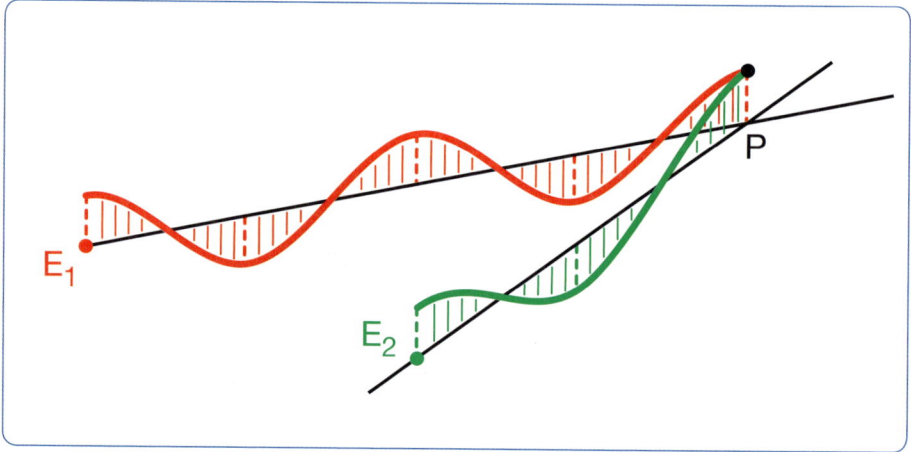

Gangunterschied

Von den Orten E_1 und E_2 gehen die Wellen aus, hier befinden sich also die Erregerstifte. Wir fassen jetzt einen beliebigen Punkt P ins Auge und betrachten die dort ankommenden Wellen. Unter welcher Bedingung wird es in P eine Schwingung mit großer Amplitude geben? Natürlich z. B. dann, wenn P gleich weit von E_1 und E_2 entfernt ist, denn dann werden die von den Erregern ausgehenden Berge und Täler gleichzeitig bei P ankommen und sich nach dem Superpositionsprinzip gegenseitig verstärken. Aber auch wenn z. B. E_1 genau eine Wellenlänge weiter als E_2 von P entfernt ist, werden sich die Schwingungen verstärken, denn auch dann fällt Berg auf Berg und Tal auf Tal. Bei zwei, drei oder vier Wellenlängen Unterschied ist es natürlich nicht anders. Allgemeiner ausgedrückt muss, damit es eine gegenseitige

Verstärkung gibt, die *Differenz* der Abstände zu den Erregern ein ganzzahliges Vielfaches der Wellenlänge sein! Für diese Differenz hat man den prägnanten Begriff *Gangunterschied* eingeführt. Man sagt: Der Gangunterschied muss ein ganzzahliges Vielfaches der Wellenlänge sein!

Und wie kommt es nun dazu, dass an anderen Orten überhaupt nichts schwingt? Ganz einfach: Dort treffen immer genau ein Berg und ein Tal aufeinander, sodass sich die Schwingungen nach dem Superpositionsprinzip zu null addieren. Das ist z. B. der Fall, wenn der Gangunterschied eine halbe Wellenlänge beträgt oder aber wenn er anderthalb Wellenlängen groß ist usw. Allgemein gesprochen ergibt sich eine gegenseitige Auslöschung, wenn der Gangunterschied ein ganzzahliges Vielfaches der Wellenlänge *plus* eine halbe Wellenlänge beträgt.

Im Wellenwannenbild gibt die Zahl „0" an, dass hier der Gangunterschied null ist. Infolgedessen verstärken sich die Schwingungen hier gegenseitig. Zu beiden Seiten schließen sich dann Bereiche gegenseitiger Auslöschung an (Gangunterschied: $\frac{1}{2} \cdot \lambda$), dann kommen wieder Zonen gegenseitiger Verstärkung (Gangunterschied: $1 \cdot \lambda$) usw.

Statt maximaler Verstärkung spricht man auch von *konstruktiver Interferenz*, statt Auslöschung von *destruktiver Interferenz*. Mit diesen Begriffen können wir unsere Ergebnisse wie folgt zusammenfassen:

> Interferieren zwei Kreiswellensysteme der Wellenlänge λ miteinander und bezeichnet Δs den Gangunterschied, so gelten folgende Interferenzbedingungen:
>
> Bedingung für konstruktive Interferenz:
> $\Delta s = n \cdot \lambda$ mit $n = \pm 0, \pm 1, \pm 2, \pm 3, \ldots$
>
> Bedingung für destruktive Interferenz:
> $\Delta s = \frac{1}{2} \cdot \lambda + n \cdot \lambda$ mit $n = \pm 0, \pm 1, \pm 2, \pm 3, \ldots$

Stehende Wellen

Im vorigen Abschnitt haben Sie mit einem auf dem Boden liegenden Seil Wellen erzeugt. Wenn Sie das andere Ende des Seils irgendwo festbinden, können Sie eine Reflexion beobachten: Die Welle bewegt sich auf das festgebundene Ende zu, wird dort „umgedreht" und läuft dann in entgegengesetzter Richtung über das Seil. Von Schallwellen kennen wir dieses Phänomen auch, dort nennt man es *Echo*.

Durch Reflexion können Sie eine besondere Form der Interferenz erzeugen: die Interferenz zweier gegenläufiger Wellen. Dabei kann es – abhängig von der Erregerfrequenz, also der Frequenz, mit der Sie Ihre Hand auf- und abbewegen – zu einer besonderen Erscheinung kommen: einer *stehenden Welle*. Das folgende Bild zeigt das Ergebnis eines entsprechenden Laborversuches, bei dem die Hand durch einen Motor mit Exzenter ersetzt wurde – aber mit dem Seil geht es auch, probieren Sie es aus!

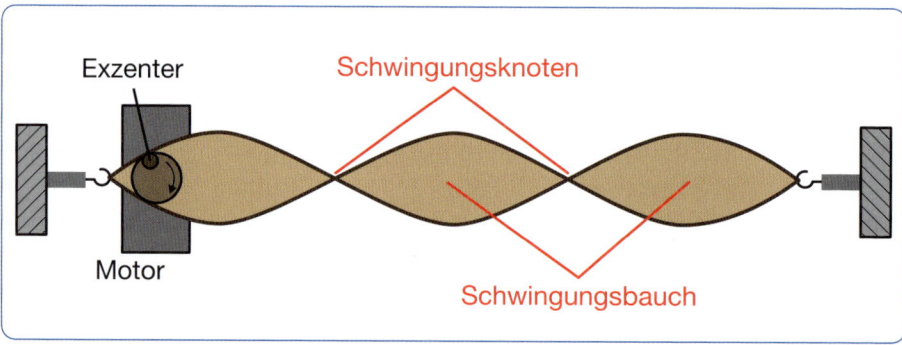

Stehende Welle

Die stehende Welle macht ihrem Namen alle Ehre: Hier bewegt sich nichts mehr hin und her! Stattdessen gibt es ortsfeste *Knoten,* in denen die Elongation immer den Wert null hat, und dazwischen *Bäuche,* in denen die Oszillatoren heftig schwingen – aber es wird kein Schwingungszustand und damit auch keine Energie mehr transportiert! Man kann experimentell oder auch theoretisch nachweisen, dass der Abstand der Knoten immer eine halbe Wellenlänge beträgt.

Wie kommt es zu einer stehenden Welle?

Bildung einer stehenden Welle

Die ursprüngliche und die reflektierte Welle überlagern sich nach dem Superpositionsprinzip. Die folgende Zeichnung zeigt, dass es Orte gibt, an denen die von beiden Wellen herrührenden Elongationen stets entgegengesetzt gleich sind, sodass dort befindliche Oszillatoren immer in Ruhe bleiben, während genau dazwischen Orte liegen, an denen sich die Schwingungen gegenseitig maximal verstärken. Es ist nicht einfach, sich anhand einer (statischen) Zeichnung einen dynamischen Vorgang klarzumachen. Sie können aber das Internet nutzen, um sich die Erzeugung einer stehenden Welle dynamisch vorführen zu lassen: Geben Sie einfach in die Eingabezeile Ihrer Suchmaschine Folgendes ein: „Stehende Welle Java." Es erscheinen dann mehrere Internetadressen, die sogenannte Java-Applets anbieten, mit denen Sie sich anschauen können, wie es zu stehenden Wellen kommt. (Java-Applets sind Computerprogramme,

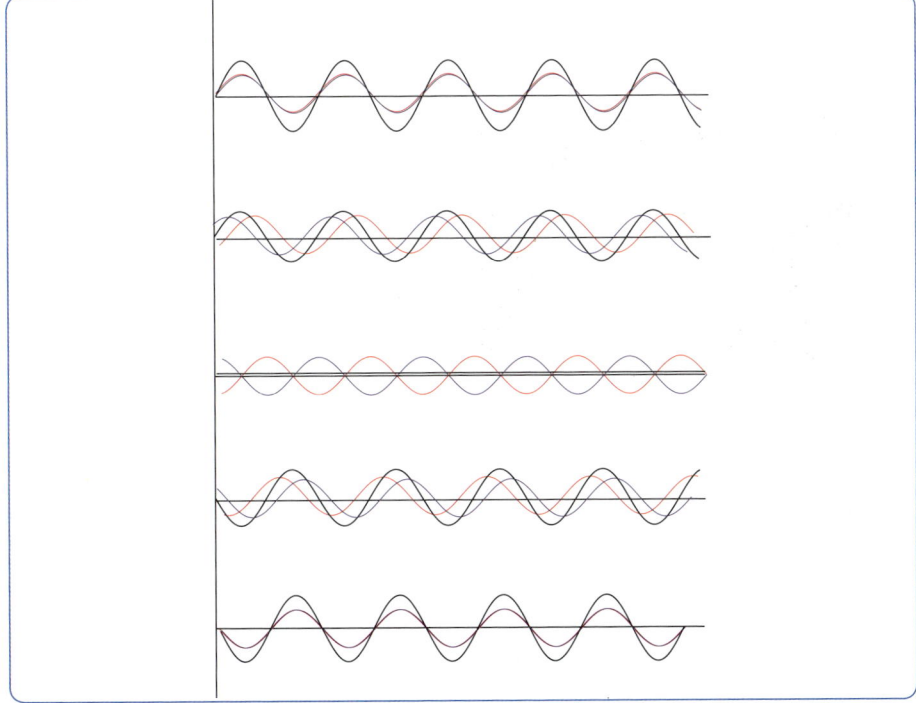

Bildung einer stehenden Welle

die in der Computersprache Java geschrieben und über Ihren normalen Browser lauffähig sind. Um Java nutzen zu können, muss Ihr Browser Java-fähig sein; sollte das nicht der Fall sein, kann man ihm Java durch einen Internet-Download „beibringen".)

> Bei der Überlagerung zweier gegeneinanderlaufender Wellen gleicher Amplitude und Frequenz kommt es zu einer *stehenden Welle* mit ortsfesten Knoten und Bäuchen. Der Abstand zweier benachbarter Knoten beträgt eine halbe Wellenlänge.

Eigenschwingungen

Wenn *zwei* gegenläufige Wellen sich überlagern, kommt es *immer* zu einer stehenden Welle. In unseren Versuchen überlagern sich aber nicht nur zwei Wellen, denn die reflektierte Welle wird an dem Ende, an dem sich die Hand beziehungsweise der Motor befindet, wieder reflektiert, läuft zum anderen Ende zurück, wird abermals zurückgeworfen und so weiter. Es überlagern sich also sehr viele Wellen – eigentlich wären es sogar unendlich viele, wenn es die Dämpfung nicht gäbe. Im Allgemeinen löschen sich diese Wellen gegenseitig aus, weil es sehr viele gibt und ihre Phasen alle möglichen Werte annehmen. Unter bestimmten Bedingungen jedoch überlagern sie sich so, dass ortsfeste Knoten und Bäuche gebildet werden

Gitarrenspieler

und dass eine stehende Welle erzeugt wird. In dem oben dargestellten Versuch befinden sich an den Enden des Seils Knoten, weil es dort eingespannt ist. Man kann zeigen, dass sich in diesem Fall genau dann eine stehende Welle ergibt, wenn der Abstand der beiden Endknoten ein ganzzahliges Vielfaches der halben Wellenlänge beträgt. Eine stehende Welle ist also nur bei bestimmten Frequenzen möglich, bei anderen nicht. Diese Frequenzen sind Vielfache einer Grundfrequenz, die wiederum von den Eigenschaften des Seils (z. B. davon, aus welchem Material es ist und wie stark es gespannt ist) abhängt. Man nennt diejenigen Frequenzen, bei denen stehende Wellen möglich sind, *Eigenfrequenzen,* und statt von stehenden Wellen spricht man von *Eigenschwingungen.* Mit den Eigenschwingungen von Musikinstrumenten wie z. B. Gitarren, deren Saiten ja in gewisser Weise eingespannte „Seile" sind, werden wir uns im Kapitel „Akustik" noch beschäftigen (→ S. 134 ff.).

Eine genauere Analyse der Reflexion einer Welle zeigt, dass es zwei Arten von Reflexion gibt, nämlich eine sogenannte Reflexion „am festen Ende" und eine solche „am losen Ende". Die Art der Reflexion beeinflusst die Bedingung für die Entstehung von Eigenschwingungen. Wir haben uns hier ausschließlich mit Reflexionen am festen Ende beschäftigt. Auf die Reflexion am losen Ende soll nicht genauer eingegangen werden.

> Bei einem eingespannten Seil kommt es nur bei gewissen Frequenzen zu stehenden Wellen. Diese Frequenzen sind Vielfache einer Grundfrequenz und heißen *Eigenfrequenzen.* Die entsprechenden Schwingungen nennt man *Eigenschwingungen.*

Chaotische Vorgänge

Warum will es nicht gelingen, einen Würfel so zu werfen, dass mit Sicherheit die Augenzahl sechs erscheint? Gerade vom Standpunkt der Physik her gesehen müsste das doch möglich sein, denn die *Vorhersagbarkeit* z. B. der Bahn einer Kanonenkugel oder eines Raumfahrzeugs ist ja gerade einer der größten Trümpfe der Physiker. Wenn man den Würfel also auf eine bestimmte Art halten und ihn dann in immer gleicher Weise abwerfen würde, so müsste er doch – nach der Landung auf dem Tisch und ein paar holpernden Umdrehungen – immer die gewünschte Augenzahl zeigen!

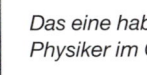

Das eine haben die Physiker im Griff …

… das andere nicht.

Leider nicht! Es gibt nämlich Systeme, deren Verhalten trotz der Tatsache, dass man die Gesetze kennt, die ihre Abläufe steuern, nicht sicher vorhersagbar ist. Der Würfel gehört dazu und leider auch das Wetter: Wir ärgern uns ja fast täglich darüber, dass es einfach nicht gelingen will, das Wetter des morgigen Tages mit Sicherheit vorherzusagen. Wenn das Verhalten eines Systems nicht im klassischen Sinne vorhersagbar ist, nennt man es *chaotisch.* Die Untersuchung chaotischer Vorgänge wurde durch Wissenschaftler wie Henri Poincaré (1854–1912), Edward Lorenz (1917–2008), Benoît Mandelbrot (geb. 1924) und Mitchell Feigenbaum (geb. 1944) begründet und fortentwickelt.

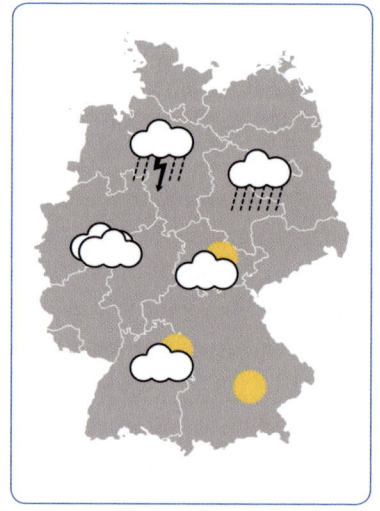

Wie wird denn nun das Wetter?

Schwache und starke Kausalität

Die Ursache dafür, dass wir die Augenzahl des Würfels nicht vorhersagen können, liegt nicht darin, dass wir nicht wissen, nach welchen Gesetzen seine Bewegung abläuft. Im Gegenteil: Diese Gesetze sind bekannt und gültig! Man sagt auch, dass die Bewegung des Würfels *determiniert* ist. Die Ursache für die fehlende Vorhersagbarkeit steckt vielmehr in Formulierungen wie „auf bestimmte Art halten" oder „in immer gleicher Weise abwerfen". Denn was bedeutet das? Wie können wir sicher sein, dass immer wieder dieselben Startbedingungen vorliegen? Dies läuft ja auf eine *Messung* der Startposition und der Startgeschwindigkeit hinaus, und Messungen sind stets mit Fehlern behaftet. Es können offenbar geringe Unterschiede der Startbedingungen zu großen Unterschieden beim Ergebnis führen – man spricht hier von *schwacher Kausalität.* Es gibt auch Systeme, die *stark kausal* sind: Lassen wir eine Kugel immer wieder von der gleichen Startposition aus mit gleicher Anfangsgeschwindigkeit einen waagerechten Wurf ausführen (wobei diese Startbedingungen naturgemäß immer ein klein wenig variieren), so weichen auch die Orte, an denen die Kugel den Boden trifft, nur wenig voneinander ab – ganz wie es im Sinne klassischer Vorhersagbarkeit sein muss. Wenn es starke Kausalität nicht gäbe, hätte man niemals Menschen zum Mond schicken können. Aber nicht alle Systeme sind stark kausal. Wir untersuchen jetzt ein einfaches schwach kausales System.

Das Magnetpendel

Ein Fadenpendel mit einer Eisenkugel hängt über drei verschiedenfarbigen Magneten, die ein gleichseitiges Dreieck bilden. Die Kugel wird von jedem der drei Magnete angezogen, wobei jeweils die Kraftwirkung mit dem Abstand vom Magneten abnimmt. Dadurch gibt es drei stabile Gleichgewichtslagen – eine bei jedem Magneten. Lenkt man das Pendel aus, sodass es sich nicht mehr in einer der Gleichgewichtslagen befindet, und lässt es los, so vollführt es eine komplizierte „torkelnde" Bewegung und gelangt mal hierhin, mal dorthin. Die „Irrfahrt" endet schließlich in einer der drei Gleichgewichtslagen – aber es lässt sich ähnlich wie beim Würfel nicht mit Sicherheit vorhersagen, in welcher.

Man kann jetzt versuchen herauszufinden, welche Startpositionen des Magnetpendels zu welchen Endpositionen führen. In dem folgenden Bild, das durch eine Computersimulation entstanden ist, sind alle Startpositionen, die am Ende zur Gleichgewichtslage bei einem bestimmten Magneten führen, durch die Farbe des entsprechenden Magneten gekennzeichnet worden; z. B. führen rote Startpositionen zum roten Magneten. Die Farbgebung ist eindeutig, denn der Ablauf ist *determiniert*. Betrachtet man aber gewisse äußere Bereiche genauer, indem man sie immer weiter

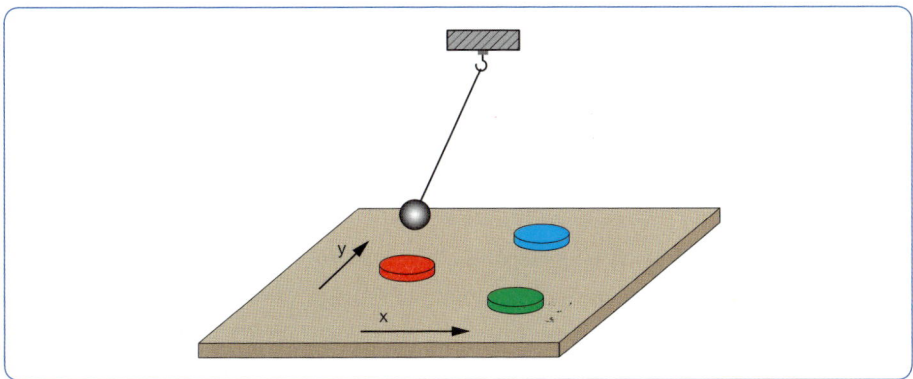

Magnetpendel

vergrößert (mit dem Computer ist dies ohne Weiteres möglich), so sieht man, dass in jedem noch so kleinen Ausschnitt alle drei Farben vorkommen – und nicht nur eine! (Solche seltsamen Strukturen heißen in der Mathematik *Fraktale*.) Es liegen also diejenigen Startpositionen, die zu verschiedenen Magneten führen, „beliebig" dicht beieinander. Aus diesem Grund ist es unmöglich, eine Startposition so genau festzulegen, dass die Endposition vorhergesagt werden kann: Das Magnetpendel verhält sich chaotisch, und das, obwohl

Start- und Zielbereiche des Magnetpendels

die Gesetze, nach denen es sich bewegt, bekannt sind. Man spricht deshalb auch von *deterministischem Chaos*.

Im Internet finden Sie kostenlose Programme zum Download, womit Sie solche Bilder selbst berechnen können, z. B.: www.physik.uni-kassel.de/1092.html oder http://didaktik.slueck.de/Magnetpendel.html.

Nichtlinearität

Woran liegt es nun, dass gewisse dynamische Systeme schwach kausal sind und andere nicht? Um diese Frage beantworten zu können, muss man ergründen, wie sich die Systeme zeitlich entwickeln. Eine Möglichkeit, dies zu tun, ist die einer schrittweisen Betrachtung, einer *Iteration*. Ist das System z. B. ein Oszillator, so können wir untersuchen, wie sich beim Einschwingen die Amplitude der Schwingung von Mal zu Mal ändert, wenn wir ihn einer *Rückkopplung* unterwerfen, also ihm in jeder Periode eine bestimmte Portion Energie zuführen. So entsteht eine Folge von Amplitudenwerten, bei der jedes Folgenglied eine Funktion des vorangehenden Wertes ist:

$\hat{y}_{n+1} = f(\hat{y}_n)$ mit $n = 1, 2, 3, \ldots$

Untersucht man den Einschwingvorgang eines *harmonischen* Oszillators, den man genau mit seiner Eigenfrequenz zu Schwingungen anregt, so stellt man fest, dass f eine *lineare* Funktion ist, dass also $\hat{y}_n$ nur in erster Potenz vorkommt:

$y_{n+1} = c \cdot \hat{y}_n + d$, wobei c und d Konstanten sind.

Dieser Zusammenhang führt dazu, dass die Amplitude sich auf einen bestimmten konstanten Endzustand einschwingt – es herrscht starke Kausalität. Hier liegt sogenanntes *beschränktes Wachstum* vor.

Durch aufwendigere Rechnungen lässt sich zeigen, dass der tiefere Grund für die Linearität der Iterationsvorschrift das lineare Kraftgesetz des harmonischen Oszillators ist, also die Tatsache, dass die rücktreibende Kraft proportional zur Auslenkung ist. Schon beim Fadenpendel gilt für große Auslenkungen kein lineares Kraftgesetz mehr, beim Magnetpendel erst recht nicht. Könnte schwache Kausalität also vielleicht durch Nichtlinearität verursacht sein?

Ein einfaches Beispiel für eine nicht lineare Iterationsvorschrift ist

$$\hat{y}_{n+1} = r \cdot \hat{y}_n \cdot (1 - \hat{y}_n),$$

wobei r eine Konstante ist.

Pierre-François Verhulst

Diese Vorschrift charakterisiert die sogenannte *Verhulst-Dynamik*. Sie hat ihren Namen von dem belgischen Mathematiker Pierre-François Verhulst (1804–49), der auf dieser Gleichung beruhende Wachstumsvorgänge untersuchte.

Nehmen wir also an, dass die Amplitudenwerte irgendeines rückgekoppelten schwingenden Systems dieser Vorschrift gehorchen. Berechnen wir, welche Amplitudenwerte sich *auf lange Sicht* ergeben, also nachdem eventuelle Einschwingvorgänge abgeklungen sind, so stellen wir fest, dass die Ergebnisse sehr stark von der Konstanten r abhängen: Für kleine r ergibt sich im Endeffekt ein stabiler Amplitudenwert. Ab einem bestimmten Wert von r treten plötzlich zwei verschiedene Amplitudenwerte auf, so, als könnte sich das System nicht für eine Amplitude entscheiden. Bei noch größeren r-Werten gibt es vier Amplitudenwerte usw. Schließlich liegen viele Amplitudenwerte sehr dicht beieinander und bilden einen „verschmierten" Bereich. Hier schwingt das System endgültig chaotisch, denn in der Abfolge der Amplituden ist keine Gesetzmäßigkeit mehr zu erkennen! Das folgende Diagramm zeigt die „Aufgabelung", die sogenannte *Bifurkation* der Amplituden.

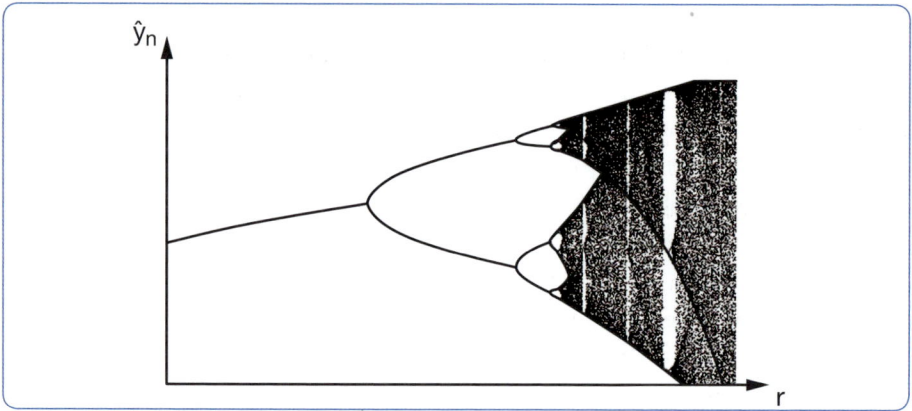

Bifurkation

Die Ursache für schwache Kausalität und die damit einhergehende Instabilität ist also tatsächlich in nicht linearen Zusammenhängen zu sehen. Da viele Naturgesetze in erster Näherung linear sind, ist die Instabilität den Physikern lange Zeit nicht aufgefallen beziehungsweise sie wurde für nicht wesentlich angesehen. Die Ergebnisse der Chaosforschung legen die Aussage nahe, dass die Welt nicht ganz so „stabil" ist, wie vermutet wurde – auch wenn sie bekannten Gesetzen folgt.

> Chaotische Systeme sind durch *schwache Kausalität* gekennzeichnet. Schwache Kausalität entsteht durch nicht lineare Zusammenhänge von Größen, die das System beschreiben.

Falls sich jemand in Ihrer Gegenwart über die unzuverlässige Wettervorhersage beschwert, dann können Sie nach der Lektüre dieses Abschnittes ungefähr Folgendes sagen: „Die Meteorologen können dafür eigentlich gar nichts! Das Wetter bildet ein chaotisches System, und geringe Änderungen der Ursachen können gewaltige Wirkungen nach sich ziehen. Eine hundertprozentig sichere Wettervorhersage kann es leider nicht geben!"

III. Akustik

Erzeugung und Ausbreitung des Schalls

Unsere Reise durch die Physik erreicht jetzt die Akustik, die *Lehre vom Schall*. Ohne Schall gäbe es keine Geräusche, die uns auf Gefahren aufmerksam machen könnten (das war für unsere Vorfahren lebenswichtig), es gäbe keine Sprache und es gäbe auch keine Musik. In diesem Kapitel geht es darum, was die Physik über den Schall herausgefunden hat.

Musiknoten

Schallschwingungen und -wellen

Wenn Sie die Saite eines Musikinstruments anschlagen, so hören Sie einen Ton. Genau genommen ist es, wie wir noch sehen werden, ein *Klang*. Halten Sie einen Finger an die Saite, so spüren Sie, wie die Saite vibriert, also schwingt. Solche Schwingungen können Sie auch wahrnehmen, wenn Sie die Membran eines Lautsprechers berühren oder Ihren Kehlkopf anfassen, während Sie singen. Schall wird also durch mechanische Schwingungen erzeugt, die wir mit unserem Ohr wahrnehmen. Es muss deswegen einen Transport des Schalls von der Schallquelle zu unserem Ohr geben. Bei diesem Transport spielt die Luft die entscheidende Rolle. Schließt man nämlich eine Schallquelle (z. B. ein klingelndes Handy) unter einer Glasglocke ein und pumpt man dann die Luft aus der Glocke, so hört man das Klingeln nicht mehr. Die Luft gibt also die Schwingungen weiter, sie ist der Träger einer *Schallwelle*. Von der Erzeugung, Ausbreitung und Wahrnehmung des Schalls kann man sich folgendes Bild machen: Die Schallquelle führt eine

Harfe

Akustik

Schwingung aus und überträgt diese auf die Luftteilchen. Die entstehenden Dichteschwankungen werden weitergegeben, erreichen u. a. unser Ohr und versetzen das Trommelfell in Schwingung. Unser Gehirn verarbeitet das empfangene Signal und wir nehmen es wahr. Man kann nachweisen, dass Schallwellen *Longitudinalwellen* sind.

Schall breitet sich auch in anderen Stoffen, z. B. in Wasser, aus. Dagegen kann es im Weltraum keine Schallübertragung geben, da dort ja fast Vakuum herrscht. Wenn also in einem Science-Fiction-Film ein Himmelskörper oder ein Raumfahrzeug mit lautem Knall explodiert, so ist dies zwar dramaturgisch effektvoll, aber physikalisch unsinnig.

> Ursache des Schalls sind *mechanische Schwingungen*. Der Schall breitet sich als *Schallwelle* aus.

Schallgeschwindigkeit

Wie schnell ist der Schall? Wenn Sie mit einem anderen Menschen ein Gespräch führen, haben Sie den Eindruck, dass das vom Gegenüber Gesagte Sie „sofort" erreicht. Beobachten Sie aber z. B. in einer Entfernung von nur einigen Hundert Metern eine Pfahlramme, so *sehen* Sie die Schläge der Ramme deutlich früher, als Sie sie *hören*. Wenn wir davon ausgehen, dass Licht sehr schnell

Gesagt – gehört

ist (wir werden im Kapitel „Optik" sehen, dass es tatsächlich so ist; → S. 250 ff.), muss diese Verzögerung dadurch entstehen, dass Schall sich doch verhältnismäßig langsam ausbreitet. Die Pfahlrammenbeobachtung lässt sich perfektionieren, sodass daraus ein Experiment zur Bestimmung der Schallgeschwindigkeit wird: Sie rüsten einen Partner mit einer Starterklappe aus, wie sie in der Leichtathletik verwendet wird, und positionieren ihn in ein paar Hundert Meter Entfernung. Sie selbst nehmen sich eine Stoppuhr. Sobald Sie *sehen*, dass der Partner die Klappe zuschlägt, starten Sie die Zeitmessung, und wenn Sie den Knall der Klappe *hören*, drücken Sie auf „Stopp". Nun teilen Sie den vom Schall zurückgelegten Weg durch die dafür benötigte Zeit und erhalten dadurch einen Wert für die Schallgeschwindigkeit in Luft. Professionelle Messungen führen zu folgendem Ergebnis:

> Die Schallgeschwindigkeit in Luft hat unter Normalbedingungen (Temperatur 0 °C, Druck 101.325 *Pa*) den Wert: $c = 331{,}5 \frac{m}{s}$

Bei 20 Grad Lufttemperatur beträgt die Schallgeschwindigkeit ca. $340 \frac{m}{s}$, ist also etwas größer als bei null Grad.

Auf dem zur Messung verwendeten Prinzip beruht auch die bekannte überschlägige Entfernungsbestimmung für ein Gewitter. Blitz und Donner entstehen gleichzeitig. Während man den Blitz sofort sieht, vergeht bis zum Eintreffen des Donners merklich Zeit. Da der Schall in drei Sekunden etwa einen Kilometer zurücklegt, ergibt die in Sekunden gemessene Zeit zwischen Blitz und Donner geteilt durch drei die ungefähre Entfernung in Kilometern.

Wie weit weg noch?

Der Überschallknall

Concorde

Ein startendes Überschallflugzeug wie die „Concorde" durchbricht in dem Augenblick, in dem es schneller wird als der Schall, die sogenannte Schallmauer. Das ist natürlich keine Mauer aus Ziegeln, sondern man meint damit, dass es einen lauten Knall gibt. Wie kommt es dazu?

Akustik

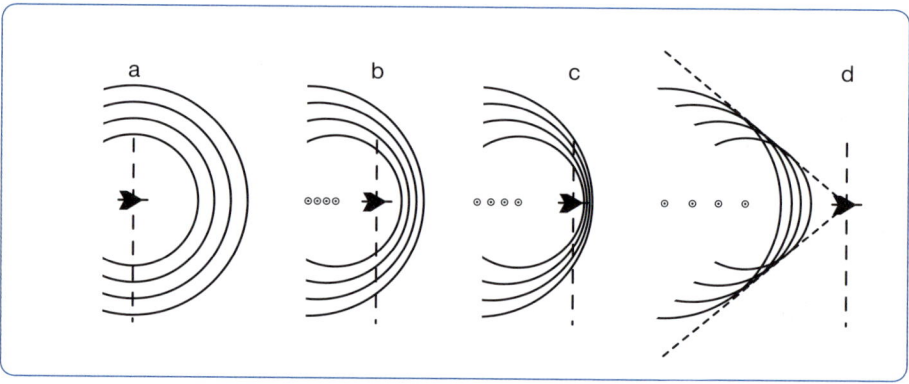

Das erste Teilbild zeigt vier Wellenberge derjenigen Kreiswelle, die von dem ruhenden Flugzeug ausgeht. Sie bilden konzentrische Kreise. Nun setzt sich das Flugzeug in Bewegung. Das führt, wie man auf dem zweiten Teilbild sieht, dazu, dass die Kreise nicht mehr konzentrisch sind, sondern nach vorne zusammengedrängt werden. Fliegt das Flugzeug nun genauso schnell, wie sich die Schallwellen ausbreiten (Teilbild 3), so liegen die Wellenberge an der Spitze des Flugzeugs aufeinander und verstärken sich gegenseitig: Die Schallmauer wird „durchbrochen". Steigt die Geschwindigkeit jetzt noch weiter (Teilbild 4), so überschneiden später entstandene Wellenberge die früheren. Es entsteht ein kegelförmiger Raum, auf dessen Mantel sich eine einheitliche Wellenfront ausbildet, die man „Kopfwelle" oder „Machkegel" nennt (nach Ernst Mach (1838–1916)). Erreicht diese Kopfwelle einen auf dem Boden stehenden Beobachter, so nimmt dieser einen lauten Knall wahr – eben den Überschallknall.

Ernst Mach

Töne und Klänge

Ein Orchester stimmt die Instrumente. Eine *Stimmgabel* wird angeschlagen und reihum verwenden die Musiker das Stimmgabel-„a", um ihrem Instrument den richtigen Ton zu geben. Ohne Weiteres können wir anschließend hören, wann ein „a" von einer Geige und wann es von einer Flöte gespielt wird. Wir können also Musikinstrumente voneinander unterscheiden, obwohl sie denselben Ton spielen. Wie ist das möglich?

Um eine Antwort auf diese Frage zu erhalten, zeichnen wir die Schwingungen verschiedener Schallquellen auf und analysieren die Schwingungsbilder. Solche Aufnahmen können Sie auch selbst machen: Laden Sie sich aus dem Internet einen sogenannten Audio-Editor herunter. (Solche Programme werden als Free- oder als Shareware gratis oder gegen geringes Entgelt angeboten.) Installieren Sie den Editor, schließen Sie ein Mikrofon an die Soundkarte an, und schon geht es los!

Töne

Zeichnet man den zeitlichen Verlauf der Schwingung einer Stimmgabel auf, so erhält man folgendes Bild: Die Schwingung ist natürlich eigentlich gedämpft, bei hinreichend kleiner Aufnahmedauer ändert sich die Amplitude aber praktisch nicht.

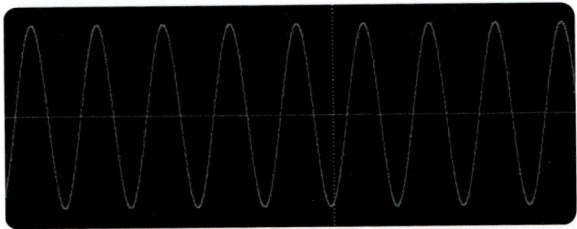

Wählt man eine passende Winkelgeschwindigkeit ω und eine passende Amplitude $\hat{y}$, dann lässt sich mit der Vorschrift $y(t) = \hat{y} \cdot \sin(\omega \cdot t)$ eine Kurve berechnen, die genau mit der gemessenen Kurve übereinstimmt.
Das bedeutet: Eine Stimmgabel schwingt sinusförmig, also *harmonisch*.

Nun legen wir fest, was wir in der Physik unter einem *Ton* verstehen wollen: *Ein Ton wird durch eine harmonisch schwingende Schallquelle erzeugt.* Hier wird also – wie bei früheren Begriffen auch schon – ein Wort aus der Alltagssprache präzisiert und ihm wird eine spezielle physikalische Bedeutung zugewiesen.

Wir können den Computer auch selbst Töne erzeugen lassen und diese aufzeichnen. Das hat den Vorteil, dass wir die Tonhöhe und die Lautstärke beliebig verändern können.

Dabei zeigt sich: Der Ton wird *höher,* wenn wir die *Frequenz* steigern, und er wird *lauter,* wenn wir die *Amplitude* vergrößern.

Die Frequenz des Stimmgabeltons beträgt 440 Hertz (sogenannter „Kammerton a"). Menschen können Frequenzen zwischen ca. 20 und 20.000 Hertz hören. Insbesondere die Fähigkeit, hohe Töne hören zu können, nimmt jedoch mit dem Alter ab. Mit der Lautstärke werden wir uns im nächsten Abschnitt gesondert beschäftigen.

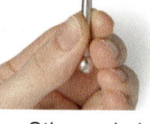

Stimmgabel

> Eine sinusförmig schwingende Schallquelle erzeugt einen *Ton.* Die Frequenz des Tons bestimmt die *Tonhöhe,* die Amplitude die *Lautstärke.*

Schwebungen

Wenn wir zwei Schallquellen vor dem Mikrofon platzieren, *überlagern* sich ihre Schwingungen. Zwei Stimmgabeln, von denen die eine (z. B. durch das Aufschrauben eines kleinen Reiters auf eine der Zinken) gegen die andere „verstimmt" ist, bewirken folgendes Schwingungsbild – das Bild einer *Schwebung:*

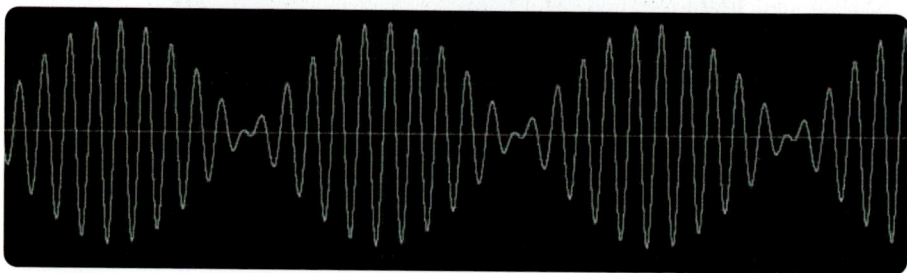

Obwohl zwei verschiedene Frequenzen beteiligt sind, hört man nur *eine,* aber man nimmt eine (in der Regel als unangenehm empfundene) periodisch zu- und abnehmende Lautstärke wahr. Die Schwebung verschwindet, wenn beide Stimmgabeln mit derselben Frequenz schwingen. Diesen Effekt kann man zur Stimmung von Musikinstrumenten ausnutzen: Man stimmt sein Instrument so lange auf „a", bis man im

Vergleich zu einer Stimmgabel keine Schwebung mehr hört – dann hat man genau den Kammerton getroffen.

Wendet man das *Superpositionsprinzip* auf die Schwingung der Mikrofonmembran an, so kann man auch mathematisch nachweisen, dass sich genau das dargestellte Schwingungsbild ergibt.

> Die Überlagerung zweier Töne mit geringfügig verschiedener Frequenz ergibt eine periodisch an- und abschwellende Schwingungsform, eine *Schwebung*.

Klänge

Ein in das Mikrofon gesungenes „a" ergibt folgendes Schwingungsdiagramm:

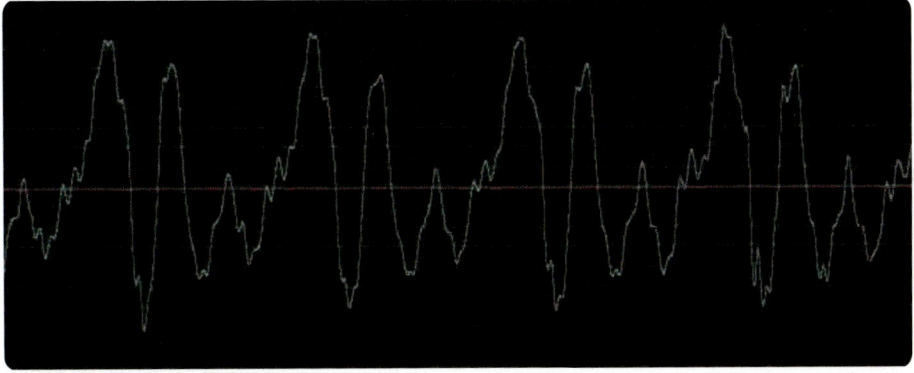

Die Schwingung ist nicht sinusförmig, immerhin aber periodisch. Ein solcher periodischer, aber nicht unbedingt sinusförmiger Verlauf kennzeichnet in der Physik einen *Klang*.

Mitte der 70er-Jahre des vergangenen Jahrhunderts gelang es, Klänge auf elektronischem Wege künstlich zu erzeugen. Die Instrumente, die man dazu benutzte, nannte man Synthesizer. Sie klangen zunächst sehr künstlich und prägten mit ihren neuartigen Klangfarben insbesondere die Popmusik der 1980er-Jahre. Das folgende Bild zeigt einen häufig verwendeten, sehr hart wirkenden Synthi-Klang: einen sogenannten Sägezahn:

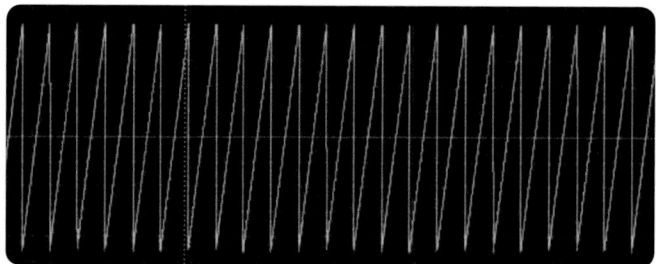

Ein Synthesizer kann einen solchen Sägezahn nicht „direkt" produzieren. Aus technischen Gründen ist es ihm nur möglich, Sinustöne zu erzeugen, und zwar mit sogenannten *Schwingkreisen*. Er kann aber die Schwingungen verschiedener Schwingkreise *überlagern,* also addieren. Einen Sägezahn erhält man durch die folgende Überlagerung von Sinusschwingungen:

$$y(t) = \frac{2 \cdot \hat{y}}{\pi} \cdot (\sin(\omega \cdot t) - \frac{1}{2} \cdot \sin(2 \cdot \omega \cdot t) + \frac{1}{3} \cdot \sin(3 \cdot \omega \cdot t) - \ldots)$$

Je mehr Summanden man berücksichtigt, desto genauer wird der Sägezahn angenähert. Wenn Sie sich mit einem Tabellenkalkulationsprogramm wie Excel auskennen, können Sie diese Terme eingeben und sich anschauen, wie durch Hinzunahme von Summanden ein immer „besserer" Sägezahn entsteht. Beachten Sie, dass bei der Überlagerung nur ganzzahlige Vielfache von ω, also auch der *Grundfrequenz f*, auftreten. Spielt der Synthesizer also z. B. ein „a", dann kommen nur die Frequenzen 440 Hertz, 880 Hertz, 1320 Hertz usw. vor.

Die dargestellte Überlagerung funktioniert nicht nur für die Sägezahnschwingung, sondern für jede *beliebige* Schwingungsform: Aus geeignet gewählten Sinustönen kann man im Prinzip durch Überlagerung jeden gewünschten Klang erzeugen. Dieses Verfahren, dessen mathematische Grund-

Jean Baptiste Fourier

lagen schon lange bekannt sind, heißt nach dem französischen Physiker und Mathematiker Jean Baptiste Fourier (1768–1830) *Fouriersynthese*.

Wenn wir jetzt umgekehrt den Synthesizer mit irgendeinem Klang ein „a" spielen und den Computer parallel dazu Sinustöne verschiedener Frequenzen erzeugen lassen, so hören wir bei 440 Hertz, 880 Hertz, 1320 Hertz usw. deutlich Schwebungen. Genau dasselbe können wir auch mit einer Gitarrensaite machen. Das bedeutet, dass die Sinusanteile auch in natürlichen Klängen enthalten sind. Verwunderlich ist das nicht, denn wir haben im vorigen Kapitel gesehen, dass eine eingespannte Saite nur bei bestimmten Frequenzen schwingen kann (wir nannten diese Schwingungen *Eigenschwingungen*; → S. 124 f.). Die komplexe Schwingung einer Saite entsteht also durch Überlagerung von Sinusschwingungen – genau wie beim Synthesizer.

Mädchen mit Gitarre

Das Verfahren, mit dem man einen Klang in seine Sinusbestandteile zerlegt, heißt *Fourieranalyse*. Trägt man die Amplituden der Einzelklänge über ihrer Frequenz auf, so erhält man ein *Frequenzspektrum*. Die Vielfachen der Grundfrequenz (ab der doppelten Frequenz) heißen *Obertöne*. In den folgenden Bildern ist das Grund- und Obertonspektrum einer Geige und einer Flöte dargestellt:

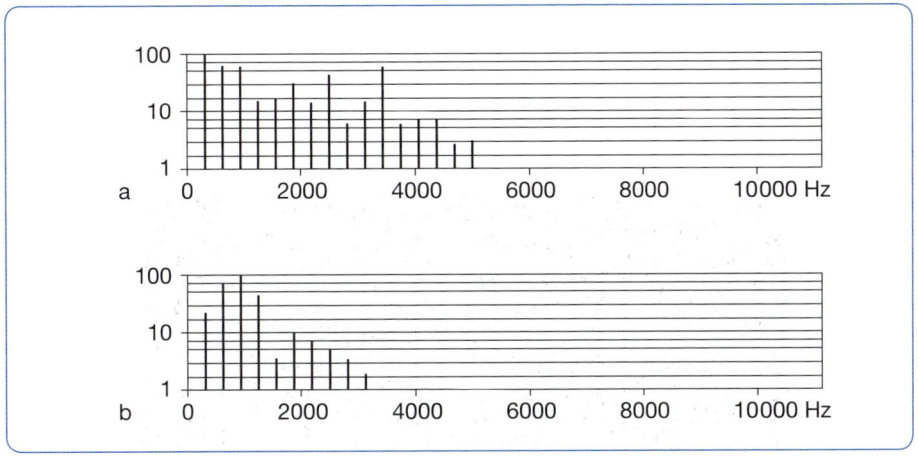

Die Antwort auf die eingangs gestellte Frage liegt jetzt nahe: Verschiedene Klänge unterscheiden sich durch ihr jeweiliges Frequenzspektrum, also durch verschiedene Obertonanteile. Offenbar führt unser Gehirn eine Fourieranalyse durch, liefert aber als Ergebnis kein Spektrum, sondern den *Eindruck* (die *Wahrnehmung*) einer Klangfarbe. (Genauere Untersuchungen zeigen, dass für die Erkennung eines Instruments auch das Einschwingverhalten, das wir hier nicht berücksichtigt haben, eine wichtige Rolle spielt.)

> Jeder Klang lässt sich durch Überlagerung von Grund- und Obertönen erzeugen (Fouriersynthese). Umgekehrt lässt sich jeder Klang in Grund- und Obertöne zerlegen (Fourieranalyse).

Digitalisierung von Musik

Früher hat man Musik in analoger Form z. B. auf Schallplatten gepresst: Die Rille einer Schallplatte gab genau den zeitlichen Verlauf der ursprünglichen Schwingung wieder. Mit einer Abtastnadel und einem Verstärker konnte man diese Schwingung hörbar machen.

Schallplatte: Musik in analoger Form

Heute wird Musik in *digitaler* Form gespeichert. Was bedeutet das? Wenn wir das mit dem Computer aufgenommene Schwingungsbild sehr stark vergrößern, sehen wir etwa Folgendes:

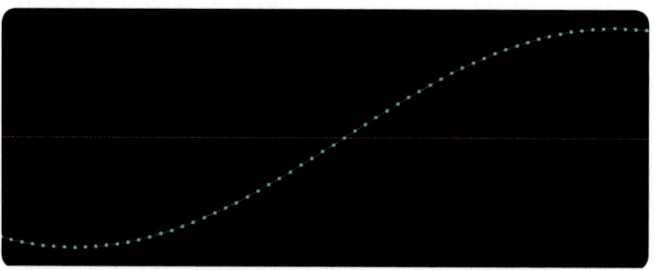

Klein und handlich: Musik digital

Der Computer nimmt also in Wirklichkeit gar keine zusammenhängende Kurve auf, sondern speichert die Schwingung als eine Folge von Elongationen, also Zahlen, die zusammengesetzt näherungsweise die Kurve ergeben. Dies geschieht mit einem „A/D-Wandler", einem elektronischen Baustein, der die analogen Eingangssignale *digitalisiert*, also in Zahlenfolgen umwandelt. Zahlen lassen sich leicht auf einer Festplatte oder in einem MP3-Player speichern, wobei der Computer das binäre Zahlensystem verwendet, die Werte also in Folgen von Nullen und Einsen umwandelt, und die Daten außerdem nach bestimmten Verfahren *komprimiert*. Zum Abspielen der Musik werden die Zahlen wieder aus dem Speicher geholt und durch einen „D/A-Wandler" in ein analoges Signal verwandelt, das einem Lautsprecher oder Kopfhörer zugeführt werden kann.

Lautstärke und Lärm

Eine gängige Meinung unter Musikern ist, dass man besser spielt, wenn man sich selbst laut hört. Also keine Angst um die Ohren, Gehörschäden bekommt man erst ab tierischen Phonzahlen. Doch was sind „tierische Phonzahlen"? Ab welcher Lautstärke läuft man Gefahr, Gehörschäden zu erleiden?

Rockkonzert – Gefahr für die Ohren?

Schallintensität

Was als Lärm empfunden wird und was nicht, ist stark von der Art des Schallsignals und von der hörenden Person abhängig. Zum Beispiel wird das Geräusch eines startenden Düsenflugzeugs oft als Lärm eingestuft, laute Discomusik jedoch nicht. Wenn wir uns dem Phänomen Lautstärke physikalisch nähern wollen, müssen wir zunächst von den *objektiven* Tatsachen ausgehen.

Objektiv geschieht Folgendes: Die Schallwelle transportiert Energie. So wird pro Zeiteinheit eine bestimmte Arbeit in unserem Ohr verrichtet. Arbeit pro Zeit ist, wie wir festgelegt haben, *Leistung*. Also kann man auch sagen: Die Schallwelle überträgt eine bestimmte Leistung auf das Ohr. Bezieht man diese Leistung auf die empfangende Fläche, so spricht man von *Intensität*. Versuche haben ergeben, dass ein durchschnittlicher Mensch einen Ton mit der Frequenz von 1000 Hertz (= 1 *kHz*, Kilohertz) gerade noch hört, wenn die Intensität der Schallwelle $10^{-12} \frac{W}{m^2}$ beträgt. Dieser Wert bildet die *Hörschwelle*. Auf der anderen Seite wird die *Schmerzgrenze* bei einer Intensität von ca. $10 \frac{W}{m^2}$ erreicht.

Als die gesuchte objektive Größe könnten wir also einfach die Intensität verwenden. Sie ist aber praktisch schlecht handhabbar, weil sie einen riesigen Bereich von 13 Zehnerpotenzen umfasst (in „Kommaschreibweise": von $0{,}000000000001 \frac{W}{m^2}$ bis $10 \frac{W}{m^2}$). Das kann sich kein Mensch vorstellen! Also bildet man zunächst *Intensitätsverhältnisse,* indem man die gemessene Intensität auf die Hörschwelle bezieht, und gibt statt der Verhältnisse selbst ihre Exponenten bei Zehnerpotenzschreibweise an, also z. B. statt $10.000 = 10^4$ nur die „4". Dadurch liegen die so beschriebenen Verhältnisse im überschaubaren Bereich zwischen null und 13. Schließlich hat es sich eingebürgert, diese Werte noch mit zehn zu multiplizieren, um den Bereich zu strecken. Dies ist völlig willkürlich und hat historische Gründe.

Was ist Lärm: Düsenflugzeug …

… oder Disco?

Mathematisch gesehen ist der Exponent einer Zehnerpotenz der *Zehnerlogarithmus* der Zahl. Dadurch kommt es insgesamt zu folgender Definition der Größe *Schallintensitätspegel:*

> Der Schallintensitätspegel β bei der Intensität I ist definiert als:
>
> $\beta = 10 \cdot \lg(\frac{I}{I_0})$ mit $I_0 = 10^{-12} \frac{W}{m^2}$
>
> Dabei ist *lg* der Logarithmus zur Basis 10.

Der Schallintensitätspegel hat eigentlich keine Einheit, trotzdem gibt man ihn zu Ehren des Physikers Alexander Graham Bell (1847–1922) in *dB* (Dezibel) an.

Wenn Sie die mathematischen Hintergründe dieser Definition nicht ganz durchdrungen haben, so ist das nicht weiter schlimm. Es folgen jetzt nämlich Beispiele für gängige Schallintensitätspegel, die die Einheit Dezibel veranschaulichen und greifbar machen:

Alexander Graham Bell

Hörschwelle	null Dezibel
Leises Flüstern in fünf Meter Entfernung	50 Dezibel
Straßenlärm bei starkem Verkehr	80 Dezibel
Diskothek	110 Dezibel
Düsenflugzeug in 100 Meter Abstand	120 Dezibel

Untersuchungen haben ergeben, dass dauernde Schädigungen des Gehörs schon dann eintreten können, wenn man regelmäßig Schallpegeln ab 90 Dezibel ausgesetzt ist. Geht man über einen längeren Zeitraum hinweg jede Woche in die Diskothek, so kann dies zu einer permanenten Beeinträchtigung des Hörvermögens führen. Man sollte sich deshalb schützen: Im Handel sind für wenig Geld Gehörschutzstöpsel erhältlich, die das Klangerlebnis nur wenig beeinträchtigen, dafür aber das Hörvermögen auf Dauer erhalten.

Lautstärke

Der Schallintensitätspegel ist eine *objektive* Größe. Etwas ganz anderes ist die *subjektiv empfundene Lautstärke*. Zum Beispiel halten wir einen tiefen Ton (etwa der Frequenz 200 Hertz) für viel leiser als einen hohen Ton der Frequenz 1000 Hertz, auch wenn beide Töne unser Ohr mit derselben Leistung erreichen. Durch Hörversuche mit vielen Versuchspersonen kann man ermitteln, bei welchem Schallpegel die Lautstärke eines Tons einer bestimmten Frequenz subjektiv als genauso groß empfunden wird wie die eines Vergleichstons der Frequenz 1000 Hertz. Dadurch entstehen Diagramme wie das folgende, welches Kurven gleich empfundener Lautstärke darstellt:

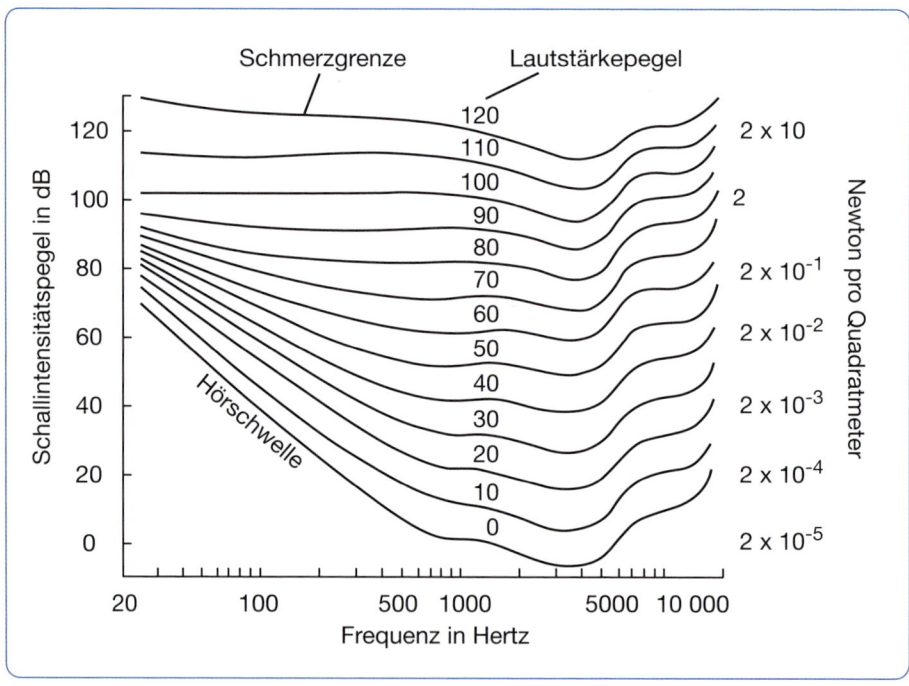

Man sieht, dass der Schallintensitätspegel mit dem (subjektiv empfundenen) Lautstärkepegel für 1000 Hertz übereinstimmt, und das muss ja auch so sein. Andererseits wird aber, wie das Diagramm zeigt, ein Ton der Frequenz 100 Hertz und der Intensität 40 Dezibel gerade erst wahrgenommen, er befindet sich also an der Hörschwelle für diese Frequenz. Subjektiv empfundene Lautstärken gibt man in „Phon" an, der betrachtete 100-Hertz-Ton hat demnach also die Lautstärke von null Phon. Ein Ton, dessen Lautstärke man um zehn Phon steigert, wird im Mittel als „doppelt so laut" empfunden.

Die eingangs erwähnten „tierischen Phonzahlen" werden im Proberaum oder im Konzert sehr leicht erreicht. Man sollte also doch lieber die Lautstärke herabsetzen oder die Ohren schützen.

IV. Elektrizität

Ladung

Elektrische Erscheinungen begegnen uns auf Schritt und Tritt. Wir benutzen andauernd elektrische Geräte und die Versorgung mit elektrischer Energie ist eines der wichtigsten Diskussionsthemen überhaupt. In diesem Kapitel lernen wir die Elektrizität von Grund auf kennen, wir schauen uns einige elektrische Geräte an und wir beschäftigen uns mit der Frage, was elektrische Energie eigentlich ist und wie man sie misst.

Eine Modellvorstellung zum elektrischen Strom

Was geht eigentlich in dem Kabel einer Lampe vor, wenn wir diese an die Steckdose anschließen? Zunächst ist klar, dass die Kunststoffumhüllung des Kabels mit den elektrischen Vorgängen nichts zu tun hat. Für diese ist vielmehr der Metalldraht im Innern zuständig.

Steckdose

Was dort geschieht, können wir nicht direkt sehen, weil es sich in sehr kleinen Dimensionen abspielt. Wir können uns höchstens ein *Bild* von den Vorgängen machen, welches dann mit den experimentellen Beobachtungen im Einklang stehen muss. Ein solches Bild nennt man auch, wie schon erwähnt, ein *Modell*. Wir machen uns also jetzt eine Modellvorstellung von den Vorgängen in einem metallischen Leiter.

Lampe

Versuch 1: Ladungstransport

Wir benutzen für den ersten Versuch Glimmlampen. Das sind kleine Glasröhren, in denen ein Gas unter geringem Druck eingeschlossen ist und in die jeweils zwei Elektroden (Metalldrähte) hineinragen, die sich aber nicht berühren. Eine Glimmlampe kann, wie der Name schon sagt, Licht aussenden. (Es findet eine *Gasentladung* statt.)

Es wird nun ein Versuch mit zwei Glimmlampen, einer elektrischen Energiequelle und einem Konduktor (das ist ein metallbeschichteter Gegenstand, in diesem Fall eine Kugel) an einem Isolierstiel aufgebaut:

Glimmlampe

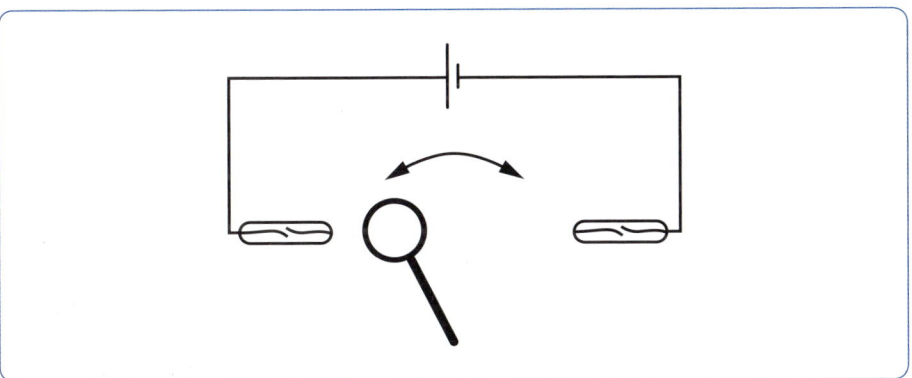

Ladungstransport im Modell

Um das Wesentliche hervortreten zu lassen, verwenden wir *Schaltbilder*. Eine Linie stellt einen Metalldraht dar und die beiden senkrechten Strecken stehen für eine elektrische Energiequelle. Von jeder Taschenlampenbatterie her wissen Sie, dass eine elektrische Energiequelle zwei Anschlüsse, sogenannte Pole, hat, und zwar einen Plus- und einen Minus-Pol. Die lange Strecke stellt den Pluspol und die kurze den Minuspol dar. Für diesen Versuch können wir keine Taschenlampenbatterie verwenden, sondern wir müssen eine spezielle Energiequelle benutzen, die höhere Spannungen liefert, weil sonst die Glimmlampen nicht funktionieren. Was Spannung ist, wird im übernächsten Abschnitt

Batterie

geklärt (→ S. 154 ff.). Höhere Spannungen können, wie wir sehen werden, gefährlich sein – Sie sollten also solche Versuche nicht zu Hause mit Bordmitteln durchführen!

Elektrizität

Wenn wir den Konduktor an eine der Glimmlampen halten, stellen wir fest, dass diese kurz aufleuchtet. (Es leuchtet nur die eine der beiden Elektroden, aber das ist hier nebensächlich.) Berühren wir danach die andere Glimmlampe mit dem Konduktor, so leuchtet diese auch kurz auf. Nun können wir wieder die erste Lampe zum Leuchten bringen usw.

Dieser Versuch legt folgendes Bild nahe: Immer, wenn der Konduktor eine Glimmlampe berührt, wird etwas ausgetauscht. Dieses „Etwas" wird anschließend mit dem Konduktor transportiert und an der anderen Glimmlampe wieder ausgetauscht. Der Vorgang entspricht anschaulich dem einer Autofähre, die zwischen zwei Häfen hin- und herfährt und in den Häfen be- und entladen wird. Über das „Etwas" wissen wir bisher nur, dass der Konduktor damit beladen werden kann. Wir nennen es daher naheliegenderweise *Ladung* und stellen uns vor, dass immer dann Strom fließt, wenn Ladung transportiert wird.

Eine Fähre transportiert Ladung.

Versuch 2: Kraftwirkung von Ladungen

Der Versuch 1 lässt sich automatisieren: Man hängt zwischen zwei plattenförmigen Konduktoren ein Pendel mit einem metallbeschichteten Tischtennisball als Pendelkörper auf. Lässt man den Ball eine Platte berühren, so pendelt er anschließend selbsttätig zwischen den Platten hin und her. Dies passt in unser Bild von den Ladungen, wenn wir annehmen, dass Ladungen *Kräfte* aufeinander ausüben.

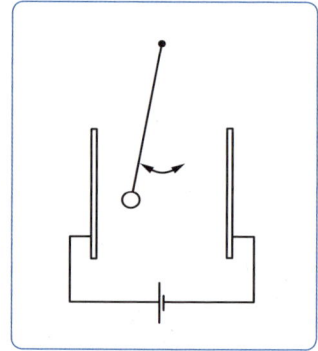

Kraftwirkung

Versuch 3: Ladungsarten

Lädt man den Tischtennisball an einer der Platten auf und verbindet man ihn anschließend kurzzeitig mit der „Erde" (indem man ihn z. B. an ein nicht lackiertes Stück Heizungsrohr hält, welches ja über das Rohrsystem mit der Erde verbunden ist), so sind keine Kraftwirkungen mehr beobachtbar. Um dies zu erklären, stellen wir uns vor, dass die Ladungen aus dem Ball in die Erde „abfließen". Auf diese Weise kann man also den Ball elektrisch neutral machen, ihn *neutralisieren*.

Lädt man den neutralisierten Ball an der mit dem Pluspol verbundenen Platte auf und hält man ihn anschließend in die Nähe einer der Platten (keine Berührung!), so stellt man fest, dass die mit dem Pluspol verbundene Platte *abstoßend* und die mit dem Minuspol verbundene Platte *anziehend* auf ihn wirkt. Um dieses Ergebnis zwanglos deuten zu können, nehmen wir an, dass es zwei verschiedene Arten von Ladung gibt: *positive* und *negative*. Am Pluspol einer elektrischen Energiequelle gibt es einen Überschuss an positiver, am Minuspol einen Überschuss an negativer Ladung. Gleichnamige (also z. B. positive und positive oder negative und negative) Ladungen wirken abstoßend aufeinander, ungleichnamige anziehend.

> Modellvorstellung:
> Elektrischer Strom besteht aus bewegten Ladungen. Es gibt zwei Arten von Ladung: positive und negative. Ladungen üben Kräfte aufeinander aus. Gleichnamige Ladungen stoßen sich gegenseitig ab, ungleichnamige Ladungen ziehen sich gegenseitig an.

In einem neutralen Leiter können entweder überhaupt keine oder aber gleich viele positive und negative Ladungen sein. Das kann man experimentell nicht feststellen, da die Kraftwirkungen gleich vieler positiver und negativer Ladungen sich nach außen hin ja genau aufheben.

Ladung als physikalische Größe

Man verwendet für die Ladung das Symbol Q (manchmal auch q). Die Einheit der Ladung ist C, das „Coulomb" (nach dem französischen Physiker Charles de Coulomb (1736–1806)). Da sich Ladungen nur über ihre Kraftwirkungen verraten, müsste man das Coulomb ungefähr so festlegen: „Ziehen sich zwei gleiche, ungleichnamig geladene

Charles de Coulomb

Konduktoren in einem Abstand von … m mit der Kraft … N an, so tragen sie beide die Ladung 1 C." Aus praktischen Gründen hat man es nicht so gemacht, sondern das Coulomb mithilfe der *Stromstärke* definiert. Dazu mehr im übernächsten Abschnitt ab S. 154!

> Ladung wird in Coulomb (*C*) gemessen.

Die Natur der Ladungsträger in Metallen

Nach dem bisher Gesagten können sowohl die positiven als auch die negativen Ladungen den Stromtransport besorgen. Experimente haben aber ergeben, dass sich in Metallen nur die negativen Ladungen bewegen können; die positiven sind *ortsfest*. (Ein solches Experiment werden wir noch behandeln; → S. 170 f.) Die beweglichen negativ geladenen Ladungsträger in Metallen spielen im weiteren Verlauf eine wichtige Rolle. Sie heißen *Elektronen*.

> Die beweglichen Ladungsträger in Metallen heißen Elektronen. Elektronen sind negativ geladen.

Elektrische Felder

Es wird behauptet, dass man bei einem Gewitter in einem Auto nicht vom Blitz getroffen werden könne, weil das Auto ein Faraday'scher Käfig und damit „feldfrei" sei. Doch was ist ein Faraday'scher Käfig? Was bedeutet feldfrei? Und stimmt die Behauptung?

Elektrisches Feld und elektrische Feldstärke

Wenn in irgendeinem Raum geladene Konduktoren verteilt sind und Sie gehen mit einem geladenen Pendel wie in Versuch 2 des vorigen Abschnitts umher, schlägt das Pendel (je nach Ort) unterschiedlich aus, weil es von den Ladungen, die auf den Konduktoren sitzen, Kräfte erfährt. Es ist schwer, sich vorzustellen, dass solche

Kräfte „aus der Ferne" wirken, zumal sie, wie Experimente zeigen, nicht auf einen materiellen Träger wie z. B. die Luft angewiesen sind. Naheliegender ist die Annahme, dass die Konduktoren den Raum in einen bestimmten *Zustand* versetzen, der dann vor Ort auf das Pendel wirkt. Man drückt diese Vorstellung aus, indem man sagt, dass die Konduktoren von einem *elektrischen Feld* umgeben sind. Dieses Feld wirkt dann auf das Pendel und lässt es ausschlagen. In diesem Bild spricht man dann von den Konduktoren als *Feld erzeugenden Ladungen,* während das Pendel – das nur geringfügig aufgeladen sein darf, damit es das Feld nicht verändert – eine *Probeladung* darstellt.

Das elektrische Feld ist dort groß, wo es große Kräfte auf Probeladungen ausübt. Es ist plausibel, anzunehmen, dass auf eine doppelt so große Probeladung eine doppelt so große Kraft ausgeübt wird, auf eine dreimal so große Probeladung dreimal so viel Kraft usw. Wenn wir also die Stärke des Feldes beschreiben und den Einfluss der Probeladung selbst ausschließen wollen, müssen wir die Kraft durch die Probeladung dividieren. Wir legen daher die „elektrische Feldstärke" als Quotient aus Kraft und (Probe-)Ladung fest.

> In dem Raum um elektrisch geladene Körper herum existiert ein elektrisches Feld. Im elektrischen Feld wirken auf Ladungen Kräfte.
>
> Wirkt in einem Punkt des Raumes auf eine positive Probeladung q die Kraft $\vec{F}$, so versteht man unter der *elektrischen Feldstärke* $\vec{E}$ in diesem Punkt den Quotienten:
>
> $$\vec{E} = \frac{\vec{F}}{q}$$
>
> Die elektrische Feldstärke wird in $\frac{N}{C}$ gemessen.

Unter einer Hochspannungsleitung beträgt die elektrische Feldstärke am Boden etwa 2000 Newton pro Coulomb, bei Gewittern kann sie Werte bis zu 1.000.000 Newton pro Coulomb annehmen.

Elektrizität

Feldlinien

Den Verlauf elektrischer Felder kann man durch *Feldlinien* veranschaulichen. Sie beginnen und enden in den Feld erzeugenden Ladungen und sind so gerichtet, dass sie die Richtung der Kraft auf eine *positive* Probeladung wiedergeben. Ihre Dichte ist ein Maß für die Stärke des Feldes: In Bereichen großer Feldstärke liegen die Linien dicht zusammen. Die Bilder zeigen beispielhaft den Feldlinienverlauf für zwei verschiedene Anordnungen von Feld erzeugenden Ladungen: einmal für zwei ungleichnamige Punktladungen und einmal für das Feld zwischen zwei geladenen Metallplatten, einem sogenannten *Plattenkondensator*. Im Innern eines Plattenkondensators ist das Feld *homogen:* Es hat überall dieselbe Richtung und Stärke.

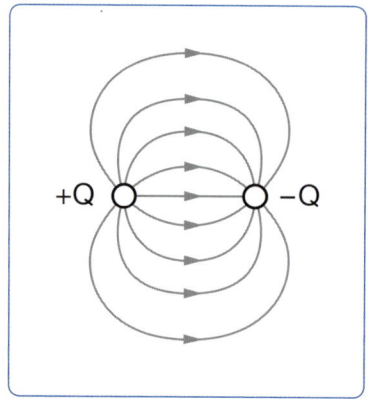

Elektrisches Feld ungleichnamiger Punktladungen

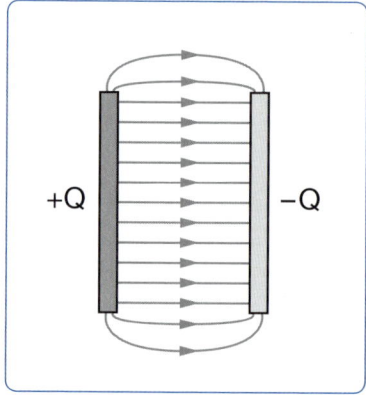

Elektrisches Feld eines Plattenkondensators

Der Faraday'sche Käfig

Bei einem Gewitter laden sich Wolken gegenüber der Erde oder Wolkenteile gegeneinander so stark auf, dass die Durchschlagfeldstärke der Luft überschritten wird, das heißt, die Luft wird leitend und es findet in Form eines Blitzes ein Ladungsausgleich statt. Wenn der Blitz ein auf dem Boden stehendes Auto trifft, so werden die Ladungen über die Karosserie in die Erde geleitet. Wie groß kann die Feldstärke im Innern des Autos werden?

Ladungsausgleich

Unsere einführenden Versuche im vorigen Abschnitt legen die Annahme nahe, dass Ladungen innerhalb eines metallischen Leiters *frei verschiebbar* sind (→ S. 146 ff.). Wenn wir von dieser These, die sich durch viele Experimente bestätigen lässt, ausgehen, ist klar, dass sich die Ladungen eines geladenen metallischen Körpers nicht im Innern des Körpers befinden können, da sie sich ja gegenseitig abstoßen. Sie versammeln sich also an der Oberfläche. Im Inneren des Körpers hat die Feldstärke den Wert null, denn hätte sie es nicht, so würden die Kräfte des elektrischen Feldes auf die (frei beweglichen) Ladungen so lange einwirken und sie verschieben, bis keine Kräfte mehr vorhanden wären und damit die Feldstärke wieder den Wert null annehmen würde. Das Innere eines metallischen Leiters ist also stets feldfrei! Daran ändert sich auch nichts, wenn wir das Innere des Körpers entfernen – ein Ladungsausgleich findet dann eben entlang der Oberfläche statt. Schließlich muss die Oberfläche auch nicht massiv sein, ein Drahtgitter reicht – und schon haben wir einen *Faraday'schen Käfig* (nach Michael Faraday (1791–1867)) gebaut: eine geschlossene Abschirmung aus Metalldraht, in dessen Innerem es in keinem Fall gefährlich werden kann, weil dort kein elektrisches Feld herrscht! Ein Auto ist, sofern die Karosserie aus Metall besteht, in guter Näherung ein Faraday'scher Käfig, und damit stimmt die eingangs aufgestellte Behauptung tatsächlich: Ein Auto ist bei einem Gewitter ein sicherer Aufenthaltsort! Dagegen sollte man sich nach Möglichkeit nicht im Freien aufhalten, schon gar nicht unter Bäumen, da der Blitz gern in erhöhte Punkte einschlägt. Völliger Unsinn sind Verhaltensregeln wie „Weiden sollst du meiden, Buchen sollst du suchen". Es ist *immer* gefährlich, sich während eines Gewitters im Freien aufzuhalten!

Michael Faraday

Spannung und Stromstärke

Auf einem Glühlämpchen für eine Taschenlampe steht „3,8 V; 0,3 A". Was bedeutet das?

Glühlampe

Elektrische Spannung

Für elektrische Stromkreise spielen zwei grundlegende Größen eine wichtige Rolle: die *Spannung* und die *Stromstärke*. Es ist wichtig, beide Größen zu kennen und sie unterscheiden zu können. Wir beginnen mit der *elektrischen Spannung*.

Stellen Sie sich bitte vor, dass Sie eine positive Probeladung direkt an der negativ geladenen Platte eines Plattenkondensators platzieren. Nun verschieben Sie sie in Richtung auf die positiv geladene Platte. Dazu müssen Sie gegen das elektrische Feld Arbeit verrichten. Diese Arbeit können Sie wieder freisetzen, denn wenn Sie die Probeladung unterwegs loslassen, so wird sie vom elektrischen Feld in Richtung auf die negativ geladene Platte hin beschleunigt, erhält also kinetische Energie. Wir stellen uns vor, dass die von Ihnen verrichtete Arbeit als *potenzielle Energie im elektrischen Feld* gespeichert ist. Diese Energie können wir für jeden Ort berechnen. Sind die Platten z. B. 0,1 Meter voneinander entfernt und beträgt die Feldstärke 40 Newton pro Coulomb, so ergibt sich für die potenzielle Energie einer Probeladung der Größe 10^{-9} Coulomb in der Mitte zwischen den Platten (s = 0,05 *m*) folgender Wert:

$$W_{pot} = F \cdot s = E \cdot q \cdot s = 40 \frac{N}{C} \cdot 10^{-9}\, C \cdot 0,05\, m = 2 \cdot 10^{-9}\, J$$

Um von der Probeladung unabhängig zu werden, dividieren wir durch *q*. Dadurch erhalten wir eine Größe, die angibt, wie groß die *potenzielle Energie pro Ladung* im elektrischen Feld an dem jeweiligen Ort in Bezug auf den Ausgangsort ist. Diese Größe nennen wir das *Potenzial φ*. In der Mitte des Kondensators hat das Potenzial den Wert von zwei Joule pro Coulomb. Statt $\frac{J}{C}$ schreibt man V („Volt") zu Ehren des italienischen Physikers

Alessandro Guiseppe Volta

Alessandro Giuseppe Volta (1745–1827). Der Bezugsort für das Potenzial ist willkürlich, aber wir lassen ihn jetzt erst einmal bei der negativ geladenen Platte.

Um sich den Begriff des Potenzials zu veranschaulichen, stellen Sie sich bitte vor, dass Sie die Probeladung sind. Ersetzen Sie jetzt in Gedanken die Kraft des elektrischen Feldes durch die Schwerkraft. Dann bedeutet das Verschieben der Probeladung, dass Sie einen Berg hinaufwandern und dabei potenzielle Energie gewinnen. An jeder unterwegs von Ihnen erklommenen Höhe über dem Tal könnte ein Schild angebracht sein, auf dem die hier erreichte Energie *pro Masse* steht – das wäre dann das Potenzial.

Bergwanderer gewinnen potenzielle Energie.

Das Bild zeigt zur Veranschaulichung *Linien gleichen Potenzials*. Auf Landkarten finden Sie für unser Bergwanderungsbeispiel etwas Entsprechendes, nämlich *Höhenlinien* (die Höhe stimmt bis auf einen Faktor mit dem Potenzial überein).

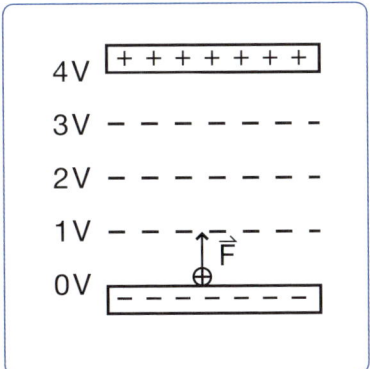

Äquipotenziallinien

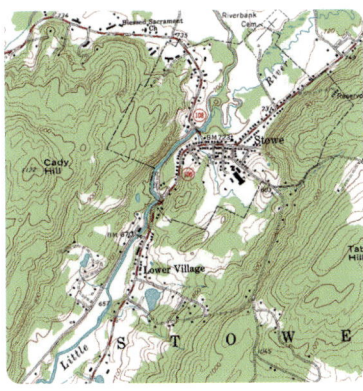

Karte mit Höhenlinien

Und was ist nun Spannung? Ganz einfach: *Die Differenz zweier Potenziale heißt Spannung.* Schauen Sie sich bitte das folgende Diagramm an. In dem Punkt P_1 herrscht das Potenzial von einem Volt, in P_2 das Potenzial von 3,5 Volt. Die Potenzialdifferenz und damit die *Spannung zwischen den beiden Punkten* beträgt 2,5 Volt. Im Bergwanderungsbeispiel wäre das der *Potenzialzuwachs*, den der Wanderer zwischen P_1 und P_2 erfährt.

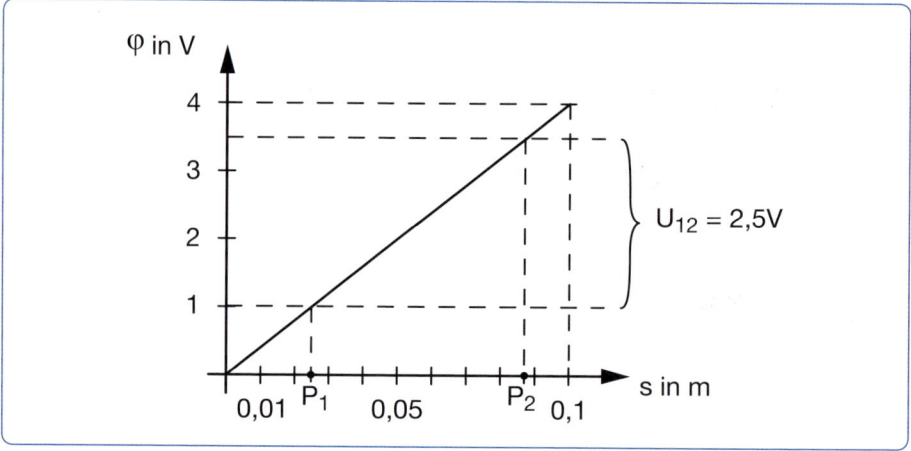

Potenzial und Spannung im Plattenkondensator

> Das *Potenzial* (φ) ist die potenzielle Energie pro Probeladung in einem bestimmten Punkt des elektrischen Feldes gegenüber einem festen Bezugspunkt.
> Mit der *Spannung* (U) zwischen zwei Punkten ist die Differenz der entsprechenden Potenziale gemeint.
> Potenziale und Spannungen werden in V (Volt) gemessen.

Zwischen den Polen einer Steckdose herrscht die Spannung von 230 Volt. Es handelt sich allerdings um *Wechselspannung* – dazu später mehr (→ S. 201 ff.). Bei einem Gewitter können Spannungen von 10.000.000 Volt auftreten.

Elektrische Stromkreise

Wir bauen nun einen *Stromkreis* auf, mit dem wir das Lämpchen zum Leuchten bringen. Als elektrische Energiequelle verwenden wir eine 4,5-Volt-Flachbatterie. Die Spannung dieser Batterie wird auf elektrochemischem Wege erzeugt, worauf wir hier nicht

eingehen können (Aber im Chemie-Band dieser Reihe ist dieser Vorgang sehr gut beschrieben). Die beiden Anschlüsse oben an der Batterie sind die *Pole*.
Nun bauen wir folgende Schaltung auf:

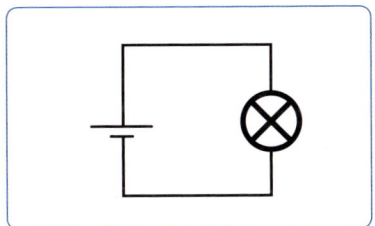

Stromkreis mit Lämpchen

Der Kreis mit dem Kreuz symbolisiert die Glühlampe. Um diese anzuschließen, verwenden wir entweder eine *Fassung* oder wir halten das Ende des einen Anschlussdrahtes an das Gewinde und das Ende des anderen Drahtes an das untere Ende des Sockels – das sind nämlich die beiden Anschlüsse einer Glühlampe. Und siehe da: Die Lampe leuchtet tatsächlich! Die in der Batterie gespeicherte potenzielle elektrische Energie wird in der Lampe in Form von Licht und Wärme nach und nach wieder frei.

Elektrische Stromstärke

Wir wissen, dass es in Metallen in Wirklichkeit die *Elektronen* sind, die für den Ladungstransport zuständig sind – sie fließen vom Minuspol der Energiequelle zum Pluspol. Das folgende Bild stellt dar, wie wir uns elektrischen Strom in einem Metalldraht vorstellen können. Die kleinen Kreise mit dem Minuszeichen sollen die Elektronen symbolisieren.

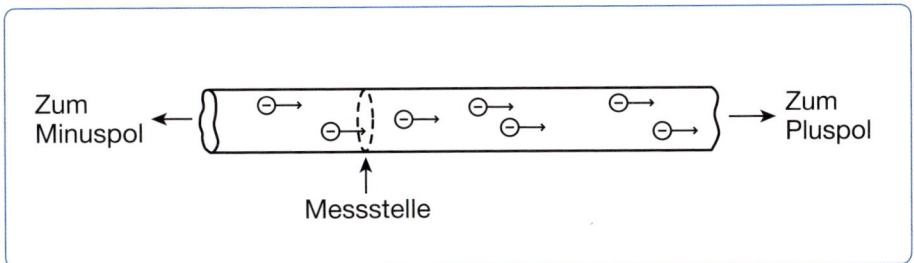

Ladungstransport in einem metallischen Leiter

Elektrizität 158

Vielbefahrene Straße – große Ladung

Wenn wir ein Maß für die Stärke des Stromes einführen wollen, müssen wir so vorgehen wie jemand, der an einer Straße die „Verkehrsstromstärke" misst: Er zählt, wie viele Autos pro Zeit an einer bestimmten Stelle vorbeikommen. In Analogie dazu messen wir, wie viel Ladung insgesamt in einer bestimmten Zeit die Messstelle passiert, und bilden den Quotienten aus der Ladung und der Zeit. (Die Ladung von Elektronen kann man experimentell bestimmen. Wie man das macht, werden wir noch besprechen; → S. 172 f.).

Die Einheit der Stromstärke ist das Ampere (A). Sie ist nach dem französischen Physiker und Mathematiker André-Marie Ampère (1775–1836) benannt.

André-Marie Ampère

> Elektrische Stromstärke (I) ist der Quotient aus Ladung Q und Zeit t:
> $$I = \frac{Q}{t}$$
> Die Einheit der Stromstärke ist das Ampere (A).

Da wir für die Einheit der Ladung kein Messverfahren angegeben haben, können wir die Einheit der Stromstärke nicht einfach aus derjenigen der Ladung ableiten. Wir gehen deshalb umgekehrt vor: Wir legen fest, was wir unter einem Ampere verstehen wollen. Daraus ergibt sich dann das Coulomb „automatisch".

Bei der Festlegung der Einheit der Stromstärke nutzen wir aus, dass zwei stromdurchflossene Leiter Kräfte aufeinander ausüben (mehr dazu in dem Abschnitt „Magnetfelder von Strömen"; → S. 185). Das Ampere ist als *Basisgröße* (wie die

Einheiten von Länge, Zeit und Masse) im internationalen Einheitensystem wie folgt festgelegt:

> Ein Ampere ist die Stärke eines zeitlich unveränderlichen elektrischen Stromes, der, durch zwei im Vakuum parallel im Abstand 1 *m* voneinander angeordneten, geradlinigen, unendlich langen Leitern von vernachlässigbar kleinem, kreisförmigem Querschnitt fließend, zwischen diesen Leitern pro *m* Leiterlänge die Kraft $2 \cdot 10^{-7}\,N$ hervorrufen würde.

Das klingt kompliziert, aber zur genauen Festlegung einer Einheit sind eben genaue Messvorschriften erforderlich. In Wirklichkeit gibt es natürlich keine unendlich langen Leiter. Man benutzt stattdessen Spulen und misst die Kräfte, die diese aufeinander ausüben.

In einer elektrischen Armbanduhr beträgt die Stromstärke etwa 0,001 Milliampere (ein *mA* ist ein tausendstel *A*), bei einem Blitz kann sie Werte bis 100.000 Ampere annehmen.

Elektrische Armbanduhr

Zur Messung sowohl der Stromstärke als auch der Spannung gibt es entsprechende Messgeräte. Sie heißen *Amperemeter* beziehungsweise *Voltmeter*. Ihre Funktionsweise beruht auf unterschiedlichen Wirkungen von Strom und Spannung. Als Beispiel lernen wir in einem der nächsten Abschnitte das *Drehspulmessgerät* kennen (→ S. 178 f.). In Schaltbildern werden Amperemeter durch einen Kreis, der ein „A" enthält, und Voltmeter durch einen Kreis, der ein „V" enthält, dargestellt.

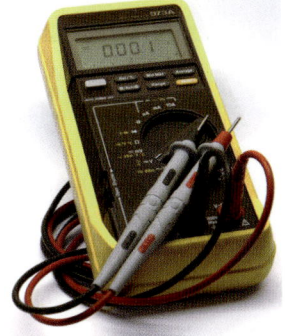

Amperemeter

Die Aufschrift auf dem Glühlämpchen vom Anfang dieses Abschnittes bedeutet, dass durch sie ein Strom der Stärke 0,3 Ampere fließt, wenn sie an die Spannung 3,8 Volt angeschlossen wird (und dass sie dann optimal leuchtet). Schließt man sie an höhere Spannungen an, so steigt die Stromstärke und es kann sein, dass die Lampe durchbrennt, also kaputtgeht. Die 4,5 Volt aus der Flachbatterie wird sie uns aber verzeihen.

Widerstand und das Ohm'sche Gesetz

Ein Rind berührt mit seinem Körper einen elektrisch geladenen Weidezaun und bekommt „einen gewischt", also einen elektrischen Stromschlag. Gleichzeitig setzt sich ein Vogel auf den Draht und erfreut sich offenbar besten Wohlergehens. Wieso eigentlich? Ist elektrischer Strom „wählerisch"? Und unter welchen Umständen ist der Stromschlag für das Rind lebensgefährlich und unter welchen nur unangenehm?

Besser nicht berühren!

Oder doch?

Elektrischer Widerstand

Um diese Fragen beantworten zu können, müssen wir uns um den Zusammenhang der beiden Begriffe *Spannung* und *Stromstärke* kümmern. Für die Gefährlichkeit eines elektrischen Stroms ist die Stromstärke maßgeblich: Fließen 70 Milliampere oder mehr durch den Körper, kann es zum Herzstillstand kommen. Aber damit überhaupt Strom fließt, muss es einen Stromkreislauf geben, also eine leitende Verbindung zwischen den beiden Polen der elektrischen Energiequelle. Der eine Pol des Weidezaungerätes ist mit dem Draht, der andere Pol mit der Erde verbunden. Berührt also das Rind den Draht, kann der Strom von dem einen Pol durch den Draht, durch das Rind und durch die Erde hindurch zurück zum anderen Pol fließen. Es liegt also ein geschlossener Stromkreis vor – mit unangenehmen Folgen für das Rind. Damit wissen wir auch schon, warum dem Vogel nichts passiert: Zwischen ihm und der Erde befindet sich „nur" Luft, und Luft leitet unter alltäglichen Bedingungen den Strom nicht. Ist der Stromkreis nicht geschlossen, fließt kein Strom und infolgedessen ist er auch für den Vogel nicht gefährlich. Würde das Rind im Takt der Impulse des Weidezaungerätes dauernd in die Luft springen, so würde auch ihm nichts geschehen.

Unter welchen Umständen können sich nun lebensgefährliche Stromstärken ergeben? Gehen wir zunächst einmal davon aus, dass die Spannung des Weidezaungerätes konstant gehalten und z. B. auf 42 Volt eingestellt wird. Zwischen den Polen des Gerätes befindliche Körper sind unterschiedlich gute elektrische Leiter. Ein Stück Eisendraht leitet sehr gut, das Rind weniger gut und die Luft überhaupt nicht. Verschiedene Stoffe setzen dem Strom also verschiedene Widerstände entgegen. Um die Eigenschaft „Widerstand" zu erfassen, legt man fest:

> Elektrischer Widerstand (R) ist der Quotient aus Spannung (U) und Stromstärke (I):
>
> $R = \dfrac{U}{I}$
>
> R wird in Ohm (Ω) gemessen: $1\,\Omega = 1\,\dfrac{V}{A}$

Georg Simon Ohm

Die Einheit Ohm geht auf den deutschen Physiker Georg Simon Ohm (1789–1854) zurück.

Diese Festlegung gibt sehr gut die Bedeutung wieder, die man von ihr erwartet: Ist bei gegebener Spannung die Stromstärke groß, so ist der Widerstand klein, weil man durch eine große Zahl dividiert. Andererseits ergibt sich bei kleiner Stromstärke ein großer Widerstand – genau wie gewünscht.

Nehmen wir nun an, dass das Rind dem Strom bei der gegebenen Spannung einen Widerstand von 600 Ohm entgegensetzt. Dann kann man, da man den Wert der Span-

Elektrizität

nung ja kennt, durch Umstellung der Widerstandsformel die zugehörige Stromstärke ausrechnen:

$$I = \frac{U}{R} = \frac{42\ V}{600\ \Omega} = 0{,}07\ A = 70\ mA$$

Diese Stromstärke könnte also, falls die Herzen von Menschen und Rindern ungefähr gleich empfindlich sind, tödlich sein. Bei Regenwetter würde sich die Situation sogar noch verschlimmern: Wasser leitet den Strom recht gut und der Widerstand des Rindes würde kleiner werden, die Stromstärke also größer!

Aus der oben stehenden Formel kann man auch ablesen, dass eine Erhöhung der Spannung auf jeden Fall die Gefahr vergrößert. Fasst man den Spannung führenden Pol einer Steckdose an ($U = 230\ V$), so kann die Stromstärke leicht lebensgefährlich groß werden, besonders dann, wenn man selbst einen geringen Widerstand hat (z. B. in feuchten Räumen).

Wenn man also wissen will, ob es gefährlich ist, einen bestimmten elektrischen Leiter anzufassen, so lautet die Antwort: „Es kommt darauf an!" Und zwar auf zwei Dinge: erstens auf den Widerstand, der stark von verschiedenen Bedingungen wie z. B. der Feuchtigkeit abhängt, und zweitens auf die angelegte Spannung. Da man diese Faktoren meistens nicht zuverlässig einschätzen kann, lautet die Grundregel: „Nicht anfassen!"

Das Ohm'sche Gesetz

Der Widerstand der meisten Gegenstände ist nicht konstant. So nimmt z. B. der Widerstand einer Glühlampe mit der Temperatur zu. Erhöht man die anliegende Spannung, so wird die Stromstärke und damit die Temperatur größer und der Widerstand steigt. Es gibt jedoch auch Stoffe, deren Wider-

Festwiderstände

stand von der Temperatur unabhängig ist. Dies trifft beispielsweise auf Legierungen wie *Konstantan* zu. Die abgebildeten Festwiderstände, die in elektronischen Schaltungen verwendet werden, haben bei nicht zu großen Stromstärken näherungsweise einen konstanten Widerstand. Auf diesen Bauteilen befinden sich farbige Ringe, mit denen ihr Widerstand codiert ist. In Schaltungen werden solche Widerstände als Rechtecke symbolisiert.

Ist R konstant, so kann man die Definitionsgleichung für den Widerstand auch als Proportionalität zwischen Spannung und Stromstärke lesen: $U = R \cdot I$. Dies ist der Inhalt des *Ohm'schen Gesetzes*.

> Ist der Widerstand R eines elektrischen Bauteils konstant, also unabhängig von der angelegten Spannung (siehe oben), so hängen Spannung U und Stromstärke I wie folgt zusammen:
>
> $U = R \cdot I$ (Ohm'sches Gesetz)

Elektrische Energie und Leistung

Schließt man eine Lampe an eine Batterie an, so entlädt sich die Batterie allmählich. Die ursprünglich dort gespeicherte Energie ist aber nicht einfach verschwunden, sondern wurde in der Lampe in Licht- und Wärmeenergie umgewandelt.

Wir betrachten jetzt eine elektrische Energiequelle, die die Spannung U liefert und die Ladung Q durch einen Widerstand fließen lässt. Die von der Batterie dazu aufgewendete Energie ist $W = U \cdot Q$. Das ergibt sich aus der Umformung der Definitionsgleichung für die Spannung („Spannung ist Energie pro Ladung"). Wird diese Energie in der Zeit t umgesetzt, so gilt für die erbrachte *Leistung*:

$$P = \frac{W}{t} = \frac{U \cdot Q}{t} = U \cdot \frac{Q}{t} = U \cdot I, \text{ denn es ist ja } I = \frac{Q}{t}.$$

Die Leistung ist also gleich dem Produkt aus Spannung und Stromstärke.

Falls für den Widerstand das Ohm'sche Gesetz gilt, können wir für U auch $R \cdot I$ einsetzen. Es ergibt sich dann: $P = R \cdot I^2$

> Elektrische Leistung P ist das Produkt aus Spannung U und Stromstärke I:
>
> $P = U \cdot I$
>
> Für einen Ohm'schen Widerstand R gilt: $P = R \cdot I^2$

Die Angabe „11 W" auf einer Energiesparlampe bedeutet, dass in der Lampe in jeder Sekunde die Energiemenge von elf Joule in andere Energieformen umgewandelt wird, und zwar in Licht und Wärme. Da eine solche Energiesparlampe genauso hell leuchtet wie eine herkömmliche 60-Watt-Glühlampe, trägt sie ihren Namen zu Recht!

Energiesparlampe

Elektrische Netzwerke

Ein Elektroniker kann Schaltungen *dimensionieren*. Das bedeutet, dass er ausrechnen kann, welche elektrischen Werte seine Bauteile haben müssen, damit die Schaltung funktioniert. Als einfaches Beispiel betrachten wir das folgende *Netzwerk* aus Ohm'schen Widerständen. Die Energiequelle liefert die Spannung von zehn Volt. Sie darf höchstens mit 100 Milliampere „belastet" werden, das heißt, größer darf die Stromstärke nicht sein. Ist das gewährleistet?

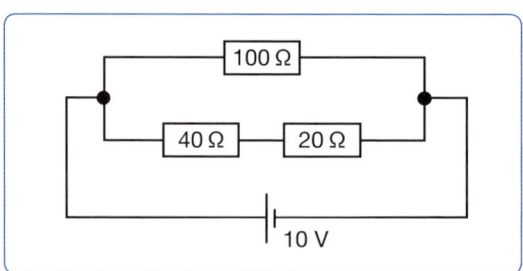

Widerstandsnetzwerk

Zur Lösung des Problems wenden wir folgende Strategie an: Wir ersetzen in zwei Schritten jeweils zwei Widerstände durch einen *Ersatzwiderstand,* der dasselbe bewirkt. Danach besteht das „Netzwerk" nur noch aus einem Widerstand, und wir können die Stromstärke mit dem Ohm'schen Gesetz ausrechnen.

Der Widerstand einer Reihenschaltung

Das folgende Schaltbild stellt ausschnittsweise nur den unteren Zweig unserer Schaltung dar. Die beiden Widerstände sind *hintereinander* oder *in Reihe* geschaltet. Wir bezeichnen sie mit R_1 und R_2, um allgemeine Zusammenhänge formulieren zu können. Außerdem sind Messgeräte eingetragen, mit denen man die beteiligten Spannungen und Ströme messen kann. Amperemeter werden immer in die Leitung eingebaut, sodass der Strom durch sie hindurchfließen muss, Voltmeter werden *parallel* zu dem betreffenden Bauelement geschaltet.

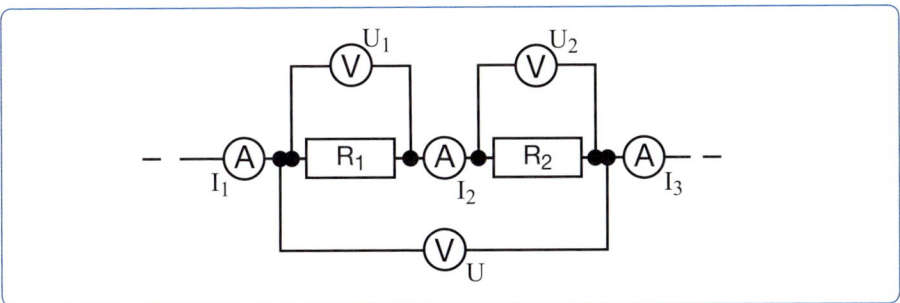

Reihenschaltung

Experimente zeigen nun erstens, dass alle drei Stromstärken gleich sind. Das ist logisch, denn kein Elektron kann ja unterwegs „abbiegen". Statt mit I_1, I_2 und I_3 bezeichnen wir die Stromstärke deshalb einfach mit I.

Zweitens zeigt die Messung, dass U_1 und U_2 *zusammen* U ergeben. Auch das ist plausibel, denn die gesamte Energie pro Ladung muss ja beim Durchgang der Ladung durch die Widerstände schrittweise freigesetzt werden. Es gilt also: $U = U_1 + U_2$

Division durch I ergibt: $\dfrac{U}{I} = \dfrac{U_1}{I} + \dfrac{U_2}{I}$

Elektrizität

Die Summanden auf der rechten Seite sind gerade R_1 und R_2. Der Term auf der linken Seite stellt den *Gesamtwiderstand R* dar, also den Wert desjenigen Ersatzwiderstandes, der elektrisch dieselbe Wirkung hat wie die beiden Einzelwiderstände zusammen. Das Resultat ist also: In einer Reihenschaltung werden die Widerstände addiert, wir können den 40-Ohm- und den 20-Ohm-Widerstand durch einen einzigen 60-Ohm-Widerstand ersetzen.

> Der Gesamtwiderstand R einer Reihenschaltung zweier Widerstände R_1 und R_2 ist gleich ihrer Summe: $R = R_1 + R_2$

Der Widerstand einer Parallelschaltung

Nun bleibt eine *Parallelschaltung* zweier Widerstände übrig:

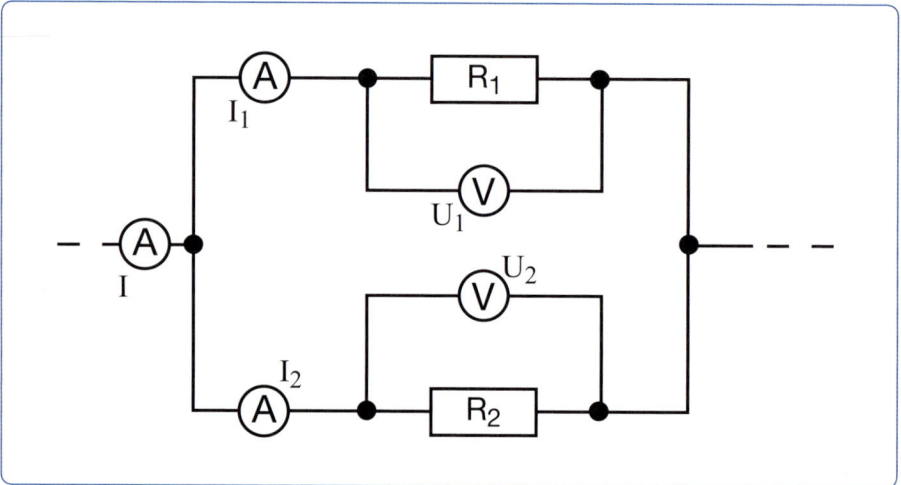

Parallelschaltung

Das Experiment zeigt hier erstens, dass gilt: $I = I_1 + I_2$. Dies ist logisch, denn die Elektronen teilen sich ja auf zwei Zweige auf. Zweitens ergibt sich, dass alle Spannungen gleich sind: $U = U_1 = U_2$. Auch das ist aus energetischen Gründen nachvollziehbar: Es kann nicht sein, dass die Ladungen auf dem einen Weg mehr Energie verlieren als auf dem anderen. Wenn man nun die Gleichung für die Stromstärken durch U dividiert, ergibt sich analog zu oben:

$$\frac{I}{U} = \frac{I_1}{U} + \frac{I_2}{U}$$

In dieser Gleichung treten die Kehrwerte der Widerstände auf (es ist z. B. $\frac{I}{U} = \frac{1}{R}$). Diese Kehrwerte werden also addiert.

> In einer Parallelschaltung zweier Widerstände R_1 und R_2 gilt für den Gesamtwiderstand R:
> $$\frac{1}{R} = \frac{1}{R_1} + \frac{1}{R_2}$$

Den Gesamtwiderstand unserer Schaltung können wir jetzt mithilfe der Bruchrechnung oder auch mit einem Taschenrechner wie folgt ausrechnen:

$$\frac{1}{R} = \frac{1}{100\,\Omega} + \frac{1}{60\,\Omega} = \frac{6}{600} \cdot \frac{1}{\Omega} + \frac{10}{600} \cdot \frac{1}{\Omega} = \frac{16}{600} \cdot \frac{1}{\Omega}$$

Also ergibt sich für R selbst:

$$R = \frac{600}{16}\,\Omega = 37{,}5\,\Omega$$

Der Widerstand einer Parallelschaltung ist also *kleiner* als der der beteiligten Einzelwiderstände. Das ist plausibel: Stellen Sie sich statt der Ladungen eine Kundenschlange vor der Kasse eines Supermarktes vor. Wird eine weitere Kasse geöffnet, steigt die Abfertigungsrate, also der „Strom", und der „Widerstand" wird kleiner.

Für die Stromstärke in unserer Schaltung folgt nun:

$$I = \frac{U}{R} = \frac{10\,V}{37{,}5\,\Omega} \approx 0{,}27\,A = 270\,mA \text{ (gerundet)}$$

Die Stromstärke ist also zu groß, es muss eine belastbarere Energiequelle eingebaut werden.

Elektrizität

Kondensatoren

Wie funktioniert das Blitzlicht einer Kamera?

Kapazität

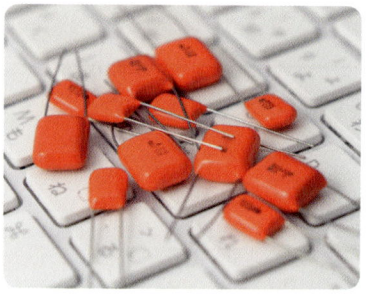

Keramische Kondensatoren

Kernstück der Schaltung zur Erzeugung von Blitzlicht ist ein *Kondensator*. Wir kennen ihn schon als Plattenkondensator, aber es gibt ihn in vielen verschiedenen Bauformen, z. B. als *Elektrolyt-* oder als *Keramikkondensator*. Allen Kondensatoren ist jedoch gemein, dass sie zwei Konduktoren beinhalten, die einen geringen Abstand voneinander haben, sich jedoch nicht leitend berühren.

Kondensatoren können, wie schon erwähnt, Ladung speichern. Experimente ergeben, dass die gespeicherte Ladung proportional zur angelegten Spannung ist. Der Proportionalitätsfaktor ist ein Maß dafür, wie viel Ladung pro Spannung der Kondensator speichern kann. Er wird mit C bezeichnet und heißt *Kapazität*. Die Einheit der Kapazität ist das *Farad* (nach dem schon erwähnten Physiker Faraday). Man kann zeigen, dass in einem Kondensator, über dem die Spannung U herrscht, die Energie $W_{pot} = \frac{1}{2} \cdot C \cdot U^2$ gespeichert ist.

> Die Ladung Q eines Kondensators ist proportional zur Spannung über dem Kondensator U: $Q = C \cdot U$
>
> C heißt Kapazität. Kapazität wird in F (Farad) gemessen: $1\,F = 1\,\frac{C}{V}$
>
> Für die im Kondensator gespeicherte potenzielle Energie gilt: $W_{pot} = \frac{1}{2} \cdot C \cdot U^2$

Das Farad ist eine sehr große Einheit. Ein Elektrolytkondensator hat typischerweise eine Kapazität von $100\,\mu F$ (100 „Mikrofarad", „mikro" bedeutet „Millionstel").

Auf- und Entladung eines Kondensators

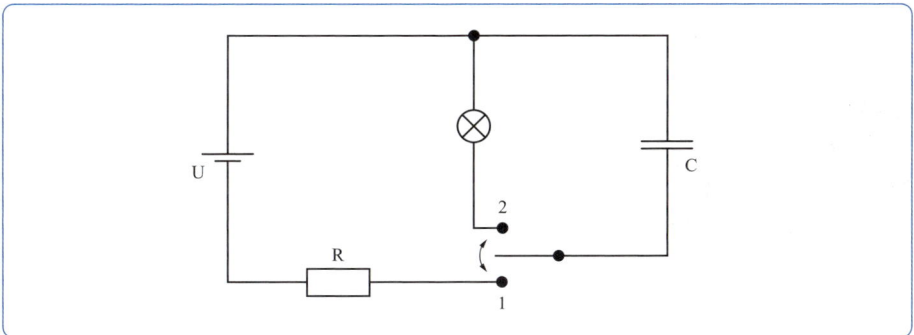

Auf- und Entladung eines Kondensators

Das Bild zeigt eine Auf- und Entladeschaltung für ein Blitzlicht. Der Kondensator wird durch zwei parallele Strecken symbolisiert. Befindet sich der *Schalter* in Position 1, so wird der Kondensator aufgeladen. Unter dem Einfluss des elektrischen Feldes fließen Elektronen vom Minuspol der Energiequelle zu der entsprechenden Platte des Kondensators und Elektronen von der anderen Platte des Kondensators zum Pluspol der Energiequelle. Es fließt also Strom, obwohl der Kondensator eine Unterbrechung des Stromkreises darstellt! Der Widerstand R begrenzt die Stromstärke. Irgendwann ist die Spannung über den Kondensatorplatten genauso groß wie die Spannung der Energiequelle. Dann fließt kein Strom mehr, der Kondensator ist aufgeladen.

Nun wird der Schalter nach Position 2 umgelegt und der Kondensator entlädt sich über die Blitzlichtlampe. In diesem Stromkreis ist der Widerstand sehr gering, es wird daher in sehr kurzer Zeit sehr viel Energie umgesetzt – genau wie es für das Blitzlicht erforderlich ist. Für einen kleinen Moment wird die Umgebung hell beleuchtet und ein Foto kann entstehen.

Gleich blitzt's!

Es dauert einen Augenblick, bis der Blitz wieder einsatzbereit ist, denn der Kondensator muss erst wieder aufgeladen werden. Die Aufladezeit ist umso größer, je größer R ist.

Kondensatoren werden (außer in Blitzlichtschaltungen) überall dort eingesetzt, wo Vorgänge eine gewisse Zeit dauern sollen, also z. B. für das Blinklicht eines Autos. Außerdem verwendet man sie in *DRAM-Chips* zur Speicherung von Daten im Computer: Ein geladener Kondensator repräsentiert eine „1", ein ungeladener eine „0".

Blinklicht dank Kondensator

Freie Elektronen

Im ersten Abschnitt dieses Kapitels wurde behauptet, dass in Metallen nur die negativ geladenen Ladungsträger, eben die Elektronen, frei beweglich sind (→ S. 146 ff.). Woher weiß man das?

Glühelektrischer Effekt

Wenn man Wasser erhitzt, bildet sich über der Oberfläche Wasserdampf. Offenbar erhalten einige Wasserteilchen genügend kinetische Energie, um sich aus dem Wasser lösen zu können. Vielleicht ist es ja in Metallen ähnlich? Dann könnte man den beweglichen Teilchen in ihrem Innern durch Erhitzen Energie zuführen und sie dadurch aus dem Metall befreien! Anschließend müssten sie sich wohl oder übel „outen" und man wüsste, „wer" sie sind.

Wasserdampf: Teilchen mit viel Energie

Genau diese Idee verfolgen wir jetzt beim *glühelektrischen Effekt*. In einer evakuierten Glasröhre befindet sich eine Drahtwendel, durch die man Strom fließen lassen kann. Dadurch erhitzt sie sich und glüht. Auf der anderen Seite der Röhre ist eine plattenförmige *Elektrode* eingelassen. Die Wendel selbst dient als weitere Elektrode. Zwischen den beiden Elektroden kann eine Spannung angelegt werden. Es gibt in diesem Aufbau also zwei Stromkreise: einen, der die Wendel zum Glühen bringt, und einen, der für

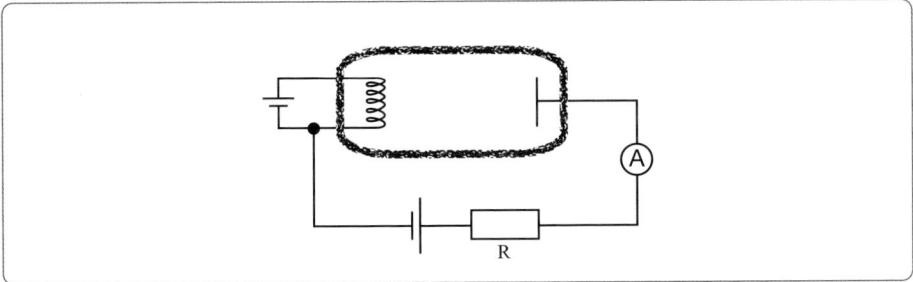

Diode

Strom zwischen den Elektroden sorgt, falls es dort Ladungsträger gibt. Eine solche Röhre nennt man (der *beiden* Elektroden wegen) eine *Diode*. Der Widerstand R begrenzt die auftretenden Ströme – bei zu großen Stromstärken geht die Diode kaputt.

Solange die Wendel nicht erhitzt wird, fließt kein Strom – es sind in der Röhre keine Ladungsträger vorhanden. Wird die Wendel eingeschaltet, so fließt Strom *nur dann,* wenn die die Elektroden versorgende Energiequelle so gepolt ist wie in der Abbildung. Vertauscht man die Pole, so fließt wieder kein Strom. Aus diesem Versuch kann man Folgendes schließen:

1. Die Ladungsträger in der Diode stammen aus der Wendel, also aus dem Metall.
2. Sie tragen negative Ladung.

Dies ist also der experimentelle Beweis dafür, dass die beweglichen Ladungsträger in Metallen – die Elektronen – negativ geladen sind.

Braun'sche Röhre

Die zwischen den Elektroden angelegte Spannung beschleunigt die Elektronen. Diejenige Elektrode, die mit dem Pluspol der beschleunigenden Energiequelle verbunden ist, heißt *Anode*. In einer *Braun'schen Röhre* (nach dem deutschen Physiker Karl Ferdinand Braun (1850–1918)) ist die Anode ringförmig und es befindet sich

Karl Ferdinand Braun

Elektrizität

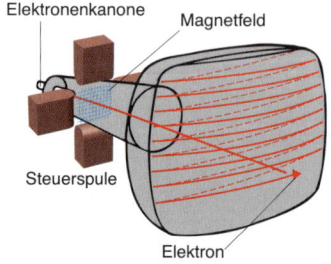

Röhrenfernseher

dahinter ein mit einer Leuchtschicht versehener Schirm. Die beschleunigten Elektronen fliegen aufgrund ihrer Trägheit durch die Öffnung der Anode hindurch und gelangen auf den Leuchtschirm. Dort verursachen sie einen leuchtenden Punkt. Den Ort dieses Punktes kann man z. B. durch einen in der Röhre angebrachten Plattenkondensator beeinflussen, der den Elektronenstrahl nach oben oder unten ablenkt. Installiert man einen weiteren Kondensator, der die Ablenkung nach rechts oder links übernimmt, so hat man fast schon einen *Oszillografen* gebaut, mit dem man z. B. Schwingungen sichtbar machen kann. Bis vor wenigen Jahren (bevor es LCD- und Plasmageräte gab) enthielten auch alle Fernseher und Computermonitore Braun'sche Röhren, allerdings wurde der Strahl hier auf magnetischem Wege abgelenkt.

Alter Computermonitor

Der Millikan-Versuch

Es besteht nun kein Zweifel mehr daran, dass die Ladungsträger in Metallen – die Elektronen – negativ geladen sind. Es wäre aber ohne Weiteres möglich, dass jedes Elektron seine „individuelle" Ladung trägt. Genauso wie es Menschen unterschiedlicher Masse gibt, könnten ja auch Elektronen unterschiedliche Ladung haben. Dass das nicht so ist, hat der amerikanische Physiker Robert Andrews Millikan (1868–1953) experimentell nachgewiesen. Er betrachtete unter dem Mikroskop geladene Öltröpfchen, die in einem Plattenkondensator schwebten. Durch eine Analyse der wirkenden Kräfte gelang es ihm, die Ladung der Tröpfchen zu messen. Dabei stellte er fest, dass nur ganzzahlige Vielfache einer bestimmten *Elementarladung* existierten: Die Elementarladung selbst kam vor, auch z. B. das Fünffache oder das Zehnfache der Elementarladung, aber niemals das Dreieinhalbfache. Ladung kann sich also nur sprunghaft (man sagt: in Quanten) ändern, und die minimale Sprungweite ist gerade die Elementarladung. Unter Hinzunahme

Robert Andrews Millikan

von Erkenntnissen aus der Atomphysik, auf die wir eingehen werden, ergab sich die folgende Deutung: Die Ladung der Öltröpfchen wird durch einen Unter- oder Überschuss an Elektronen verursacht, und die Elektronen tragen offenbar – warum auch immer – alle dieselbe Ladung, eben die Elementarladung.

> Alle Ladungen sind ganzzahlige Vielfache der *Elementarladung* $e = 1{,}602 \cdot 10^{-19}$ C. Ladung ist eine *gequantelte* Größe.

Magnetische Felder

Elektromotoren sind der Kern vieler Geräte und Maschinen, die wir täglich benutzen. Wir finden sie in Haartrocknern, Staubsaugern, Mixern und Ventilatoren, sie starten das Auto, sorgen dafür, dass sich die Scheibenwischer in Bewegung setzen, und sie ziehen – in E-Loks eingebaut – schwere Züge. Dabei bestehen sie in ihrer einfachsten Form nur aus drei Teilen: einem *Magneten* (das kann auch ein *Elektromagnet* sein – dazu kommen wir später; → S. 185 f.), einer drehbaren *Spule* und (im Falle des Gleichstrommotors) einem sogenannten *Kommutator*, einem Stromwender. Eine Spule wiederum erhält man, wenn man isolierten Leitungsdraht aufwickelt. Das folgende Bild zeigt einen funktionsfähigen Gleichstrommotor. Der feste Teil des Motors (in diesem Fall der Magnet) heißt *Stator*, den beweglichen Teil (hier Spule und Kommutator) nennt man *Rotor*.

Lassen wir elektrischen Strom durch die Spule fließen, so dreht sie sich. Warum tut sie das? Diese Frage beantworten wir, indem wir uns in den folgenden Abschnitten nacheinander die Motorbestandteile genauer anschauen.

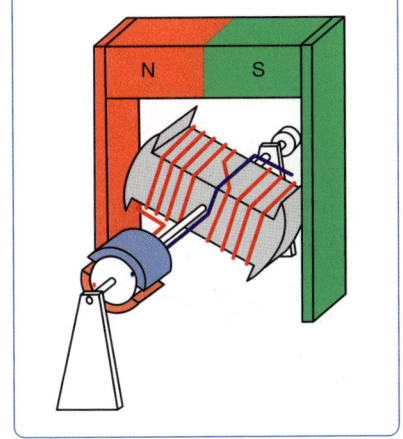

Gleichstrommotor

Elektrizität 174

Magnete

Woran können Sie erkennen, ob ein Ihnen vorgelegter Körper ein Magnet ist oder nicht? Ganz klar: Wenn er ein Magnet ist, übt er eine *Kraft* auf einen Eisennagel, eine Büroklammer und auch auf einen anderen Magneten aus. Betrachten wir zunächst die Kraftwirkungen zwischen zwei Magneten. Mit Spielzeugmagneten oder mit Scheibenmagneten von der Hafttafel können Sie sich davon überzeugen, dass man die

Scheibenmagnet an einer Hafttafel

Magnete so zueinander drehen kann, dass sie sich gegenseitig abstoßen, oder auch so, dass sie anziehende Wirkung aufeinander ausüben. Sie haben also verschiedenartige *Pole*. Um nicht mit elektrischen Polen in Konflikt zu geraten (diese haben mit den magnetischen Polen nichts zu tun!), kennzeichnet man die Pole auf eine besondere Weise: Man sagt, dass jeder Magnet einen *Nord-* und einen *Südpol* hat. Diejenige Seite des Magneten, auf der sich der Nordpol befindet, ist oft rot gefärbt, die andere Seite grün. Das kann man sich gut merken, denn im Wort „Nord" gibt es das „o" von „rot", in „Süd" das „ü" von „grün". Experimentell kann man leicht bestätigen, dass ungleichnamige Pole (also ein Nord- und ein Südpol) sich anziehen und gleichnamige Pole sich abstoßen.

Magnetische Pole kann man nicht voneinander trennen: Sägt man einen Magneten durch, so entstehen zwei Magnete, die beide wieder jeweils einen Nord- und einen Südpol haben. Dies kann man sich modellhaft erklären, indem man annimmt, dass ein Magnet aus winzigen Bereichen besteht, die wie *Elementarmagnete* wirken. Im Innern heben sich die Wirkungen dieser Elementarmagnete auf. Zersägt man den Magneten jedoch, entstehen an den Schnittflächen neue Pole.

Magnet mit Büroklammern

Ein Eisennagel wird von beiden Polen eines Magneten angezogen. Auch dies können wir mit den Elementarmagneten deuten: Wir nehmen an, dass sich auch in dem Nagel Elementarmagnete befinden, dass diese jedoch ungeordnet sind, sodass der Nagel nach außen unmagnetisch wirkt. Unter dem Einfluss des Magneten werden die Elementarmagnete in eine Richtung gedreht, sodass der Nagel zum Magneten wird und dadurch anziehende Kräfte erfährt. Entfernt man den äußeren Magneten, gerät die Ordnung der Elementarmagnete wieder durcheinander und der Nagel wird unmagnetisch.

Magnetfelder

Die von einem Magneten ausgehenden Kraftwirkungen schreibt man einem *magnetischen Feld* zu. Analog zu den Probeladungen bei den elektrischen Feldern verwendet man als „Probemagnete" in magnetischen Feldern kleine, drehbare Kompassnadeln. Die Kraft, die eine Kompassnadel erfährt, wenn sie von dem Feld in eine bestimmte Richtung gedreht wird, ist ein Maß für die Stärke des Feldes.

Magnetfelder werden durch *Feldlinien* veranschaulicht. Der *Nordpol* einer Kompassnadel zeigt die *Richtung* der Feldlinien an dem betreffenden Ort an, und je *dichter* die Feldlinien liegen, desto *stärker* ist das Magnetfeld in dem betrachteten Bereich. Das folgende Bild zeigt die Feldlinien eines Stab- und eines Hufeisenmagneten. Das Feld im „Innenbereich" eines Hufeisenmagneten ist homogen.

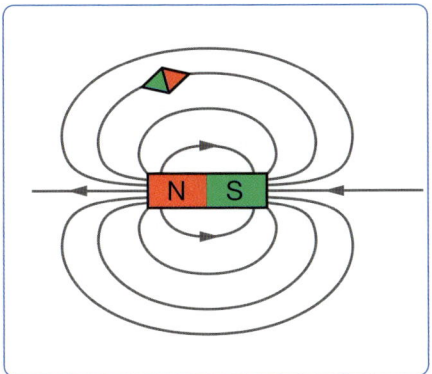 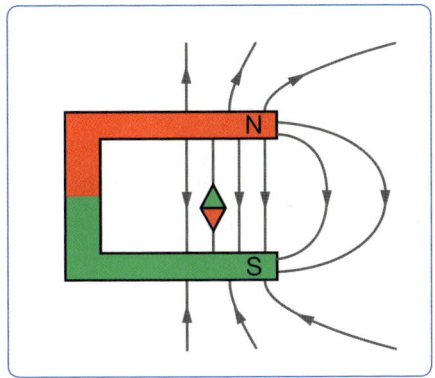

Feldlinienbilder

Elektrizität

Ein Kompass, der die Richtung weist, …

… wird heute kaum mehr verwendet.

Aus Gründen, die noch nicht ganz aufgeklärt sind, ist unsere Erde selbst ein großer Magnet. Da eine Kompassnadel nach Norden zeigt, liegt der magnetische Südpol der Erde beim geografischen Nordpol. Der magnetische Kompass war in früheren Zeiten, als es noch keine satellitengestützte Navigation gab, ein unerlässliches Hilfsmittel zur Orientierung.

Lorentzkraft

Die Spule des Elektromotors (→ S. 173 f.) dreht sich, wenn Strom durch sie fließt. Das bedeutet, dass ein Strom führender Leiter aus irgendeinem Grunde in einem Magnetfeld eine Kraft erfährt. Diese Kraft untersuchen wir jetzt genauer.

Magnetische Feldstärke

Ein rechteckiger Metallbügel wird in ein homogenes Magnetfeld gehängt. Fließt Strom durch den Bügel, so erfahren die einzelnen Leiterstücke Kräfte, die so gerichtet sind, wie die Abbildung es zeigt. Die Kräfte auf die lotrechten Leiterstücke kompensieren sich gegenseitig, wir müssen sie also nicht beachten. Die Kraft auf das untere Leiterstück zieht den Bügel nach unten. Durch Versuche stellt

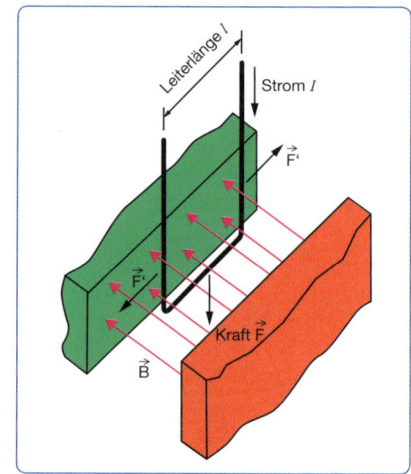

Kräfte auf einen stromdurchflossenen Leiter

man nun fest, dass die Kraft auf den Bügel für einen gegebenen Magneten proportional zur Stromstärke (*I*) und zur Länge des Leiterstückes (*l*) ist und von weiteren Dingen nicht abhängt. Teilt man also durch *I* und durch *l*, so erhält man eine Größe, die von der Stromstärke und der Leiterlänge unabhängig und deshalb geeignet ist, die Stärke des Magnetfeldes zu beschreiben. Diese neue Größe wird mit *B* bezeichnet und international *magnetische Feldstärke* genannt. Aus historischen Gründen heißt *B* auch *magnetische Flussdichte;* dies ist in Deutschland auch immer noch die amtliche Bezeichnung. Die Einheit der magnetischen Feldstärke ist *T*, das Tesla (nach dem serbischstämmigen Physiker Nicola Tesla (1856–1943)).

Nikola Tesla

> Die *magnetische Feldstärke B* eines Magnetfeldes, in dem ein senkrecht zu den Magnetfeldlinien gerichteter Leiter der Länge *l*, der von einem Strom der Stärke *I* durchflossen wird, die Kraft *F* erfährt, ist wie folgt festgelegt:
>
> $$B = \frac{F}{I \cdot l}$$
>
> Die Einheit der magnetischen Feldstärke ist das *Tesla* (*T*).
>
> Es ist: $1\,T = \frac{N}{A \cdot m}$

B kann man bequem mit einer sogenannten *Hallsonde* (nach dem amerikanischen Physiker Edwin Hall (1855–1938)) messen.

Die magnetische Feldstärke lässt sich als *Vektor* ($\vec{B}$) auffassen, wenn wir ihr als *Richtung* die Richtung der magnetischen Feldlinien zuordnen. Im Feld eines Magneten ist $\vec{B}$ also immer vom Nord- zum Südpol gerichtet.

Sind *B*, *I* und *l* bekannt, so kann man die Gleichung nach *F* umstellen und den *Betrag* der wirkenden Kraft berechnen: $F = B \cdot I \cdot l$. Die *Richtung* dieser Kraft lässt sich mit der *Dreifingerregel der rechten Hand* vorhersagen: Halten Sie Daumen, Zeigefinger und Mittelfinger der rechten Hand so, dass jeweils zwei Finger senkrecht zueinander sind

("Pistolenhaltung"). Positionieren Sie die Hand dann so, dass der Daumen die Richtung des Stromes und der Zeigefinger die Richtung des Magnetfeldes anzeigt, wobei mit „Richtung des Stromes" die konventionelle Stromrichtung von plus nach minus gemeint ist, die für positive Ladungsträger gelten würde. Dass für den Strom in Wirklichkeit die entgegengesetzt fließenden Elektronen verantwortlich sind, tut nichts zur Sache. Der Mittelfinger zeigt dann die Richtung der Kraft an – probieren Sie es am Leiterbügelbild aus!

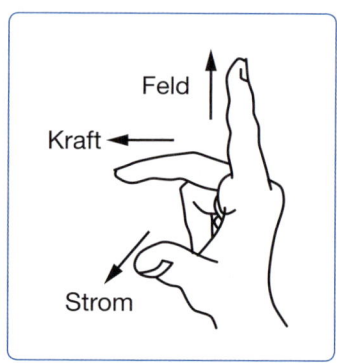

Dreifingerregel

Mathematisch lässt sich die Richtung der Kraft mit dem sogenannten Vektorprodukt beschreiben, auf das wir hier aber nicht eingehen.

Warum ein stromdurchflossener Leiter in einem Magnetfeld eine Kraft erfährt, weiß man nicht. Wir nehmen einfach zur Kenntnis, dass es so ist.

Das Drehspulmessgerät

Ein Motor soll sich drehen. Es liegt daher nahe, in dem Magnetfeld eine Spule anzubringen, die rotieren kann. Bevor wir einen Motor entwerfen, betrachten wir als Zwischenstation den folgenden Versuchsaufbau:

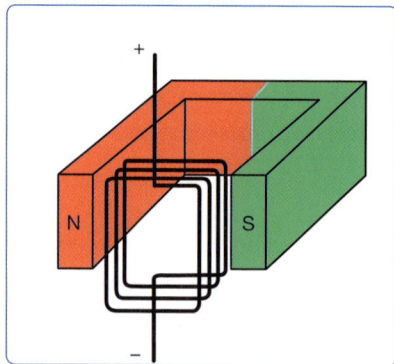

Eine „Drehspule" ist zwischen den Polen eines Magneten an einem Faden aufgehängt, den man *verdrillen* kann. Lässt man Strom in der gezeichneten Richtung durch die Spule fließen, so erfahren die rechts befindlichen Leiterstücke eine Kraft nach vorne und die links befindlichen eine Kraft nach hinten (probieren Sie es mit der Dreifingerregel aus!), also dreht

Drehspule im Magnetfeld

sich die Spule. Dabei wird jedoch der Aufhängungsfaden zunehmend verdrillt und übt eine rücktreibende Kraft auf die Spule aus. Bei einem bestimmten Drehwinkel sind beide Kräfte gleich groß. Dort bleibt die Spule „stehen". Die Größe dieses Drehwinkels hängt von der auslenkenden Kraft und diese wiederum von der Stromstärke ab. Bringt man also an der Spule einen Zeiger an, der sich vor einer Skala bewegt, so hat man ein *Amperemeter* gebaut!

Drehspulamperemeter

Schaltet man das Drehspulmessgerät mit einem Ohm'schen Widerstand in Reihe, so kann man es wegen des Zusammenhangs $U = R \cdot I$ auch als Voltmeter benutzen. Der Widerstand muss groß sein, damit vernachlässigbar wenig Strom durch das Voltmeter fließt, denn sonst würde das Messergebnis verfälscht werden.

Der Gleichstrom-Elektromotor

Nun ersetzen wir den Faden durch eine frei gelagerte Achse. Es tritt dann keine rücktreibende Kraft mehr auf. Trotzdem dreht sich die Spule nur maximal um 90 Grad, weil die Kräfte auf die Leiterstücke ja immer in dieselbe Richtung zeigen. Wenn die Bewegung weitergehen soll, muss man die Richtung der Kräfte im passenden Moment ändern, und genau das tut der *Kommutator* (→ Abbildung S. 173). Er besteht aus zwei Halbringen, die mit der Achse mitdrehen und die Stromversorgung der Spule über Schleifkontakte (sogenannte Bürsten) herstellen. Genau im richtigen Augenblick wird die Strom- und damit die Kraftrichtung umgekehrt und die Spule dreht weiter. Hierbei gibt es einen Totpunkt, in dem kein Strom fließt. Diesen Totpunkt überwindet die Spule aufgrund ihrer Trägheit. Durch verschiedene technische Maßnahmen kann man den Totpunkt beseitigen und für einen gleichmäßigen Lauf des Rotors sorgen.

Wenn Sie sich die Wirkungsweise des Kommutators in bewegten Bildern anschauen wollen, finden Sie im Internet unter den Stichwörtern „Elektromotor, Java" entsprechende Applets.

Kräfte auf bewegte Ladungsträger

Die Kraft, die ein stromdurchflossener Leiter im Magnetfeld erfährt, wirkt natürlich eigentlich nicht auf den Leiter, sondern auf die Elektronen, die in seinem Inneren unterwegs sind. Davon können Sie sich selbst überzeugen, falls Sie einen Oszillografen oder ein „altmodisches" Fernsehgerät mit Röhre besitzen: Halten Sie einen Magneten vor das Bild, wird es verzerrt, weil die Bahn der Elektronen sich ändert.

Wir beziehen jetzt die auf Strom führende Leiter wirkende Kraft auf einzelne Ladungsträger. Ein einzelnes sich bewegendes Elektron transportiert Ladung, stellt also einen (sehr kleinen) Strom dar. Für die Stromstärke gilt: $I = \frac{e}{t}$, wenn e die Elementarladung bedeutet und in der Zeit t nur ein Elektron an der Messstelle vorbeikommt. Legt das Elektron in dieser Zeit t in einem Magnetfeld der Stärke B die Wegstrecke l zurück, so erfährt es die Kraft:

$$F = B \cdot I \cdot l = B \cdot \frac{e}{t} \cdot l = B \cdot e \cdot \frac{l}{t}$$

Der Quotient aus l und t ist aber gerade die Geschwindigkeit v des Elektrons, also folgt:

$$F = B \cdot e \cdot v$$

Handelt es sich nicht um Elektronen, sondern allgemeiner um irgendwelche Ladungsträger der Ladung q, so können wir statt e auch q einsetzen. Die Kräfte auf bewegliche Ladungsträger in einem Magnetfeld werden nach dem niederländischen Physiker Hendrik Lorentz (1853–1928) *Lorentzkräfte* genannt.

Hendrik Lorentz

> Bewegte Ladungsträger der Ladung q, die sich mit der Geschwindigkeit v in einem Magnetfeld der magnetischen Feldstärke B senkrecht zu den Magnetfeldlinien bewegen, erfahren eine *Lorentzkraft* mit dem Betrag:
>
> $$F_L = B \cdot q \cdot v$$

Die Richtung der Lorentzkraft ergibt sich aus der Dreifingerregel. Bei der Anwendung auf Elektronen muss man aber aufpassen: Entweder hält man den Daumen entgegen der Bewegungsrichtung der Elektronen oder man nimmt die *linke* Hand, dann stimmt alles wieder und man kann den Daumen direkt die Bewegung der Elektronen anzeigen lassen!

Massenspektrometrie und Teilchenbeschleuniger

Durch Kombination elektrischer und magnetischer Felder kann man Erkenntnisse über atomare Teilchen gewinnen. In diesem Abschnitt schauen wir uns Beispiele für solche Methoden an. Wir beginnen mit der Bestimmung der *Masse von Elektronen* im sogenannten *Fadenstrahlrohr*.

Die Masse von Elektronen

Beschleunigt man Elektronen durch ein elektrisches Feld und lässt sie anschließend senkrecht durch ein homogenes Magnetfeld fliegen, so beschreiben sie eine Kreisbahn. Das liegt daran, dass die Lorentzkraft stets senkrecht zur Geschwindigkeit wirkt. Spielt sich der Vorgang in einer mit Wasserstoffgas unter geringem Druck gefüllten Röhre ab, so stoßen die Elektronen entlang ihrer Bahn mit den Gasmolekülen zusammen und regen diese zum Leuchten an. Dadurch wird die Kreisbahn, die die Elektronen beschreiben, als dünner *Fadenstrahl* sichtbar.

Die folgende Zeichnung zeigt den prinzipiellen Versuchsaufbau: Die durch den glühelektrischen Effekt erzeugten Elektronen werden zur Anode hin beschleunigt und beschreiben dann im Magnetfeld eine Kreisbahn. Die Kreuze bedeuten, dass das Magnetfeld ins Papier hineingerichtet ist.

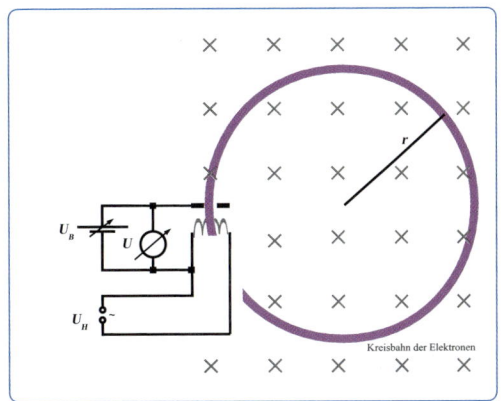

Versuchsskizze zum Fadenstrahlrohr

Elektrizität

Eine Kreisbahn wird durch eine Zentripetalkraft erzeugt. Die Zentripetalkraft ist in unserem Fall die Lorentzkraft. Also können wir unter Verwendung der Formeln für diese Kräfte folgende Gleichung aufstellen:

$$m \cdot \frac{v^2}{r} = B \cdot e \cdot v \Rightarrow m \cdot \frac{v}{r} = B \cdot e \text{ (nach Division durch } v\text{)}$$

Die magnetische Feldstärke B können wir messen, ebenso r, den Bahnradius. Die Elementarladung e ist sowieso bekannt. Wenn wir jetzt noch v, die Geschwindigkeit der Elektronen, kennen würden, könnten wir aus dieser Gleichung m, die Masse der Elektronen, bestimmen! v lässt sich aber aus der Beschleunigung im elektrischen Feld ermitteln: Spannung ist Energie pro Ladung, also gilt:

$$U = \frac{W_{pot}}{e} \Rightarrow W_{pot} = U \cdot e$$

Wird nun die gesamte potenzielle Energie des Elektrons in kinetische Energie umgewandelt, so folgt:

$$U \cdot e = \frac{1}{2} \cdot m \cdot v^2$$

Aus dieser Gleichung lässt sich v ausrechnen: $v = \sqrt{\frac{2 \cdot U \cdot e}{m}}$

Diesen Ausdruck können wir in die Formel, die sich aus den Kräftetermen ergab, einsetzen. Nach ein paar Umformungsschritten (Einsetzen, Quadrieren, Auflösen nach m) ergibt sich folgende Formel:

$$m = \frac{B^2 \cdot r^2 \cdot e}{2 \cdot U}$$

Wir sehen: Alle Elektronen haben dieselbe Masse, denn wir beobachten nur *einen* Radius (alle anderen Größen auf der rechten Seite sind ja sowieso konstant).

Versuche der beschriebenen Art haben zu folgendem Ergebnis geführt:

> Die Masse des Elektrons beträgt: $m_e = 9{,}11 \cdot 10^{-31}$ *kg*

Massenspektrometrie

In der Praxis werden Kombinationen aus elektrischen und magnetischen Feldern benutzt, um chemische Verbindungen zu analysieren, also z. B., um herauszufinden, wie die Luft an einem bestimmten Ort zusammengesetzt ist. Die dazu verwendeten Geräte heißen *Massenspektrometer*. Sie sind unterschiedlich aufgebaut, enthalten aber immer einen *Ionisator*, einen *Analysator* und einen *Detektor*.

Die zu untersuchenden Stoffe müssen als geladene Teilchen vorliegen, denn die elektrischen und magnetischen Felder wirken nur auf Ladungen. Im Vorgriff auf die Atomphysik sei verraten, dass jedes Atom gebundene Elektronen enthält. Wenn man Elektronen entfernt oder hinzufügt, wird aus dem Atom ein *Ion*. Im *Ionisator* werden Ionen erzeugt. Üblicherweise geschieht das dadurch, dass man die Atome mit beschleunigten Elektronen beschießt. Durch die Stöße werden die Atome ionisiert.

Für den *Analysator* gibt es verschiedene Bauweisen, allen Konstruktionen liegt aber die Idee zugrunde, dass die geladenen Teilchen in elektrischen Feldern beschleunigt und in magnetischen Feldern abgelenkt werden, wobei die Ablenkung von der Masse abhängt (wie beim Fadenstrahlrohr). Der *Detektor* registriert die an unterschiedlichen Orten auftreffenden Teilchen und verstärkt die Signale in geeigneter Weise. Es ergibt sich schließlich ein *Massenspektrum,* also ein Diagramm, das zeigt, welche Atommassen in dem untersuchten Stoff mit welcher Häufigkeit vorkommen. Aus diesem Spektrum kann man dann Rückschlüsse auf die Zusammensetzung des Stoffes ziehen.

Teilchenbeschleuniger

Um Erkenntnisse über den Aufbau unserer Welt im atomaren Bereich zu gewinnen, schießt man Elementarteilchen hoher Energie aufeinander und beobachtet ihre Wechselwirkung. Dies geschieht in *Teilchenbeschleunigern*. Das Bild zeigt den Aufbau eines Synchrotrons: Führungsmagnete (rot) halten die Teilchen auf einer kreisförmigen Bahn, die wiederholt durchlaufen wird, und zwischengeschaltete Beschleunigungsstrecken mit elektrischen Feldern (grün) sorgen für die Zunahme der Energie. Da die Teilchen immer schneller werden, müssen die ablenkenden Magnetfelder auf elektronischem Wege synchron zur Teilchenbewegung nachgeregelt werden – daher der Name „Synchrotron". (Die Magnetfelder werden natürlich nicht durch Dauermagnete erzeugt, sondern es sind *Elektromagnete;* dazu im folgenden Abschnitt mehr.) Im Deutschen Elektronen-Synchroton (DESY) in Hamburg ist eine Anlage mit dem Umfang von 6,3 Kilometern in Betrieb, bei CERN (Conseil Européen pour la Recherche Nucléaire) in Genf beträgt der Umfang sogar 27 Kilometer. Leider wachsen mit der Geschwindigkeit der Teilchen auch die Verluste durch die sogenannte Synchrotronstrahlung, die durch die Bahnkrümmung entsteht. In letzter Zeit geht man daher dazu über, statt der kreisförmigen Anlagen *Linearbeschleuniger* zu bauen.

Synchrotron

Sie würden sicherlich nicht auf die Idee kommen, die Dicke eines Blattes Papier in Kilometern zu messen (obwohl das möglich wäre). Dementsprechend könnte man die Energie atomarer Teilchen ohne Weiteres in Joule angeben, aber es ist vernünftiger, eine diesen Teilchen angemessene Energieeinheit einzuführen. Diesen Zweck erfüllt das „Elektronenvolt" (eV). Es ist diejenige Energie, die ein Elektron erhält, wenn es durch die Spannung von einem Volt beschleunigt wird. Wegen $W_{kin} = e \cdot U$ sind das: $1{,}602 \cdot 10^{-19} J$

> Das *Elektronenvolt* (eV) ist eine der atomaren Welt angepasste Energieeinheit. Es gilt: $1\ eV = 1{,}602 \cdot 10^{-19} J$

Bei DESY können Elektronen auf 30 *GeV* („Gigaelektronenvolt", $1\ GeV = 10^9\ eV$) beschleunigt werden. Nach „klassischer" Rechnung wären sie dann ungefähr 350-mal schneller als das Licht. Dies ist aber nach den Erkenntnissen der speziellen Relativitätstheorie nicht möglich. Die klassische Rechnung geht davon aus, dass die Masse des Elektrons konstant ist, sie hängt aber in Wirklichkeit von der Geschwindigkeit ab. Mehr dazu im Kapitel „Relativitätstheorie" (→ S. 272 ff.)!

Magnetfelder von Strömen

Wir sind bisher davon ausgegangen, dass nur ein (Dauer-)Magnet ein magnetisches Feld erzeugen kann. Der dänische Physiker Hans Christian Ørsted (1777–1851) entdeckte jedoch, dass jeder von Strom durchflossene Leiter eine Kompassnadel beeinflusst, also von einem Magnetfeld umgeben ist.

Hans Christian Ørsted

Magnetfelder von geraden Leitern und Spulen

Die Feldlinien eines *geraden Leiters* bilden konzentrische Kreise um den Leiter. Die Richtung des Magnetfeldes findet man nach folgender Merkregel: „Legt man die Finger der rechten Hand so um den Leiter, dass der Daumen in die (konventionelle!) Stromrichtung zeigt, so geben die übrigen Finger die Richtung des Magnetfeldes an." Die Magnetfeldstärke nimmt mit dem Abstand vom Leiter ab: Sie ist proportional zum Kehrwert des Abstandes. Misst man also z. B. die Feldstärke in einem bestimmten Abstand vom Leiter und verdoppelt man dann diesen Abstand, so herrscht dort nur die halbe Feldstärke.

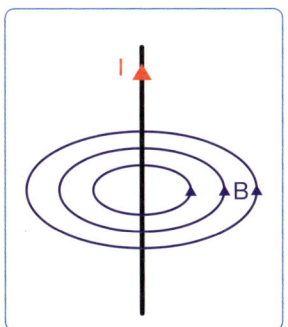

Magnetfeld eines geraden von Strom durchflossenen Leiters

Das Feld einer *Spule* ist im Inneren der Spule homogen, außerhalb der Spule sieht es genau aus wie das Feld eines Stabmagneten. Man kann deshalb eine Spule als *Elektromagneten* auffassen. Die Pole dieses Magneten befinden sich an den Enden der Spule. Ein solcher Magnet hat den Vorteil, dass man seine Kraftwirkung über die Stromstärke beeinflussen und ihn auch gänzlich abschalten kann. Legt man einen Eisenkern in die Spule, so wird die Kraftwirkung noch verstärkt. Die Elementarmagnete richten sich dann aus und vergrößern die magnetische Wirkung.

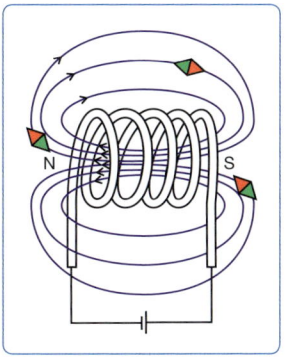

Magnetfeld einer Spule

Auch für eine Spule gibt es eine Merkregel: „Legt man die Finger der rechten Hand so um die Spule herum, dass sie die (konventionelle!) Stromrichtung anzeigen, so gibt der Daumen die Richtung des Magnetfeldes im Innern der Spule an."

Mit der Spule als Elektromagneten können wir die Funktionsweise des Elektromotors auf neue Art deuten: Der Rotor stellt einen drehenden Elektromagneten dar, dessen Pole mit den Polen des Stators wechselwirken und immer im „richtigen" Augenblick vertauscht werden, sodass der Motor nicht stehen bleibt. Auch können wir den Dauermagneten des Elektromotors durch einen Elektromagneten ersetzen. Dadurch kommen wir „nur mit Strom" aus und brauchen keine weiteren Magneten! In der Praxis funktionieren viele Motoren so: Eine elektrische Energiequelle versorgt sowohl den Stator als auch den Rotor mit Strom zur Erzeugung der erforderlichen Magnetfelder.

Bei den Versuchen der vorigen Abschnitte (wie z. B. bei der Massenbestimmung von Elektronen mit dem Fadenstrahlrohr) werden in Wirklichkeit auch Elektromagnete und keine Dauermagnete verwendet.

Sie denken jetzt vielleicht, dass es zwei verschiedene Arten von Magnetfeldern gibt, nämlich solche, die von Dauermagneten erzeugt werden, und solche, die der elektrische Strom verursacht. Vom experimentellen Standpunkt her existiert aber nur eine Art von Magnetfeld, denn die *Wirkung* ist ja immer dieselbe: Es wird eine Kraft auf eine Kompassnadel ausgeübt. Außerdem gibt es Hinweise darauf, dass die Elementarmagnete in Wirklichkeit durch elektrische Ströme im atomaren Bereich erzeugt werden, sodass wahrscheinlich *immer* Ströme die Ursache für Magnetfelder sind.

Kraft zwischen zwei Leitern

Wir können jetzt klären, warum zwei Strom führende Leiter Kräfte aufeinander ausüben (das wurde bei der Definition des Amperes ja behauptet): Jeder der Leiter befindet sich im Magnetfeld des anderen Leiters, also erfahren die Elektronen beider Leiter eine Lorentzkraft. Wenn Sie sich zwei Leiter aufzeichnen und die Richtungsregeln korrekt anwenden, können Sie sich davon überzeugen, dass die Leiter sich gegenseitig anziehen, wenn der Strom in beiden Leitern in dieselbe Richtung fließt, und dass sie sich andernfalls gegenseitig abstoßen.

Elektrodynamischer Lautsprecher

Mit der Erkenntnis, dass eine von Strom durchflossene Spule ein Elektromagnet ist, lässt sich auch der *elektrodynamische Lautsprecher,* die häufigste Bauform eines Lautsprechers, leicht verstehen: Die Spule, die mit der Membran des Lautsprechers verbunden ist, kann sich über einem Stabmagneten hin- und herbewegen. Fließt nun ein Strom, der nach Stärke und Richtung so schwingt wie der wiederzugebende Schall, so wird die Spule im selben Rhythmus vom Magneten angezogen und abgestoßen, sie schwingt also! Die Membran gibt diese Schwingungen an die Luft weiter, und schließlich landen sie als Sprache oder Musik in unserem Ohr.

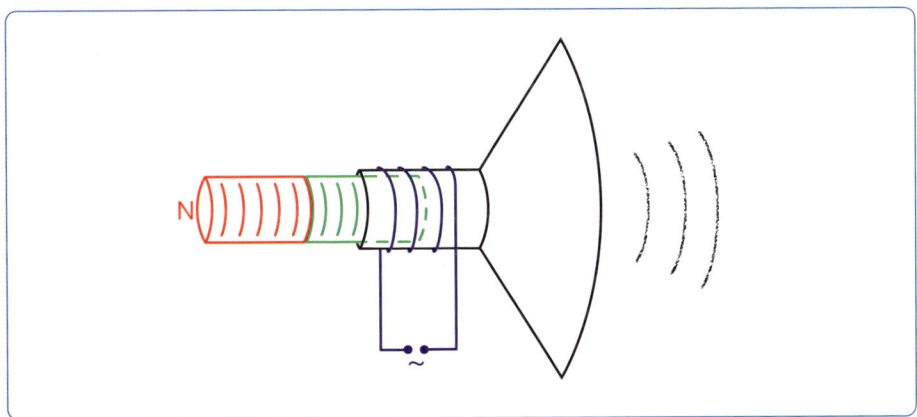

Elektrodynamischer Lautsprecher

Elektromagnetische Induktion

Wir bauen jetzt den Lautsprecher aus dem letzten Abschnitt zu einem Mikrofon um. Was wir dazu ändern müssen? Gar nichts! Ein Lautsprecher *ist* ein Mikrofon! Ersetzen wir die Energiequelle durch einen Oszillografen und sprechen oder singen wir gegen die Lautsprechermembran, so sehen wir die Schwingungen auf dem Bildschirm! Die Energieumwandlung funktioniert offenbar in beiden Richtungen: Der Lautsprecher kann nicht nur elektrische in mechanische, sondern

Mikrofon

Elektrizität

umgekehrt auch mechanische in elektrische Energie verwandeln. Ähnliches gilt auch für den Elektromotor: Drehen wir die Spule im Magnetfeld von Hand, so wird zwischen den Spulenanschlüssen eine Spannung erzeugt. Genau diesen Effekt nutzt man bei der Autolichtmaschine, beim Fahrraddynamo und überhaupt bei jedem Generator in einem Kraftwerk aus. Man sagt, dass Spannung *induziert* wird, und man spricht von *elektromagnetischer Induktion*. Wie kommt es zu dieser Spannung?

Fahrraddynamo

Induktion durch Bewegung eines Leiters

Die Spule unseres als Mikrofon verwendeten Lautsprechers wird im Feld des Magneten hin- und herbewegt. Das ahmen wir im Labor nach, indem wir einen Leiter zwischen den Polen eines Hufeisenmagneten anbringen und die Spannung zwischen den Leiterenden messen. Solange der Leiter sich in Ruhe befindet, passiert nichts. Bewegen wir ihn jedoch quer zu den magnetischen Feldlinien, so wird eine Spannung induziert. Der Grund dafür ist der folgende: Wenn wir den Leiter bewegen, so müssen die in dem

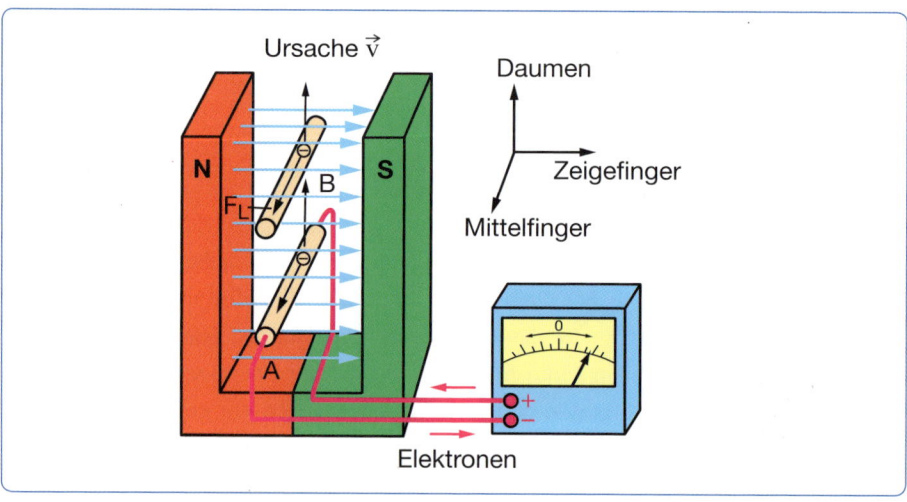

Bewegter Leiter in einem Magnetfeld

Leiter befindlichen Elektronen die Bewegung mitmachen. Wenn Sie eine Tasche mit Büchern irgendwohin tragen, sorgen Sie ja auch für eine „Bücherbewegung". Bewegte Elektronen in einem magnetischen Feld erfahren aber eine *Lorentzkraft*. In der im Bild dargestellten Situation werden die Elektronen bei einer Aufwärtsbewegung des Leiters nach vorne getrieben, also entsteht am vorderen Ende des Leiters ein Elektronenüberschuss und damit ein Minuspol, am hinteren Ende ein Pluspol. Bei einer Abwärtsbewegung des Leiters ist es umgekehrt. Bewegt man den Leiter periodisch auf und ab, so wird „Wechselspannung" induziert, das heißt, die Polung unserer neu geschaffenen Energiequelle ändert sich dauernd. Der Betrag der induzierten Spannung hängt von der Geschwindigkeit ab, mit der wir den Leiter bewegen: Je größer sie ist, desto größer ist auch die Spannung.

Auch Bücher bewegen sich.

Übrigens kann man eine Spannung auch dadurch induzieren, dass man nur den Magneten bewegt und den Leiter nicht. Offenbar kommt es nur auf die *Relativbewegung* zwischen Leiter und Magnet an. Auch für diesen Fall lässt sich eine – allerdings kompliziertere – Begründung angeben. Die missliche Situation, dass man je nach Relativbewegung unterschiedliche Erklärungen finden muss, wurde erst durch die Relativitätstheorie behoben.

Induktion ohne Bewegung eines Leiters

Nun ersetzen wir den Magneten unseres Lautsprechers durch eine Spule. Dadurch gibt es jetzt zwei Spulen: eine *Feld-* oder *Primärspule* und eine *Induktions-* oder *Sekundärspule*.

Solange wir Gleichstrom (zeitlich konstanten Strom) durch die Feldspule fließen lassen, geschieht nichts. Ändern wir die Stromstärke und damit die Feldstärke in der Primärspule jedoch,

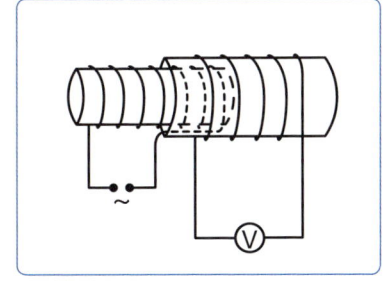
Feld- und Induktionsspule

so wird in der Induktionsspule Spannung induziert, aber nur während der Änderung. Fließt wieder Gleichstrom, zeigt das Voltmeter keine Induktionsspannung an. Die Größe der induzierten Spannung hängt davon ab, wie schnell wir die Stromstärke ändern: Je schneller, desto größer ist die Spannung. Die induzierte Spannung wird auch größer, wenn wir die Windungszahl der Induktionsspule vergrößern.

Von der Induktionsspule aus gesehen ist klar, dass eine Spannung induziert werden muss, denn die Induktionsspule kann nicht wissen, ob die Änderung des Magnetfeldes durch einen bewegten Magneten oder durch eine ruhende Spule, in der sich die Stromstärke ändert, hervorgerufen wird. Nur können wir im zweiten Fall die Existenz der Induktionsspannung nicht ohne Weiteres begründen. Wir müssen aber zur Kenntnis nehmen, dass in beiden Fällen eine Induktionsspannung erzeugt wird. Dies ist der Kern des *Induktionsgesetzes*.

> **Induktionsgesetz**
> Ändert sich das Magnetfeld in einer Spule, so wird in ihr Spannung induziert.

Auch der zu Beginn des Abschnittes untersuchte Leiter lässt sich als Spule, in der sich das Magnetfeld ändert, deuten, denn er bildet ja zusammen mit den Zuleitungen eine Spule mit einer Windung.

Beispiel: Zündanlage eines Autos

In einem Auto entflammt die *Zündkerze* durch einen Funken das Benzin-Luft-Gemisch im Zylinder. Dadurch wird Druck erzeugt, der den Kolben nach unten treibt. Für den Funken benötigt man kurzzeitig eine hohe Spannung von ca. 15.000 Volt, die die Batterie nicht liefern kann. Diese Spannung wird in der *Zündspule* erzeugt. Eine Zündspule besteht eigentlich aus zwei Spulen, nämlich (genau wie im Lautsprecherbeispiel) aus einer Primär- und einer Sekundärspule, wobei die Sekundärspule zur Verstärkung der Wirkung sehr viel mehr Windungen hat als die Primärspule. Ein *Unterbrecher*

Zündkerze

bringt den durch die Primärspule fließenden Gleichstrom schlagartig auf den Wert null. Durch diese schnelle Änderung wird in der Sekundärspule kurzzeitig eine große Spannung induziert, die den Funken in der Zündkerze erzeugt. Unterbrecher waren früher mechanische Schalter. Heute wird die Unterbrechung des Primärstromes durch elektronische Schaltungen bewirkt.

Zündspule eines PKW

Selbstinduktion

Schließt man eine Spule an eine elektrische Energiequelle an, so erzeugt der wachsende Strom ein ebenfalls wachsendes Magnetfeld. Dieses sich ändernde Magnetfeld durchsetzt die „eigene" Spule und bewirkt daher in ihr gemäß Induktionsgesetz eine Induktionsspannung. Sie wirkt der angelegten Spannung *entgegen*, was aus energetischen Gründen plausibel ist. Der Effekt, „in sich selbst" eine Spannung zu induzieren, heißt *Selbstinduktion*.

Joseph Henry

Man kann experimentell zeigen, dass die Induktionsspannung proportional zur Änderungsrate der Stromstärke, also zur Änderung pro Zeit, ist. Ist diese Rate nicht konstant, so müssen wir die Differenzialrechnung bemühen und zur *Ableitung der Stromstärke nach der Zeit* (der momentanen Änderungsrate) übergehen, also – in symbolischer Schreibweise – zu $\frac{dI}{dt}$. Der Proportionalitätsfaktor charakterisiert die verwendete Spule, wird mit L bezeichnet und heißt *Induktivität*. Induktivitäten werden zu Ehren des amerikanischen Physikers Joseph Henry (1797–1878) in H („Henry") gemessen.

Für den Zusammenhang zwischen induzierter Spannung (U_i) und Stromstärke (I) in einer Spule gilt:

$$U_i = L \cdot \frac{dI}{dt}$$

L heißt *Induktivität* der Spule. Sie wird in H (Henry) gemessen. Es ist: $1\,H = 1\,\frac{Vs}{A}$

Im Magnetfeld einer Spule ist Energie gespeichert. Für sie gilt (hier ohne Herleitung):

> Die Energie des Magnetfeldes einer von der Stromstärke I durchflossenen Spule der Induktivität L beträgt:
>
> $$W_{mag} = \frac{1}{2} \cdot L \cdot I^2$$

Halbleiter

Praktisch alle elektrischen Geräte, die uns umgeben, enthalten Schaltungen mit Halbleiter-Bauelementen: Halbleiter verstärken Signale in Fernsehern und Radios, sie steuern Autos, Züge und Flugzeuge und sie sind zentrale Bestandteile von Computern.

Ohne Halbleiter nicht funktionstüchtig: das Autoradio

Aus Platzgründen können die Halbleiter hier nicht systematisch betrachtet werden. Stattdessen schauen wir uns ein ausgewähltes Beispiel an, das die Möglichkeiten der Halbleiterelektronik in konzentrierter Form demonstrieren soll.

Halbleiter haben ihren Namen daher, dass ihre Leitfähigkeit zwischen der von Metallen und Isolatoren liegt. Wie sie von innen aussehen und wie sie zu ihren speziellen elektrischen Eigenschaften kommen, wird in der Festkörperphysik untersucht, mit der wir uns im Kapitel „Atomphysik" beschäftigen werden (→ S. 287 ff.). Für das folgende Beispiel nehmen wir einfach an, dass es Bauelemente mit gewissen gewünschten Eigenschaften gibt, und untersuchen, wie wir sie in Schaltungen verwenden können.

Der Transistor als Schalter

Bei einsetzender Dämmerung wird die Straßenbeleuchtung eingeschaltet. Da nicht anzunehmen ist, dass jeden Abend ein städtischer Angestellter zur passenden Zeit auf einen Knopf drückt (und am nächsten Morgen wieder), gehen wir davon aus, dass eine elektronische Schaltung diesen Job übernimmt – man nennt sie eine Dunkelschaltung. Dabei wird ein *Transistor* über einen *lichtempfindlichen Widerstand* angesteuert. Zunächst schauen wir uns den Transistor an.

Straßenlaternen werden nicht von Hand angeknipst.

Transistor (Gehäusehöhe ca. 0,5 Zentimeter)

Wir benutzen im Folgenden einen *bipolaren* Transistor vom *npn-Typ* – aber was das genau bedeutet, ist jetzt nicht entscheidend. Der Transistor besitzt drei Anschlüsse. Sie heißen Emitter (E), Basis (B) und Kollektor (C). Um die Funktionsweise des Transistors zu ergründen (so weit, wie wir sie jetzt benötigen), bauen wir folgende Schaltung auf, aus der auch hervorgeht, wie das Schaltsymbol eines Transistors aussieht:

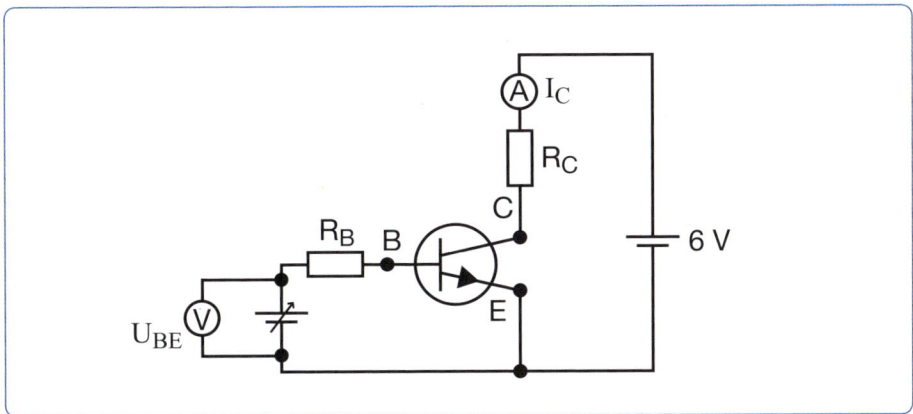

Schaltung zur Aufnahme der U_{BE}-I_C-Kennlinie

Elektrizität

Wenn wir die Spannung U_{BE} zwischen Basis und Emitter schrittweise erhöhen und jeweils am Amperemeter den zugehörigen „Kollektorstrom" I_C ablesen, ergibt sich die U_{BE}-I_C-Kennlinie:

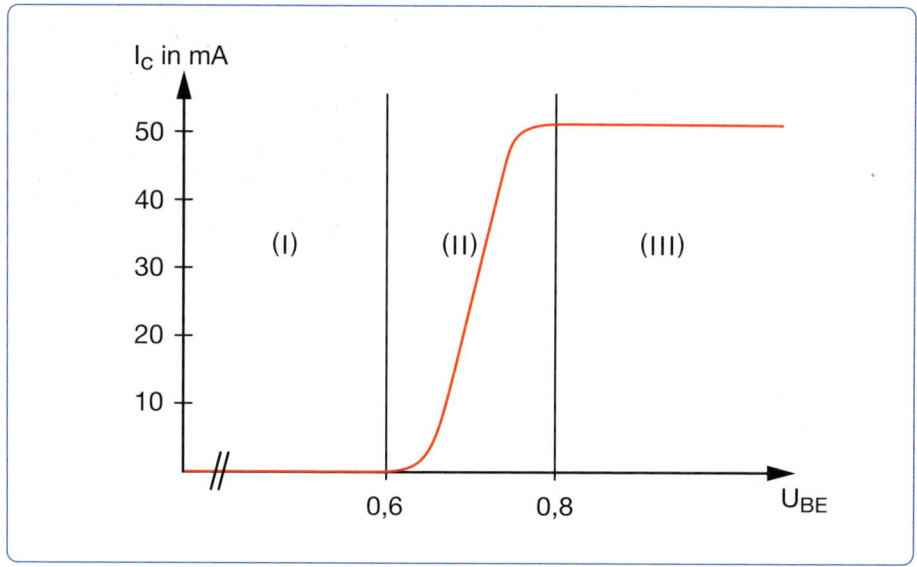

U_{BE}-I_C-Kennlinie

Bei kleinen Spannungen fließt zunächst praktisch kein Strom. Ab ca. 0,6 Volt nimmt die Stromstärke plötzlich stark zu und ab ca. 0,8 Volt bleibt sie konstant, weil sie durch den Kollektorwiderstand R_C begrenzt wird. Idealisiert können wir sagen: Der Transistor verhält sich zwischen dem Kollektor und dem Emitter wie ein Schalter, der entweder offen oder geschlossen ist. Bei Basisspannungen unter 0,6 Volt ist er offen, oberhalb von 0,8 Volt geschlossen. Mit der Basisspannung können wir also diesen „Schalter" steuern. Der Widerstand R_B schützt den Transistor vor zu großen Stromstärken durch die Basis.

Wie können wir jetzt eine Dunkelschaltung bauen? Dazu benötigen wir den schon erwähnten lichtempfindlichen Widerstand (LDR, „light dependent resistor", Schaltsymbol: siehe Abbildung). Er ist ebenfalls ein Halbleiter-Bauelement und hat die besondere Eigenschaft, dass sein Widerstand bei Dunkelheit groß und bei Helligkeit klein ist. Wir bauen ihn zusammen mit einem Festwiderstand *R* in folgender Weise in eine Schaltung ein:

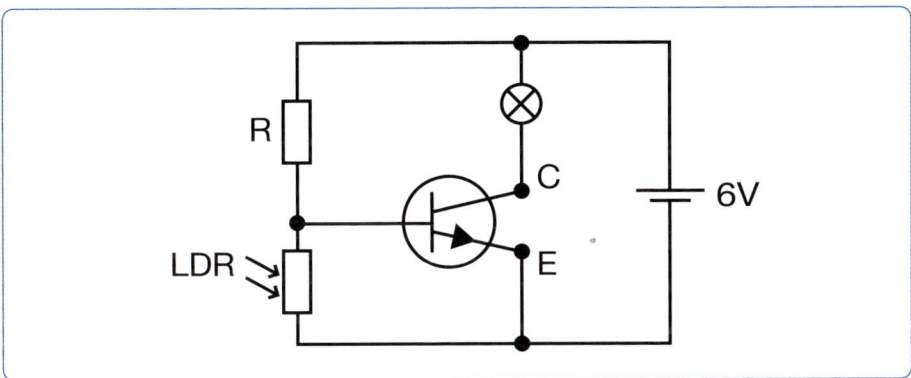

Dunkelschaltung

Die beiden Widerstände sind in Reihe geschaltet und bilden einen sogenannten *Spannungsteiler*. Wie wir gesehen haben, addieren sich die Einzelwiderstände zum Gesamtwiderstand und die Einzelspannungen zur Gesamtspannung, also zu den sechs Volt.

Ist es hell, dann ist der Widerstand des *LDR* klein. Durch passende Wahl des Festwiderstandes können wir dafür sorgen, dass am Festwiderstand mehr als 5,4 Volt und am *LDR* weniger als 0,6 Volt abfallen. Dann bleibt die Straßenbeleuchtung ausgeschaltet. Geht die Sonne nun unter, so wird der Widerstand des *LDR* allmählich größer. Wenn wir den Festwiderstand richtig dimensioniert haben, ist es irgendwann so dunkel, dass über dem *LDR* die 0,8 Volt überschritten werden. Der Transistor leitet und die Straßenlampen leuchten! Morgens läuft alles in umgekehrter Reihenfolge ab – automatisch und ohne menschliches Zutun!

Sicherlich können Sie jetzt selbst eine *Hellschaltung* entwerfen, also eine Schaltung, die eine Lampe bei Helligkeit einschaltet. Das wirkt zwar nicht besonders sinnvoll, aber es könnte auch für eine solche Schaltung Einsatzmöglichkeiten geben. Und mit einem *Heißleiter* (das ist ein Bauelement, dessen Widerstand bei Erwärmung sinkt) können Sie sofort eine Warnschaltung bauen, die eine Lampe leuchten lässt, wenn die Herdplatte noch heiß ist!

Der Transistor als Verstärker

Während der Kennlinienbereich zwischen 0,6 Volt und 0,8 Volt bei der Verwendung des Transistors als Schalter eher stört, rückt er ins Zentrum des Interesses, wenn man den Transistor als Verstärker benutzen will. Das betreffende Stück der Kennlinie verläuft nämlich sehr steil und außerdem in seinem mittleren Bereich annähernd linear. Das kann man ausnutzen:

Schwingt U_{BE} um einen Mittelwert herum (z. B. im Rhythmus der Spannung, die ein Mikrofon abgibt), so schwingt der Kollektorstrom im selben Rhythmus. Während aber im „Eingangskreis" (durch Basis und Emitter) durch die Bauart des Transistors bedingt kaum Strom fließt, ist I_C viel größer (ca. um den Faktor 100). Es wird also *Leistung verstärkt,* der Transistor arbeitet als *analoger Verstärker.* Wenn man in den Kollektorkreis einen Lautsprecher einbaut, hört man den verstärkten Schall. Durch Verwendung mehrerer Transistorstufen kann man die Verstärkung sogar noch vergrößern. Fast alle Verstärker der heutigen Kommunikations- und Unterhaltungselektronik arbeiten mit Transistoren – nur in speziellen Bereichen wie z. B. bei Gitarren- und Bassverstärkern werden (des schöneren Klanges wegen) *Röhren* benutzt.

Integrierte Schaltungen

Ein Mikroprozessor, also der Kern eines Computers, enthält heute mehrere 100 Millionen Tran-sistoren auf einer Fläche von wenigen Quadratzentimetern. Dort sorgen sie für die Programmsteuerung und Datenverarbeitung.

Integrierte Schaltung („Chip")

Es wäre unmöglich, einen Prozessor aus einzelnen Transistoren zusammenzulöten. Stattdessen werden die Bauelemente inklusive der elektrischen Verdrahtung in einem aufwendigen Prozess als integrierte Schaltungen („Chips") in winziger Form auf ein Siliziumsubstrat aufgebracht. Das Bild zeigt einen Chip auf der Hauptplatine eines Computers.

Neben dem bipolaren Transistor ist der *Feldeffekttransistor* (FET) weitverbreitet. Er schaltet im Allgemeinen langsamer als ein bipolarer Transistor, lässt sich aber stromlos und damit verlustfrei steuern (im Eingangskreis fließt kein Strom).

Fotovoltaik

Für die direkte Nutzung der Sonnenenergie gibt es zwei verschiedene Möglichkeiten: Mit *solarthermischen* Anlagen kann man Brauchwasser erwärmen und die Heizung unterstützen, *fotovoltaische* Anlagen verwandeln die Energie des Sonnenlichts in elektrische Energie. Der Besitzer oder die Besitzerin des abgebildeten Hauses verwendet beide Möglichkeiten. Oben sind die Solarmodule der Fotovoltaikanlage zu sehen, um die es in diesem Abschnitt gehen soll. Lohnt sich die Anschaffung einer solchen Anlage?

Solarthermie und Fotovoltaik

Solarzellen

Die Solarmodule bestehen aus zusammengeschalteten *Solarzellen,* und diese wiederum sind technisch gesehen flächige Halbleiterdioden, die meistens aus Silizium gefertigt werden. Gängig sind *multikristalline* Zellen. Was sich im Inneren einer Solarzelle abspielt, ist – wie schon erwähnt – Sache der Festkörperphysik. Wir stellen uns hier auf den Standpunkt, dass eine Solarzelle eine elektrische Energiequelle ist, die unter gewissen Bedingungen aus einfallendem Licht Strom erzeugt.

Elektrizität

Die *Leerlaufspannung* einer Solarzelle (das ist die Spannung, die sich zwischen den Polen einstellt, wenn kein Strom fließt) beträgt ca. 0,5 Volt und hängt kaum von äußeren Einflüssen ab. Solche Einflüsse machen sich aber bemerkbar, wenn Strom fließt, der Zelle also Leistung entnommen wird. Die Leistung einer Solarzelle hängt von der Beleuchtungsstärke, dem Einfallswinkel des Lichtes und von der Zellentemperatur ab: Optimal ist senkrecht einfallendes Licht möglichst großer Intensität auf eine nicht zu heiße Zelle, denn die Leistung nimmt mit steigender Temperatur ab. Der *Wirkungsgrad* heutiger Solarzellen liegt bei etwa 14 Prozent. Das heißt, dass 14 Prozent der eingestrahlten Energie in elektrische Energie umgewandelt werden.

Aufbau einer Fotovoltaikanlage

Die Sonne – pure Energie

Die von der Sonne gelieferte Leistung ist starken tages- und jahreszeitlichen Schwankungen unterworfen, daher liegen fast nie optimale Bedingungen vor. Man hat eine Zeit lang Mitführeinrichtungen erprobt, die dafür sorgen sollten, dass die Anlagen sich selbsttätig optimal ausrichten. Dabei stellte man aber fest, dass die erforderliche Elektrik so viel Energie verbrauchte, dass kaum etwas übrig blieb. Heutzutage baut man ausschließlich feste Systeme.

Folgendes sollte man beachten, wenn man mit einer Fotovoltaikanlage über das Jahr gesehen möglichst viel elektrische Energie erzeugen will:

– Die Anlage muss nach Süden ausgerichtet sein.
– Die Dachneigung sollte ungefähr 30 Grad betragen.
– Die Anlage darf keinesfalls (auch nicht teilweise) durch Bäume oder andere Gebäude beschattet sein.
– Zwischen dem Dach und den Modulen muss sich eine Luftschicht befinden, damit sich die Module nicht zu stark erwärmen. Im Sommer werden sie trotzdem bis zu 70 Grad heiß.

In unseren Breiten kann man mit einer Fotovoltaikanlage, die diese Bedingungen erfüllt und deren Fläche neun bis zehn Quadratmeter beträgt, im Jahr etwa 800 bis 1000 Kilowattstunden elektrische Energie erzeugen. Die Kilowattstunde *(kWh)* ist eine Energieeinheit; sie wird im nächstenKapitel ausführlich besprochen (→ S. 212 f.). Ein deutscher Durchschnittshaushalt verbraucht pro Jahr etwa 3500 Kilowattstunden.

Wie nutzt man nun die erzeugte Energie? Die gängigste Methode ist die der *Netzkopplung:* Man speist die gewonnene Energie in das öffentliche Stromnetz ein und erhält dafür eine *Einspeisevergütung,* wird also zum Kraftwerksbetreiber. Dazu muss im Haus ein *Wechselrichter* installiert werden, der den von der Anlage erzeugten Gleichstrom in netzkonformen Wechselstrom umwandelt. Was Wechselstrom genau ist und warum das öffentliche Netz mit Wechselstrom betrieben wird, klären wir im nächsten Kapitel (→ S. 201 ff.).

Lohnt sich eine Fotovoltaikanlage?

Das lässt sich nur sagen, wenn klar ist, was mit „lohnen" gemeint ist. Wird die Frage unter dem Gesichtspunkt der *Umweltverträglichkeit* gestellt, so lohnt sich eine Fotovoltaikanlage, denn sie nutzt nur das (sowieso vorhandene) Sonnenlicht aus und verbraucht keine nicht erneuerbaren Ressourcen. Allerdings kostet ihre Herstellung Energie. Man geht davon aus, dass sie erst nach drei bis vier Jahren diejenige Energie wieder eingespielt hat, die zu ihrer Herstellung aufgewendet wurde. Da die Lebensdauer einer Anlage auf 20 bis 30 Jahre geschätzt wird, sollte das kein Problem sein.

Solarhaus als Sparbüchse?

Ein anderer Gesichtspunkt ist der der *Wirtschaftlichkeit.* Lässt sich mit Fotovoltaik Geld sparen beziehungsweise – wie man es ja auch sehen kann – Geld verdienen? Natürlich muss man zunächst investieren – eine Anlage für ein Privathaus kostet

20.000 bis 30.000 Euro. Andererseits ist die erwähnte Einspeisevergütung (jedenfalls heute) größer als der Kaufpreis für elektrische Energie, außerdem kann man verwendungsgebunden zinsgünstige Kredite bekommen. Ein sehr grober Überschlag, der heute geltende Regeln zugrunde legt und gängige Finanzierungsmodelle benutzt, führt zu folgendem Ergebnis: Schafft man sich für 20.000 Euro eine Fotovoltaikanlage an und bringt man 5500 Euro Eigenkapital ein, so hat man nach 20 Jahren eine genauso große Rendite erzielt, als wäre man mit dem Eigenkapital „einfach so" zur Bank gegangen und hätte es zu einem halbwegs ordentlichen Zinssatz fest angelegt. Wie gesagt: Das gilt unter heutigen Rahmenbedingungen. Ob sich diese ändern werden, weiß niemand – aber keine Investition ist ja ohne Risiko! Falls die Anschaffung einer Fotovoltaikanlage für Sie unter Umständen infrage kommt, finden Sie im Internet unter den Stichwörtern „Fotovoltaik" und „Wirtschaftlichkeit" entsprechende Informationen und Rechenbeispiele.

V. Elektrische Schwingungen und Wellen

Wechselstrom

Die elektrischen Schwingungen und Wellen haben für die Elektrizitätslehre eine ähnlich große Bedeutung wie die mechanischen Schwingungen und Wellen für die Mechanik – sie sollen daher ebenfalls ein eigenes Kapitel bekommen. Wir verdanken den elektrischen Schwingungen und Wellen die Möglichkeit, mit und ohne Kabel Energie und Information bis in den hintersten Winkel des Landes zu schicken. Wie man das schafft, darum geht es jetzt.

Die normale Haussteckdose liefert Wechselstrom – die Pole ändern andauernd und periodisch ihr Vorzeichen. Warum macht man es nicht „einfacher" und versorgt die Haushalte mit Gleichstrom? Diese Frage können wir am Ende der folgenden drei Abschnitte beantworten.

Wechselstromlieferant

Erzeugung von Wechselstrom

Der Strom, der aus der Steckdose kommt, wird größtenteils durch *Generatoren* erzeugt, die in einem Kraftwerk stehen. In einem Generator dreht sich eine Spule in einem Magnetfeld. Durch Induktion entsteht zwischen den Enden der Spule eine Spannung. Schließt man den Stromkreis, so fließt Strom. Der Generator wird bei Kohle- und Atomkraftwerken durch eine Dampfturbine, bei Wasserkraftwerken durch strömendes Wasser angetrieben.

Generatoren

Elektrische Schwingungen ...

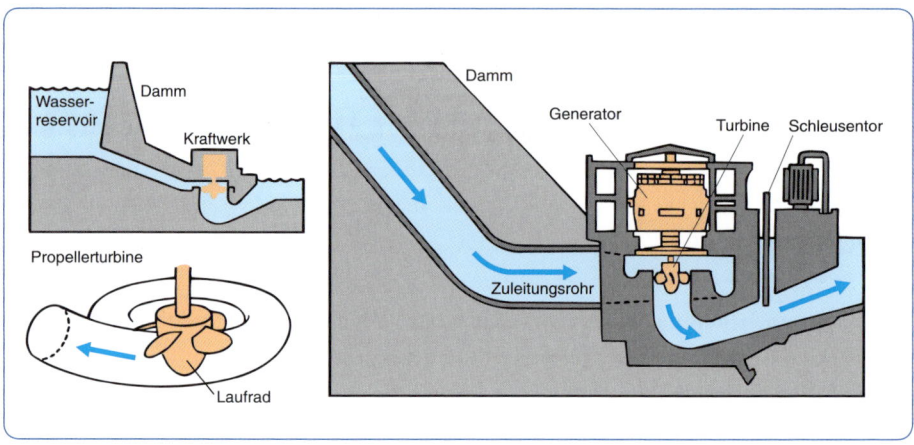

Turbine

Das folgende Bild zeigt einen auf die wichtigsten Teile reduzierten Prinzipgenerator. Das Magnetfeld wird hier durch einen Dauermagneten erzeugt und die Spule hat nur eine Windung. Schleifringe nehmen den Strom ab – einen Kommutator wie beim Gleichstrommotor gibt es nicht. Auch bei den „großen Brüdern" in den Kraftwerken existieren keine Kommutatoren.

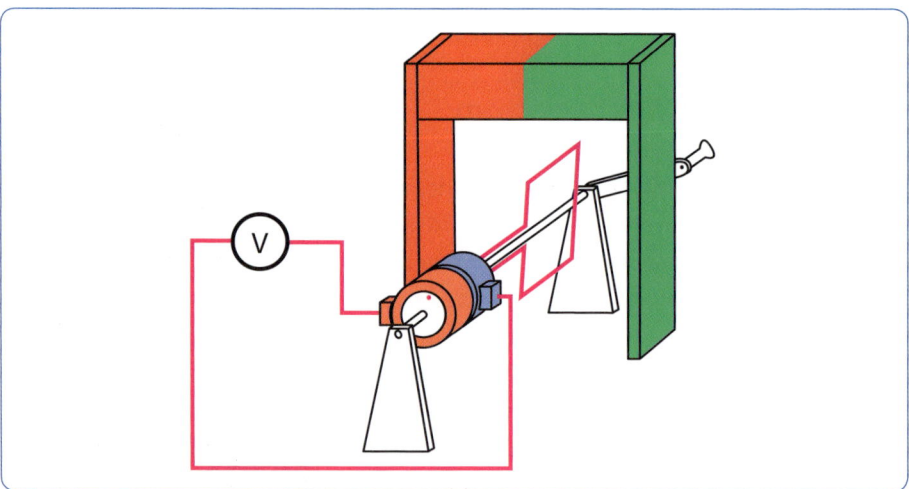

Wechselstromgenerator

Wenn Sie die Spule in Gedanken in Bewegung setzen und mit der Dreifingerregel die Richtung der Lorentzkraft auf im Leiter befindliche Elektronen bestimmen, stellen Sie fest, dass die Elektronen während der einen Halbdrehung in die eine und während der nächsten Halbdrehung in die andere Richtung abgelenkt werden. Dass Wechselspannung entsteht, ist also eine Folge der sich periodisch ändernden Richtung der Kraft auf die Elektronen. Untersucht man die sich ergebende Spannung genauer, so stellt man fest, dass sie sinusförmig verläuft, was aufgrund der Drehbewegung plausibel ist. Die Generatoren in den Kraftwerken drehen sich 50-mal in jeder Sekunde. Daraus ergibt sich, dass die Wechselspannung der Steckdose mit der Frequenz $f = 50\ Hz$ schwingt. Die Amplitude der Spannung (man sagt auch: der *Scheitelwert*) liegt bei 325 Volt. Das folgende Bild zeigt den Verlauf der Netzspannung.

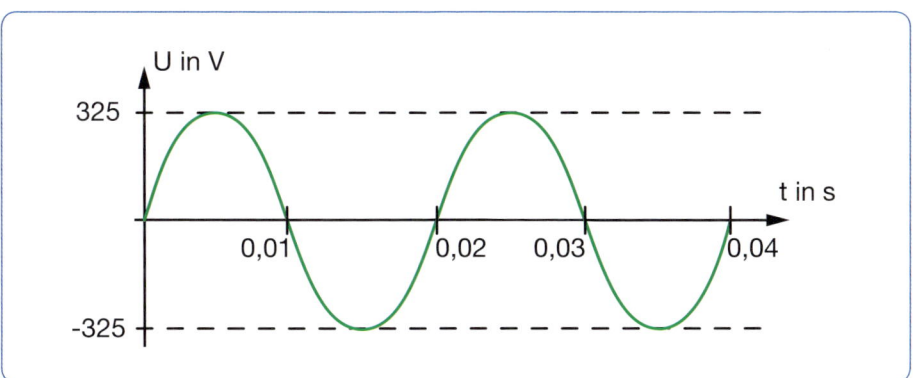

Wechselspannung der Steckdose

Effektivwerte von Strom und Spannung

Da wir die Funktionsweise der öffentlichen Stromversorgung ergründen wollen, werden im Folgenden zum Teil Versuche mit dem Strom und der Spannung der Steckdose beschrieben. *Solche Versuche darf man niemals direkt an der Steckdose ausführen, das ist lebensgefährlich!* Stattdessen muss die Spannung heruntertransformiert werden – dazu mehr im folgenden Abschnitt (→ S. 207 ff.).

Schließt man an die aus Sicherheitsgründen heruntertransformierte Spannung aus der Steckdose einen Ohm'schen Widerstand R an und zeichnet man den zeitlichen Verlauf von Spannung und Strom auf, so stellt man fest, dass Spannung und Stromstärke *in Phase* sind, das heißt, sie erreichen ihre Maximalwerte und Nulldurchgänge immer gleichzeitig. Will man die zu irgendeinem Zeitpunkt an *R* abgegebene *Leistung* bestimmen, so muss man das Produkt aus der momentanen Spannung und der momentanen Stromstärke berechnen. Dieses Produkt ist wegen der Gleichphasigkeit von Strom und Spannung stets positiv oder gleich null, denn beide Faktoren haben ja dasselbe Vorzeichen oder nehmen den Wert null an. Wenn also Energie fließt, dann fließt sie von der Quelle zum Widerstand.

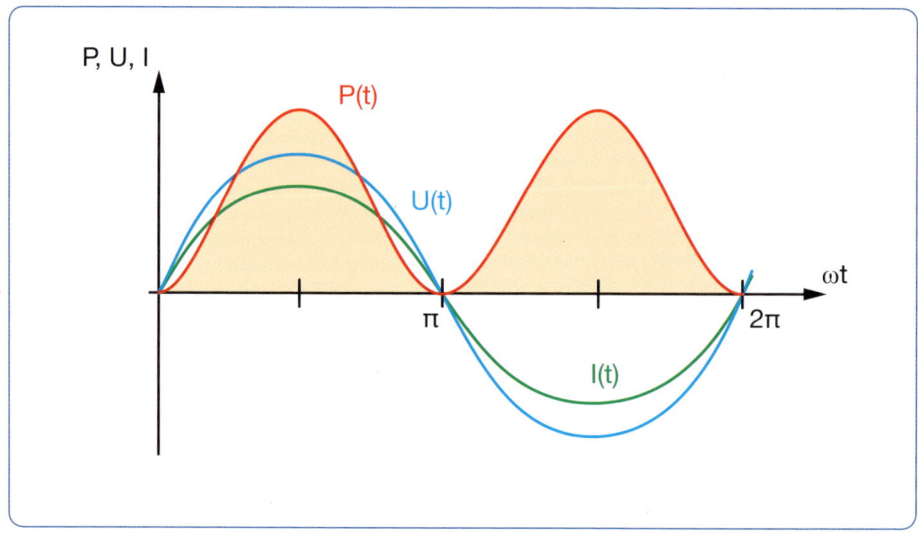

Leistung bei Gleichphasigkeit von Spannung und Strom

Stellt man sich statt des Widerstands eine Lampe vor, so bedeutet dieser Verlauf, dass die Helligkeit der Lampe periodisch zwischen null und einem Maximalwert schwankt (unser Auge ist nur zu träge, um diese Schwankung zu sehen). Im Mittel wird die Helligkeit der Lampe daher geringer sein, als wenn wir sie an Gleichspannung anschließen und die Gleichspannungsquelle auf den Scheitelwert der Wechselspannung einstellen. Wenn wir gleiche Helligkeit erreichen wollen, müssen wir an der Gleichspannungsquelle einen kleineren Wert einstellen, aber welchen? Die Theorie zeigt, dass man die Scheitelwerte von Spannung und Stromstärke durch die Zahl $\sqrt{2}$ ($\approx 1{,}4142$) teilen muss. Für die Netzspannung ergibt sich der Wert von 230 Volt. Das bedeutet: Schließt man zwei baugleiche Lampen einmal an Wechselspannung aus der Steckdose und einmal an eine Gleichspannung mit dem Wert von 230 Volt an, so nimmt man wahr, dass beide Lampen gleich hell leuchten. Die 230 Volt nennt man *Effektivspannung,* die entsprechende Stromstärke heißt *Effektivstromstärke.* Wenn man also sagt, dass in der Steckdose 230 Volt „sind", so meint man nicht den Scheitel-, sondern den Effektivwert.

> Die Effektivwerte einer Wechselspannung U_{eff} und eines Wechselstroms I_{eff} entsprechen der Spannung bzw. Stromstärke eines Gleichstroms, der in einem Ohm'schen Widerstand in der gleichen Zeit die gleiche Energie umsetzt.
>
> Sind $\hat{U}$ und $\hat{I}$ die Scheitelwerte der Wechselspannung bzw. des Wechselstroms, so gilt:
>
> $$U_{eff} = \frac{\hat{U}}{\sqrt{2}} \text{ und } I_{eff} = \frac{\hat{I}}{\sqrt{2}}$$

Wechselstromwiderstand

Schließt man einen *Kondensator* an Gleichspannung an, so lädt er sich auf und stellt danach für den Strom eine Unterbrechung dar. Ändert sich die angelegte Spannung jedoch periodisch, so findet ein permanenter Auf- und Entladevorgang statt, und von außen sieht es so aus, als ließe der Kondensator Strom durch. Infolgedessen kann man ihm einen *Wechselstromwiderstand* (auch: *Impedanz*) zuordnen. In Analogie zur Vorgehensweise bei Gleichstrom können wir diesen als „Spannung geteilt durch Stromstärke" definieren, wobei hier aber die Effektivwerte gemeint sind. Der Wechselstromwiderstand eines Kondensators nimmt mit steigender Frequenz ab, der Kondensator wird durchlässiger.

Aus der Gleichung $Q = C \cdot U$ kann man mithilfe der Differenzialrechnung den Verlauf der Stromstärke ermitteln. Dabei stellt man fest, dass der Strom der Spannung um $\frac{\pi}{2}$ *vorauseilt.* Es ist daher auch die Leistung nicht (wie beim Ohm'schen Widerstand) stets positiv, sondern in der Hälfte der Zeit negativ. Es wird also vom Kondensator im Laufe einer Periode genauso viel Energie aufgenommen wie abgegeben. Diese Energie gelangt nicht nach außen, sondern pendelt zwischen Kondensator und Quelle hin und her. Man nennt den entsprechenden Strom, den man nicht verwerten kann, *Blindstrom*.

Bei einer *Spule* stellt man fest, dass ihr Wechselstromwiderstand mit der Frequenz *zunimmt* und dass der Strom der Spannung um $\frac{\pi}{2}$ *hinterherläuft*. Auch hier wird Blindenergie hin- und hertransportiert.

Reale Stromkreise enthalten oft Kombinationen aus Kondensatoren, Spulen und Ohm'schen Widerständen. Es ergibt sich dann eine Phasenverschiebung zwischen Strom und Spannung, die von $\frac{\pi}{2}$ verschieden ist, sodass neben der Blindleistung auch *Wirkleistung* auftritt, die nicht wieder an die Energiequelle zurückgeliefert wird. In einem Stromkreis, der nur Ohm'sche Widerstände enthält, gibt es nur Wirkleistung. Es wäre ja auch noch schöner, wenn es nur Blindleistung gäbe: Dann würden die Drähte zwischen Kraftwerk und Haussteckdose glühen, weil ganz viel Energie hin- und herwandert, aber wir könnten sie nicht nutzen!

Die Formeln für die Wechselstromwiderstände von Kondensatoren und Spulen werden hier nur wiedergegeben.

Der *Wechselstromwiderstand* (oder die *Impedanz*) Z eines Bauteils ist definiert als:

$$Z = \frac{U_{eff}}{I_{eff}}$$

Für einen Kondensator der Kapazität C gilt: $Z = \frac{1}{\omega \cdot C}$

Für eine Spule der Induktivität L gilt: $Z = \omega \cdot L$

Dabei ist ω die Kreisfrequenz der Sinusschwingung. Es gilt $\omega = 2 \cdot \pi \cdot f$, wenn f die Frequenz der Wechselspannung ist.

Der Transformator

Transformatoren (im Alltag auch „Trafos" genannt) gibt es von klein bis groß: Jedes Handynetzteil enthält einen Transformator und der Umspanner im Kraftwerk ist auch einer. Mit einem Transformator wird Wechselspannung umgeformt: Sie bleibt sinusförmig und die Frequenz wird auch nicht angetastet, aber der Scheitelwert ändert sich. Dass die Netzspannung heruntertransformiert werden muss, ist klar: Würde man z. B. eine Modelleisenbahn mit 230 Volt betreiben, wäre das Berühren der Schienen lebensgefährlich. Warum man dann überhaupt die Spannung erst so hoch macht, dass sie gefährlich ist, wird im nächsten Abschnitt klar werden.

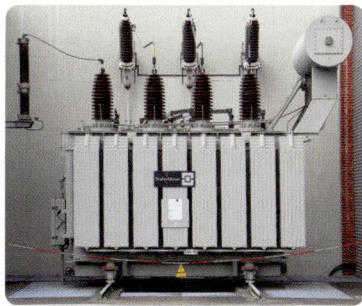
Umspanner im Kraftwerk

Wie sieht ein Transformator von innen aus und wie schafft er es, Spannungen umzuwandeln?

Modelleisenbahn: dank Trafo nicht lebensgefährlich

Spannungen beim Transformator

Jeder Transformator enthält im Prinzip einen Eisenkern, auf den zwei Spulen aufgewickelt wurden: die *Primär-* und die *Sekundärspule*. Der Eisenkern soll das Magnetfeld verstärken und bündeln.

Legt man an die Primärspule eine Wechselspannung, so entsteht ein gleichfalls wechselndes Magnetfeld, das den Eisenkern und damit die Sekundärspule durchsetzt. Dieses sich ändernde Magnetfeld induziert in der Sekundärspule eine Wechselspannung. Man kann theoretisch zeigen, dass die Größe der transformierten Spannung beim *idealen unbelasteten Transformator* nur vom Verhältnis der Windungszahlen der Spulen abhängt. Ist n_1 die Windungszahl der Primärspule und n_2 die der Sekundärspule und sind U_1 und U_2 die entsprechenden (als Effektivwerte gemessenen) Spannungen, so gilt:

$$\frac{U_1}{U_2} = \frac{n_1}{n_2}$$

Beim *idealen* Transformator durchsetzen alle von der Primärspule herrührenden Magnetfeldlinien auch die Sekundärspule, sodass keine Energieverluste auftreten. Das Wort *unbelastet* bedeutet, dass auf der Sekundärseite kein Strom fließt. In der Praxis hat man es nicht mit idealen Transformatoren zu tun, aber der Zusammenhang gilt näherungsweise auch für reale Transformatoren, wie sich experimentell nachweisen lässt.

Aus der Formel folgt durch Umstellung nach U_2:

$$U_2 = \frac{n_2}{n_1} \cdot U_1$$

Ist also etwa $U_1 = 230\ V$ und $n_1 = 600$, so können wir durch passende Wahl von n_2 bestimmen, welchen Wert die Sekundärspannung haben soll. Hat die Sekundärspule z. B. sechs Windungen, so wird die Spannung auf ungefähriche 2,3 Volt herab-

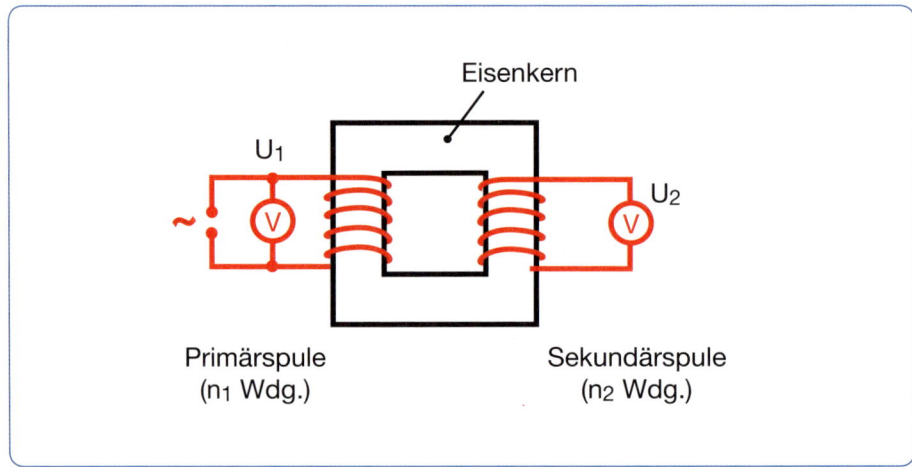

Prinzip des Transformators

gesetzt. Nehmen wir aber eine Sekundärspule mit 60.000 Windungen, so beträgt die Sekundärspannung 23.000 Volt! Hier ist Anfassen mit Sicherheit tödlich, wenn nicht eine schnelle Sicherung den Strom sofort (in weniger als 50 Millisekunden) unterbricht.

Ströme beim Transformator

Netzteil

Wir lassen jetzt auf der Sekundärseite Strom fließen und bemühen nochmals den idealen Transformator. Wenn im Transformator keine Leistung verloren geht, ist sie auf der Sekundärseite genauso groß wie auf der Primärseite:

$$U_1 \cdot I_1 = U_2 \cdot I_2$$

Löst man nach $\frac{I_2}{I_1}$ auf und benutzt man die Formel für die Spannungen, so folgt:

$$\frac{I_2}{I_1} = \frac{U_1}{U_2} = \frac{n_1}{n_2}$$

Die Ströme verhalten sich also umgekehrt wie die Windungszahlen. Für reale Transformatoren gilt dies näherungsweise auch.

Benötigt man hohe Sekundärströme, so muss die Sekundärspule viel weniger Windungen haben als die Primärspule. Ein Schweißtrafo zum elektrischen Schweißen, wo hohe Stromstärken erforderlich sind, arbeitet so.

Schweißstromquelle

> Bei realen Transformatoren verhalten sich die Spannungen näherungsweise wie die Windungszahlen. Die Ströme verhalten sich näherungsweise umgekehrt wie die Windungszahlen.

Das öffentliche Stromnetz

Der Weg der elektrischen Energie vom Kraftwerk bis zur Steckdose sieht grob skizziert so aus: Die Generatoren in den großen Kraftwerken liefern Spannungen zwischen sechs Kilovolt (= 6000 Volt) und 27 Kilovolt (= 27.000 Volt). Diese werden durch Transformatoren in den Kraftwerken hochgespannt und in das übergreifende *Stromverbundnetz* eingespeist, das für *Höchstspannungen* ausgelegt ist und mit 220 Kilovolt und 380 Kilovolt arbeitet. Diese Spannungen setzt man nun schrittweise herab und passt sie dem Bedarf verschiedener Verbraucher an. Zum Beispiel benötigt

Schienenverkehr

der Schienenverkehr 110 Kilovolt. Kleinere Kraftwerke wie Wasserkraftanlagen speisen ihre Energie in *Mittelspannungsnetze* (zehn Kilovolt bis 40 Kilovolt) ein. Schließlich werden Wohnhäuser, Betriebe und die Landwirtschaft durch das *Niederspannungsnetz* (230 Volt beziehungsweise 400 Volt) versorgt. Die 400 Volt entstehen dadurch, dass der Strom in drei jeweils um 120 Grad gegeneinander verschobenen *Phasen* geliefert wird (sogenannter *Drehstrom*). In der normalen Steckdose haben wir es jeweils nur mit einer dieser Phasen zu tun und wir messen zwischen den Polen die Effektivspannung 230 Volt. Zwischen den einzelnen Phasen herrschen aber 400 Volt. Vielleicht haben Sie sich schon einmal gewundert, warum in ein Haus (soweit es oberirdisch mit elektrischer Energie beliefert wird) vier Leitungen führen und nicht nur zwei. Es handelt sich hierbei um die drei Phasen und den gemeinsamen Rückleiter.

Nun werden Sie sich fragen: Wozu der ganze Aufwand? Warum baut man nicht einfach ein einziges Netz, in dem überall dieselbe Spannung herrscht?

Übertragung elektrischer Energie

Stellen Sie sich ein sehr kleines Kraftwerk vor, das maximal die Leistung von zehn Kilowatt zur Verfügung stellen kann. Die elektrische Energie, die dieses Kraftwerk erzeugt, soll über ein übliches Stahlkabel in eine fünf Kilometer entfernte Siedlung übertragen werden. Um Transformatoren zu sparen, wird der Generator des Kraftwerks gleich so gebaut, dass er 230 Volt liefert. Leider kann man es nicht vermeiden, dass ein Teil der Energie nicht bei der Siedlung ankommt, denn das Stahlkabel besitzt elektrischen Widerstand und wandelt elektrische Energie in Wärmeenergie um. Wie groß ist die Leistung, die auf diese Weise der Siedlung durch das Kabel verloren geht? Man kann ausrechnen, dass ein typisches Stahlkabel mit dem Querschnitt von 500 Quadratmillimetern und der Länge von zehn Kilometern (Hin- und Rückweg!) den Widerstand von drei Ohm besitzt. Das klingt zunächst nicht nach viel, aber rechnen wir einmal den Verlust aus! Wir nehmen

Hochspannungsleitung

an, dass die Siedlung so viel Leistung abnimmt, dass der Generator voll ausgelastet ist, also zehn Kilowatt liefert. Die Stromstärke in dem Kabel können wir aus der Leistung des Generators und der Spannung berechnen:

$$P = U \cdot I \Rightarrow I = \frac{P}{U} = \frac{10\ kW}{230\ V} = 43{,}48\ A$$

Für die in einem Widerstand R umgesetzte Leistung haben wir im letzten Kapitel eine Formel hergeleitet (➔ S. 164). Diese benutzen wir jetzt zur Berechnung der Verlustleistung P_V:

$$P_V = R \cdot I^2 = 3\ \Omega \cdot (43{,}48\ A)^2 = 5.672\ W\ (gerundet)$$

Es gehen also ca. 57 Prozent der Energie unterwegs verloren! Das ist viel zu viel! Die große Verlustleistung entsteht dadurch, dass die (ohnehin schon große) Stromstärke auch noch quadratisch eingeht. Wir müssen also die Stromstärke absenken. Wie können wir das tun? Eine Möglichkeit ist: Wir erhöhen die Spannung!

Bauen wir also zwei Transformatoren ein: einen am Kraftwerk, der die Spannung beispielsweise auf 20 Kilovolt erhöht, und einen an der Siedlung, der sie wieder auf

230 Volt herabsetzt. Es ergibt sich dann mit denselben Formeln wie oben eine Stromstärke von 0,5 Ampere und eine Verlustleistung von 0,75 Watt (bitte rechnen Sie nach!). Jetzt beträgt der Leitungsverlust nur noch 0,0075 Prozent und die Siedlung kann auf wirtschaftlich tragbare Weise mit elektrischer Energie versorgt werden.

Wir sehen: Ohne Transformatoren wäre eine Energieversorgung über größere Entfernungen hinweg nicht möglich. Und damit können wir jetzt auch die zu Beginn dieses Kapitels gestellte Frage beantworten. Sie lautete: „Warum kommt aus der Steckdose Wechselstrom?"

Zunächst einmal ist es technisch sehr einfach, Wechselstrom zu erzeugen: Eine sich in einem Magnetfeld drehende Spule erzeugt „automatisch" Wechselstrom, und es wäre aufwendig, ihn in Gleichstrom zu verwandeln. Vor allem aber – und das ist der wesentliche Grund – kann man Gleichspannung nicht transformieren, denn ein Transformator funktioniert nur mit Wechselspannung! Was also auf den ersten Blick aufwendig und umständlich erscheint, ist in Wirklichkeit die einzig praktikable Möglichkeit, das ganze Land mit elektrischer Energie zu versorgen.

> Hochspannungsnetze sind erforderlich, um elektrische Energie über größere Strecken übertragen zu können.

Die „Stromrechnung"

Wenn Sie ein Durchschnittsdeutscher oder eine Durchschnittsdeutsche sind, werden in Ihrem Haushalt pro Jahr 3500 Kilowattstunden verbraucht. Diesen Wert zeigt der im Haushalt angebrachte „Stromzähler" an und er steht auch auf der „Stromrechnung". Was man zählt und bezahlt, ist natürlich in Wirklichkeit nicht der Strom, denn dieser fließt ja immer hin und her, die Begriffe sind also physikalisch falsch. Man bekommt und bezahlt die gelieferte *Energie*. Die Kilowatt-

„Strom"-Zähler

stunde ist eine (sehr praktische) Energieeinheit. Es ist damit diejenige Energie gemeint, die in einer Stunde an ein Gerät mit der Leistung von einem Kilowatt geliefert wird. Da Leistung Energie pro Zeit und damit Energie Leistung mal Zeit ist, können wir diese Energie in Joule ausrechnen:

$W = P \cdot t = 1000 \ W \cdot 3600 \ s = 3.600.000 \ J = 3{,}6 \ MJ$

Eine Stunde enthält 3600 Sekunden und ein Megajoule *(MJ)* bezeichnet 1.000.000 Joule.

Ein elektrisches Bügeleisen leistet ungefähr ein Kilowatt. Bügeln Sie also eine Stunde lang, dann haben Sie eine Kilowattstunde verbraucht. Wenn Sie eine Zehn-Watt-Energiesparlampe 100 Stunden lang leuchten lassen (also immerhin gut vier Tage lang), beträgt der Verbrauch ebenfalls eine Kilowattstunde.

Leistung: 1 kW

> Die Kilowattstunde *(kWh)* ist eine Energieeinheit.
> Es gilt: $1 \ kWh = 3.600.000 \ J$

Elektrische Schwingungen

Nun soll der elektrische Strom schwingen, und zwar ohne mechanische Hilfen wie drehende Spulen in Magnetfeldern – es soll ausschließlich elektrisch zugehen!

Der Schwingkreis

Wir holen uns Ideen bei der Schaukel: Sie wurde zunächst ausgelenkt und erhielt dadurch potenzielle Energie (im Schwerefeld). Eine elektrische Entsprechung ist leicht zu realisieren: Wir

Ideengeber für den Schwingkreis

nehmen uns einen Kondensator und laden ihn auf! Damit steht uns jetzt potenzielle Energie (im elektrischen Feld) zur Verfügung.

Wenn wir die Schaukel loslassen, verliert sie potenzielle und gewinnt in gleichem Maße kinetische Energie. Im unteren Punkt der Bahn besitzt sie nur noch kinetische Energie. Aufgrund ihrer Trägheit bewegt sie sich weiter und gewinnt wieder potenzielle Energie auf Kosten der kinetischen Energie. Dieser Vorgang wiederholt sich und die Schaukel schwingt.

Wie können wir dies elektrisch nachahmen? Wenn wir den Kondensator über einen Widerstand entladen, ergibt sich – wie wir gesehen haben – keine Schwingung. Es fehlt die der *Trägheit* der Schaukel entsprechende elektrische Eigenschaft.

Eigentlich kommt jetzt nur ein einziges Bauelement infrage, das wir benutzen können, um der Schaltung „Trägheit" zu geben, und Sie haben bestimmt schon erraten, welches: eine *Spule*. Erinnern wir uns: Wenn wir zunehmenden Strom durch eine Spule schicken, baut sich aufgrund der Selbstinduktion eine Spannung auf, die der äußeren Spannung entgegengerichtet ist. Nimmt der Strom wieder ab, kehrt sich die Induktionsspannung um. (Dies kann man z. B. an der Gleichung $U_L = L \cdot \frac{dI}{dt}$ erkennen.) Mit anderen Worten: Solange der Strom zunimmt, behindert die Spule die Zunahme, und wenn er abnimmt, versucht sie das Abnehmen zu verhindern. Sie liefert also genau die Eigenschaft der Trägheit, die wir gesucht haben.

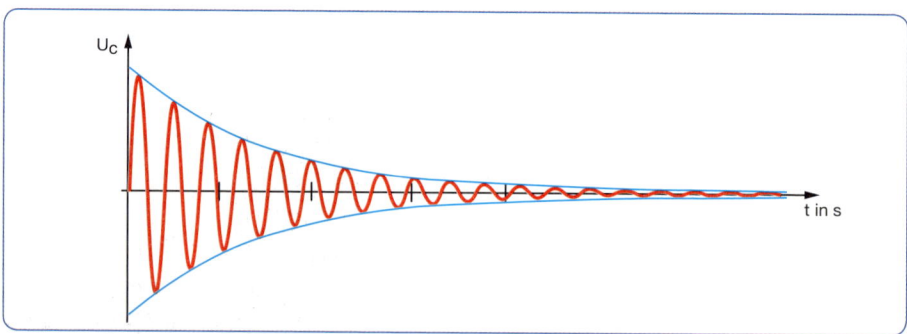

Gedämpfte elektrische Schwingung

Die Bilder zeigen die Schaltung eines Schwingkreises und den zeitlichen Verlauf der Spannung über dem Kondensator, nachdem man ihn aufgeladen und dann den Schalter umgelegt hat. Die Energie befindet sich zunächst ausschließlich im elektrischen Feld des Kondensators. Sobald er sich entlädt, wird in der Spule ein Magnetfeld aufgebaut. In dem Augenblick, in dem der Kondensator vollständig entladen ist, fließt maximaler Strom und die gesamte Energie befindet sich im Magnetfeld der Spule. Nun lädt sich der Kondensator wieder auf, das Magnetfeld wird abgebaut usw. – es entsteht also eine Schwingung.

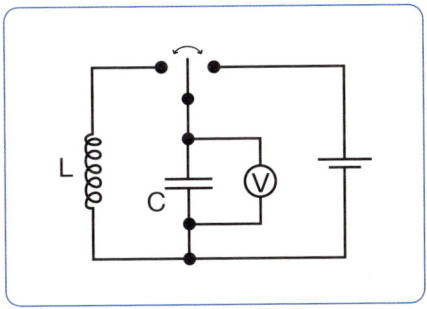

Schwingkreis

Rückkopplung

Die unvermeidlichen Energieverluste bewirken, dass die Schwingung (wie die der Schaukel) gedämpft ist. So, wie man die Schwingung der Schaukel entdämpfen kann, indem man der schaukelnden Person während jeder Schwingungsperiode einmal kurz einen Schubs gibt, kann man auch die Verluste im elektrischen Schwingkreis ausgleichen. Die hierzu erforderliche Schaltung muss selbst merken, wann der richtige Moment für den Schubs gekommen ist, muss also in geeigneter Weise auf sich selbst zurückwirken. Dieses „Zurückwirken auf sich selbst" nennt man *Rückkopplung*.

Historisch gesehen war die *Meißner'sche Rückkopplungsschaltung* – nach dem deutschen Physiker Alexander Meißner (1883–1958) – die erste Schaltung, mit der es gelang, die Energieverluste eines Schwingkreises selbsttätig auszugleichen (heute gibt es zu diesem Zweck auch andere Schaltungen). Die Grundidee der Meißnerschaltung ist folgende: Die Spule beeinflusst induktiv, also durch ihr Magnetfeld, eine weitere Spule, die unmittelbar neben oder in ihr befestigt ist, und diese zweite Spule

Gedenktafel für Alexander Meißner im Hauptgebäude der Technischen Universität Wien

Elektrische Schwingungen ...

wiederum steuert einen Transistor, der dadurch in jeder Periode im richtigen Augenblick leitend wird und die Energieverluste ausgleicht. Zu Meißners Zeit gab es noch keine Transistoren, sondern er verwendete Elektronenröhren. Das ändert aber nichts am Prinzip.

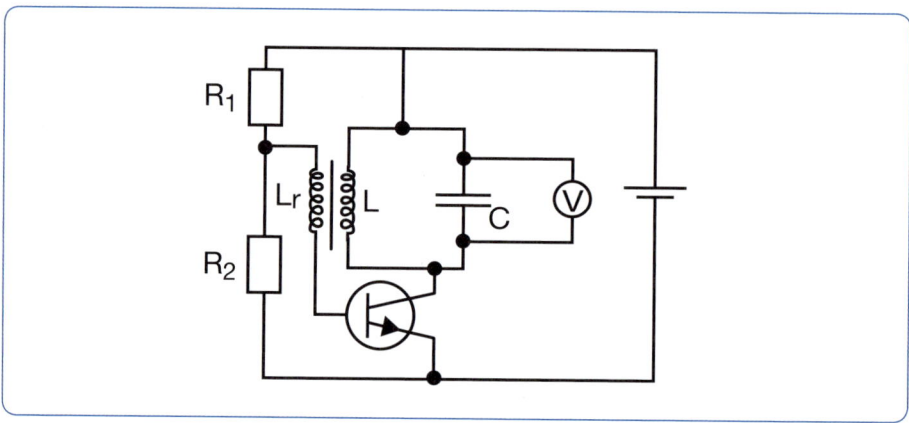

Meißnerschaltung

Genau wie die Schaukel besitzt jeder elektrische Schwingkreis eine Eigenfrequenz. Sie errechnet sich nach der Formel $f = \dfrac{1}{2 \cdot \pi \cdot \sqrt{L \cdot C}}$ (hier ohne Beweis). Die Eigenfrequenz kann man durch Verwendung eines *Drehkondensators,* der C variabel macht, beeinflussen.

> Ein Schaltkreis aus Kondensator und Spule heißt elektrischer Schwingkreis, da in ihm elektrische Schwingungen stattfinden können. Für die Eigenfrequenz f eines Schwingkreises mit der Kapazität C und der Induktivität L gilt:
>
> $$f = \dfrac{1}{2 \cdot \pi \cdot \sqrt{L \cdot C}}$$

Nun können wir auf elektrischem Wege Schwingungen erzeugen und damit im Prinzip einen Synthesizer bauen!

Elektromagnetische Wellen

Wir bauen jetzt einen Radiosender und einen entsprechenden Empfänger. Zu kompliziert? Natürlich gibt es zahllose Details, die das Ganze unübersichtlich machen, aber wenn wir die Einzelheiten weglassen und uns auf die zugrunde liegenden Ideen konzentrieren, ist es nicht übermäßig schwierig – man muss nur darauf kommen. Der Durchbruch gelang dem schon erwähnten deutschen Physiker Heinrich Hertz mit Experimenten, die er auf der Grundlage theoretischer Vorhersagen des Schotten James Clerk Maxwell (1831–79) durchführte. Hertz schaffte es als Erster, Energie durch den Raum zu übertragen. In seiner Empfangsantenne wurden Funken ausgelöst. Daher spricht man noch heute vom „Rundfunk" und von der „Funktechnik".

James Clerk Maxwell

Der Hertz'sche Dipol

Eine Sendeantenne kann man sich auf folgende Weise entstanden denken: Man nehme einen elektrischen Schwingkreis und verringere schrittweise die Kapazität des Kondensators und die Induktivität der Spule: zunächst, indem man die Platten des Kondensators kleiner macht und die Windungszahl der Spule herabsetzt, dann, indem man den Schwingkreis aufbiegt. Schließlich bleibt nur noch ein Metallstab übrig. Der Stab selbst bildet die „Spule", die Enden des Stabes bilden den „Kondensator". Einen solchen zu einem Stab gewordenen Schwingkreis nennt man einen *Hertz'schen Dipol* oder auch einfach eine *Antenne*. Die Eigenfrequenz, mit der der Dipol schwingt, ist sehr hoch (bei

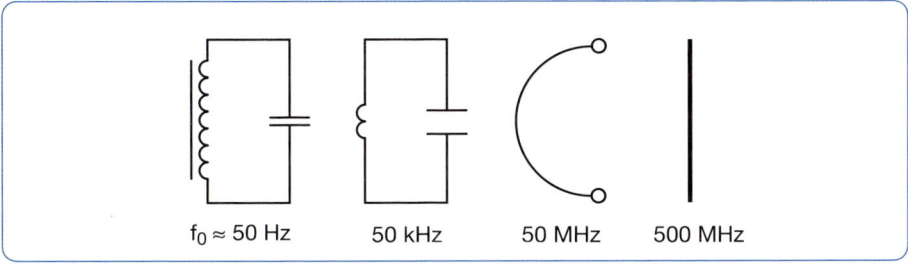

Entstehung eines Hertz'schen Dipols

einem Mittelwellensender beträgt sie z. B. größenordnungsmäßig 1000 Kilohertz, also ein Megahertz). Dies erkennt man an der im letzten Abschnitt hergeleiteten Frequenzformel (→ S. 216) : L und C kommen beide im Nenner vor. Sind sie sehr klein, wird der gesamte Ausdruck sehr groß.

Der Dipol verfügt über eine Eigenschaft, die die bisher betrachteten Schwingkreise nicht haben: Er strahlt Energie in die Umgebung ab. Man muss sich das so vorstellen, dass das durch den „Kondensator" (die Stabenden) gebildete elektrische Feld bei der Entladung nicht ganz wieder abgebaut wird, sondern dass sich ein Feldbereich vom Dipol „abschnürt" und in den umgebenden Raum wandert. Die elektrischen Feldlinien bilden dabei geschlos-

Rundfunksender

sene Ringe. Gleichzeitig entstehen um den Dipol herum magnetische Felder. Nach der Theorie von Maxwell verursacht jedes sich ändernde elektrische Feld ein magnetisches Feld. Umgekehrt erzeugt jedes sich ändernde Magnetfeld ein elektrisches Feld. Die elektrischen und magnetischen Felder sind also miteinander verkettet und breiten sich im Raum aus: Der Dipol ist zum Sender geworden!

Eine Empfangsantenne sieht nicht anders aus als eine Sendeantenne, sie ist auch ein Hertz'scher Dipol. Die ankommenden Felder regen den Stab zu Schwingungen an, falls Resonanz vorliegt, also die Eigenfrequenz des Empfangskreises getroffen wird. Diese Schwingungen sind der Beweis dafür, dass Energie übertragen wurde.

Nachweis der Welleneigenschaft

Der Strom in der *Sendeantenne* des Hochfrequenzsenders (siehe Abbildung auf S. 219) schwingt mit $f = 434$ MHz. An der Glühlampe der *Empfängerantenne* kann man erkennen, ob hier Energie empfangen wird. Hält man dahinter eine weitere Antenne und vergrößert man ihren Abstand zu den anderen Dipolen allmählich, so beobachtet man, dass die Lampe abwechselnd heller und dunkler leuchtet und sogar an einigen Orten völlig verlischt. Dies kann man auf der Grundlage unserer bisherigen Kenntnisse nur

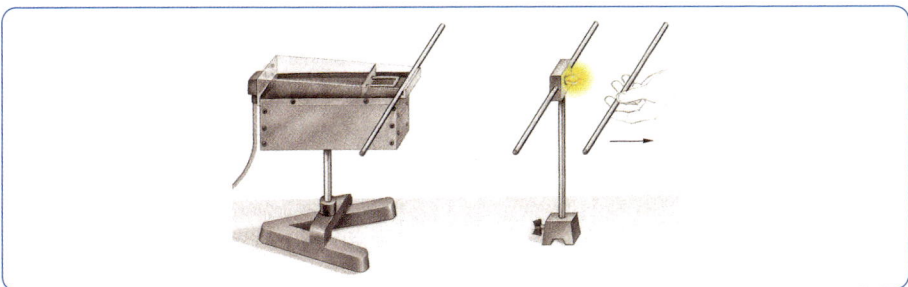
Erzeugung einer stehenden Welle

so deuten, dass zwischen der Sendeantenne und dem von uns bewegten Stab (als „Reflektor") eine *stehende Welle mit Knoten und Bäuchen* erzeugt wird. Die Knoten befinden sich dort, wo die Lampe nicht leuchtet. Also muss es sich bei der Aussendung von Energie durch einen Hertz'schen Dipol um eine *Wellenerscheinung* handeln. Man spricht von einer *elektromagnetischen Welle*.

Da die Knoten, wie wir gesehen haben, immer eine halbe Wellenlänge voneinander entfernt sind, können wir die Wellenlänge leicht ausrechnen, indem wir den Abstand zweier Knoten ausmessen und das Ergebnis verdoppeln. Es ergibt sich bei dem hier beschriebenen Versuch der Wert $\lambda = 0{,}69\ m$.

Nun können wir die (Phasen-)Geschwindigkeit c unserer Welle mit der entsprechenden Formel aus dem Kapitel „Mechanische Schwingungen und Wellen" ausrechnen (→ S. 99 ff.):

$$c = \lambda \cdot f = 0{,}69\ m \cdot 434\ MHz \approx 3 \cdot 10^8\ \frac{m}{s} = 300.000\ \frac{km}{s}$$

Diese Zahl entspricht der Geschwindigkeit des Lichts. Ist das ein Zufall oder hat es damit etwas auf sich? Wir werden sehen …

Ein Hertz'scher Dipol strahlt eine elektromagnetische Welle aus, die sich mit der Geschwindigkeit $c = 3 \cdot 10^8\ \frac{m}{s}$ ausbreitet.

Modulation

Nun können wir über den Raum hinweg eine Lampe zum Leuchten bringen, aber das war ja nicht unser Ziel, sondern wir wollten Sprache und Musik übertragen! Dies ist jedoch mit den bisherigen Mitteln nicht möglich, da niederfrequente Schwingungen sehr lange Antennen erforderlich machen würden. Eine Antenne zur Übertragung eines Tones der Frequenz ein Kilohertz müsste 150 Kilometer lang sein! Stattdessen wird die hochfrequente Welle (die *Trägerwelle*) so beeinflusst, dass sie die gewünschte Information enthält: Man *moduliert* sie.

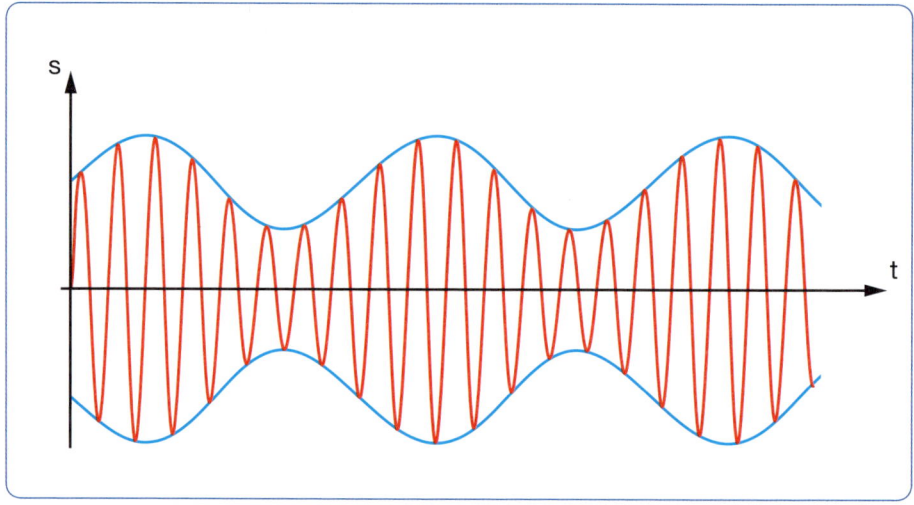

Amplitudenmodulation

Am einfachsten ist die *Amplitudenmodulation* („AM"). Hier ändert sich die Amplitude der Schwingung dem niederfrequenten Signal entsprechend. Auf elektronischem Wege kann man im Empfänger die modulierte wieder in eine akustische Schwingung zurückverwandeln.

Es ist auch möglich, die *Frequenz zu modulieren* („FM"). Das UKW-Radio sendet mit Frequenzmodulation. Sie ist weniger störanfällig als die Amplitudenmodulation.

Elektrosmog

Es lässt sich experimentell nachweisen, dass elektromagnetische Wellen biologische Wirkungen haben. Das können z. B. Störungen des Stoffwechsels und des Nervensystems sein. Strittig ist nur, ab welcher Intensität mit gesundheitlichen Schäden durch diesen „Elektrosmog" gerechnet werden muss. Die Frage, ob beispielsweise die von einem Handy ausgehende Strahlung „gefährlich" ist, lässt sich noch nicht fundiert beantworten, weil es noch keine langfristigen Untersuchungen mit statistisch gesicherten Ergebnissen gibt. Man sollte aber vorsichtig sein und möglichst strahlungsarme Handys benutzen.

Ob schädlich oder nicht: Aufs Handy verzichtet heute fast niemand mehr.

VI. Wärme

Temperaturmessung

Wir Menschen haben es gerne warm. Im Winter freuen wir uns auf eine geheizte Wohnung, wir finden die „warme Jahreszeit" gut, und manchmal kommen wir auf die Idee, in südlichen Gefilden „Sonne zu tanken". Doch spätestens seit der Diskussion um die globale Erwärmung und den Klimawandel weckt das Wort „Wärme" nicht nur positive Assoziationen: Es könnte sein, dass unsere Lebensgrundlagen in Gefahr sind, wenn es im Mittel nur um ein paar Grad wärmer wird.

Auf dieser Etappe unserer Reise durch die Physik geht es um die Prozesse der Erwärmung und Abkühlung und deren Bedeutung für unser Leben.

Wärme ...

... ist schön!

Die Celsiusskala

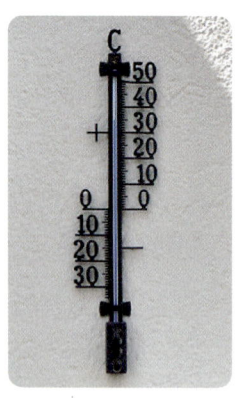

Wenn ein Raum nicht geheizt ist, empfinden wir ihn schnell als kalt – schon 15 Grad sind für uns auf Dauer unangenehm kühl. Herrscht aber tiefster Winter mit Minusgraden und kommen wir von draußen in denselben Raum, so empfinden wir ihn als warm. Unsere Temperaturempfindung hängt also von den Umständen ab, sie ist *subjektiv*. Die Physik benötigt aber *objektive* Messverfahren. Ein einfacher Vorschlag zur Objektivierung der Temperaturmessung geht auf den schwedischen

Thermometer, auf dem Grad Celsius gemessen werden

Anders Celsius

Physiker Anders Celsius (1701–44) zurück und nutzt die Tatsache, dass das flüssige Metall Quecksilber sich bei Erwärmung ausdehnt. Ein *Quecksilberthermometer* besteht aus einem kleinen mit Quecksilber gefüllten Gefäß, an das eine enge Röhre (eine Kapillare) angesetzt ist. Dehnt sich das Quecksilber aus, so steigt es in der Kapillare hoch, und am Pegel lässt sich im Prinzip die Temperatur ablesen. Aber welcher Pegelstand gehört zu welcher Temperatur? Uns fehlt eine Gradeinteilung, eine *Skala*. Diese Skala beschafft man sich (nach Celsius) mithilfe zweier *Fixpunkte,* die in jedem Labor leicht zu realisieren sind: Zunächst hält man das Thermometer in Eiswasser (aus schmelzendem Eis) und schreibt an den entsprechenden Pegel „0°". Anschließend hält man es in siedendes Wasser und schreibt an den sich einstellenden Pegel „100°". (Leider ist die Siedetemperatur vom Luftdruck abhängig, sodass bei der Festlegung der Skala streng genommen „normaler" Luftdruck (1013,25 Hektopascal) herrschen muss – diese Feinheit muss vom Physiker beachtet werden.) Die Strecke zwischen den beiden Fixpunkten teilt man nun in 100 gleiche Teile, von denen jedes ein Grad darstellen soll – und schon kann man Temperaturen messen. Zum Beispiel kann man jetzt leicht feststellen, dass ein gesunder Mensch die Körpertemperatur von 37 Grad besitzt.

Die beschriebene Temperaturskala heißt zu Ehren ihres Erfinders *Celsiusskala;* unsere Körpertemperatur beträgt also genauer gesagt 37 Grad Celsius (37 °C).

> Temperaturmessung nach Celsius: 0 °C ist die Temperatur des schmelzenden Eises, 100 °C die Temperatur siedenden Wassers bei einem Luftdruck von 1013,25 hPa. Diese Temperaturen dienen als Fixpunkte für die Skala eines Quecksilberthermometers. 1 °C ist ein Hundertstel des Abstandes der beiden Fixpunkte.

Ein gravierender Nachteil des Messverfahrens nach Celsius ist, dass die Temperaturmessung von einem bestimmten Stoff (dem Quecksilber) und dessen Ausdehnungsverhalten abhängt. Auch kann man mit dieser Methode unterhalb des Punktes, an dem

Quecksilber fest wird, und oberhalb des Siedepunktes von Quecksilber keine Temperaturen messen. Um den Messbereich zu erweitern, benutzt man andere Thermometerflüssigkeiten wie z. B. Alkohol. Für sehr hohe und sehr tiefe Temperaturen muss man andere Wege beschreiten – dazu im Laufe des Kapitels mehr!

Hier einige „typische" Temperaturen:

Tiefste im Freien gemessene Lufttemperatur	$-89{,}2\ °C$
Schmelzpunkt von Quecksilber	$-38{,}83\ °C$
Schmelzpunkt von Eisen	$1535\ °C$
Temperatur an der Oberfläche der Sonne	ca. $6000\ °C$
Temperatur im Zentrum der Sonne	ca. $20.000.000\ °C$

Andere Temperaturskalen

Es gibt historisch bedingt weitere Temperaturskalen. In den USA ist die *Fahrenheitskala* (nach dem deutschen Physiker Daniel Gabriel Fahrenheit (1686–1736)) gebräuchlich, die andere Fixpunkte verwendet. Für „Grad Fahrenheit" schreibt man „$°F$". Es gilt: $32\ °F = 0\ °C$ und $212\ °F = 100\ °C$.

Um ganz von speziellen Stoffen unabhängig zu sein, hat man die sogenannte *thermodynamische Temperaturskala* mit der Einheit K („Kelvin", nach dem britischen Physiker Lord Kelvin (1824–1907)) eingeführt. Eine genaue theoretische Erörterung der Kelvinskala sprengt den Rahmen dieser Darstellung, im nächsten Abschnitt werden wir uns ihr aber anschaulich nähern (→ S. 229).

Lord William Kelvin

Atomistischer Aufbau der Materie

Wenn Sie Ihre Hände aneinanderreiben, werden sie warm. Auf entsprechende Art können Sie auch einen Stein erwärmen, indem Sie ihn an einer Unterlage (z. B. einer Betonplatte) reiben. Die Temperatur des Steins lässt sich aber auch auf andere Weise erhöhen, nämlich z. B. dadurch, dass Sie ihn in warmes Wasser tauchen. Trocknen Sie ihn anschließend gut ab, so ist nicht mehr feststellbar, ob die Erwärmung vom Wasser oder vom Reiben herrührt. Auf jeden Fall aber ist der erwärmte Stein in der Lage, Arbeit zu verrichten. Das kann man z. B. auf die folgende Art einsehen: Der Stein erwärmt die Luft in seiner Umgebung. Die warme Luft könnte man in einen Ballon leiten, und dieser würde als Heißluftballon emporsteigen, also würde Arbeit verrichtet werden. Praktisch wäre das natürlich schwierig, aber im Prinzip müsste es gehen! Der Stein kann also Arbeit verrichten, folglich besitzt er Energie. Diese Energie sieht

Fliegen – theoretisch dank heißer Steine

man dem Stein aber nicht an. Sie ist irgendwie in das Innere des Steines gelangt. Aber wie kann man sich das vorstellen? Was geschieht im Inneren des Steines, wenn er Energie hinzugewinnt? Und wieso kann sich diese Energie sowohl durch Reiben als auch durch Erwärmen erhöhen? Wie sieht der Stein „von innen" aus?

Brown'sche Bewegung

Wie schon erwähnt, sind die Teilchen, also die Atome und Moleküle, viel zu klein, als dass man sie direkt sehen könnte. Wir sind daher auf indirekte Beobachtungsmethoden angewiesen.

Robert Brown

Der schottische Botaniker Robert Brown (1773–1858) beobachtete unter einem Mikroskop, dass Pflanzenpollen in einem Wassertropfen unregelmäßig hin und her zucken und dass diese Zitterbewegung mit steigender Temperatur heftiger wird. Auch Rauchteilchen in der Luft (von Zigarettenrauch, den man in eine „Rauchkammer" bläst) schlagen einen solchen Zickzackkurs ein. Für diese Bewegung – nach ihrem Entdecker Brown'sche Bewegung genannt – muss es einen Grund geben. Aber welchen?

Bei Popkonzerten im Stadion werden manchmal große Bälle in die Menge geworfen, die dann von vielen Händen mal hierhin, mal dorthin transportiert werden. Vom Hubschrauber aus kann man die einzelnen Zuschauer nicht sehen. Was man wahrnimmt, ist, dass die Bälle sich aus scheinbar unerfindlichem Grund hin und her bewegen. Könnte es bei der Brown'schen Bewegung nicht genauso sein? Ist es nicht plausibel, anzunehmen, dass die Pflanzenpollen (beziehungsweise die Rauchteilchen) den Bällen entsprechen und die Zuschauer den (für uns nicht sichtbaren) Teilchen, also den Atomen oder Molekülen? Das würde bedeuten, dass die Teilchen einer Flüssigkeit oder eines Gases nicht ruhen, sondern in dauernder Bewegung sind – nur sehen wir das normalerweise nicht. Und dass die Pollen sich bei größerer Temperatur heftiger bewegen als bei kleinerer, würde den Schluss zulassen, dass dies auch für die atomaren Teilchen gilt.

Bewegung eines Pollenteilchens

Genau so deuten die Physiker die Brown'sche Bewegung – und damit ist auch sofort klar, wie wir uns anschaulich vorstellen können, was die Energie bewirkt, die beim Reiben oder Erwärmen im Innern des Steins landet: Sie macht die Teilchen schneller!

Feste, flüssige und gasförmige Körper

Die Untersuchung der Brown'schen Bewegung und viele andere Experimente haben zu folgender Modellvorstellung über den Aufbau der Körper geführt:

In *festen Körpern* sind die Teilchen mit ihren Nachbarn durch starke Kräfte verbunden. Sie müssen bleiben, wo sie sind, können aber um ihren Ort hin- und herschwingen.

In *Flüssigkeiten* haften die Teilchen aneinander, sind aber gegenseitig leicht verschiebbar.

In *Gasen* bewegen sich die Teilchen frei im Raum. Sie können zusammenstoßen und werden dadurch in ihrer Richtung abgelenkt.

Führt man einem festen Körper Energie zu, so schwingen die Teilchen zunächst schneller. Haben sie genug Energie „getankt", so können sie ihren Ort verlassen – der Körper schmilzt. Nun bilden die Teilchen eine Flüssigkeit und werden bei weiterer Energiezufuhr erneut schneller. Schließlich wird, wenn genügend Energie zur Verfügung steht, die Bindung der Teilchen aufgelöst – die Flüssigkeit verdampft und es entsteht ein Gas. Die Teilchen eines festen Körpers und einer Flüssigkeit haben also potenzielle und kinetische, die Teilchen eines Gases nur kinetische Energie. Innerhalb der drei Zustände – auch *Aggregatzustände* genannt – vergrößert eine Zufuhr von Energie die kinetische Energie der Teilchen und damit die Temperatur. Die Energien aller Teilchen zusammen nennen wir *innere Energie* des Körpers. Sie wird üblicherweise mit U bezeichnet. Die innere Energie kann durch Zufuhr von *Arbeit* oder *Wärme* vergrößert werden. *Arbeit* wird z. B. verrichtet, wenn wir einen Stein reiben. Wir können uns anschaulich vorstellen, dass wir dabei die an der Oberfläche des Steins befindlichen Teilchen in stärkere Schwingung versetzen und dadurch die innere Energie erhöhen. *Wärme* (Formelsymbol: Q) wird z. B. zugeführt, wenn wir den Stein in warmes Wasser tauchen. Hier können wir uns vorstellen, dass die heftig schwingenden Teilchen des Wassers mit den Teilchen des Steins in Wechselwirkung treten und diese auf Kosten der eigenen Energie beschleunigen. Dadurch wird der Stein wärmer und das Wasser kühlt ab, bis beide dieselbe Temperatur erreicht haben. In dieser Deutung ist die Wärme also *Arbeit auf molekularer Ebene*.

> Unter der *inneren Energie U* eines Körpers versteht man die Summe aller Energien derjenigen Teilchen, aus denen der Körper besteht. Innerhalb der Aggregatzustände bewirkt eine Erhöhung der inneren Energie eine Zunahme der Temperatur des Körpers.
>
> Die Übertragung von *Wärme* (Q) bedeutet in der Physik, dass Energie aufgrund einer Temperaturdifferenz von allein von einem Körper auf einen anderen übergeht. Wärme lässt sich als Arbeit auf molekularer Ebene deuten.

Ideale Gase

Wie schon erwähnt, versuchten die Physiker lange Zeit, alle beobachteten Erscheinungen auf mechanische Vorgänge zurückzuführen. Auch eine *mechanische Wärmelehre* nahm man in Angriff – mit erstaunlichen Erfolgen. Bei der Deutung der Brown'schen Bewegung haben wir schon einige dieser Ideen kennengelernt. Sie ermöglichen eine sehr anschauliche Beschreibung der Vorgänge. Die besten Ergebnisse lieferte die mechanische Denkweise bei der Untersuchung von Gasen – es entstand die *kinetische Gastheorie*.

Ein *ideales Gas* stellt man sich im Teilchenbild so vor: Die Teilchen sind sehr viel kleiner als ihre gegenseitigen Abstände, sie üben nur während des Zusammenstoßes Kräfte aufeinander aus, die Stöße (auch mit der Gefäßwand) sind elastisch und die Teilchen bewegen sich völlig ungeordnet. Die abgebildete flache Kammer, die mit kleinen Kügelchen gefüllt ist und deren Bodenplatte durch einen Elektromotor in Schwingungen versetzt wird, veranschaulicht ein ideales Gas.

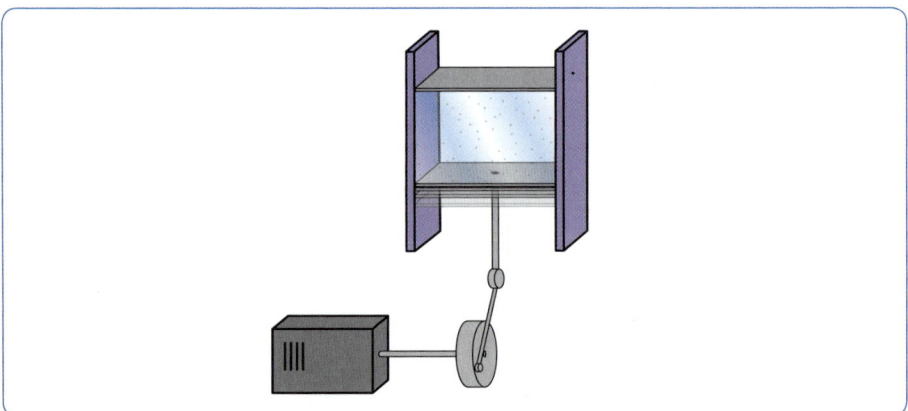

Modellversuch zum idealen Gas

In Experimenten hat man es natürlich mit *realen Gasen* zu tun, deren Eigenschaften von denen idealer Gase abweichen, aber die für ideale Gase entwickelten Gesetzmäßigkeiten gelten bei nicht zu hohen Drücken (unterhalb von 400 Bar) und nicht zu tiefen Temperaturen (bezogen auf den Siedepunkt) auch für reale Gase.

Die absolute Temperatur

Die Teilchen eines idealen Gases haben (definitionsgemäß) nur kinetische Energie. Den weiter oben schon angesprochenen Zusammenhang zwischen innerer Energie und Temperatur kann man für ideale Gase auch theoretisch begründen. Stets gilt: Je größer die innere Energie ist, desto größer ist die Temperatur und umgekehrt.

Was geschieht, wenn wir die innere Energie eines idealen Gases immer kleiner machen? Dann werden die Teilchen langsamer und langsamer. Die Temperatur fällt und fällt. Schließlich sind die Teilchen in Ruhe, die innere Energie hat den Wert null. Jetzt kann auch die Temperatur nicht mehr fallen, denn weniger als Ruhe gibt es nicht! Also existiert eine tiefste Temperatur, die niemals unterschritten werden kann. Sie liegt, wie Messungen ergeben haben, bei minus 273,15 Grad Celsius. Der schon erwähnte Lord Kelvin schlug vor, diesen Wert zum Nullpunkt einer neuen Temperaturskala zu machen, die aber im Übrigen die Schrittweite der Celsiusskala haben sollte. Die vorgeschlagene Skala wird heute in der Physik ausschließlich verwendet und heißt *absolute Temperaturskala*.

> Der *absolute Nullpunkt* der Temperatur liegt bei −273,15 °C. Die von dort aus zählende Temperaturskala heißt *absolute Temperaturskala*.
> Absolute Temperaturen werden in *K* (Kelvin) gemessen.

Können Sie 100 Grad Celsius, die Siedetemperatur von Wasser, in Kelvin umrechnen? Vom absoluten Nullpunkt bis zum Eispunkt von Wasser sind es 273,15 Grad Celsius, also liegt der Siedepunkt 373,15 Grad Celsius über dem absoluten Nullpunkt. Es gilt also: 100 °C = 373,15 K.

Nudeln in kochendem Wasser

Eine streng wissenschaftliche Einführung der absoluten Temperatur ist (wie schon gesagt) im Rahmen dieses Buches nicht möglich. Die dargestellten anschaulichen Überlegungen sollen *plausibel* machen, dass es eine tiefste Temperatur gibt.

Die universelle Gasgleichung

Schließt man ein Gas in einem bestimmten Raum, also z. B. in einer Luftpumpe, ein, so kann man den Zustand des Gases durch eine Reihe von Größen charakterisieren, die voneinander abhängen: den Druck, das Volumen, die Temperatur und die Menge des eingeschlossenen Gases. Die Menge des Gases wird durch die Anzahl der Teilchen angegeben, aus denen es besteht. Die Einheit dafür ist das *Mol*. Ein Mol besteht aus $6{,}0221367 \cdot 10^{23}$ Teilchen. (Im Kapitel über Kernphysik wird deutlich werden, wie es zu dieser Einheit kommt; → S. 323 ff.) Man kann nun mit den oben angegebenen Annahmen über ein ideales Gas eine Formel aufstellen, die die Zustandsgrößen in Beziehung zueinander setzt. Das Ergebnis ist (hier ohne Herleitung):

Luftpumpe

Universelle Gasgleichung:
Für ein ideales Gas gilt: $p \cdot V = n \cdot R \cdot T$

Dabei ist p der Druck, V das Volumen, n die Stoffmenge, T die absolute Temperatur und R die *universelle Gaskonstante*.

Es gilt: $R = 8{,}3145 \dfrac{Pa \cdot m^3}{mol \cdot K}$

Die Gasgleichung kann man sich mithilfe der „Rüttelmaschine" für ein ideales Gas (→ S. 228) veranschaulichen. Erhöht man z. B. die „Temperatur", indem man die Bodenplatte heftiger schwingen lässt, und hält man das Volumen konstant, indem man die bewegliche Deckenplatte festhält, so spürt man in Übereinstimmung mit der Gleichung einen stärkeren Druck der Teilchen auf die Deckenplatte. Lässt man die Deckenplatte los, drücken die Teilchen sie hoch und vergrößern das Volumen. Im Alltag beobachtet man entsprechend, dass der Druck in einem Autoreifen mit der Temperatur steigt. Ent-

Luftdruckmessung an einem Autoreifen

steht im Reifen ein Loch, so sind die Luftteilchen um Druckausgleich bemüht und entweichen ins Freie.

Der erste Hauptsatz der Wärmelehre

Der Energieerhaltungssatz aus dem ersten Kapitel gilt nur für reibungsfreie Vorgänge (→ S. 54 ff.). Was geschieht aber mit der Energie, wenn Reibung vorhanden ist? Das ist schließlich im Alltag immer so! Stellen Sie sich z. B. vor, dass Sie auf ebener Strecke mit dem Fahrrad unterwegs sind. Sie beschleunigen es auf eine bestimmte Geschwindigkeit und stellen dann das Treten ein, sodass Sie antriebslos dahinfahren. Ihre potenzielle Energie ändert sich dann nicht, aber die kinetische Energie wird unweigerlich immer kleiner: Sie fahren langsamer und langsamer und schließlich bleiben Sie stehen. Was ist mit der kinetischen Energie passiert?

Reibung bremst.

Auf diese Frage kann es prinzipiell nur zwei verschiedene Antworten geben: Entweder verschwindet die Energie spurlos oder aber sie geht ganz oder teilweise in eine andere Form über. Robert Mayer (1814–78), Hermann von Helmholtz (1821–94) und der schon erwähnte James Prescott Joule zeigten durch ihre theoretischen und experimentellen Arbeiten, dass die zweite Antwortmöglichkeit zutrifft, und zwar in verschärfter Form: Keinerlei Energie verschwindet einfach! Damit erhielt der Satz von der Erhaltung der Energie eine neue, grundlegende und weit über die Mechanik hinausgehende Bedeutung.

Julius Robert von Mayer

James Prescott Joule

Hermann von Helmholtz

Zusammenhang von innerer Energie, Arbeit und Wärme

Diejenige andere Energieform, die das Prinzip von der Erhaltung der Energie auch auf Vorgänge, bei denen Reibung auftritt, anwendbar macht, kennen wir natürlich schon: Es ist die *innere Energie* aus dem letzten Abschnitt (→ S. 227). Wenn wir davon ausgehen, dass die Fahrradteile, die Luft um das Fahrrad herum und die Fahrbahn innere Energie besitzen, dann liegt es nahe, zu sagen, dass an den Fahrradteilen (z. B. an den

Bremsen erhöht die Temperatur der Bremsbeläge.

Lagern), an der Luft und an der Straße Reibungsarbeit verrichtet wird, die zu einer Erhöhung der inneren Energie von Fahrrad, Luft und Straße führt. Die kinetische Energie würde dann in innere Energie verwandelt werden und damit einem erweiterten Energieerhaltungssatz gehorchen. Die Zunahme der inneren Energie müsste sich in einer Temperaturerhöhung der beteiligten Körper zeigen. Diese gibt es in dem

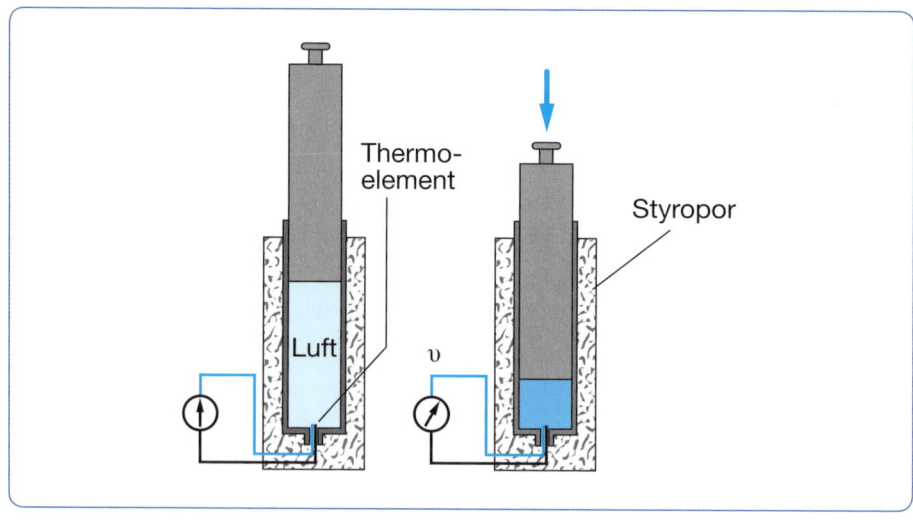

Änderung der inneren Energie durch Arbeit

beschriebenen Beispiel auch tatsächlich, sie ist aber nur gering. Ganz deutlich wird der Effekt jedoch, wenn Sie die Handbremse betätigen: Die Bremsbeläge werden warm, was man auch ohne Thermometer feststellen kann.

Die Änderung der inneren Energie eines Systems bei der Verrichtung von Arbeit kann man z. B. mit einem luftgefüllten Kolbenprober untersuchen, in dem sich ein elektrisches Thermometer befindet. (Die Styroporumhüllung verhindert einen Wärmeaustausch.) Schiebt man den Kolben schnell in den Zylinder hinein (verrichtet man also Arbeit), so steigt die Temperatur. Lässt man den Kolben wieder bis zur Ausgangsposition zurückgleiten (sodass also die komprimierte Luft Arbeit verrichtet), geht die Temperatur wieder auf den anfänglichen Wert zurück. Es ist also keine Energie verloren gegangen, sie war nur zwischenzeitlich innere Energie!

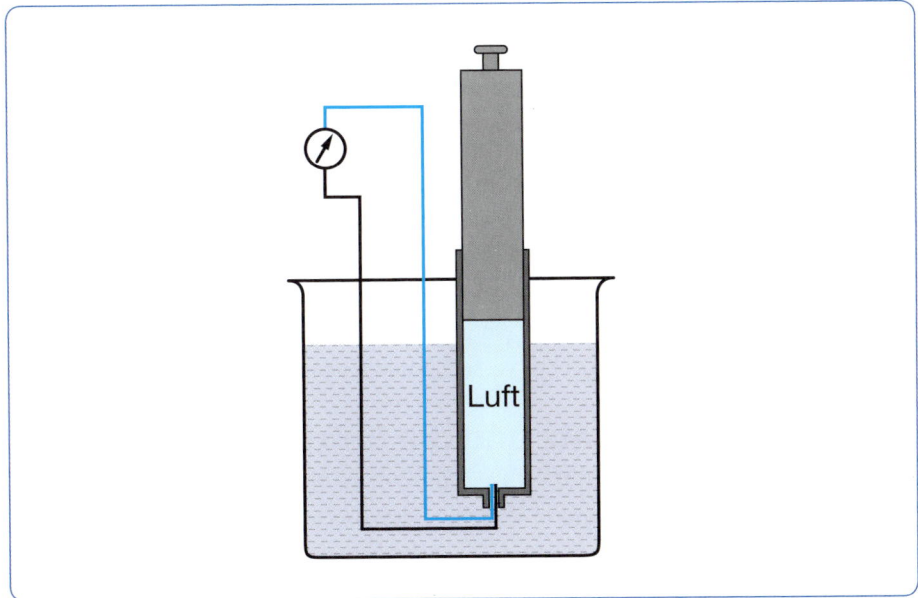

Änderung der inneren Energie durch Wärme

Positioniert man den Kolbenprober in Wasserbädern geeigneter Temperaturen, so lassen sich entsprechende Versuche mit der Zu- oder Abfuhr von Wärme durchführen. Schließlich kann man die innere Energie gleichzeitig durch Verrichtung von Arbeit und Zu-

beziehungsweise Abfuhr von Wärme verändern. Insgesamt erhält man die folgende *Bilanzgleichung,* die die Erweiterung des Prinzips der Energieerhaltung auf thermische Systeme darstellt und auch die Überlegungen aus dem letzten Abschnitt experimentell absichert:

> **Erster Hauptsatz der Wärmelehre**
> Die Änderung ΔU der inneren Energie eines Systems ist gleich der Summe aus den bei einem beliebigen Vorgang beteiligten Größen Wärme Q und Arbeit W:
>
> $\Delta U = Q + W$

Die Größen Arbeit und Wärme beschreiben im Gegensatz zur Größe innere Energie keinen Zustand, sondern das Übertragen von Energie. Sie sind sogenannte *Prozessgrößen.*

Beispiel: Die Energie der Stabhochspringerin
Jetzt können wir auch das „Rätsel der Stabhochspringerin" aus dem ersten Kapitel aufklären (→ S. 57 f.). Am Ende ihres Sprunges bleibt sie liegen und die ganze schöne Energie, die ihr den Sprung ermöglicht hat, ist scheinbar verschwunden. Wir wissen jetzt: scheinbar ja, aber nicht wirklich! In Wirklichkeit sind die Matte, die Luft der Umgebung und die Springerin selbst ein ganz klein bisschen wärmer geworden. Die Energie ist nicht weg, sie hat sich nur versteckt und als innere Energie „getarnt"!

Der zweite Hauptsatz und die Entropie

Die Energie der Stabhochspringerin verschwindet also nicht, sondern sie wird – wie wir gesehen haben – zu innerer Energie. Diese Erkenntnis hat für die Springerin selbst eine eher geringe Bedeutung, denn für sie ist die Energie weg, sie kann nicht mehr genutzt werden. Jedenfalls ist noch nie beobachtet worden, dass sich Matte, Luft und Springerin von selbst wieder abkühlen und die Springerin in die Luft fliegt! Dabei würde so etwas nicht gegen den Satz von der Erhaltung der Energie verstoßen. Unsere Beschreibung thermischer Vorgänge ist also noch nicht vollständig, und genau um dieses Problem geht es jetzt.

Reversible und irreversible Vorgänge

Nimmt man den Stoß zweier Billardkugeln mit einer Videokamera auf und schaut man sich das Video anschließend an, so kann man nicht entscheiden, ob die Aufnahme vorwärts oder rückwärts abläuft. Beide Richtungen sind möglich und kommen in der Realität auch vor, sodass wir nicht eine der beiden Möglichkeiten merkwürdig finden.

Vorwärts oder rückwärts?

Kaffeetassen können von alleine nicht warm werden.

Nehmen wir aber den Sprung der Stabhochspringerin auf, so empfinden wir den Vorwärtslauf des Videos als möglich und den Rückwärtslauf als unmöglich. Es handelt sich bei dem Sprung also um einen Prozess, der in der realen Welt nur in einer Richtung abläuft, obwohl die andere Richtung aus energetischen Gründen auch möglich wäre. Für solche Prozesse gibt es weitere Beispiele: Dass ein Ball eine Ebene hinab- und dann ausläuft, stimmt mit unserer Erfahrung überein. Noch nie haben wir jedoch beobachtet, dass der Ball unter Ausnutzung innerer Energie von allein die Ebene wieder hinaufläuft. Oder: Für uns ist es normal, dass der Kaffee in der Tasse im Laufe der Zeit abkühlt (und dabei die Umgebung erwärmt). Wir würden es aber reichlich merkwürdig finden, wenn der Kaffee von allein heiß werden und der Raum dafür ein wenig abkühlen würde – obwohl es natürlich praktisch wäre: Man würde keine Kaffeemaschine benötigen, sondern einfach den Kaffee in kaltes Wasser schütten und dann die sowieso vorhandene Heizung etwas höherdrehen. Der Stoß der Billardkugeln ist – wie alle reibungsfreien Vorgänge – umkehrbar, man sagt auch: *reversibel*. (Natürlich ist der Stoß in Wirklichkeit nicht ganz reibungsfrei, sondern nur näherungsweise; es handelt sich wieder um eine

Hier geht's nur bergab.

Idealisierung.) Der Sprung der Stabhochspringerin, die Bewegung des Balles auf der schiefen Ebene und das thermische Verhalten des Kaffees sind Beispiele für *irreversible* Vorgänge.

Der Carnot'sche Kreisprozess

Irreversible Vorgänge sind besonders bei Maschinen ärgerlich: Die in der Umgebung verteilte innere Energie wandert nicht von allein mehr in die Maschine zurück, sondern ist (vom Standpunkt der Maschine aus gesehen) verloren. Aber auch vollkommen reversible Vorgänge sind in gewissem Sinne nicht verlustfrei: Der Franzose Nicolas Léonard Sadi Carnot (1796–1832) zeigte, dass keine periodisch arbeitende Wärmekraftmaschine die zugeführte Wärme *vollständig* in Arbeit umwandeln kann – immer wird ein Teil der zugeführten Wärme wieder abgegeben. Zu Carnots Zeit war die Dampfmaschine gerade erfunden worden, und die Frage, wie man den *Wirkungsgrad* einer Dampfmaschine steigern, wie man also möglichst viel Arbeit aus einer gegebenen Wärmemenge herausholen könne, war für die Wirtschaft von großer Bedeutung.

Nicolas Léonard Sadi Carnot

Carnot dachte sich eine periodisch und reversibel arbeitende Maschine aus, in der ein mit idealem Gas befüllter Kolben unter Wärmezufuhr Arbeit verrichtet, und berechnete aus dem Kreisprozess, den die Maschine durchläuft, ihren Wirkungsgrad. Die Überlegungen Carnots können wir hier nicht im Einzelnen nachvollziehen. Wir können jedoch plausibel machen, warum eine periodisch arbeitende Maschine die Wärme nicht *vollständig* in Arbeit umwandeln kann. Dazu betrachten wir ein Experiment, das das Prinzip eines *Heißluftmotors* darstellt.

Dampfmaschine

Ein „leeres" Glasgefäß wird wie dargestellt an einem Kolbenprober befestigt und abwechselnd in heißes und kaltes Wasser gehalten. Während des Eintauchens in das heiße Wasser dehnt sich die Luft im Glasgefäß aus und der Kolben wird angehoben. Im

Wärme

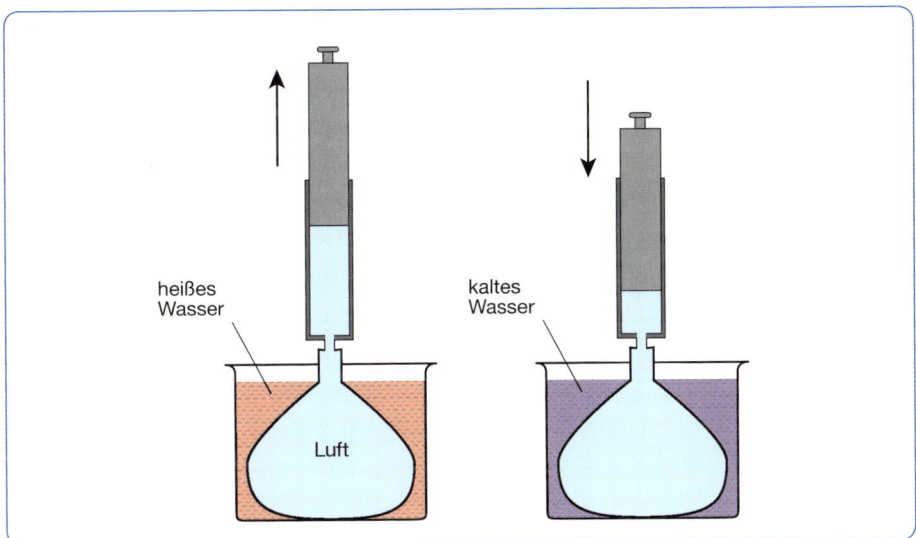

Prinzip des Heißluftmotors

kalten Wasser zieht sich die Luft wieder zusammen und der Kolben bewegt sich nach unten. Der stete Wechsel zwischen den Wasserbädern führt also zu einer dauernden Auf- und Abbewegung des Kolbens. Der schottische Geistliche und Ingenieur Robert Stirling (1790–1878) automatisierte den Wechsel zwischen den beiden Temperaturen und entwarf eine von selbst laufende Maschine, eben den Heißluftmotor.

Auf welche Weise wird nun in dem Experiment Wärme in Arbeit umgewandelt? Wenn wir (idealisierend) annehmen, dass die Luft sehr schnell die Temperatur des Wasserbades annimmt, findet die Aufwärtsbewegung des Kolbens bei gleichbleibender Temperatur statt – man spricht auch von einem *isothermen* Vorgang. Bei gleichbleibender Temperatur ändert sich aber auch die innere Energie der Luft nicht. Das bedeutet nach dem ersten Hauptsatz, dass die gesamte während dieser Phase zugeführte Wärme in Arbeit verwandelt wird.

Der bei der Abwärtsbewegung ablaufende Prozess ist ebenfalls isotherm, er findet nur bei kleinerer Temperatur statt. Auch während dieser Phase ändert sich die innere Energie der Luft nicht, und das bedeutet: Die dem Gas während der Abwärtsbewegung zugeführte Arbeit wird vollständig als Wärme abgegeben. Dabei ist die während der kalten Phase abgegebene Wärmemenge kleiner als die während der heißen Phase zugeführte, weil die Temperatur kleiner ist, aber dass Wärme wieder abgegeben wird, lässt sich prinzipiell nicht vermeiden! Wie sollte man das auch bewerkstelligen? Der Kolben muss sich hin- und zurückbewegen, und die Zurückbewegung ist *unvermeidbar* mit einer Wärmeabgabe verbunden. Es ist daher *prinzipiell* nicht möglich, eine periodisch arbeitende Maschine zu bauen, die die zugeführte Wärme *vollständig* in Arbeit umwandelt. Dies ist die Aussage des zweiten Hauptsatzes.

> **Zweiter Hauptsatz der Wärmelehre**
> Es gibt keine periodisch arbeitende Maschine, die Wärme in Arbeit umwandelt, ohne dass ein Teil der zugeführten Wärme wieder abgegeben wird.

Carnot konnte eine Formel für den Wirkungsgrad seiner idealen reversiblen Maschine herleiten und zeigen, dass alle irreversibel arbeitenden Maschinen einen noch kleineren Wirkungsgrad haben. Sein Kreisprozess legt also eine Obergrenze dafür fest, wie viel Arbeit durch eine periodisch arbeitende Maschine prinzipiell aus Wärme gewonnen werden kann.

Der Wirkungsgrad des Carnot'schen Prozesses hängt nur von den beiden Temperaturen ab, zwischen denen der Wärmeaustausch stattfindet. Die Formel für den Wirkungsgrad wird hier nur angegeben.

> Der Wirkungsgrad η (gesprochen: „Eta") einer Maschine ist das Verhältnis zwischen verrichteter Arbeit und zugeführter Wärme. Sind T_1 und T_2 die (absoluten) Temperaturen, bei denen die Wärmemengen zu- bzw. abfließen, so gilt:
> $$\eta = 1 - \frac{T_2}{T_1}$$

Der Wirkungsgrad ist umso größer, je größer der Temperaturunterschied zwischen T_1 und T_2 ist. Man verwendet daher in Dampfturbinen Heißdampf der Temperatur 600 Grad Celsius. Findet die Wärmeabgabe z. B. bei der Temperatur 15 Grad Celsius statt (Temperatur des Kühlwassers aus einem Fluss), dann ergibt sich als maximal möglicher Wirkungsgrad:

$$\eta = 1 - \frac{(273{,}15 + 15)\,K}{(273{,}15 + 600)\,K} = 1 - \frac{288{,}15\,K}{873{,}15\,K} \approx 0{,}67 = 67\,\%$$

Dieser Wert lässt sich (bei den gegebenen Temperaturen) prinzipiell nicht überschreiten! In der Praxis kommt man jedoch nicht einmal über einen Wirkungsgrad von ca. 40 Prozent hinaus. Die Umwandlung von elektrischer Energie in Arbeit ist da viel effizienter: Hier ergeben sich Wirkungsgrade von über 90 Prozent.

Entropie

Die Irreversibilität von Vorgängen soll jetzt durch eine mess- und berechenbare Größe ausgedrückt werden.

Führt man einem idealen Gas reversibel Wärme zu, so kann man mithilfe der universellen Gasgleichung zeigen, dass die zugeführte Wärmemenge Q zur Temperatur T des Gases proportional ist. Es gilt also $Q = \Delta S \cdot T$ mit einem Proportionalitätsfaktor ΔS. Dabei ist Q eine Prozess- und T eine Zustandsgröße.

Eine ähnlich gebaute Gleichung kennen wir aus der Elektrizitätslehre: Floss die Ladung Δq vom Nullpunkt des elektrischen Potenzials zu einem Ort mit dem Potenzial V, so galt für die verrichtete (elektrische) Arbeit W der Zusammenhang $V = \frac{W}{\Delta q}$, also $W = \Delta q \cdot V$, wobei W eine Prozess- und V eine Zustandsgröße ist. In Analogie zur Ladung können wir uns nun vorstellen, dass es eine das System charakterisierende Zustandsgröße S gibt, die sich bei Wärmeaustausch ändert und deren Änderung man mit der Formel $\Delta S = \frac{Q}{T}$ berechnen kann. S heißt nach einem Vorschlag des deutschen Physikers Rudolf Clausius (1822–85) *Entropie*. Wärmezu- oder -abfuhr bedeutet demnach, dass ein *Entropiestrom* fließt.

> Führt man einem System bei konstanter Temperatur T reversibel die Wärme Q zu, so nimmt dessen Entropie um $\Delta S = \frac{Q}{T}$ zu.

Was kann man nun mit der Größe Entropie anfangen? Betrachten wir z. B. die Tasse Kaffee und nehmen wir an, dass die Kaffeetemperatur $T_1 = 340\ K$ beträgt (das sind ca. 67 Grad Celsius). Nun wird die Wärme $Q = 1\ J$ an die Umgebung (Temperatur: $T_2 = 300\ K$) abgegeben. Diese Wärmemenge ist so klein, dass sie die Temperaturen nicht beeinflusst. Die Entropie des Kaffees ändert sich durch die Wärmeabgabe um $\Delta S_1 = \frac{-1\ J}{340\ K} = -0{,}00294\ \frac{J}{K}$ (die Abgabe von Wärme rechnen wir negativ), die Entropie der Umgebung nimmt um $\Delta S_2 = \frac{1\ J}{300\ K} = 0{,}00333\ \frac{J}{K}$ zu.

Kaffee und Entropie

Insgesamt hat die Entropie des Systems Tasse–Umgebung um $0{,}00039\ \frac{J}{K}$ zugenommen.

Das Ergebnis dieses Beispiels gilt, wie man zeigen kann, ganz allgemein: Bei irreversiblen Vorgängen nimmt die Entropie eines Systems immer zu! Bei reversiblen Vorgängen bleibt sie unverändert. Die Aussage des zweiten Hauptsatzes kann man jetzt auch so formulieren:

> Bei einem reversiblen Prozess ändert sich die Entropie nicht.
> Bei einem irreversiblen Prozess nimmt sie zu.

Dass ein Ball nicht von allein sich und die Umgebung abkühlt und die Ebene wieder hinaufläuft, können wir jetzt auch so begründen: In dem System Ball–Ebene–Umgebung wird Entropie erzeugt, daher ist der Vorgang nicht umkehrbar.

Der österreichische Physiker Ludwig Boltzmann (1844–1906) fand eine Deutung des Begriffes Entropie auf molekularer Ebene: Wenn sich in einem Gefäß zwei verschiedene Gase befinden, so ist es theoretisch möglich, dass alle Moleküle des einen Gases sich zu irgendeinem Zeitpunkt von alleine in der einen Hälfte und

Ludwig Boltzmann

alle des anderen Gases in der anderen Hälfte des Gefäßes versammeln – es ist nur sehr *unwahrscheinlich*. Viel wahrscheinlicher ist, dass sich die Gase gleichmäßig durchmischen. Boltzmann untersuchte die Wahrscheinlichkeit von Zuständen und fand heraus, dass der Übergang zu einem wahrscheinlicheren Zustand immer mit einer Zunahme der Entropie verbunden ist. Die Entropie regelt also, in welcher Richtung molekulare Vorgänge ablaufen.

Periodisch arbeitende Maschinen

Wir schauen uns nun den *Kühlschrank* und die *Wärmepumpe* als Beispiele für periodisch arbeitende Wärmekraftmaschinen an.

Der Kühlschrank

Aus unserer Küche kaum wegzudenken.

Mit sehr großer Wahrscheinlichkeit steht bei Ihnen in der Wohnung ein Kühlschrank, aber wissen Sie eigentlich, wie er es schafft, Speisen abzukühlen? Wie Sie sich schon denken können, kühlt er nicht nur, denn seine Rückseite wird warm. Also ist er eher ein „Energietransporteur": Er entzieht dem Innenraum innere Energie und befördert sie an die Rückseite, von wo aus dann das Zimmer beheizt wird – was aber meistens nicht stört.

Der häufigste Vertreter der Gattung „Kühlschrank" ist der *Kompressorkühlschrank*. Ihm liegen zwei einfache, aber geniale Ideen zugrunde. Hier die erste: Man nehme eine Flüssigkeit (ein Kühlmittel), deren Siedepunkt bei normalem Luftdruck weit unter der Zimmertemperatur liegt, z. B. bei minus 30 Grad Celsius. Füllt man dieses Kühlmittel in einen offenen Topf und stellt es in einen Schrank, so verdampft es in kurzer Zeit. Die dazu erforderliche Energie wird der Umgebung entzogen, das heißt, die Temperatur im Inneren des Schrankes sinkt. So weit, so gut – nur haben wir damit noch keinen Kühlschrank gebaut, denn wenn das Kühlmittel verdampft ist, ist es mit der Abkühlung der Umgebung vorbei. Also muss man es schaffen, das verdampfte Kühlmittel aufzufangen und es an einem anderen Ort wieder zu kondensieren, damit man es anschließend erneut verdampfen lassen kann. Hier kommt die zweite gute

Wärme

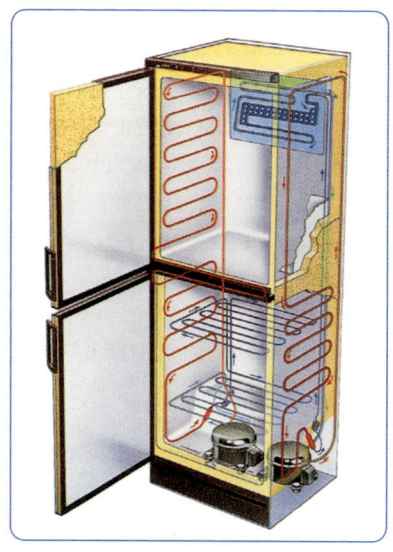

Funktionsweise eines Kompressorkühlschranks

Idee ins Spiel: Der Siedepunkt des Kühlmittels hängt stark von dem Druck ab, unter dem es steht. Unter großem Druck siedet es erst bei höheren Temperaturen. Nehmen wir an, dass unser Kühlmittel unter einem Druck von 8000 Hektopascal erst bei 40 Grad Celsius siedet. Also führen wir das gasförmige Kühlmittel mit einem Rohr aus dem Schrank hinaus und leiten es durch einen *Kompressor,* der es unter einen Druck von 8000 Hektopascal setzt. Bei Zimmertemperatur kann das Kühlmittel jetzt nur als Flüssigkeit existieren, also kondensiert es. Dabei wird die beim Verdampfen aufgenommene innere Energie wieder als Wärme frei. Nun müssen wir nur noch den Druck wieder reduzieren und schon kann der Vorgang von vorne beginnen. Die Zeichnung zeigt den Kreislauf des Kühlmittels vom Verdampfer im Innenraum des Kühlschranks durch den Kompressor und den Kondensator und zurück. Die enge Stelle im Rohrsystem deutet ein Druckminderungsventil an. Der Kreislauf wird durch die vom Kompressor verrichtete Arbeit aufrechterhalten. Schaltet man den Kompressor ab, kühlt der Kühlschrank nicht mehr.

Als Kühlmittel verwendete man bis vor wenigen Jahren Fluorchlorkohlenwasserstoffe (FCKW). Diese entweichen bei der Verschrottung des Kühlschranks in die Atmosphäre und greifen die Ozonschicht an. Heute benutzt man stattdessen Propan-Butan-Gemische, die weniger schädlich sind.

Die Wärmepumpe

Mit einer Wärmepumpe kann man die in der Erde gespeicherte innere Energie ausnutzen, um damit zu heizen. Von der „Eingangsseite" der Wärmepumpe aus führen mit Wasser gefüllte Rohre einige Meter tief in das Erdreich hinein und wieder zurück. Die „Ausgangsseite" ist mit den Heizschlangen der Fußbodenheizung verbunden. Aber wie

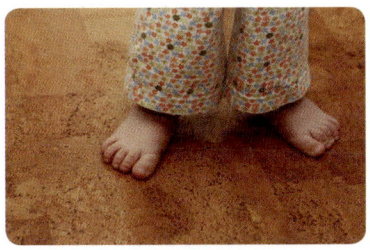
Fußbodenheizung ist etwas Feines!

sieht die Wärmepumpe von innen aus und wie funktioniert sie? Die Antwort wird Sie vielleicht erstaunen: Sie ist physikalisch nichts anderes als ein umgekehrt betriebener Kühlschrank! Im Prinzip könnten Sie die in das Erdreich führenden Rohre auch durch den Innenraum eines Kühlschranks leiten und die Fußbodenheizung mit den Rohren auf der Rückseite des Schranks verbinden. Dann würde dem Erdreich Wärme entzogen und dem Fußboden Wärme zugeführt werden. Die Wärmetauschvorgänge werden in Wirklichkeit natürlich technisch effizienter gestaltet, aber das ändert nichts am Prinzip!

Mit einer Wärmepumpe kann man idealerweise, das heißt, indem man einen Carnotprozess zugrunde legt, etwa sechs bis sieben Mal so viel Wärme gewinnen, wie man Arbeit hineinsteckt. Praktisch erreicht man jedoch nur den Faktor drei. Das bedeutet: Für jedes Joule, das man hineinsteckt, bekommt man drei Joule zurück, hat also zwei Joule gewonnen.

Wärmetransport

Seit dem 1.1.2009 muss man, wenn man ein Wohngebäude errichtet, erweitern, verkaufen oder vermieten will, einen *Energieausweis* (inoffiziell auch *Energiepass* genannt) für das Gebäude ausstellen lassen. Dieses Dokument enthält Aussagen über die Energieverluste durch die Gebäudehülle und die Anlagentechnik und gibt an, wie hoch die CO_2-Emissionen sind. Außerdem werden Vorschläge zur Modernisierung gemacht, z. B. zur Verbesserung der *U-Werte* von Fenstern und Wänden. Schließlich ergibt sich ein *Endenergiebedarfswert*, mit dem die Energieeffizienz des Gebäudes eingeschätzt werden kann.

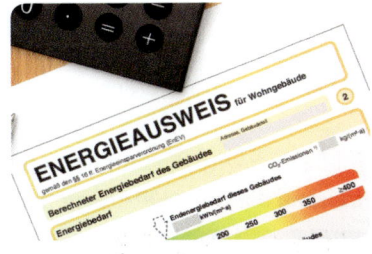
Energieausweis

Auf welche Arten kann Wärme aus einem Haus entweichen? Was bedeuten Begriffe wie *U-Wert* und *Endenergiebedarfswert*? Und wann ist ein Haus *energieeffizient*?

Arten des Wärmetransports

Wärme kann grundsätzlich auf drei verschiedene Weisen übertragen werden. Wir lernen sie kennen, indem wir den Weg der Wärme in einer Zentralheizung verfolgen.

Nehmen wir an, dass es einen Heizungskeller gibt und dass dort ein öl- oder gasbetriebener Brenner steht. Die Flamme des Brenners erhitzt das Wasser im Heizkessel. Da warmes Wasser eine kleinere Dichte hat als kaltes Wasser, steigt das erwärmte Wasser im Vorlauf der Heizung nach oben. Auf der anderen Seite (durch den Rücklauf) kommt abgekühltes Wasser zurück. Es ergibt sich also ein Kreislauf des Heizungswassers, der allerdings recht langsam ist und deshalb durch eine Pumpe unterstützt werden muss. Die Wärme wird dadurch transportiert, dass sie von

Heizungskeller

einem Stoff (hier dem Wasser) quasi „huckepack" mitgenommen wird. Diese Art des Wärmetransports heißt *Wärmemitführung* oder *Konvektion*.

Das Wasser erwärmt nun die Heizkörper in den Zimmern von innen. Da die Heizkörper auch von außen warm werden, muss die Wärme durch das Metall hindurch übertragen werden können, ohne dass ein Stoff bewegt wird. Diese Art des Wärmetransports heißt *Wärmeleitung*. Man kann sich vorstellen, dass die hin- und herschwingenden Teilchen des Metalls ihre Energie weitergeben und dass dadurch nach und nach andere Bereiche des Metalls warm werden.

Schließlich wird die Luft des Zimmers erwärmt und es kommt zu einem Konvektionskreislauf der Luft. Außerdem fühlen wir aber auch direkt die Wärme des Heizkörpers,

Lagerfeuer

er strahlt Wärme ab. Besonders deutlich spüren wir diesen Effekt, wenn wir vor einem Lagerfeuer oder einer Infrarotlampe stehen. Er kann nichts mit der Wärmeleitfähigkeit der Luft zu tun haben, da diese sehr gering ist. Man hat festgestellt, dass die „strahlende" Art der Wärmeübertragung auch im luftleeren Raum funktioniert. Es handelt sich dabei um Energietransport durch eine elektromagnetische Welle. Man spricht von *Wärmestrahlung*.

Hier ein kleiner Test: Können Sie die folgenden Beispiele jeweils einer der drei Wärmetransportarten zuordnen?
1. Die Herdplatte erwärmt einen Topf.
2. Der Golfstrom erwärmt Nordeuropa.
3. Die Sonne erwärmt die Erde.
4. Ein Föhn erwärmt (und trocknet) Ihre Haare.
5. Die Flamme des Brenners erwärmt das Metall des Heizungskessels.

(Lösung: 1.: Wärmeleitung, 2., 4.: Wärmemitführung, 3., 5.: Wärmestrahlung)

Der U-Wert und der Endenergiebedarfswert

Wenn Wärme z. B. durch ein Fenster entweicht, sind alle drei Arten des Wärmetransports beteiligt: Die verschiedenen Glasschichten, die dazwischen eingeschlossene Luft und der Rahmen *leiten* die Wärme. Das Fenster lässt auch einen Teil der *Wärmestrahlung* durch. Schließlich strömt die Luft innen und außen am Fenster vorbei und gibt Wärme ab, sodass hier Konvektionsprozesse eingehen. Der *U-Wert* (früher: k-Wert), genauer *Wärmedurchgangskoeffizient*, fasst all diese Effekte zusammen und gibt an, wie viel Wärme pro Quadratmeter Fläche bei einer Temperaturdifferenz von einem Kelvin zwischen innen und außen innerhalb einer Sekunde durch das Fenster transportiert wird. Fenster mit Isolierverglasung haben einen U-Wert von ca. 2,9 $\frac{W}{m^2 \cdot K}$, moderne Wärmeschutzverglasungen liegen bei 1,1 $\frac{W}{m^2 \cdot K}$ oder sogar darunter.

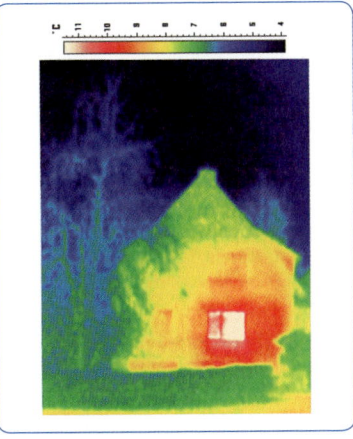

Wärmebild eines Hauses

> Der *U-Wert* (auch *Wärmedurchgangskoeffizient*) bezeichnet diejenige Wärme, die pro m^2 und s bei einer Temperaturdifferenz von 1 K durch das Bauteil transportiert wird.

Stellt man nun z. B. für ein Haus eine Bilanz auf, die alle im Jahresdurchschnitt zugeführten und abgegebenen Energiemengen berücksichtigt, und rechnet man diese in $\frac{W}{m^2 \cdot K}$ um, so erhält man den *Endenergiebedarfswert,* der im Energieausweis aufgeführt wird. Mit der Skala im folgenden Bild kann man das Ergebnis einschätzen. Ergibt sich z. B. für das Haus ein Endenergiebedarf von 400 $\frac{W}{m^2 \cdot K}$, so sollte man intensiv über Modernisierungen nachdenken!

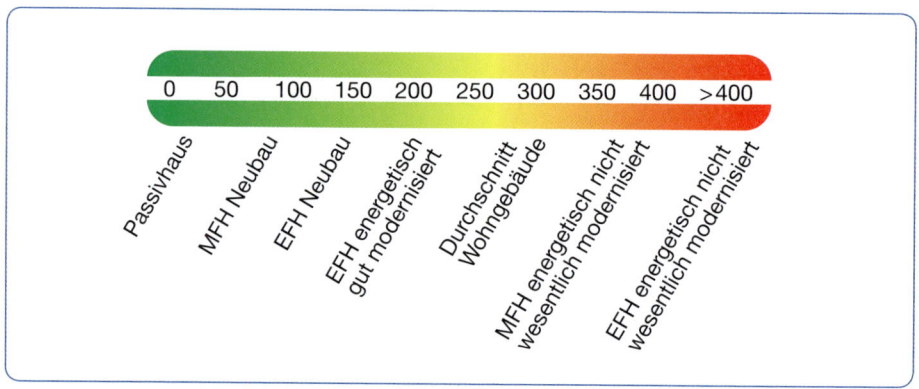

Endenergiebedarfswert

Strahlungsgesetze

Sehr häufig liest man, dass der durch menschliche Eingriffe verstärkte „Treibhauseffekt" einen Klimawandel durch globale Erwärmung verursache. Doch was ist der Treibhauseffekt und inwiefern beeinflusst der Mensch ihn? Der Antwort auf diese Frage nähern wir uns über die für Wärmestrahlung geltenden Gesetze, denn der Treibhauseffekt hängt mit dieser Strahlung zusammen.

Der schwarze Körper

Ein Heizkörper einer Warmwasserheizung strahlt umso stärker, je heißer das Wasser ist. Die Intensität der Strahlung hängt aber nicht nur von der Temperatur ab. Dies kann man durch Laborversuche bestätigen. Stellt man z. B. Hohlwürfel aus verschiedenen

Materialien und mit verschieden behandelten Oberflächen her und misst man die von den Würfeln ausgehende Strahlung, nachdem man sie mit Wasser gleicher Temperatur gefüllt hat, so stellt man fest, dass es einen einfachen Zusammenhang zwischen der *Absorption* und der *Emission* gibt: Würfel, die von außen auftreffende Strahlung gut aufnehmen (absorbieren), können Strahlung auch gut aussenden (emittieren). Ein Würfel, der in der Lage ist, die gesamte einfallende Strahlung zu absorbieren, strahlt auch mit maximaler Intensität. Die Strahlung eines solchen Körpers ist nur noch von der Temperatur abhängig und lässt sich daher leichter beschreiben als die anderer Körper mit geringerem Absorptionsvermögen. Man nennt einen Körper, der die einfallende Strahlung vollständig absorbiert, einen *schwarzen Körper*. Tatsächlich hat eine schwarz angemalte oder berußte Fläche einen hohen Absorptionsgrad, 100 Prozent werden aber nicht erreicht. Nahezu vollkommen „schwarze" Körper stellt man im Labor auf folgende Weise her: Man kleidet eine Kiste von innen mit schwarzem Samt aus und bohrt eine kleine Öffnung in eine Seite. Durch die Öffnung einfallende Strahlung wird im Innern der Kiste zwischen den Wänden hin- und herreflektiert und schrittweise absorbiert, sodass praktisch nichts mehr nach außen gelangt. Damit wird die Strahlung fast vollständig absorbiert.

Das Strahlungsspektrum des schwarzen Körpers

Die Strahlung eines schwarzen Körpers enthält nicht nur eine, sondern alle möglichen Wellenlängen eines bestimmten Bereiches. Trägt man die Intensität der Strahlung über der Wellenlänge auf, so erhält man – in Abhängigkeit von der Temperatur – folgendes *Spektrum* der Strahlung:

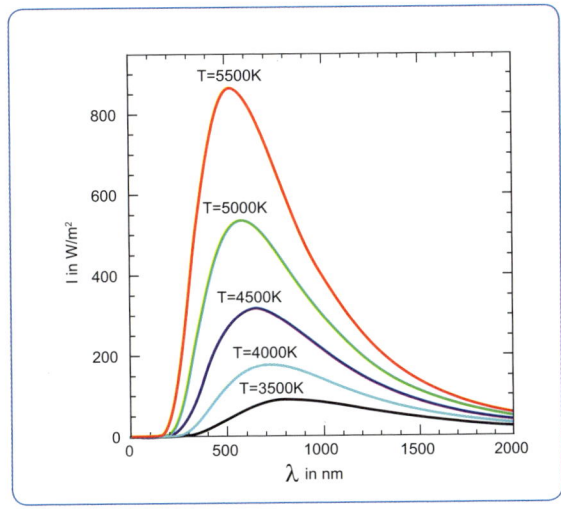

Strahlungsspektrum des schwarzen Körpers

Die *Wellenlängen* sind in *nm* (Nanometer) angegeben. Sie sind sehr klein, es gilt nämlich: 1 *nm* = 10^{-9} *m* (das ist ein Millionstel eines Millimeters!). Wie man so kleine Wellenlängen misst, untersuchen wir im nächsten Kapitel.

Intensität ist emittierte Energie pro Zeit und Fläche, also Leistung pro Fläche: Besitzt die Strahlung die Leistung von einem Watt und ist die aussendende Fläche einen Quadratmeter groß, so hat die Intensität den Wert $1\,\frac{W}{m^2}$.

Max Planck

Eine theoretische Begründung für den Verlauf dieser Kurven fand Max Planck (1858–1947) im Jahre 1900. Er musste dabei völlig neue Denkwege beschreiten und wurde dadurch zum Wegbereiter der Quantenphysik. (Zu diesem Thema später mehr; → S. 287 ff.)

Die Kurven zeigen, dass es zu jeder Temperatur eine Wellenlänge gibt, bei der die Intensität maximal ist, und dass dieses Maximum sich mit steigender Temperatur zu kleineren Wellenlängen hin verschiebt. Der deutsche Physiker Wilhelm Wien (1864–1928) fand heraus, dass das Produkt aus Temperatur und Wellenlänge stets gleich bleibt, und bestimmte den Wert dieses Produkts.

> **Wien'sches Verschiebungsgesetz**
> Für die Wellenlänge maximaler Intensität (λ_{max}) und die Temperatur (T) eines schwarzen Körpers gilt der Zusammenhang:
> $\lambda_{max} \cdot T = 2{,}898 \cdot 10^{-3}\,m \cdot K$

Die Temperatur an der Oberfläche der Sonne

Die Sonne strahlt bei λ_{max} = 500 *nm* am intensivsten. Durch Messungen lässt sich feststellen, dass sie sich in guter Näherung wie ein schwarzer Körper verhält. Also können wir die Temperatur an ihrer Oberfläche mit dem Wien'schen Verschiebungsgesetz abschätzen:

$$T = \frac{2{,}898 \cdot 10^{-3}\,m \cdot K}{\lambda_{max}} = \frac{2{,}898 \cdot 10^{-3}\,m \cdot K}{500 \cdot 10^{-9}\,m} \approx 5800\,K$$

Bitte führen Sie sich das vor Augen: Durch eine Wellenlängenmessung und eine einfache Rechnung haben wir die Temperatur eines Ortes bestimmt, an dem wir nicht die geringste Überlebenschance hätten und wo wir auch niemals ein Thermometer anbringen könnten!

Der Treibhauseffekt

Wir können nun klären, warum es in einem Treibhaus warm wird. Der Schlüssel dazu ist das Absorptionsvermögen des Glases, aus dem das Treibhaus besteht: Glas lässt Strahlung aus demjenigen Wellenlängenbereich, der der Sonnenstrahlung entspricht, fast ungehindert durch, ist aber für größere Wellenlängen (ab ca. 5000 Nanometern) praktisch undurchlässig. Die durch das Glas einfallende Strahlung wird durch den Boden, die Wände und die Gegenstände im Treibhaus absorbiert. Boden, Wände und Gegenstände erwärmen sich und senden nun selbst Strahlung aus, deren Maximum aber wegen der geringeren Temperatur bei viel höheren Wellenlängen liegt, für die das Glas undurchlässig ist. Die Strahlung ist also im Treibhaus „gefangen" und die Temperatur steigt. Dadurch erwärmt sich das Glas und strahlt nach außen Energie ab. Irgendwann ergibt sich ein *Strahlungsgleichgewicht* und die Temperatur nimmt – zum Glück für die Pflanzen im Treibhaus – nicht weiter zu.

Das Kohlendioxyd (CO_2) und der Wasserdampf der unteren Atmosphäre wirken ähnlich wie Glas: Sie sind für einen großen Wellenlängenbereich der Sonnenstrahlung durchlässig, absorbieren aber Strahlung größerer Wellenlänge („infrarot", ab ca. 800 Nanometern) zu 90 Prozent. Dadurch kann die von der Erde ausgesandte Strahlung die Atmosphäre nicht wieder verlassen und die Temperatur steigt.

Einen globalen Treibhauseffekt hat es auf der Erde schon immer gegeben. Ohne diesen wäre es auf unserem Planeten viel kälter und die Lebensbedingungen würden ganz anders aussehen. Es gab auch früher schon öfter Zeiten mit großer Kohlendioxydkonzentration in der Atmosphäre. Die gegenwärtige CO_2-Zunahme hat jedoch eindeutig auch mit den Aktivitäten der Menschen zu tun. Welche Folgen für die künftigen Lebensbedingungen sich daraus ergeben, lässt sich noch nicht sicher sagen. Aus wissenschaftlicher Sicht muss jedoch der von den Menschen verursachte CO_2-Ausstoß schnell und deutlich verringert werden. Die Lösung dieses Problems kann aber nicht auf der wissenschaftlichen, sondern nur auf der politischen Ebene stattfinden.

VII. Optik

Lichtgeschwindigkeit

Unser Bild von der Welt ist – das Wort „Bild" sagt es schon – überwiegend *visuell*. Von den fünf klassischen Sinnen, dem Sehen, Hören, Tasten, Schmecken und Riechen, liefert das Sehen mit großem Abstand die meisten Informationen pro Sekunde an das Gehirn. Auslöser der visuellen Wahrnehmung ist das Licht. Was man über die Natur des Lichts aus physikalischer Sicht sagen kann, wird in der *Optik,* der Lehre vom Licht, untersucht.

Sehen – Junge mit Fernglas

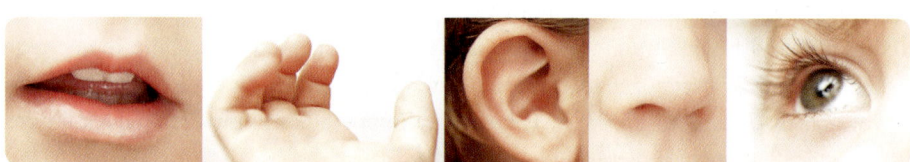
Die fünf Sinne

Da das Licht sich ohne merkliche Verzögerung ausbreitet, war lange Zeit unklar, ob die Lichtgeschwindigkeit unendlich groß ist oder nicht. Der dänische Physiker Ole Rømer (1644–1710) wies als Erster nach, dass die Lichtausbreitung zwar sehr schnell, aber eben nicht unendlich schnell vor sich geht. Er deutete dazu in genialer Weise eine astronomische Beobachtung.

Die Verfinsterung der Jupitermonde

Zu Rømers Zeit bereiste man schon mit Segelschiffen die Weltmeere. Gute Navigationsmethoden waren daher gefragt. Die Position eines Schiffes ist durch den Längen- und Breitengrad,

Ole Rømer

an dem sich das Schiff befindet, festgelegt. Der Längengrad lässt sich allerdings nur ermitteln, wenn man weiß, wie spät es ist, und ausreichend genau gehende Uhren gab es im 17. Jahrhundert noch nicht. So kam man auf die Idee, im Weltraum natürliche „Uhren" zu suchen, und stieß dabei auf die Jupitermonde. Der Planet Jupiter wird von einer großen Zahl von Monden umkreist, von denen vier bereits mit einem einfachen Fernrohr sichtbar sind. Da die Monde von uns aus

Jupiter

gesehen immer wieder hinter dem Jupiter verschwinden und dann wieder auftauchen, findet eine periodische Verfinsterung statt, aus der man leicht die Umlaufdauer bestimmen kann. Für den Mond Io beträgt sie etwas mehr als 42 Stunden. Nun könnte man ja, so die Idee, eine Art Fahrplan für den Io aufstellen, also eine Tabelle, aus der hervorgeht, zu welchen Zeitpunkten künftiger Tage eine Verfinsterung des Io eintreten wird. Gäbe man diese Tabelle den Schiffen mit auf den Weg, so wäre die genaue Zeit und damit der Längengrad leicht ermittelbar (freien Himmel vorausgesetzt).

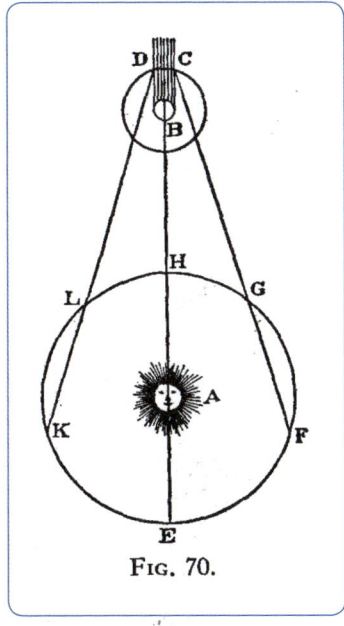

FIG. 70.

Verfinsterung eines Jupitermondes

Leider hielt sich der Mond Io scheinbar nicht an den Fahrplan. Ole Rømer stellte fest, dass die Verfinsterung immer etwas später eintrat als berechnet, wenn sich die Erde gerade vom Jupiter entfernte, und etwas früher als berechnet, wenn sich die Erde gerade dem Jupiter näherte. Die folgende originale Zeichnung aus einem Buch Rømers stellt die Situation dar: Man sieht verschiedene Positionen der Erde (E bis K) bei ihrem Umlauf um die Sonne (A), außerdem den Jupiter mitsamt Mond. Da der Jupiter sich sehr langsam bewegt, verändert sich seine Position (B) praktisch nicht. Insgesamt summierten sich die Verspätungen während der Bewegung der Erde von H nach E, also über ein halbes Jahr hinweg, auf ziemlich genau 1000 Sekunden. Diese 1000 Sekunden wurden im darauffolgenden halben Jahr, also während der Annäherung, wieder „aufgeholt".

Worin besteht die Ursache für die Zeitverschiebung? Stellen Sie sich bitte Folgendes vor:

Sie sind reich, wohnen in einem Schloss (am Ort B) und beschäftigen einen Butler. Eines Tages brechen Sie von dem Landsitz H aus zu einer mehrtägigen Wanderung über L und K nach E auf. Ihr Butler bringt Ihnen regelmäßig mit dem Auto die Post nach und fährt dazu jeden Tag zur gleichen Zeit von B aus los. Es ist klar, dass Sie die Post nicht immer zur gleichen Zeit erhalten werden, sondern jeden Tag etwas später, denn Sie sind inzwischen weiter gewandert, und dieses Stück muss der Butler ja zusätzlich zurücklegen.

Sicherlich wissen Sie jetzt schon, wie Rømer die Zeitverschiebung deutete: Die Nachricht über die Verfinsterung wird uns durch das Licht übermittelt, und wenn wir uns vom Jupiter entfernen, dauert es eben nach jeder Verfinsterung länger, bis die Nachricht uns erreicht – *falls das Licht sich mit endlicher Geschwindigkeit ausbreitet!* Genau das war Rømers Folgerung, und seitdem ist klar, dass Licht zwar schnell, aber nicht unendlich schnell ist. Es ist sogar möglich, die Lichtgeschwindigkeit auszurechnen: Wenn das Licht nämlich 1000 Sekunden benötigt, um eine Strecke zurückzulegen, die dem Durchmesser der Bahn der Erde um die Sonne entspricht, muss man ja einfach diesen Durchmesser durch die 1000 Sekunden teilen. Mit heutigen Werten ergibt sich:

$$c \approx \frac{300.000.000 \; km}{1000 \; s} = 300.000 \; \frac{km}{s}$$

Zu Rømers Zeit war der Erdbahndurchmesser noch nicht genau bekannt.

Andere Methoden zur Messung der Lichtgeschwindigkeit

In den Jahrhunderten nach Rømer wurden viele andere, im Labor durchführbare Verfahren zur Messung der Lichtgeschwindigkeit ersonnen. Teilweise beruhen diese Verfahren wie Rømers Methode auf dem Prinzip „Wegstrecke geteilt durch Zeit", teilweise jedoch auf einer ganz anderen Idee, die hier aber noch nicht erläutert werden kann, weil damit ein Geheimnis über das Licht vorzeitig gelüftet werden würde. Dies soll erst im Laufe des Kapitels geschehen.

Die Lichtgeschwindigkeit im Vakuum ist eine universelle Naturkonstante. Sie ist die am genauesten bekannte Naturkonstante der Physik überhaupt und wurde daher auch zur Definition des Meters herangezogen, wie wir im ersten Abschnitt dieses Buches gesehen haben (→ S. 9f.).

> Die Lichtgeschwindigkeit im Vakuum hat den Wert:
>
> $c = 2{,}99792458 \cdot 10^8 \dfrac{m}{s}$
>
> Näherungsweise gilt: $c \approx 300.000 \dfrac{km}{s}$

Geometrische Optik

Eine ganze Reihe von Alltagsphänomenen und viele optische Geräte kann man schon auf relativ einfache Weise erklären, wenn man annimmt, dass das Licht sich mittels geradlinig verlaufender „Lichtstrahlen" ausbreitet. Man spricht in diesem Falle von *geometrischer Optik*.

Lichtstrahlen

Das Blätterdach eines Waldes ist nicht geschlossen. Durch die Öffnungen scheint die Sonne und es entstehen helle und schattige Bereiche. An einem neblig-feuchten Tag streuen die in der Luft schwebenden Wasserteilchen das Licht und markieren damit die vom Licht erfüllten Räume. Solche Räume wollen wir „Lichtbündel" nennen. Die Begrenzungen der Lichtbündel sind offenbar geradlinig.

Sonnenstrahlen im Wald

Im Labor kann man ein Lichtbündel erzeugen, indem man vor eine Lampe eine Blende stellt und damit die Öffnung im Blätterdach nachahmt. Verengt man die Blende, so wird das Lichtbündel schmaler. Ist die Blendenöffnung sehr klein, so sieht man praktisch nur

Optik

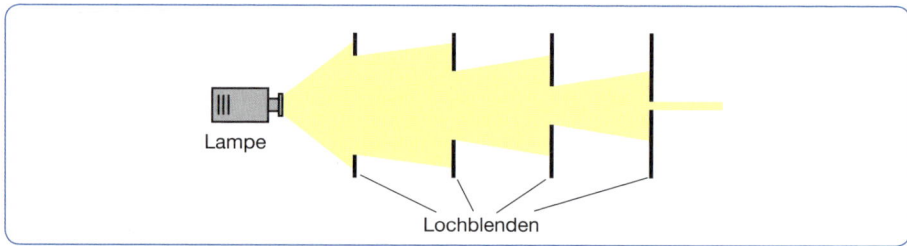

Lichtbündel und Lichtstrahl

noch eine helle gerade Linie. In Gedanken kann man die Blende beliebig eng machen und erhält dann immer genauer einen *Lichtstrahl*. Das ist natürlich eine Idealisierung, in der Praxis hat man es stets mit engen *Lichtbündeln* zu tun. Das Licht eines Lasers kommt einem Strahl jedoch schon sehr nahe.

Reflexion

Wir sehen im Wasser ein Spiegelbild der Stadt. Wie kommt es dazu?

Trifft ein Lichtstrahl auf eine Wasser- oder Glasoberfläche, so dringt ein Teil des Lichtes in das Wasser beziehungsweise Glas ein, ein anderer Teil wird *reflektiert*. Man kann im Labor nachweisen, dass die Reflexion einer einfachen Gesetzmäßigkeit genügt:

Spiegelbild

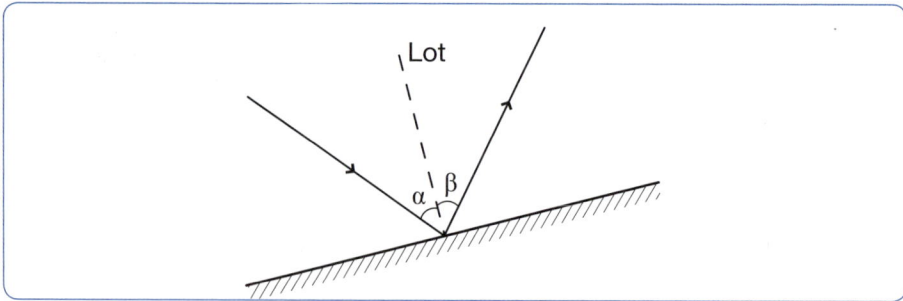

Reflexion

Einfallender und reflektierter Strahl liegen in derselben Ebene (in der Abbildung ist das die Papierebene), und der Winkel, unter dem das Licht reflektiert wird, ist genauso groß wie der Winkel, unter dem das Licht einfällt. Dabei werden die Winkel vom *Lot* aus gemessen. Das Lot ist eine gedachte Linie, die durch den Auftreffpunkt des einfallenden Lichtstrahls geht und senkrecht auf der Wasser- beziehungsweise Glasebene steht, also ebenfalls in der Ebene der Strahlen liegt.

> **Reflexionsgesetz**
> 1. Einfallender und reflektierter Strahl liegen in einer Ebene.
> 2. Einfallswinkel α und Reflexionswinkel β sind gleich groß:
> $\alpha = \beta$

Mit dem Reflexionsgesetz können wir die Entstehung des Spiegelbilds der Stadt erklären. Stellvertretend für alle anderen Punkte betrachten wir eine der Kirchturmspitzen und nehmen an, dass von ihr in alle Richtungen Lichtstrahlen ausgehen. Die Kirchturmspitze leuchtet natürlich nicht selbst, sondern streut das Licht der Sonne, aber das ist ja unerheblich. Einige der Lichtstrahlen werden vom Wasser reflektiert und gelangen danach in unser Auge. Das folgende Bild zeigt den Verlauf dreier ausgewählter Strahlen.

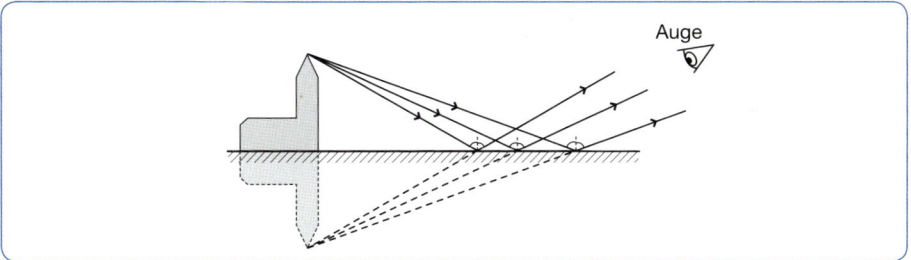

Entstehung des Spiegelbildes

Was sehen wir? Zum einen können wir natürlich die Kirchturmspitze direkt anschauen: Sie erzeugt auf unserer Netzhaut einen Bildpunkt, den unser Gehirn als „Kirchturmspitze" deutet. Zum anderen aber erzeugen auch die vom Wasser reflektierten Strahlen einen Bildpunkt auf der Netzhaut. Da unser Auge nicht weiß, dass diese Strahlen unterwegs reflektiert wurden, könnten wir denselben Bildpunkt auch erzeugen, indem wir das Wasser entfernen und an der Stelle, an der die Strahlen zusammenlaufen, eine Kirchturmspitze anbringen. Uns wird also vorgegaukelt, dass sich im Wasser eine Stadt befindet, weil sich die Lichtstrahlen verhalten, *als wäre es so!* Natürlich sind wir durch unsere Erfahrung auf Spiegelbilder trainiert, aber kleine Kinder müssen erst lernen, diese von der Wirklichkeit zu unterscheiden.

Brechung

Probieren Sie bitte folgenden „Zaubertrick" aus: Legen Sie eine Münze in eine Tasse und blicken Sie schräg so in die Tasse hinein, dass die Münze vom Tassenrand gerade verdeckt wird. Nun gießen Sie Wasser in die Tasse, ohne die Blickposition zu verändern – und siehe da, die Münze wird sichtbar!

Dieses Phänomen kann man mit der *Lichtbrechung* erklären: Dringt ein Lichtstrahl in Wasser ein, so ändert sich seine Richtung, er „knickt ab". Warum er das tut und welcher Gesetzmäßigkeit er dabei gehorcht, lässt sich mit einer verfeinerten Theorie des Lichts begründen, die uns an dieser Stelle noch nicht zur Verfügung steht. Es ergibt sich Folgendes: Berechnet man jeweils die Sinuswerte von Einfalls- und Brechungswinkel, so ist das Verhältnis dieser Werte konstant. Die Konstante nennt man *Brechzahl* oder *Brechungsindex*. Die Brechzahl hängt nur von den beiden beteiligten Medien ab. Sie hat beispielsweise für den Übergang von Luft zu Wasser den Wert 1,3.

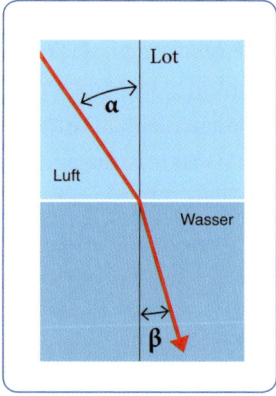

Brechung

> **Brechungsgesetz**
> Wird ein Lichtstrahl beim Übergang von Medium 1 zu Medium 2 gebrochen, so gilt für den Einfallswinkel α und den Brechungswinkel β:
> $$\frac{\sin \alpha}{\sin \beta} = n_{21}$$
> Dabei ist n_{21} die Brechzahl des Mediums 2 in Bezug auf Medium 1.

Trifft Licht unter dem Winkel von 45 Grad auf eine Wasseroberfläche, so gilt für den Sinus des Brechungswinkels:

$$\sin\beta = \frac{\sin\alpha}{n_{21}} = \frac{\sin 45°}{1{,}3} = 0{,}543928$$

Daraus folgt für den Winkel β selbst: $\beta = 33{,}0°$

Wenn Sie das nachrechnen möchten, benutzen Sie bitte die Umkehrtaste zur Sinusfunktion. Sie wird auf dem Taschenrechner meistens mit $\sin^{-1}$ bezeichnet.

Der Brechungswinkel ist also kleiner als der Einfallswinkel: Licht wird beim Übergang von Luft zu Wasser *zum Lot hin* gebrochen. Umgekehrt wird Licht beim Übergang von Wasser zu Luft *vom Lot weg* gebrochen.

Jetzt lässt sich der „Zaubertrick" leicht erklären: Die von der Münze ausgehenden Lichtstrahlen werden beim Übergang vom Wasser zur Luft vom Lot weg gebrochen. Dadurch können einige von ihnen in unser Auge gelangen.

Optische Geräte

Moderne Kameras und Projektionsgeräte mögen technisch kompliziert und ausgefeilt wirken und sind es im Detail auch. Ihrer Funktionsweise liegen jedoch einfache Prinzipien zugrunde. Als Beispiel für ein solches Prinzip schauen wir uns an, wie eine Sammellinse Bilder erzeugt. Damit können wir eine ganze Reihe optischer Geräte erklären.

Mädchen mit Fotoapparat

Optische Abbildungen mit Sammellinsen

Wenn Sie in einem abgedunkelten Raum eine brennende Kerze vor eine Lupe stellen, können Sie auf der weißen Wand hinter der Lupe ein umgekehrtes, farbiges Bild der Kerzenflamme erzeugen. Wie macht die Lupe das?

Optik

Zunächst einmal klappt es nur, weil die Lupe eine *Sammellinse* ist. Eine Sammel- oder auch Konvexlinse ist in der Mitte dicker als am Rand (bei einer Zerstreuungs- oder Konkavlinse ist es umgekehrt). Das folgende Bild zeigt den Schnitt durch eine Sammellinse. Die Gerade senkrecht zur Mittelebene durch den Mittelpunkt heißt *optische Achse*.

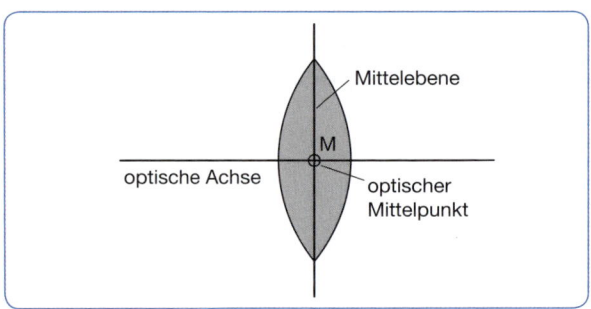

Sammellinse

Um zu klären, wie die Sammellinse es schafft, ein Bild zu erzeugen, müssten wir im Prinzip auf alle möglichen von der Kerze ausgehenden Lichtstrahlen das Brechungsgesetz anwenden und herausfinden, wie die Linse diese Strahlen bricht. Das wäre sehr aufwendig, und zum Glück ist es gar nicht nötig! Man hat nämlich herausgefunden, dass man mit nur zwei besonderen Strahlen auskommt, sofern die Linse nur hinreichend dünn ist (für dicke Linsen gilt es nur näherungsweise). Diese besonderen Strahlen sind der *Mittelpunktstrahl* und der *Brennstrahl*.

Der *Mittelpunktstrahl* hat seinen Namen natürlich daher, dass er durch den Mittelpunkt der Linse geht. Ein solcher Strahl verhält sich auf die für uns angenehmste Weise: Er ändert seine Richtung nicht und geht durch die Linse hindurch, als wäre sie gar nicht da.

Ein *Brennstrahl* verläuft vor der Linse parallel zur optischen Achse. Wie wird er gebrochen? Einen Hinweis darauf

Lupe erzeugt Feuer – dank Sonne und Brennpunkt.

erhalten wir durch einen kleinen Versuch: Wir lassen die Sonne durch die Lupe scheinen. Die von der Sonne ankommenden Strahlen sind allesamt Brennstrahlen, denn sie fallen wegen der großen Entfernung der Sonne praktisch parallel ein. Hinter der Linse werden diese Strahlen in einem Punkt gebündelt. Dort kann es so heiß werden, dass man ohne Weiteres ein Loch in ein Blatt Papier brennen kann, und dieser Effekt hat dem Punkt seinen Namen gegeben: *Brennpunkt*. Jede Linse hat zwei symmetrisch zueinander liegende Brennpunkte: einen vorderen und einen hinteren. Sie heißen in dem folgenden Bild F_1 und F_2. Von vorne einfallende Brennstrahlen gehen also durch den hinteren Brennpunkt.

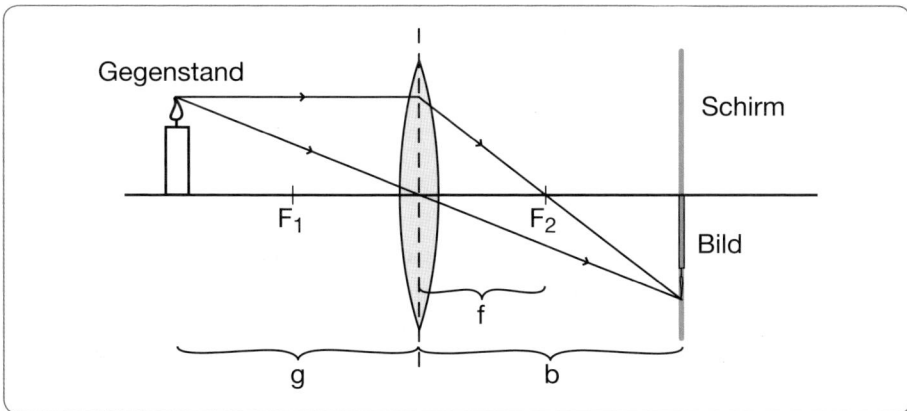

Nun betrachten wir (stellvertretend für alle anderen Strahlen) den von der Spitze der Flamme ausgehenden Mittelpunkt- und den entsprechenden Brennstrahl. Die Zeichnung zeigt, dass sich diese Strahlen (wie auch alle anderen, die auf die Linse fallen) hinter der Linse wieder treffen. Stellt man in der Ebene des „Treffpunktes" einen Schirm auf, so entsteht hier ein Bild der Flammenspitze. Und natürlich „versammeln" sich die von anderen Punkten der Flamme und der Kerze ausgehenden Strahlen auf dieselbe Weise auf dem Schirm. Mit anderen Worten: Ein Bild der Kerze mit Flamme entsteht! Es ist leider, wie man sieht, umgekehrt, aber ansonsten ist es ohne Zweifel ein Bild der brennenden Kerze!

Der Abstand zwischen Gegenstand und Linse heißt *Gegenstandsweite,* der Abstand zwischen Linse und Bild *Bildweite,* der Abstand zum vorderen oder hinteren Brennpunkt *Brennweite*. Man kann geometrisch zeigen, dass diese Größen wie folgt zusammenhängen:

> **Linsenformel**
> Für die Gegenstandsweite g, die Bildweite b und die Brennweite f einer Linse gilt:
> $$\frac{1}{g} + \frac{1}{b} = \frac{1}{f}$$

Beispiel: Brennweitenbestimmung

Ein Gegenstand befindet sich 15 Zentimeter vor einer Sammellinse. Das Bild entsteht 30 Zentimeter hinter der Linse. Wie groß ist die Brennweite?

$$\frac{1}{f} = \frac{1}{g} + \frac{1}{b} = \frac{1}{15\ cm} + \frac{1}{30\ cm} = 0{,}1\ \frac{1}{cm} \Rightarrow f = 10\ cm$$

Der Kehrwert der in Metern ausgedrückten Brennweite heißt auch Brechkraft und wird in *Dioptrien* angegeben. Die Linse aus dem Beispiel hat die Brennweite von 0,1 Metern, also die Brechkraft von zehn Dioptrien. Falls Sie eine Brille tragen, kennen Sie diese Angabe: Eine „stärkere" Brille ist eine mit größerer Brechkraft.

Brille

LCD-Beamer

Viele optische Geräte erzeugen ihre Bilder genau in der beschriebenen Weise. Das trifft auf Kameras genauso zu wie auf Film- und Diaprojektoren sowie auf LCD-Beamer. Ein LCD-Beamer funktioniert von der optischen Abbildung her genau wie ein „altmodischer" Diaprojektor, nur wird statt eines Dias ein Flüssigkristallelement durchleuchtet. Die genannten Geräte verwenden bei der Abbildung nicht nur eine einzige Linse, sondern zur Verbesserung der Qualität ein *Objektiv*, das mehrere Linsen enthält. Durch Veränderung der Abstände der Linsen lässt sich die Brennweite des Objektivs und damit die Schärfe einstellen.

Unser Auge kann man vielleicht nicht direkt als optisches Gerät bezeichnen, es arbeitet aber genauso: Die Augenlinse erzeugt auf der Netzhaut ein Bild der Außenwelt. Das Bild steht auch hier auf dem Kopf, aber davon merken wir nichts, weil das Gehirn es intern wieder umdreht. Die Natur hat unsere Augenlinse jedoch zusätzlich mit einer sehr praktischen Eigenschaft ausgestattet: Sie ist flexibel und kann ihre Dicke (und damit ihre Brennweite) ändern. Dadurch können wir Gegenstände fokussieren, also „scharf stellen".

Natürliche „Linse"

Die Lupe

Will man sich einen Gegenstand genau anschauen, so nähert man ihn dem Auge, damit auf der Netzhaut ein möglichst großes Bild entsteht. Ab einem bestimmten Abstand vom Auge wird das Bild jedoch unscharf, weil sich die Augenlinse nicht weiter krümmen kann. Schaut man sich aber den Gegenstand durch eine Lupe, also eine Sammellinse kurzer Brennweite, an, dann addieren sich die Brechkräfte von Lupe und Augenlinse. Das führt dazu, dass die Augenlinse sich entspannen kann und dass auf der Netzhaut ein größeres, scharfes Bild erzeugt wird.

Lupe

Das astronomische Fernrohr

Sehr weit entfernte Dinge schaut man sich mit *Fernrohren* an, sehr kleine Dinge mit *Mikroskopen*. In solchen Geräten kommen immer Linsensysteme zum Einsatz, also Kombinationen von Linsen.

Das astronomische Fernrohr wurde um 1610 erfunden und (wie der Name schon sagt) für Himmelsbeobachtungen verwendet. Es besitzt zwei Sammellinsen. Die vordere heißt *Objektiv*, die hintere (durch die man schaut) *Okular*.

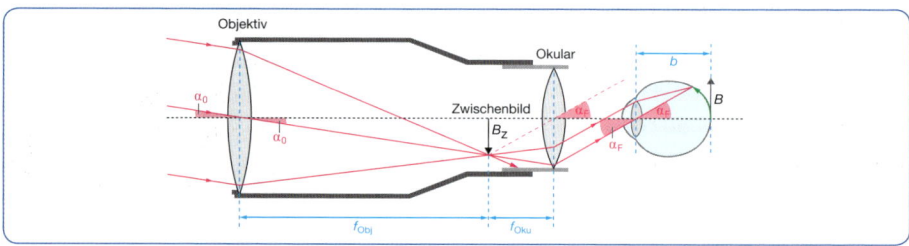

Das Objektiv erzeugt ein (wegen der großen Entfernung) sehr kleines Zwischenbild des Gegenstands in der Nähe des Objektivbrennpunkts. Mit diesem Zwischenbild könnten wir so, wie es ist, nicht viel anfangen. Wenn wir es aber durch das Okular betrachten, wirkt dieses wie eine Lupe und vergrößert das Zwischenbild. Insgesamt wird der *Sehwinkel,* also der Winkel, unter dem wir den Gegenstand sehen, vergrößert. Darauf beruht die Wirkung des Fernrohrs.

Beugung und Interferenz

Halten Sie bitte einmal Ihre Hand vor sich hin, wobei Sie die Finger nicht krümmen und zwischen zwei von ihnen – z. B. dem Zeige- und dem Mittelfinger – eine sehr kleine Öffnung lassen. Meistens sind Finger ein wenig krumm, sodass automatisch eine solche Öffnung entsteht, wenn die Finger locker aneinanderliegen. Blicken Sie nun durch die Öffnung hindurch auf eine etwas weiter entfernte Lampe oder gegen das Fenster – aber nicht, indem Sie die Finger anschauen, sondern indem Sie so tun, als wollten Sie die Lampe oder die Umgebung hinter dem Fenster ins Auge fassen. Dadurch entspannen Sie die Augenlinse, und Sie sollten nun in der Öffnung – dem sogenannten Spalt – ein Muster aus kleinen, abwechselnd hellen und dunklen Streifen sehen. Dies ist vom Standpunkt der geometrischen Optik aus betrachtet völlig unverständlich, denn es müsste ein *Lichtbündel* in unserem Auge ankommen, und dieses könnte auf der Netzhaut allenfalls einen (wie die Öffnung geformten) Lichtfleck, nicht aber ein Streifenmuster erzeugen.

In diesem Abschnitt klären wir, wie es zu dem Streifenmuster kommt. Paradoxerweise können wir dabei nicht von einem einzelnen Spalt ausgehen, sondern müssen uns zunächst mit einem *Doppelspalt* beschäftigen.

Das Doppelspaltexperiment

Stellen wir uns vor, dass der englische Physiker Thomas Young (1773–1829) beim Betrachten der Streifen folgende Assoziation hatte: „Das kenne ich doch irgendwoher – jetzt fällt es mir ein: Bei der Interferenz zweier Wasserwellen kann man abwechselnd Zonen mit heftiger Wasserbewegung und Zonen, in denen das Wasser ruht, beobachten. Und bei zwei Schallquellen ist es so ähnlich: Es entstehen vor ihnen abwechselnd laute und leise Bereiche. Sollte es beim Licht auch so sein? Das probiere ich einmal aus!"

Thomas Young

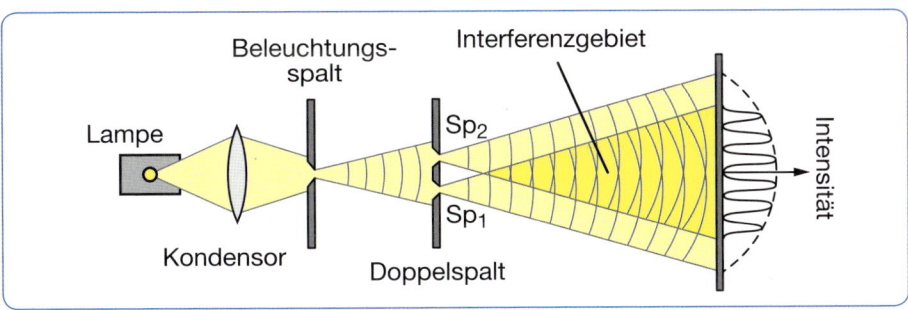

Young'scher Doppelspaltversuch

Die Abbildung zeigt Youngs Versuchsaufbau. Über eine Beleuchtungseinrichtung, bestehend aus einem *Beleuchtungsspalt* und einem *Kondensor* (einer Sammellinse, die den Spalt ausleuchtet), wird Licht auf einen Doppelspalt geworfen. Dabei haben die beiden Öffnungen des Doppelspalts nur einen sehr geringen Abstand voneinander (ca. 0,3 Millimeter). Hinter dem Doppelspalt befindet sich ein Schirm, auf dem tatsächlich ein Muster aus hellen und dunklen Streifen erscheint. Man erkennt außerdem farbige Ränder, deren Entstehung im nächsten Abschnitt klar werden wird.

Interferenzbild beim Doppelspalt

Young deutete das Schirmbild in Analogie zu den entsprechenden Experimenten mit Wasser und Schall als *Interferenzphänomen.* Interferenz kann es aber nur bei Wellen geben. Die naheliegende Schlussfolgerung ist: Licht verhält sich in diesem Versuch wie eine Welle!

> Das Young'sche Doppelspaltexperiment lässt sich mit der Vorstellung deuten, dass Licht sich als Welle ausbreitet.

Interferenz am Gitter

Statt des Doppelspaltes verwenden wir jetzt ein sogenanntes *Gitter.* Ein Gitter besteht aus sehr vielen dicht nebeneinander angeordneten Spalten. Beleuchten wir das Gitter z. B. mit dem roten Licht eines Lasers, so sehen wir in Richtung der optischen Achse einen roten Punkt und zu beiden Seiten daneben weitere rote Punkte. Deren Zustandekommen können wir uns anhand der folgenden Abbildung erklären.

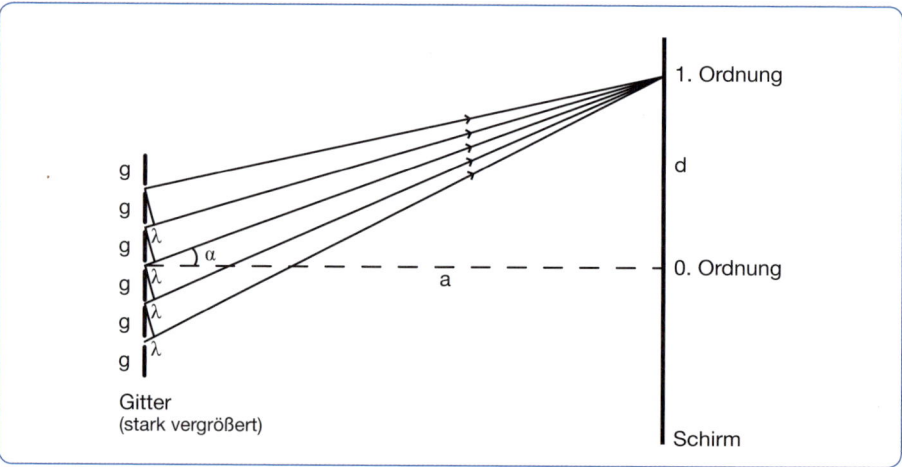

Die von den einzelnen Öffnungen herrührenden Kreiswellen interferieren miteinander. Da es jedoch sehr viele Kreiswellen gibt, kommen alle möglichen Gangunterschiede vor. An den meisten Stellen des Schirms löschen sich die Wellen daher gegenseitig aus. Nur wenn der Gangunterschied zwischen ihnen ein Vielfaches der Wellenlänge beträgt, verstärken sie sich gegenseitig („konstruktive Interferenz"). Die Abbildung zeigt einen Ort auf dem Schirm, bei dem der Gangunterschied ankommender Wellen, die von benachbarten Öffnungen stammen, gerade *eine* Wellenlänge beträgt. Hier entsteht ein Maximum *erster* Ordnung. Entsprechend gibt es Maxima höherer und auch (in Richtung der optischen Achse) ein Maximum *nullter* Ordnung.

Beispiel: Wellenlängenbestimmung mit dem Gitter

Unser Gitter soll die Entfernung $a = 3{,}0\ m$ vom Schirm haben. Zwischen dem Maximum nullter und dem Maximum erster Ordnung wird die Strecke $d = 1{,}23\ m$ gemessen. Die *Gitterkonstante g,* der Abstand zweier Gitteröffnungen, habe den Wert $g = \frac{1}{600}\ mm$ (so feine Gitter kann man tatsächlich herstellen!). Den Winkel α, unter dem das Maximum erster Ordnung erscheint, kann man aus dem dargestellten rechtwinkligen Dreieck mit der Formel „Tangens des Winkels gleich Gegenkathete durch Ankathete" berechnen:

$$\tan \alpha = \frac{d}{a} = \frac{1{,}23\ m}{3{,}0\ m} = 0{,}41 \Rightarrow \alpha = 22{,}29°$$

Da a im Versuch (im Gegensatz zur Zeichnung) sehr viel größer ist als g, verlaufen die dargestellten Wellenstrahlen praktisch parallel. Die vor den Öffnungen eingezeichneten Figuren sind daher, wie die folgende Abbildung zeigt, näherungsweise rechtwinklige Dreiecke, in denen ebenfalls der Winkel α vorkommt:

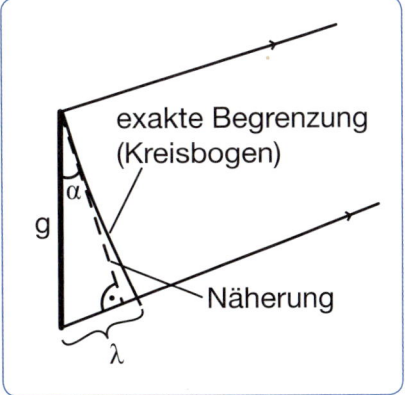

Mit der Formel „Sinus des Winkels gleich Gegenkathete durch Hypotenuse" ergibt sich:

$$\sin \alpha = \frac{\lambda}{g}$$

Also gilt: $\lambda = g \cdot \sin \alpha = \frac{1}{600} \cdot 10^{-3}\ m \cdot \sin(22{,}29°) \approx 632\ nm$

Die Vorsilbe n („Nano") bedeutet 10^{-9}. Die Wellenlänge des Laserlichts ist also sehr klein, sie beträgt 632 Millionstel Millimeter!

Beugung am Spalt

Wir können jetzt die Schirmbilder hinter Doppelspalten und Gittern als Interferenzmuster deuten. Aber wie entstehen die Streifen bei dem eingangs betrachteten *Einzelspalt?* Hier interferiert doch nichts! Oder?

Der niederländische Physiker Christiaan Huygens (1629–95) hatte eine Idee, mit der wir diese Frage beantworten können. Er stellte sich vor, dass von jeder Wellenfront in jedem Augenblick kreisförmige Elementarwellen ausgehen, die sich überlagern und dadurch die neue Wellenfront bilden.

Christiaan Huygens

> Huygens'sches Prinzip: Jeder Punkt einer Wellenfront kann als Ausgangspunkt von Elementarwellen angesehen werden, die sich mit gleicher Geschwindigkeit und Frequenz wie die ursprüngliche Welle ausbreiten. Die Einhüllende aller Elementarwellen ergibt die neue Wellenfront.

Hat eine Wellenfront den Spalt erreicht, so gehen nach Huygens von allen Punkten der Spaltebene Elementarwellen aus, die miteinander interferieren. Man kann nachweisen, dass dadurch hinter dem Spalt abwechselnd Bereiche konstruktiver und destruktiver Interferenz entstehen, die genau das beobachtete Streifenmuster erklären. Insbesondere zeigt sich, dass ein Teil des Lichtes an Stellen ankommt, die von der Geradeaus-Richtung abweichen. Das Licht wird also „gebeugt". Dies steht im Widerspruch zu den Annahmen der geometrischen Optik. Solange aber die beugenden Öffnungen im Vergleich zur Wellenlänge groß sind, merkt man von der Beugung praktisch nichts und darf davon ausgehen, dass Licht sich geradlinig ausbreitet.

> Die Beugung des Lichts lässt sich als Interferenz von Elementarwellen deuten.

Leider begrenzt die Beugung das *Auflösungsvermögen* optischer Geräte. Betrachtet man z. B. durch ein Fernrohr zwei Sterne, die sich fast an der gleichen Stelle des

Sternenhimmel

Hubble-Weltraumteleskop

Nachthimmels befinden, so sollte das Linsensystem die Sterne wegen ihrer großen Entfernung praktisch immer als Punkte, und zwar als *getrennte* Punkte, abbilden. Leider wird jedoch das Licht unweigerlich an der Öffnung des Fernrohres gebeugt und daher entstehen statt der Punkte Scheiben (nämlich die zentralen Maxima der ringförmigen Beugungsmuster). Diese Scheiben überlappen sich, sodass man die Sterne bei zu kleinem Abstand nicht mehr voneinander unterscheiden kann. Abhilfe schafft nur eine Vergrößerung der beugenden Öffnung. Das Objektiv des Hubbleweltraumteleskops, das als Spiegel ausgelegt ist, hat z. B. einen Durchmesser von 2,4 Metern.

Auch das Auflösungsvermögen von optischen Mikroskopen ist durch die Beugung begrenzt: Man kann bestenfalls Punkte unterscheiden, deren Abstand in der Größenordnung der Wellenlänge des Lichts liegt. Will man noch kleinere Dinge sehen, muss man die Wellenlänge verringern. Dies geschieht in *Elektronenmikroskopen*.

Elektronenmikroskop

Farbe

Die Welt, die wir wahrnehmen, ist bunt. Woher kommen die Farben?

Spektren

Wir wiederholen den Versuch mit dem optischen Gitter aus dem letzten Abschnitt, variieren jetzt aber die Farbe des Lichts. Das tun wir, indem wir statt des Lasers das Licht einer Glühlampe verwenden und vor die Lampe Farbgläser halten. Nun betrachten wir die jeweils entstehenden Maxima erster Ordnung, also diejenigen Maxima, bei denen der Gangunterschied benachbarter Wellenzüge genau eine Wellenlänge beträgt.

Bei rotem Licht entstehen diese Maxima an den erwarteten Stellen beiderseits des Hauptmaximums, bei blauem Licht jedoch ist ihr Abstand zum Hauptmaximum viel geringer. Das muss bedeuten, dass blaues Licht eine kleinere Wellenlänge hat als rotes Licht! Entfernen wir schließlich die Farbgläser, so sehen wir eine Folge fließend ineinander übergehender Farben, ein sogenanntes *kontinuierliches Spektrum*.

Kontinuierliches Spektrum

Dieses Schirmbild lässt sich nur so deuten: Das Licht der Glühlampe enthält sehr viele verschiedene Wellenlängen, und durch das Gitter werden sie „sortiert" – jede Wellenlänge wird in eine bestimmte Richtung abgelenkt und landet an einer entsprechenden Stelle auf dem Schirm. Und da wir an dieser Stelle eine bestimmte Farbe sehen, muss in unserer Wahrnehmung jede Wellenlänge eine bestimmte Farbe hervorrufen. Was wir für „weißes" (oder im Falle der Glühlampe für leicht gelbliches) Licht halten, ist in Wirklichkeit ein Gemisch vieler verschiedener Wellenlängen, also Farben. Mit dem Gitterversuch lässt sich leicht herausfinden, dass wir Wellenlängen zwischen etwa 400 Nanometern und 800 Nanometern wahrnehmen können.

> Jeder Wellenlänge des sichtbaren Lichts lässt sich eine Farbe zuordnen. Das sichtbare Spektrum umfasst Wellenlängen im Bereich von 400 *nm* bis 800 *nm*.

Farben, die durch Interferenz entstehen

Erstes Beispiel: Farben einer CD

Eine CD schimmert in vielen verschiedenen Farben. Diese Farben entstehen durch Interferenz: Auf der CD befindet sich eine spiralförmige Spur, die die gespeicherte Information enthält. Die

CD

Erhebungen zwischen benachbarten Windungen dieser Spur reflektieren Licht und können – wie die Öffnungen im Gitter aus dem vorigen Abschnitt – als Erregerzentren von Kreiswellen angesehen werden, die miteinander interferieren. Die CD ist also ein *Reflexionsgitter,* und was wir sehen, ist das durch dieses Gitter verursachte Interferenzspektrum.

Zweites Beispiel: Farben einer Seifenblase

Licht, das auf eine Seifenblase fällt, wird teilweise an der Oberseite und teilweise an der Unterseite der Seifenhaut reflektiert. Die reflektierten Anteile haben einen gewissen Gangunterschied. Beträgt dieser (bedingt durch die Dicke und die Brechzahl der Seifenhaut) für eine bestimmte Farbe gerade eine halbe Wellenlänge, so löschen sich die beiden Anteile aus. Dadurch ist das Licht, das in unser Auge fällt, nicht mehr weiß (eine Farbe fehlt ja). Was wir sehen, ist das „Gemisch" der übrigen Farben.

Seifenblase

Drittes Beispiel: Vergütung einer Linse

Man „vergütet" eine Linse, indem man ihre Oberfläche mit einer speziellen Beschichtung (z. B. aus Kryolith) versieht, die eine viertel Wellenlänge dick ist. Wie bei der Seifenblase interferieren die an der Vorder- und Rückseite der Schicht reflektierten Wellen miteinander und löschen sich, da ihr Gangunterschied eine halbe Wellenlänge beträgt, gegenseitig aus. Dadurch verhindert man unerwünschte Reflexionen und erhöht den Anteil des durchgehenden Lichts. Eine vollständige Auslöschung ergibt sich natürlich streng genommen nur für eine einzige Wellenlänge, aber man erreicht auch so schon eine deutliche Reflexverminderung über einen größeren Wellenlängenbereich.

Vergütete Linse

Ein Gegenbeispiel: Farben des Regenbogens

Die Farben eines Regenbogens beruhen *nicht* auf Interferenz. Ein Regenbogen entsteht dadurch, dass das Sonnenlicht in den Wassertröpfchen, die in der Luft schweben, gebrochen und reflektiert wird. Dabei ist die Brechung von der Wellenlänge abhängig, sodass auch hier das Licht der Sonne in ein Spektrum, eben den Regenbogen, zerlegt wird. Dies liegt jedoch an der Brechung und nicht an der Interferenz.

Regenbogen

Die Natur des Lichts

Wir wissen nun, dass Licht Welleneigenschaften hat. Aber um welche Art von Welle handelt es sich? Nun, Indizien zur Beantwortung dieser Frage haben wir schon an anderer Stelle gesammelt, aber wo war das noch? Genau! Im Kapitel über elektromagnetische Schwingungen und Wellen stellten wir fest, dass die Phasengeschwindigkeit der untersuchten Welle genau den Wert der Lichtgeschwindigkeit hatte (→ S. 217 ff.)! Übrigens konnte der schon erwähnte James Clerk Maxwell beweisen, dass *jede* elektromagnetische Welle sich im Vakuum mit Lichtgeschwindigkeit ausbreitet. Jetzt liegt die Schlussfolgerung auf der Hand: Licht ist nichts anderes als eine elektromagnetische Welle! Es gibt in Wirklichkeit keinen Unterschied zwischen Radio-, Mikro- und Lichtwellen, nur dass wir die ersten beiden Wellenarten nicht wahrnehmen können, weil wir dafür kein Sinnesorgan haben. Für Wellenlängen zwischen 400 Nanometern und 800 Nanometern jedoch besitzen wir eine „Antenne", nämlich das Auge! Mit unserem Auge können wir einen winzigen Ausschnitt aus dem riesigen Spektrum elektromagnetischer Wellen direkt wahrnehmen.

> Lichtwellen sind elektromagnetische Wellen.

Jede Methode zur Messung der Ausbreitungsgeschwindigkeit elektromagnetischer Wellen ist also in Wirklichkeit auch eine Methode zur Messung der Lichtgeschwindigkeit! Wir sind daher nicht allein auf Messungen vom Typ „Wegstrecke geteilt durch Zeit" wie im ersten Abschnitt dieses Kapitels angewiesen (→ S. 250 ff.).

Die Welt in unserem Kopf

Ist das Blatt tatsächlich grün?

Wenn wir in den blauen Himmel oder im Wald auf ein grünes Blatt blicken, dann glauben wir, dass der Himmel blau und das Blatt grün ist. Wir wissen jetzt aber, dass das in Wirklichkeit nicht stimmt: In der Welt außerhalb unserer Wahrnehmung gibt es allenfalls Wellen mit bestimmten Wellenlängen, aber keine Farben. Die Farben werden von unserem Gehirn hinzuerfunden. Ganz sicher ist die Welt „an sich" nicht bunt, genauso wenig, wie sie Töne, Geräusche, Musik, Gerüche und Geschmack enthält. Das alles sind Dinge, die es unabhängig von unserer Wahrnehmung nicht gibt. Zwar reagiert unser Gehirn auf Einflüsse von außen, aber die Art der Reaktion hat nichts damit zu tun, wie es „draußen wirklich ist". Die Welt, die wir wahrnehmen, ist ein Produkt unseres Gehirns. Sie entsteht in unserem Kopf.

VIII. Relativitätstheorie

Das Michelson-Experiment

Albert Einstein

Die Relativitätstheorie ist das Werk des genialen Physikers Albert Einstein (1879–1955). Nach Abschluss seines Physikstudiums hatte Einstein eine Stelle am Berner Patentamt angetreten, die ihn offenbar nicht auslastete, denn in seiner Freizeit (und vielleicht ja auch während der Arbeit, wenn nichts zu tun war) beschäftigte er sich mit Fragestellungen der theoretischen Physik und reichte Aufsätze zur Veröffentlichung in der Zeitschrift *Annalen der Physik* ein. Im Jahre 1905 gelangen ihm gleich drei Geniestreiche auf einmal, darunter die (später sogenannte) *spezielle Relativitätstheorie*. Bald darauf war Einstein nicht mehr Patentamtangestellter, sondern Physikprofessor (in Zürich, Prag und Berlin). Bis 1916 entstand sein größtes Werk, die *allgemeine Relativitätstheorie*. Als man im Jahre 1919 eine der Vorhersagen dieser Theorie, nämlich die Ablenkung von Licht durch Gravitationsfelder, experimentell bestätigen konnte, erlangte Einstein weltweite Berühmtheit und wurde zum Medienstar.

Aber worum geht es eigentlich in der Relativitätstheorie? Um das zu verstehen, müssen wir uns zunächst mit einem wichtigen historischen Experiment beschäftigen, das ein äußerst merkwürdiges Ergebnis lieferte.

Die Konstanz der Lichtgeschwindigkeit

Sie stehen am Bahndamm und beobachten einen Zug, der mit der Geschwindigkeit von 80 Kilometern pro Stunde vorbeifährt. In dem Zug sitzt auf dem Boden ein spielendes Kind und lässt einen Ball in Fahrtrichtung losrollen. Der Ball hat in Bezug auf das Kind die Geschwindigkeit von zehn Kilometern pro Stunde. Welche Geschwindigkeit hat der Ball für Sie? Logisch, werden Sie sagen, in Bezug auf den Bahndamm und damit auf mich hat der Ball die Geschwindigkeit von 90 Kilometern pro Stunde!

Wie schnell er wohl fährt?

Nun schaltet das Kind eine Taschenlampe ein und leuchtet in Fahrtrichtung. Wenn das Kind die Geschwindigkeit des Lampenlichts messen könnte – was würde sich dann ergeben? Und welchen Wert würden Sie als Beobachter am Bahndamm ermitteln? Das kommt darauf an, *in Bezug worauf* das Licht sich ausbreitet. Gilt der Wert der Lichtgeschwindigkeit relativ zur Lampe? Oder relativ zum Bahndamm? Oder relativ zu einem ganz anderen Bezugssystem? Sie ahnen jetzt schon, woher die Relativitätstheorie ihren Namen hat …

Die Physiker der zweiten Hälfte des 19. Jahrhunderts nahmen aufgrund der universellen Bedeutung der Lichtgeschwindigkeit an, dass das Licht sich relativ zu dem von Newton behaupteten *absoluten Raum* ausbreitet. Außerdem vermuteten sie, dass Lichtwellen auf einen materiellen Träger angewiesen sind. Diesen hypothetischen Stoff nannten sie *Äther*.

Der amerikanische Physiker Albert Abraham Michelson (1852–1931) erdachte und realisierte (teilweise zusammen mit Edward Morley (1838–1923)) ein Experiment, das den Äther dazu bringen sollte, sich zu „verraten". Die Abbildung auf S. 274 zeigt in vereinfachter Form seinen Versuchsaufbau, das *Michelson-Interferometer*.

Michelson und Morley

Die Idee ist: Ein Lichtstrahl wird mithilfe eines halbdurchlässigen Spiegels zunächst in zwei Teilstrahlen aufgeteilt, die senkrecht zueinander verlaufen. Diese Teilstrahlen werden dann zurückgeworfen, laufen abermals durch den halbdurchlässigen Spiegel und überlagern einander, sodass sie interferieren können. Das Interferenzmuster beobachtet man mit einem Fernrohr. Die Erde übernimmt nun die Rolle des fahrenden Zuges – sie umrundet immerhin mit ca. 30 Kilometern pro Sekunde die Sonne und bewegt sich damit auch in wechselnden Richtungen durch den Äther (falls es diesen gibt). Anschaulich ist klar, dass die beiden Teilstrahlen abhängig von ihrer

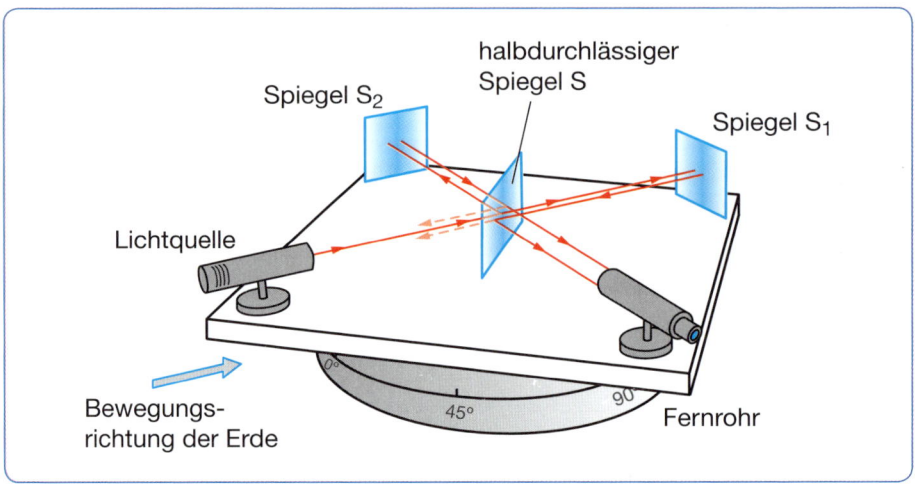

Michelson-Interferometer

Orientierung in Bezug auf den Äther unterschiedlich lange unterwegs sein müssten. Eine Laufzeitberechnung (die wir hier übergehen) ergibt, dass ein parallel zur Bewegung durch den Äther verlaufender Teilstrahl mehr Zeit benötigen würde als der quer dazu verlaufende „Partnerstrahl". Die daraus resultierende Laufzeitdifferenz müsste sich als ein bestimmtes Interferenzmuster auf dem Schirm zeigen. Würde man nun – so die Idee – die Rollen der beiden Teilstrahlen dadurch vertauschen, dass man das ganze Gerät um 90 Grad dreht, so sollte sich das Interferenzmuster ändern.

Der letzte Absatz steht bewusst im Konjunktiv, denn der Versuch war – gemessen an Michelsons Absicht – ein Fiasko. Sooft man das Experiment auch zu verschiedenen Tages- und Jahreszeiten wiederholte: Niemals war eine Änderung des Interferenzmusters beobachtbar! Den Äther gibt es offenbar nicht, vielmehr breitet sich das Licht in Bezug auf *jedes* Bezugssystem mit derselben Geschwindigkeit aus. Dies ist jedoch sehr merkwürdig. Es bedeutet nämlich – wenn wir es auf das eingangs dargestellte Beispiel anwenden –, dass sowohl Sie (am Bahndamm) als auch das Kind (im Zug) *denselben* Wert für die Lichtgeschwindigkeit ermitteln – immer vorausgesetzt, dass am Bahndamm und im Zug alle Naturgesetze wenigstens die gleiche Form haben, dass also z. B. hier wie dort das Gesetz „Wegstrecke gleich Geschwindigkeit mal Zeit" gilt.

Einsteins Postulate

Dass die Lichtgeschwindigkeit relativ zum Zug *und* zum Bahndamm denselben Wert haben soll, übersteigt unsere Vorstellungskraft beträchtlich und widerspricht unserem „gesunden Menschenverstand". Aber der gesunde Menschenverstand ist eben manchmal nicht das Maß aller Dinge, und in der Physik hat das Experiment recht! So sah es jedenfalls Einstein. Er schlug vor, das Versuchsergebnis einfach so zu akzeptieren, wie es ist, und formulierte zwei Behauptungen („Postulate"), die im Einklang mit dem Experiment standen und die als Fundament für die weiteren Untersuchungen dienen sollten:

> **Relativitätspostulate**
> 1. Postulat (Relativitätsprinzip): Alle Inertialsysteme sind zur Beschreibung von Naturvorgängen gleichberechtigt. Die Naturgesetze haben in allen Inertialsystemen die gleiche Form.
>
> 2. Postulat (Konstanz der Lichtgeschwindigkeit): In allen Inertialsystemen breitet sich Licht im Vakuum in alle Richtungen und unabhängig von der Bewegung der Lichtquelle mit der Geschwindigkeit $c = 2{,}99792458 \cdot 10^8 \, \frac{m}{s}$ aus.

Was ein Inertialsystem ist, wurde im ersten Kapitel besprochen (→ S. 32 ff.).

Diese Postulate kann man weder herleiten noch beweisen und man kann insbesondere auch nicht sagen, ob sie wahr oder falsch sind. Sie werden für gültig gehalten, solange keine Experimente die Gültigkeit infrage stellen. Wir müssen jetzt also experimentell nachprüfbare Folgerungen aus diesen Postulaten ziehen.

Spezielle Relativitätstheorie

Ganz am Anfang dieses Buchs haben wir uns mit den Begriffen *Zeit* und *Länge* befasst, und zwar so, wie die „klassische" Physik (die Physik bis zum Jahre 1900) sie verwendet. Wir werden in diesem Abschnitt sehen, dass die Einstein'schen Postulate uns zwingen, diese Begriffe auf eine neue Art zu sehen. Als Konsequenz daraus müssen wir auch die Bedeutung der Größen *Masse* und *Energie* überdenken.

Zunächst schauen wir uns die *Zeit* an. Sie ist in unserer Wahrnehmung etwas *Absolutes:* Wir nehmen an, dass sich die in der Welt stattfindenden Ereignisse vor dem Hintergrund einer für alle und alles gleich ablaufenden Zeit abspielen. Einstein dagegen behauptet: Zeit ist *relativ,* jedes Bezugsystem hat seine eigene Zeit! Wie kommt man zu einer solchen sehr merkwürdig anmutenden Behauptung?

Synchronisation von Uhren

Um Zeiten zuverlässig messen zu können, müssen wir in der Lage sein, an beliebigen Orten Uhren aufzustellen, die alle dieselbe Zeit anzeigen, also *synchron* laufen. Sie halten das nicht für ein schwerwiegendes Problem? Sind Sie denn sicher, dass Ihr Funkwecker die richtige Zeit anzeigt? Sie werden sagen: Ja, denn der Wecker wird durch ein Funksignal gesteuert und dadurch geht er immer richtig! Aber das Funksignal schickt ein Langwellensender los, der in der Nähe von Frankfurt steht. Und falls Sie nun z. B. in Kiel wohnen, muss das Signal erst die Wegstrecke zwischen Frankfurt und Kiel zurücklegen, und das geht zwar schnell (nämlich mit Lichtgeschwindigkeit), aber eben nicht unendlich schnell. Genauer gesagt dauert es ca. 1,7 Millisekunden, da die Entfernung zwischen Frankfurt und Kiel etwa 500 Kilometer (Luftlinie) beträgt. Nun wird es keine so große Rolle spielen, ob Sie morgens 1,7 Millisekunden früher oder später aufstehen, aber schon für die Atomuhren in den Satelliten des GPS-Navigationssystems wären solche Abweichungen viel zu groß. Also muss man sich überlegen, wie man Uhren, die sich an verschiedenen Orten befinden, synchronisieren kann.

Zeigt der Wecker die richtige Zeit?

Für die Uhr in Kiel ginge es z. B. so: Von Frankfurt aus sendet man zu irgendeinem Zeitpunkt – sagen wir genau um null Uhr – ein Funksignal nach Kiel. Dieses Signal wird reflektiert und nach Frankfurt zurückgeschickt. Dort kommt es 3,4 Millisekunden nach dem Startzeitpunkt wieder an. Die Techniker in Frankfurt können jetzt also in Kiel anrufen und sagen: „Zum Zeitpunkt der Reflexion war es 1,7 Millisekunden nach null Uhr." Wird die Kieler Uhr nun entsprechend eingestellt, so laufen die Uhren in Frankfurt und Kiel synchron.

Zeitdilatation

Eine der Folgerungen aus den Einsteinpostulaten trägt den Namen *Zeitdilatation* („Zeitdehnung") und enthält die Behauptung: „Bewegte Uhren gehen langsamer." Unglaublich? Aber schauen Sie selbst!

„Bewegte Uhren gehen langsamer."

Wir führen ein Gedankenexperiment mit Uhren durch. Dabei verwenden wir weder Armbanduhren noch Funkwecker, sondern erfinden eine spezielle Uhr, die mit Lichtstrahlen funktioniert – eine *Lichtuhr*. Der Vorteil einer solchen Uhr ist, dass man mit ihr leicht einsehen kann, welchen Einfluss die Einstein'schen Postulate auf die Zeitmessung haben. Es ist dabei unerheblich, ob es eine solche Uhr in Wirklichkeit gibt.

Die Abbildung zeigt den Aufbau einer Lichtuhr: Eine Blitzlampe schickt ein Lichtsignal nach unten. Dort wird es an einem Spiegel reflektiert und schaltet gleichzeitig

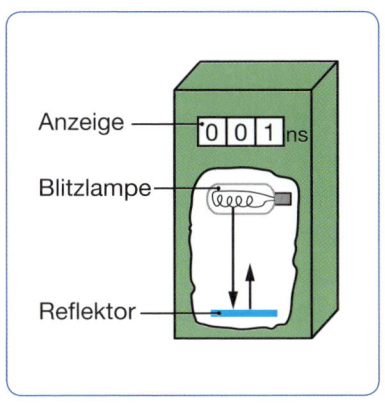

über irgendein hier nicht näher beschriebenes Verfahren die Anzeige um eine Einheit weiter. Wieder an der Lampe angekommen, schaltet das Signal die Anzeige abermals weiter, ein neues Signal wird losgeschickt und so weiter. Der Abstand zwischen Lampe und Spiegel ist so gewählt, dass eine Abwärtsbewegung des Signals eine Nanosekunde dauert. (Dazu muss der Abstand 30 Zentimeter betragen – bitte rechnen Sie nach!)

Lichtuhr

Relativitätstheorie 278

Nun stellen wir in unserem Labor zwei Lichtuhren A und B auf, die (in Bezug auf das Labor) ruhen und synchronisiert sind. An diesen bewegt sich eine dritte Lichtuhr C vorbei. Alle drei Uhren sollen in dem Augenblick, in dem C bei A vorbeikommt, null Nanosekunden anzeigen. Nun warten wir, bis die ruhenden Uhren gerade auf den Wert von zwei Nanosekunden umspringen. Dann hat das Licht in diesen Uhren den Weg von 60 Zentimetern zurückgelegt (einmal ab, einmal auf). Um diese Strecke hat sich natürlich auch das Signal der Uhr C fortbewegt, denn es gibt ja keinen Äther! Vom Labor aus gesehen schlug dieses Signal aber eine *schräge* Richtung ein. Wenn wir die Geschwindigkeit der Uhr C passend wählen, können wir dafür sorgen, dass das Signal in dieser Uhr den unteren Spiegel genau zu dem Zeitpunkt erreicht, an dem C die Uhr B passiert. Dann sind aus Sicht des Labors genau zwei Nanosekunden vergangen.

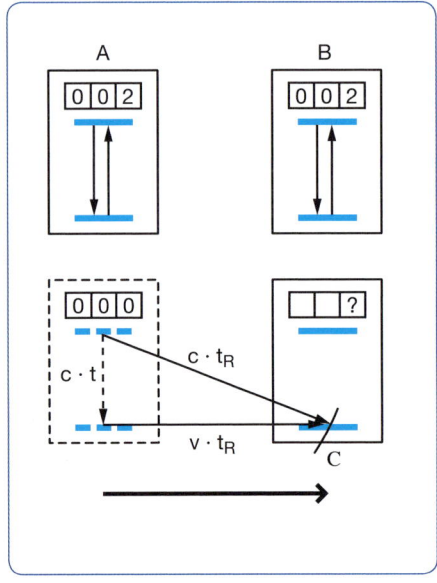

Zeitdilatation

Wie stellt sich die Situation aus der Sicht eines Beobachters dar, der sich mit der Uhr C mitbewegt? Für ihn hat sich das Lichtsignal nicht schräg, sondern genau nach unten bewegt. Außerdem misst dieser Beobachter eine kleinere Wegstrecke als 60 Zentimeter. Da für ihn jedoch die Naturgesetze dieselbe Form haben wie im Labor (1. Postulat) und da das Licht sich auch für ihn mit der Geschwindigkeit c fortbewegt (2. Postulat), kann die kleinere Wegstrecke nur dadurch zustande kommen, dass (für ihn) *weniger Zeit vergeht*. Das sieht man auch direkt: Da das Licht gerade den unteren Spiegel erreicht, ist für C genau eine Nanosekunde vergangen, also die Hälfte der im Labor gemessenen Zeit.

Jeder Beobachter misst also seine eigene Zeit. Es gibt keine Zeit, die für beide verbindlich wäre! Nennen wir die von den im Labor ruhenden Uhren angezeigte Zeit t_R und die von C gemessene Zeit t, so können wir aus dem rechtwinkligen Dreieck den

Zusammenhang dieser beiden Zeiten ermitteln. Nach dem Satz des Pythagoras gilt:

$(c \cdot t)^2 + (v \cdot t_R)^2 = (c \cdot t_R)^2$
$\Rightarrow (c \cdot t)^2 = (c \cdot t_R)^2 - (v \cdot t_R)^2 \Rightarrow c^2 \cdot t^2 = c^2 \cdot t_R^2 - v^2 \cdot t_R^2$

Division durch c^2 ergibt: $t^2 = t_R^2 - \frac{v^2}{c^2} t_R^2$

Abschließend klammern wir t_R^2 aus und ziehen die Wurzel, um t auszurechnen. Wir erhalten:

> Messen in einem Inertialsystem ruhende, synchronisierte Uhren für die Dauer eines Vorgangs die Zeit t_R und misst eine mit der Geschwindigkeit v relativ zu diesem System bewegte Uhr für die Dauer desselben Vorgangs die Zeit t, so gilt:
>
> $t = t_R \cdot \sqrt{1 - \frac{v^2}{c^2}}$

Gilt $v = 0{,}866 \cdot c$, beträgt also die Geschwindigkeit der bewegten Uhr 86,6 Prozent der Lichtgeschwindigkeit, so läuft sie gerade halb so schnell wie die Laboruhren – bitte rechnen Sie nach!

Ist v sehr klein gegen c, dann sind die beiden Zeiten praktisch gleich. Das ist der Grund dafür, dass wir im täglichen Leben von der Zeitdilatation nichts merken. Sie ist aber kein Hirngespinst, denn sie wurde im Jahre 1971 mit Atomuhren, die man in schnellen Flugzeugen rund um die Welt reisen ließ, direkt nachgewiesen. Außerdem beweist das Vorhandensein von *Myonen* am Erdboden die Zeitdilatation: Myonen sind Elementarteilchen, die etwa zehn Kilometer über der Erdoberfläche gebildet werden, wenn die kosmische Strahlung aus dem Weltraum auf die Luftteilchen der Atmosphäre trifft. Die Myonen bewegen sich fast mit Lichtgeschwindigkeit, zerfallen aber schon nach sehr kurzer Zeit. Man kann ausrechnen, dass sie in ihrer Lebenszeit nur etwa 600 Meter weit kommen würden, wenn es keine Zeitdilatation gäbe. Sie sind aber am Erdboden nachweisbar, und das liegt daran, dass die „Lebenszeit" der Myonen aus unserer Sicht viel größer ist und sie es daher bis zum Boden schaffen!

Nun werden Sie vielleicht einwenden, dass der Versuch mit den bewegten Uhren ganz anders ausgehen könnte, wenn man statt der etwas künstlichen Lichtuhren normale Uhren verwenden würde. Sollten jedoch eine Lichtuhr und eine normale Uhr in einem Inertialsystem dasselbe anzeigen und in einem anderen Inertialsystem nicht, dann würde das bedeuten, dass in den beiden Systemen unterschiedliche Naturgesetze gelten würden, und das wäre ein klarer Verstoß gegen das Relativitätspostulat! Also müssen wir folgern: *Jede* bewegte Uhr geht langsamer als die ruhenden Uhren im Labor. Auch unser Herz klopft langsamer, wenn wir schnell durch das Labor laufen – aber wir werden es nicht schaffen, uns so schnell zu bewegen, dass der Effekt messbar ist.

Längenkontraktion

Die beiden Postulate wirken sich auch auf Längenmessungen aus: Misst man vom Bahndamm aus die Länge eines schnell fahrenden Zuges, so erhält man einen *kleineren* Wert, als wenn man die Länge direkt im Zug misst. Dieser Effekt heißt *Längenkontraktion*. Es ergibt sich (hier ohne Herleitung):

> Die Längenmessung eines bewegten Körpers ergibt einen kleineren Wert (l) als seine Ruhelänge (l'). Es gilt:
> $$l = l' \cdot \sqrt{1 - \frac{v^2}{c^2}}$$

Dass man am Erdboden Myonen nachweist, obwohl ihre Lebenszeit eigentlich für einen Weg von zehn Kilometern nicht ausreicht, kann man mit der Längenkontraktion jetzt auch so begründen: Aus Sicht der Myonen fliegt die Erdatmosphäre fast mit Lichtgeschwindigkeit an ihnen vorbei. Sie ist dadurch nicht mehr zehn Kilometer „lang", sondern so stark verkürzt, dass der Erdboden erreicht wird.

Relativistische Masse

Wenn wir Gegenstände beschleunigen, dann gehen wir davon aus, dass ihre Masse sich dadurch nicht ändert. Warum sollte ein Fußball dadurch, dass wir ihn Richtung Tor treten, eine andere Masse bekommen? Genau das lässt sich aber aus den Einstein'schen

Unhaltbar!

Postulaten herleiten, und zwar ergibt die Theorie, dass die Masse eines Körpers mit steigender Geschwindigkeit *größer* wird. Unter alltäglichen Bedingungen lässt sich das schwer beobachten, weil die Geschwindigkeiten dann zu klein sind, aber schon wenige Jahre nach Veröffentlichung der Theorie konnte man den behaupteten Zusammenhang mit Messungen an schnellen Elektronen im Massenspektrometer sehr genau bestätigen:

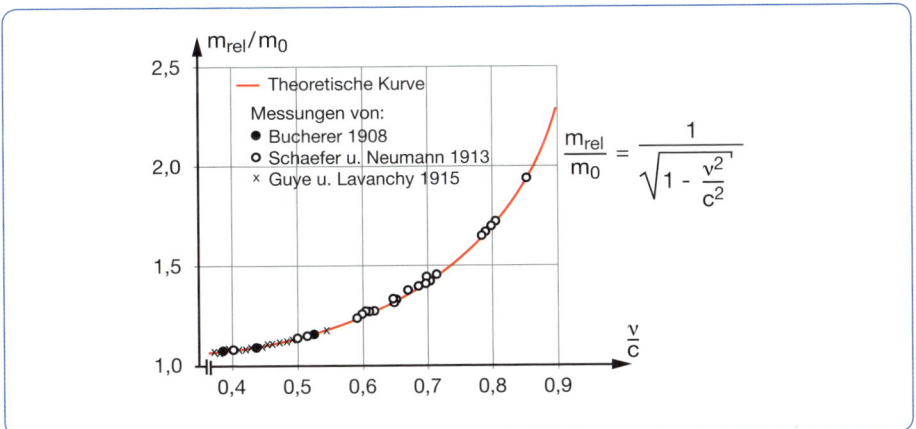

Relativistische Massenzunahme

Hat ein Körper in dem Inertialsystem, in dem er ruht, die Masse m_0 (die sogenannte Ruhemasse), so hat er in einem Inertialsystem, relativ zu welchem er sich mit der Geschwindigkeit v bewegt, die Masse:

$$m = \frac{m_0}{\sqrt{1 - \frac{v^2}{c^2}}}$$

Die Masse des Körpers geht ins Unendliche, wenn wir v immer weiter steigern. Kein materieller Körper kann sich daher so schnell wie das Licht oder gar schneller bewegen. Körper, die dies tun, gibt es nur in Science-Fiction-Filmen.

Äquivalenz von Masse und Energie

Wenn ein Körper sich schon fast mit Lichtgeschwindigkeit bewegt, dann kann man noch so viel Arbeit an ihm verrichten – er wird kaum noch schneller. Wo bleibt die zugeführte Energie? Die Tatsache, dass die Masse des Körpers zunimmt, legt die Folgerung nahe, dass die Energie in der größer gewordenen Masse „steckt". Das aber bedeutet, dass Masse und Energie keine von ihrem Wesen her verschiedenen Größen sind, sondern dass sie als zwei Seiten ein und derselben Münze betrachtet werden können: Masse und Energie sind *äquivalent*. Masse kann in Energie verwandelt werden und umgekehrt. Einstein konnte den Zusammenhang zwischen Energie und Masse durch ein Gesetz erfassen und stellte damit die berühmteste Formel der Physik überhaupt auf:

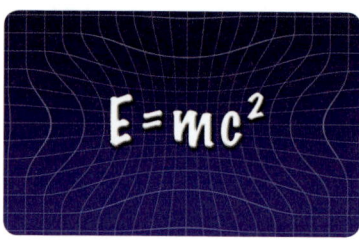

Die berühmteste Formel der Physik – für die Energie wird hier E verwendet.

> Die Energie W eines Körpers ist zu seiner relativistischen Masse m proportional. Es gilt: $W = m \cdot c^2$

Bei Geschwindigkeiten, die sehr klein gegen die Lichtgeschwindigkeit sind, gilt folgende Näherung, in der die Ruhemasse m_0 vorkommt:
$$W = m_0 \cdot c^2 + \frac{1}{2} \cdot m_0 \cdot v^2$$

In der Formel sehen wir ganz rechts einen alten Bekannten, nämlich die kinetische Energie in der klassischen Form. Der Term $m_0 \cdot c^2$ lässt sich als *Ruheenergie* deuten. Wenn man die Ruheenergie in andere Energieformen umwandeln könnte, um sie nutzbar zu machen, so würde dazu wegen des sehr großen Faktors c^2 eine winzige Änderung der Ruhemasse ausreichen. Tatsächlich kann man – wie wir noch sehen werden – auf diese Weise Energie gewinnen: mit einem Kernreaktor und (leider auch) mit einer Atombombe.

Atompilz der Atombombe über Nagasaki

Allgemeine Relativitätstheorie

Die allgemeine Relativitätstheorie ist Einsteins *Theorie der Gravitation* auf der Grundlage der Ergebnisse der speziellen Relativitätstheorie. Während Newton davon ausging, dass es Gravitations*kräfte* gibt, wird die Gravitation nach Ansicht Einsteins durch die Struktur des Raums und der Zeit, genauer durch etwas, was man die *Geometrie der Raum-Zeit* nennt, bewirkt. Wir schauen uns einige Grundgedanken von Einsteins Theorie an.

Das Äquivalenzprinzip

Sie sind Astronaut und befinden sich in Ihrem Raumschiff. Leider hat der Konstrukteur vergessen, Fenster einzuplanen, daher können Sie nicht nach draußen blicken. Nun versuchen Sie, durch Beobachtungen und Versuche im Innern des Raumschiffs herauszufinden, in welcher Situation Sie sich befinden.

Äquivalenzprinzip

Nehmen wir an, dass Sie aufrecht stehen und den Druck des Bodens in den Füßen spüren. Es schweben keine Gegenstände in der Kabine herum, und wenn Sie ein Buch halten und es dann loslassen, fällt es in Richtung Fußboden. Diese Beobachtungen können Sie auf zwei verschiedene Arten deuten:

Erstens: Ihr Raumschiff steht auf irgendeinem Planeten, dessen Gravitationskräfte auf Sie und die anderen Gegenstände wirken.

Fahrstuhl

Zweitens: Ihr Raumschiff ist im All unterwegs, wird dabei aber von den Antriebsraketen fortwährend beschleunigt, und zwar (von Ihnen aus gesehen) nach oben. Was Sie in den Füßen spüren, ist einfach Ihre eigene Trägheit: Die Rakete beschleunigt Sie und Ihr Körper widersetzt sich dieser Beschleunigung. Dieses Gefühl kennen Sie aus einem anfahrenden Fahrstuhl.

Die „Kraft", die scheinbar auf Sie wirkt, entsteht dadurch, dass Sie sich nicht in einem Inertial-, sondern in einem beschleunigten Bezugssystem befinden.

Und nun kommt der entscheidende Gedanke: Durch kein Experiment können Sie herausfinden, welche der beiden Situationen vorliegt. Die physikalischen Wirkungen sind genau gleich!

> **Äquivalenzprinzip**
> Die Vorgänge in einem homogenen Gravitationsfeld laufen wie die in einem gleichmäßig beschleunigten Bezugssystem ab.

Das Gravitationsfeld muss deswegen *homogen* sein, weil seine Wirkung sonst nicht durch eine – für alle Körper nach Richtung und Stärke gleiche – Beschleunigung ersetzt werden kann. Da alle Gravitationsfelder in Wirklichkeit inhomogen sind, gilt das Äquivalenzprinzip nur in Räumen, die so klein sind, dass das Feld hier als homogen betrachtet werden kann.

Wenn man eine Kraft durch die Wahl eines geeigneten Bezugssystems zum Verschwinden bringen kann, so ist dies sehr unbefriedigend, denn eine Kraft sollte doch etwas Objektives sein, das nicht durch irgendwelche Transformationstricks einfach verschwindet! Einstein forderte, dass das Relativitätsprinzip nicht nur für Inertial-, sondern für beliebige Systeme gelten soll. Dann darf es aber nicht „Kräfte" geben, die in dem einen System vorkommen und in dem anderen nicht. Sein Ziel war deshalb, ganz auf Gravitationskräfte zu verzichten. Aber wie soll man das machen? Die Gravitationswirkungen gibt es doch!

Die gekrümmte Raum-Zeit

Wenn sich ein Körper kräftefrei bewegt, dann beschreibt er eine *gerade Linie* – so glauben wir jedenfalls. Aber was ist eine „gerade Linie"? Stellen Sie sich bitte zwei benachbarte Längengrade in der Nähe des Äquators vor. Wenn wir sie aus nächster Nähe betrachten, scheinen sie gerade zu sein. Außerdem

Längengrade

halten wir sie für parallel. Für sie gelten scheinbar Gesetzmäßigkeiten, die man in der Mathematik unter dem Begriff „Euklidische Geometrie" zusammenfasst (nach dem griechischen Mathematiker Euklid (ca. 360–280 v. Chr.)). Nach dieser Geometrie dürfen sich parallele Geraden nicht schneiden. Unsere Längengrade tun es aber, denn am Nord- und am Südpol laufen sie zusammen. Das liegt natürlich daran, dass sie in Wirklichkeit gekrümmt sind.

Euklid

Bernhard Riemann

Gilt vielleicht etwas Ähnliches für den Raum, in dem wir leben? Ist unsere Welt etwa nur näherungsweise euklidisch? Der Mathematiker Bernhard Riemann (1826–66) formulierte eine Theorie des *gekrümmten Raums,* die die euklidische Geometrie als Näherung enthält. Diese Theorie wendete Einstein auf die *Raum-Zeit* an: Er stellte die Zeit als gleichberechtigte vierte Koordinate neben die drei Raumkoordinaten und konnte zeigen, dass große Massen wie z. B. die Sonne die Raum-Zeit so „verbiegen", dass die von ihnen ausgehenden Gravitationswirkungen auch ohne die Annahme der Wirkung von Kräften erklärbar werden: Die Körper führen eine Trägheitsbewegung in der gekrümmten Raum-Zeit aus.

Die allgemeine Relativitätstheorie ist mathematisch sehr anspruchsvoll. Während der Arbeit beklagte sich Einstein darüber, „zu wenig Mathematik" zu können – aber das ist wohl eher unter „Jammern auf hohem Niveau" zu verbuchen.

Experimentelle Bestätigungen für die Theorie

„Papier ist geduldig": Am Schreibtisch kann man sich alle möglichen Theorien ausdenken. Wenn man sie jedoch experimentell nicht bestätigen kann, ist die schönste und anspruchsvollste Theorie nichts wert. Dies trifft aber auf die allgemeine Relativitätstheorie nicht zu: Bis heute gibt es keinen Versuch, der sie widerlegt. Hier einige experimentelle Belege:

Lichtablenkung: Massereiche Körper wie z. B. die Sonne lenken in Übereinstimmung mit der Theorie Lichtstrahlen, die in ihrer Nähe verlaufen, ab. Besonders drastisch zeigt sich dieser Effekt bei sogenannten *Gravitationslinsen*. Das sind Galaxienhaufen, die die Raum-Zeit in ihrer Umgebung so stark krümmen, dass dadurch hinter ihnen liegende Galaxien aufgrund der Lichtablenkung für uns erst sichtbar werden.

Der Gang von Uhren: Der Theorie nach sollten Uhren in der Nähe massereicher Körper langsamer gehen als weit weg von ihnen. Dies konnte man nachweisen, indem man Flugzeuge mit Atomuhren an Bord viele Stunden lang in großer Höhe (etwa zehn Kilometern) kreisen ließ und die Anzeige dieser Uhren anschließend mit derjenigen von Bodenuhren verglich.

Beobachtungen an Pulsaren: Pulsare sind kollabierte Sterne, die periodisch Radioimpulse aussenden. Es gibt Systeme aus zwei Pulsaren, die einander umkreisen. In ihrer Nähe ist die Raum-Zeit stark gekrümmt. Ihre Bahnen lassen sich mit dem Newton'schen Gravitationsgesetz nicht berechnen, wohl aber mit der allgemeinen Relativitätstheorie.

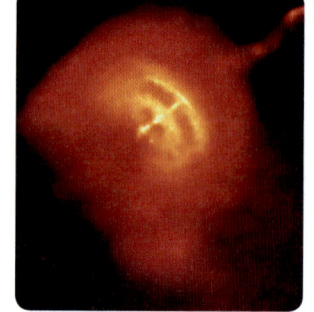

Velsa Pulsar, ein Neutronenstern, der nach einer Supernova-Explosion übriggeblieben ist

Gravitationswellen: Nach Einsteins Theorie regen massereiche Körper die Raum-Zeit zu Schwingungen an, die sich als sogenannte Gravitationswellen ausbreiten. Ein *indirekter* Nachweis dieser Wellen ist 1993 gelungen: Man beobachtete, dass sich die beiden Partnersterne eines bestimmten Pulsardoppelsystems einander annäherten. Dies ist nur mit einem Energieverlust durch die Abstrahlung einer Gravitationswelle erklärbar. Ein *direkter* Nachweis ist bis heute noch nicht gelungen.

IX. Quanten- und Atomphysik

Quanten

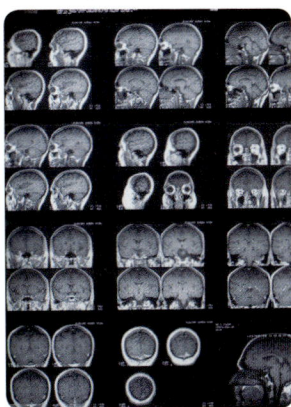

MRT-Aufnahmen des Kopfes

Wir erkunden jetzt die Welt der Atome. Diese Welt ist, wie wir sehen werden, keine Miniaturausgabe unserer Alltagsumgebung, sondern weicht stark von dieser ab und kann nur mit neuen, teilweise unanschaulichen Modellvorstellungen beschrieben werden. Sie ist aber keine nutzlose Spielwiese für Physiker, denn die wissenschaftlichen Ergebnisse der Quantenphysik wirken auf unseren Alltag zurück: Ohne sie gäbe es keine Laser (und damit auch keine CD- und DVD-Player), keine Flachbildfernseher, keine Solarzellen, keine Computer und auch keine Magnetresonanztomografie (MRT) für medizinische Untersuchungen. Was sind „Quanten"?

Wechselwirkung von Strahlung und Materie

Wenn Sie ein Sonnenbad nehmen, wird Ihre Haut durch den UV-Anteil gebräunt, also durch denjenigen Teil der Sonnenstrahlung, dessen Wellenlängen zwischen einem Nanometer und 380 Nanometern liegen. Filtern Sie den UV-Anteil weg, indem Sie sich z. B. hinter ein geschlossenes Fenster legen (Glas lässt UV-Strahlung nicht durch), so können Sie dort Stunden verbringen – Sie werden nicht braun!

Sonnenbad am Meer

Das ist eigentlich sehr merkwürdig! Denn die Bräunung kommt daher, dass bestimmte Hautzellen das Pigment Melanin bilden, und dazu werden diese Zellen durch die einfallende Strahlungsenergie angeregt. Energie ist aber z. B. auch im sichtbaren Licht reichlich vorhanden. Warum also findet die Melaninproduktion erst bei kleineren Wellenlängen statt?

Der *lichtelektrische Effekt* (auch: *Fotoeffekt*) zeigt eine ähnliche Merkwürdigkeit: Eine negativ aufgeladene Zinkplatte kann man dadurch entladen, dass man sie mit dem Licht einer Quecksilberdampflampe bestrahlt. Dabei überträgt das Licht Energie auf die beweglichen Ladungen auf der Zinkplatte, also die Elektronen. Diese werden aus dem Metall befreit und fliegen davon. Hält man aber eine Glasplatte in den Strahlengang, so kommt es nicht zu einer Entladung.

Warum findet die Entladung nur *unterhalb* einer gewissen Wellenlänge, also (wegen $f = \frac{c}{\lambda}$) *oberhalb* einer entsprechenden Frequenz, statt? Das war den Physikern vor Einstein völlig schleierhaft, denn sie gingen davon aus, dass Licht eine *Welle* ist – und die Energie einer Welle hängt, wie wir gesehen haben, ausschließlich von der Amplitude der Oszillatoren ab und nicht von der Frequenz!

Einsteins Idee

Einstein fiel im Jahre 1905 eine Lösungsidee ein, die er als eine seiner drei „Patentamtarbeiten" veröffentlichte und für die er 1921 den Physiknobelpreis bekam. Er schlug vor, die bisherigen Vorstellungen von der Wechselwirkung zwischen Strahlung und Materie einfach vorübergehend zu den Akten zu legen und sich stattdessen ein neues Modell auszudenken. In diesem neuen Modell stellt man sich das Licht als einen Strom von einzelnen Energiepaketen vor. Diese Energiepakete bekommen den Namen „Quanten". Jedes Quant kann mit höchstens einem Elektron in Wechselwirkung treten und Energie austauschen. Falls nun die Energiemenge der einzelnen Quanten nicht ausreicht, um ein Elektron auszulösen, kann man die Platte so lange bestrahlen, wie man will – es passiert nichts! Trifft jedoch ein Quant, das eine zur Auslösung ausreichende Energiemenge besitzt, auf das Elektron, so wird es freigesetzt. Nun könnte es ja sein, dass die Energiemenge, die ein Quant sichtbaren Lichts besitzt, für eine Auslösung der Elektronen im Zink zu klein ist, während sie aber beim UV-Licht ausreicht. Das würde erklären, warum sichtbares Licht bei Zink keinen Fotoeffekt bewirkt!

Quanten- und Atomphysik

Kleingeld – oder Quanten?

Die „Quantelung" von Größen ist eigentlich eine naheliegende Idee. Zum Beispiel ist das Kleingeld in Ihrem Portemonnaie gequantelt, denn kleinere Geldbeträge als ein Cent sind nicht möglich. Ihre Münzen sind die „Quanten"! Stellen wir uns einmal in Analogie zum Fotoeffekt vor, dass Sie mit diesen Quanten beim Bäcker ein Brötchen „auslösen" wollen. Das Brötchen kostet 50 Cent und aus irgendeinem Grund darf es nur mit einer einzigen Münze bezahlt werden (das entspricht der Wechselwirkung von *einem* Lichtquant mit dem Elektron). Nun können Sie dem Bäcker Münzen anbieten, solange Sie wollen – wenn es nicht mindestens eine 50-Cent-Münze ist, werden Sie das Brötchen nicht bekommen! Bei Münzen mit höheren Beträgen erhalten Sie sogar Geld zurück. Auch beim Fotoeffekt gibt es eine Art „Rückgeld", wie wir sehen werden.

Vereinfacht kann man sich vorstellen, dass sich Licht als ein Strom von *Teilchen* (sogenannten *Photonen*) ausbreitet, die jeweils eine bestimmte Energiemenge besitzen. Doch Halt! Sie werden sagen: Wieso *Teilchen?* Hat Licht denn nicht *Wellen*charakter? Was ist Licht denn nun in Wirklichkeit: eine Welle oder ein Teilchen? Diese Frage können wir im Moment noch nicht beantworten, wir greifen sie aber wieder auf!

Zunächst müssen wir jetzt Einsteins Idee experimentell prüfen und herausfinden, wie man die Energie von Lichtquanten berechnen kann.

Ein Experiment zum Fotoeffekt

In einer *Fotozelle* (siehe Abbildung) befinden sich eine ringförmige Anode und eine großflächige Kathode. Diese Zelle beleuchtet man mit Licht aus einer Quecksilberdampflampe, vor die man Farbfilter hält. Dadurch werden aus der Kathode Elektronen ausgelöst – das geht bei dem

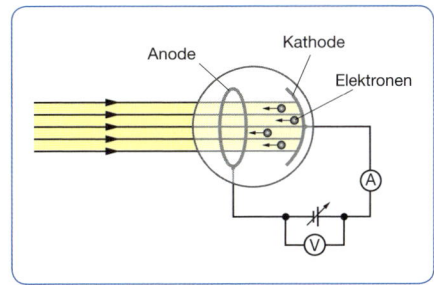

Fotozelle

benutzten Kathodenmaterial schon mit sichtbarem Licht. Also fließt zwischen Anode und Kathode ein Strom, den man mit dem Amperemeter messen kann. Um die Energie der ausgelösten Elektronen zu messen, legt man zwischen Anode und Kathode eine variable Gegenspannung U an, gegen die die Elektronen anlaufen müssen. Diese Gegenspannung wird nun für jede Frequenz so eingeregelt, dass gerade kein Strom mehr fließt. Dann haben die schnellsten Elektronen genau ihre gesamte kinetische Energie in potenzielle Energie im elektrischen Feld umgewandelt, und das heißt mit den Formeln aus dem vierten Kapitel: Diese Elektronen besitzen die Energie $e \cdot U$ (→ S. 181 f.).

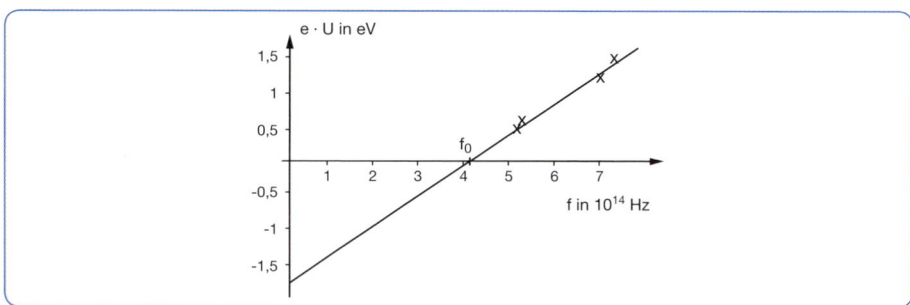

Auswertung

Trägt man nun die Energie der schnellsten Elektronen über der Frequenz auf, so erhält man eine *Gerade*. Sie lässt sich mit einer Gleichung der Form $y = mx \cdot b$ beschreiben, wobei m die Steigung und b den y-Achsenabschnitt bedeutet. Wählen wir für die Steigung das Symbol h und für den y-Achsenabschnitt die Größe $-W_A$ (Sie werden gleich sehen, warum), so folgt:

$$W_{kin,\,max} = h \cdot f - W_A$$

Für ein anderes Kathodenmaterial erhält man eine Gerade mit derselben Steigung, aber einem anderen y-Achsenabschnitt. W_A ist also vom Material abhängig, h nicht.

Wir lösen die Gleichung nach $h \cdot f$ auf:

$$h \cdot f = W_{kin,\,max} + W_A$$

Diese Formel lässt sich als eine *Energiebilanz* lesen. Einstein deutete die Gleichung so: Links steht die Energie, die das Photon besitzt. Sie ist gleich der Energie, die das Elektron bekommt (rechte Seite). Diese wiederum ist aus zwei Teilen zusammengesetzt. Der Anteil W_A wird als materialabhängige „Austrittsarbeit" gedeutet, also als diejenige Energiemenge, die erforderlich ist, um das Elektron aus dem Metall auszulösen. Der Rest ($W_{kin,\,max}$) ist kinetische Energie. Er ist so etwas wie das Rückgeld aus dem Bäckerbeispiel.

Die Energie des Photons (linke Seite der Gleichung) ist proportional zur Frequenz. Man sieht sofort: Ist die Frequenz und damit die Energie des Photons zu klein, um die Austrittsarbeit aufzubringen, dann findet keine Auslösung statt! Damit ist klar, warum der Fotoeffekt nur oberhalb einer bestimmten, vom Material abhängigen Frequenz f_0 stattfinden kann!

Der Faktor h lässt sich aus dem Diagramm bestimmen und wirkt etwas unscheinbar. Er ist jedoch eine der wichtigsten universellen Naturkonstanten überhaupt und wird in den folgenden Abschnitten immer wieder auftauchen. h ist das sogenannte *Planck'sche Wirkungsquantum*.

> Der Fotoeffekt lässt sich mit der Vorstellung deuten, dass Licht aus einem Strom von Photonen besteht, die jeweils die Energie $h \cdot f$ besitzen. Dabei ist f die Frequenz des Lichts und h das Planck'sche Wirkungsquantum.
> Es gilt: $h = 6{,}626 \cdot 10^{-34}\,Js$

Das Planck'sche Wirkungsquantum ist eine unvorstellbar kleine Zahl. Das führt dazu, dass auch die Energie eines Photons sehr klein ist. Zum Beispiel ergibt sich für blaues Licht ($\lambda = 440\,nm$) der Wert:

$$W_{Photon} = h \cdot f = h \cdot \frac{c}{\lambda} = 6{,}626 \cdot 10^{-34}\,Js \cdot \frac{3 \cdot 10^8\,\frac{m}{s}}{440 \cdot 10^{-9}\,m} = 4{,}52 \cdot 10^{-19}\,J$$

Um die Energiemenge von einem Joule zu transportieren, benötigt man $2{,}2 \cdot 10^{18}$ solcher Photonen. Das sind immerhin über zwei Milliarden Milliarden!

Manchmal liest man in der Zeitung, dass auf irgendeinem Gebiet ein „Quantensprung" erzielt worden sei, so, als sei das etwas sehr Großes. Ein Quantensprung ist aber, wie Sie jetzt wissen, im Gegenteil etwas sehr, sehr Kleines – so klein, dass es kleiner gar nicht geht!

Teilcheneigenschaften von Photonen

Im letzten Abschnitt haben wir die Photonen vorsichtig als Energiepakete bezeichnet. Aber besitzen sie auch weitergehende Teilcheneigenschaften? Von einem „richtigen" Teilchen sollte man doch erwarten, dass es *Masse* und *Impuls* hat. Wie sieht es damit aus?

Photonenmasse und -impuls

Wir wissen, dass ein Photon die Energie $W = h \cdot f$ besitzt. Kann es auch *Masse* haben? *Ruhemasse* sicherlich nicht, denn das Photon ist ja stets mit Lichtgeschwindigkeit unterwegs und kann nicht ruhen. Aber vielleicht lässt sich dem Photon ja eine *relativistische Masse* (ohne Ruhemasse) zuschreiben? Dann müsste für die Energie des Photons gemäß Einsteins berühmter Formel auch gelten: $W = m \cdot c^2$ (wobei m die relativistische Masse ist).

Wie könnte man den *Impuls* des Photons ausdrücken? Logisch wäre zu schreiben: $p = m \cdot c$, denn Impuls ist „Masse mal Geschwindigkeit", wie wir aus dem ersten Kapitel wissen (→ S. 58 ff.). Wenn wir dies in Einsteins berühmte Formel einsetzen, folgt: $W = m \cdot c \cdot c = p \cdot c$.

Also ist $p = \dfrac{W}{c}$.

Schreiben wir nun W als $h \cdot f$ und verwenden wir die Formel $c = \lambda \cdot f$, so ergibt sich:

$$p = \frac{h \cdot f}{c} = \frac{h \cdot f}{\lambda \cdot f} = \frac{h}{\lambda}$$

Man kann dem Photon also durchaus – auf zugegebenermaßen etwas formale Art – Masse und Impuls zuordnen. Aber gibt es *Experimente,* die dies rechtfertigen?

Der Compton-Effekt

Der Amerikaner A. H. Compton (1892–1962) untersuchte die Wechselwirkung von Strahlung und Materie, indem er die Streuung von Röntgenstrahlung (elektromagnetische Strahlung mit Wellenlängen zwischen 10^{-8} und 10^{-12} Metern) an Streukörpern aus Grafit beobachtete. Dabei stellte er fest, dass die Frequenz der gestreuten Strahlung kleiner war als die der ursprünglichen, was er mit der Wellenvorstellung nicht erklären konnte. Daher versuchte er, den Vorgang im Teilchenbild zu deuten: Er nahm an, dass die Strahlung an den im Grafitkörper vorhandenen freien *Elektronen* gestreut wird, und stellte sich die Wechselwirkung wie einen Stoß von Kugeln beim Billard vor: Ein Photon trifft auf ein Elektron und überträgt Impuls und Energie. Nach dem Stoß bewegen Photon und Elektron sich in verschiedene Richtungen auseinander – genau wie Billardkugeln! Da das Photon Energie verloren hat, nimmt die Frequenz der gestreuten Strahlung (gemäß der Formel $W = h \cdot f$) ab – und genau das beobachtet man ja!

Arthur Compton

Komet

Compton gelang es, unter Verwendung der Stoßgesetze der Mechanik (also des Energie- und des Impulserhaltungssatzes, → S. 56 u. 58) eine Formel aufzustellen, die die Änderung der Wellenlänge der gestreuten Strahlung in Abhängigkeit vom Streuwinkel in exakter Übereinstimmung mit dem Experiment angab. Die Vorstellung, dass das Photon Masse und Impuls besitzt, ist also nicht reine „Einbildung", sondern lässt sich experimentell bestätigen und ist damit physikalisch real. Und wenn wir den Ergebnissen nicht trauen, die Physiker in ihrem Labor ausbrüten, brauchen wir nur in den Nachthimmel zu schauen: Der Staubschweif eines jeden Kometen zeigt stets von der Sonne weg, und zwar deswegen, weil die von der Sonne kommenden Photonen Impuls auf die Staubteilchen übertragen und sie dadurch in ihre Richtung beschleunigen.

Wir können die Formel hier aus Platzgründen nicht herleiten, geben sie aber an. Das folgende Bild zeigt, wie der Streuwinkel θ („Theta") gemessen wird.

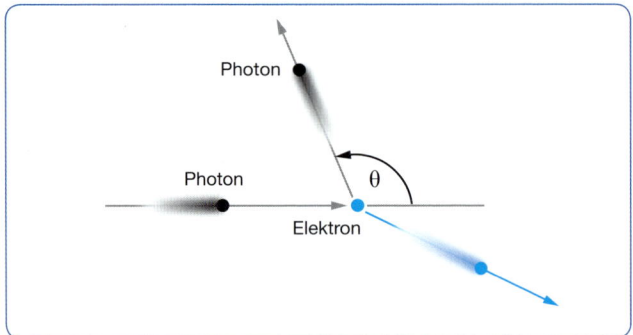

Compton-Streuung

Der Compton-Effekt lässt sich mit der Vorstellung, dass Photonen Energie und Impuls besitzen, deuten. Für die Änderung der Wellenlänge ($\Delta\lambda$) in Abhängigkeit vom Streuwinkel (θ) gilt:

$$\Delta\lambda = \frac{h}{m_e \cdot c} \cdot (1 - \cos\theta)$$

Dabei ist m_e die Masse des Elektrons.

Aufgrund des Compton-Effekts ernennen wir jetzt das Photon zu einem „richtigen" Teilchen, das Energie, (relativistische) Masse und Impuls besitzt.

Welleneigenschaften von Elektronen

Louis-Victor de Broglie

Wenn Licht sich in gewissen Experimenten als Welle zeigt und in anderen als Teilchen – ist es dann nicht auch möglich, dass Objekte, die wir bisher für Teilchen gehalten haben, Welleneigenschaften zeigen können? Diese Ansicht vertrat jedenfalls der französische Physiker Louis-Victor de Broglie (1892–1987). Die Fachwelt hielt das zunächst für eine verrückte Idee, weil er für eine solche Behauptung keinerlei experimentelle Beweise ins Feld führen konnte. Aber diese sollte es bald geben!

Materiewellen

Wenn Elektronen Welleneigenschaften zeigen würden – welche Wellenlänge hätten sie dann? De Broglie war überzeugt, dass die für Photonen ermittelte Beziehung auch hier gelten müsse:

$p = \dfrac{h}{\lambda}$, also (umgeformt) $\lambda = \dfrac{h}{p}$

Die Wellenlänge müsste also vom Impuls p der Elektronen abhängen. Elektronen mit einem bestimmten Impuls können wir mit einer Elektronenröhre erzeugen, in der sie durch ein elektrisches Feld beschleunigt werden (→ S. 171 f.). Durchlaufen sie die Spannung U, so wird ihre potenzielle Energie vollständig in kinetische Energie umgewandelt:

$e \cdot U = \dfrac{1}{2} \cdot m \cdot v^2$

Multiplizieren mit m ergibt: $e \cdot m \cdot U = \dfrac{1}{2} \cdot m^2 \cdot v^2$

oder (wegen $p = m \cdot v$): $e \cdot m \cdot U = \dfrac{1}{2} \cdot p^2$

Durch Auflösen nach p folgt: $p = \sqrt{2 \cdot e \cdot m \cdot U}$

Für $U = 4000\ V$ errechnet man beispielsweise: $p = 3{,}41 \cdot 10^{-23}\ kg \cdot \dfrac{m}{s}$

Elektronen mit diesem Impuls hätten dann die Wellenlänge:

$\lambda = \dfrac{h}{p} = \dfrac{6{,}626 \cdot 10^{-34}\ Js}{3{,}41 \cdot 10^{-23}\ J} = 1{,}9 \cdot 10^{-11}\ m = 19\ pm$

(Das p rechts steht für „Pico": $1\ pm = 10^{-12}\ m$)

Dies ist die Größenordnung der Wellenlänge von Röntgenstrahlung. Optische Gitter, mit denen man bei so kleinen Wellenlängen Interferenzen beobachten könnte, gibt es nicht. Max von Laue (1879–1960) war es jedoch gelungen nachzuweisen, dass Röntgenstrahlung an *Kristallen* Interferenzen erzeugt. Daraus entstand die Idee, Kristalle als eine Art natürliches Gitter zu verwenden. W. L. Bragg (1890–1971) entwickelte ein Verfahren, mit dem man bei bekannter Kristallstruktur die Wellenlänge der Röntgenstrahlung bestimmen beziehungsweise umgekehrt bei bekannter Wellenlänge Kristalle analysieren konnte. Dadurch ließen sich nun die Behauptungen de Broglies experimentell prüfen – man musste ja einfach nur einen Elektronenstrahl auf den Kristall richten. Dies taten als erste Wissenschaftler im Jahre 1927 die Amerikaner C. Davisson (1881–1958) und L. Germer (1896–1971).

William Lawrence Bragg

Und was stellten sie fest? So merkwürdig es klingt: Auch Elektronen interferieren, zeigen also tatsächlich Welleneigenschaften. Diese Art von Wellen nennt man *Materiewellen*. Sie sind auch für andere atomare Teilchen nachgewiesen worden.

> Atomare Teilchen zeigen Welleneigenschaften. Ihre Wellenlänge ist: $\lambda = \dfrac{h}{p}$

Antreffwahrscheinlichkeit

Vielleicht zeigen Elektronen ja nur dann Interferenzen, wenn sehr viele von ihnen auf einmal unterwegs sind? Auch das hat man untersucht. Stellen Sie sich bitte vor, dass man in dem oben beschriebenen Versuch mit der Aluminiumfolie die Intensität schrittweise herabsetzt, sodass das Schirmbild allmählich blasser wird. Schließlich lässt man nur noch ein Elektron pro Stunde auf die Folie los. Was geschieht nun? Wenn man statt des Schirms einen hochempfindlichen Film verwendet, auf dem auftreffende Elektronen eine chemische Reaktion auslösen, kann man registrieren, *wo* die einzelnen Elektronen landen. Versuche dieser Art zeigen, dass man nicht vorhersagen kann, an welcher Stelle ein einzelnes Elektron auftreffen wird, dass aber, wenn man den Versuch über viele Stunden laufen lässt, alle Auftrefforte zusammen auf wundersame Weise wieder das bekannte Interferenzbild ergeben! Obwohl die Elektronen nichts voneinander wissen, trägt jedes seinen Teil zu dem Interferenzmuster bei – so, als ob es eine ordnende Hand gäbe, die das künftige Muster kennt und jedem Elektron seinen Platz im Muster zuweist.

Wir müssen uns damit abfinden, dass im Mikrokosmos eigenartige Dinge geschehen und dass ein Elektron scheinbar doch etwas anderes ist als eine verkleinerte Ausgabe einer geladenen Kugel. Außerdem müssen wir uns von der *Vorhersagbarkeit* im Sinne der klassischen Physik verabschieden: Es ist nicht möglich, mit Sicherheit vorherzusagen, an welcher Stelle ein Elektron den Schirm trifft, und zwar aus Gründen, die auch mit den im zweiten Kapitel (→ S. 125 ff.) besprochenen chaotischen Vorgängen nichts zu tun haben, sondern prinzipieller Natur sind. Wir können aber die Welleneigenschaften benutzen, um auszurechnen, mit welcher *Wahrscheinlichkeit* ein Elektron einen bestimmten Ort auf dem Schirm treffen wird. Die Intensität einer *Welle* ist, wie wir im zweiten Kapitel gesehen haben, proportional zum Quadrat der Amplitude der Wellenfunktion (→ S. 110). Im *Teilchenbild* ist die Intensität proportional zur Anzahl der Elektronen, die in einer bestimmten Zeit auf eine bestimmte Fläche treffen: Je mehr es sind, desto größer ist die Intensität. Das können Sie sich veranschaulichen, indem Sie an Regentropfen denken, die auf das Dach Ihres Hauses fallen: Je mehr Tropfen pro Zeit und Fläche das Dach treffen, desto größer ist die Intensität des Regens.

Haus im Regen

In dem folgenden Bild treffen in der Teilfläche ΔA_1 pro Zeiteinheit viel mehr Elektronen auf als in der Teilfläche ΔA_2. Also ist die *Wahrscheinlichkeit,* dass ein einzelnes Elektron in ΔA_1 nachgewiesen wird, größer, als dass es in ΔA_2 anzutreffen ist. Ein Maß für diese Wahrscheinlichkeit ist die Intensität, und diese ist im Wellenbild gegeben durch das Quadrat der Amplitude der Wellenfunktion! Man kann also die Wellenfunktion dazu benutzen, um Antreffwahrscheinlichkeiten für Teilchen zu berechnen. Dies werden wir im Rahmen der Atomphysik wieder aufgreifen.

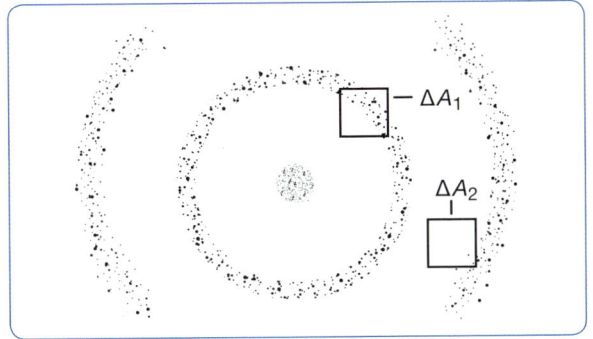

Intensität im Teilchenbild

Bitte führen Sie sich vor Augen, dass man über die Natur der Materiewellen nichts weiß, außer dass sie Interferenzen erzeugen. Es lässt sich insbesondere nicht klären, „was da eigentlich schwingt". Die Wellenfunktion muss also gedeutet werden. Die hier skizzierte Wahrscheinlichkeitsdeutung geht auf den deutschen Physiker Max Born (1882–1970) zurück.

Max Born

> Das Quadrat der Amplitude der Wellenfunktion ist ein Maß für die Wahrscheinlichkeit, ein Teilchen in einem bestimmten Bereich anzutreffen.

Heisenberg'sche Unschärferelation

Wenn Sie irgendwo mit dem Auto unterwegs sind und geblitzt werden, dann geht die Polizei ganz selbstverständlich davon aus, dass man sowohl den *Ort,* an dem das Vergehen registriert wurde, als auch die *Geschwindigkeit,* die Ihr Auto zu dem betreffenden Zeitpunkt hatte, im Prinzip beliebig genau bestimmen kann – sonst wäre der Strafzettel ja auch sinnlos. Auch den Bahnberechnungen im ersten Kapitel liegt eine solche Annahme zugrunde (→ S. 19 ff.). Sie werden in diesem Abschnitt sehen, dass diese scheinbare Selbstverständlichkeit im atomaren Bereich nicht gilt: Misst man den Ort eines Teilchens sehr genau, so lässt sich sein Impuls (und damit die Geschwindigkeit) nur ungenau bestimmen und umgekehrt. Diese merkwürdige Abhängigkeit der beiden Größen voneinander ist eine Folge der Tatsache, dass man im Mikrokosmos Wellen- *und* Teilchenaspekte berücksichtigen muss.

Polizist stellt Strafzettel aus

Beugung am Einzelspalt

Wir betrachten folgendes Beispiel: Ein Strom von Teilchen trifft auf einen Einzelspalt. Bei diesen Teilchen kann es sich um Elektronen, Photonen oder andere Elementarteilchen handeln. Da sie alle sowohl Wellen- als auch Teilcheneigenschaften zeigen, dürfen wir sie in einen Topf werfen.

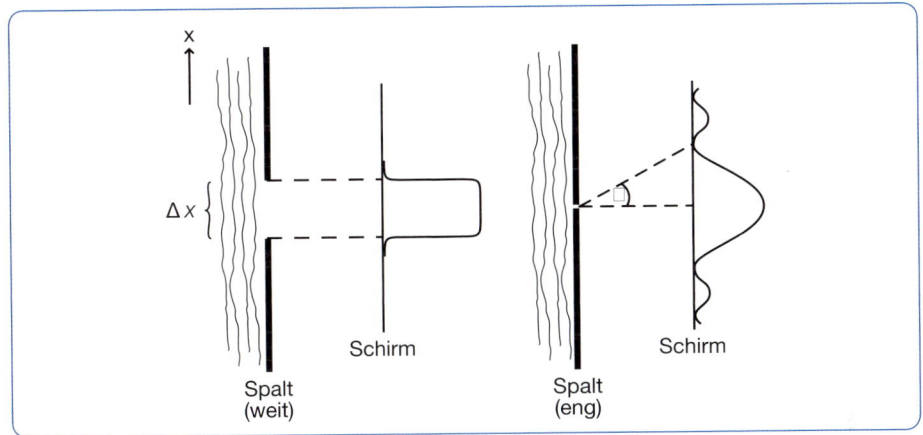

Hat der Spalt die Breite Δx und registriert man auf dem Schirm hinter dem Spalt ein Teilchen, so ist der Ort des Teilchens in x-Richtung mit der Genauigkeit Δx bekannt. Ist Δx groß gegen die Wellenlänge und lässt man viele Teilchen den Spalt passieren, so erhält man ein Schirmbild, das den Gesetzen der geometrischen Optik entspricht. Verkleinert man jedoch die Spaltbreite, um den Ort des Teilchens genauer einzugrenzen, dann tritt ein Beugungseffekt auf. Dies liegt an den Welleneigenschaften des Teilchens und ist nicht vermeidbar. Die Folge ist: Auf dem Schirm sieht man ein Beugungsbild mit einem Hauptmaximum und sich zu beiden Seiten anschließenden Nebenmaxima. Dabei ist das Hauptmaximum umso breiter, je enger wir den Spalt machen. Beurteilt man das Schirmbild aus der Teilchenvorstellung heraus, so muss man folgenden Schluss ziehen: Teilchen, die nicht in Richtung der optischen Achse auf dem Schirm registriert werden, müssen einen Querimpuls, also einen Impuls in x-Richtung, erhalten haben – sonst hätten sie sich ja geradeaus bewegt. Das aber bedeutet, dass man den Impuls in x-Richtung (der vor dem Spalt den Wert null hatte) nun nicht mehr genau kennt: Er kann für einige Teilchen den Wert null haben, für andere aber einen größeren oder kleineren Wert. Um die Bandbreite dieser Impulswerte herauszufinden, nehmen wir jetzt an, dass praktisch alle Teilchen innerhalb des Hauptmaximums auftreffen, lassen also Beugungswinkel, deren Betrag noch größer ist, außer Acht. Der Impuls in x-Richtung weicht dann maximal um den Betrag Δp_x vom Mittelwert, also vom Wert null, ab (siehe Abbildung). Die betreffenden Teilchen haben den Gesamtimpuls $\vec{p}$, der nicht parallel zur optischen Achse ist.

Quanten- und Atomphysik

Wir stellen jetzt einen Zusammenhang zwischen Δx und Δp_x auf.

Einerseits liefert die Theorie der Beugung am Spalt für die Lage des ersten Beugungsminimums folgende Formel:

$$\sin\alpha = \frac{\lambda}{\Delta x}$$

Aus dem Impulsdiagramm kann man andererseits ablesen: $\sin\alpha = \frac{\Delta p_x}{p}$

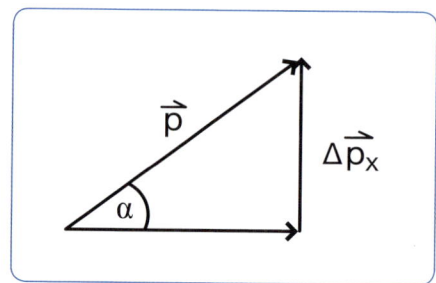

Setzt man die Terme auf den rechten Seiten gleich, so folgt:

$$\frac{\Delta p_x}{p} = \frac{\lambda}{\Delta x} = \Delta x \cdot \Delta p_x = \lambda \cdot p$$

Da aber für die Wellenlänge und den Impuls gilt: $\lambda = \frac{h}{p}$, ergibt sich:

$\Delta x \cdot \Delta p_x = h$

Das bedeutet: Wenn wir Δx kleiner machen, um den Ort des Teilchens genauer zu bestimmen, wird Δp_x unvermeidlich größer, das heißt: Die Messung des Impulses wird ungenauer. Umgekehrt gilt das auch: Versucht man, den Impuls sehr genau zu bestimmen, so erkauft man sich das dadurch, dass die Ortsmessung ungenauer wird: Man muss die Spaltöffnung verbreitern. Ort und Impuls lassen sich nicht gleichzeitig beliebig genau bestimmen! Dass dies so ist, liegt nicht daran, dass etwa unsere Messungen unvollkommen wären, sondern hat prinzipielle Ursachen, die sich nicht aufheben lassen und die darin begründet sind, dass man bei atomaren Teilchen immer Wellen- *und* Teilchenaspekte berücksichtigen muss.

Aber bitte kommen Sie jetzt nicht auf die Idee, der Polizei zu schreiben, dass Sie den Strafzettel anfechten, weil es prinzipiell gar nicht möglich sei, Ort *und* Geschwindigkeit des Autos gleichzeitig genau zu messen! Das Planck'sche Wirkungsquantum ist – wie gesagt – eine unvorstellbar kleine Größe. Wenn die Polizei den Ort Ihres Autos mit der Genauigkeit von 10^{-14} Metern messen würde (das ist der Durchmesser eines Atomkerns), dann könnte der Impuls immer noch auf ca. $6{,}6 \cdot 10^{-20}\, kg \cdot \frac{m}{s}$ genau bestimmt werden. Folglich wäre die Geschwindigkeit – falls Ihr Auto die Masse von 1000 Kilogramm besitzt – prinzipiell bis auf $2{,}4 \cdot 10^{-22} \frac{km}{h}$ bekannt. Das reicht der Polizei und Sie verlieren den Prozess! Für den Alltag spielt der Zusammenhang zwischen Ort und Impuls also keine Rolle, im atomaren Bereich aber ist er gravierend.

Die Unschärferelation

Den Zusammenhang zwischen den Größen Ort und Impuls haben wir näherungsweise aus einem Beispiel gewonnen. Der deutsche Physiker Werner Heisenberg (1901–76) gelangte allgemein zu dem folgenden Ergebnis:

Werner Heisenberg

> **Heisenberg'sche Unschärferelation**
> Bei einer Messung von Ort und Impuls gilt für das Produkt aus *Ortsunschärfe* Δx und *Impulsunschärfe* Δp_x: $\Delta x \cdot \Delta p_x \geq \dfrac{h}{4 \cdot \pi}$

Für die Größen Energie und Zeit gibt es eine entsprechende Relation.

Quantenobjekte

„Was *ist* ein Elektron oder ein Photon denn nun – eine Welle oder ein Teilchen?" Diese Frage muss man mit einem bekannten Zitat des amerikanischen Physikers R. Feynman (1918–88) so beantworten: „Keins von beiden!" Elektronen und Photonen sind *Quantenobjekte*. Ihre Welt ist viele Zehnerpotenzen von unserer entfernt. Es ist daher nicht verwunderlich, dass sie sich nicht verhalten wie die Dinge, die wir aus unserer Umgebung kennen. Vielmehr ist es sogar höchst erstaunlich, dass sie sich unter bestimmten Bedingungen mit anschaulichen Bildern beschreiben lassen. Zum Beispiel verhält sich ein Elektron genau wie die Miniaturausgabe eines geladenen Tischtennisballs, wenn die beugenden Öffnungen viel größer sind als die Wellenlänge. Wir dürfen aber nicht erwarten, dass wir den gesamten Mikrokosmos mit anschaulichen Bildern aus unserer Erfahrungswelt beschreiben können.

Quantenhafte Emission und Absorption

Wir untersuchen jetzt die Atome, die Bausteine unserer stofflichen Welt. Da Atome zu klein sind, um sie direkt sehen zu können, müssen wir sie auf indirekte Weise erforschen: Wir führen Versuche mit ihnen durch und fügen die Ergebnisse dieser Versuche zu einem möglichst stimmigen Bild zusammen.

Welche Art von Experimenten soll man durchführen? Eine naheliegende Idee ist, zu untersuchen, wie Atome Energie abgeben *(emittieren)* und aufnehmen *(absorbieren)*.

Eine *Abgabe* von Energie bedeutet immer, dass Strahlung ausgesendet wird. Diese Strahlung kann man – wie wir es im siebten Kapitel für den sichtbaren Bereich getan haben – spektral zerlegen (→ S. 267 ff.). Das Spektrum, das ein Atom aussendet, ist also der Schlüssel zur Erforschung seines Aufbaus.

Gase, die in atomarer Form (und nicht als Moleküle) vorliegen, zeigen relativ einfache Spektren. Wir betrachten daher – in Übereinstimmung mit der historischen Entwicklung – zunächst die *Spektren atomarer Gase*.

Quantenhafte Emission

Im siebten Kapitel hatten wir ein kontinuierliches Farbspektrum dadurch erzeugt, dass wir das Licht einer Glühlampe durch ein optisches Gitter schickten und es damit zerlegten. Diesen Versuch wiederholen wir, verwenden als Lichtquelle jedoch eine *Gasentladungslampe*. Eine solche Lampe besteht aus einer Glasröhre, die Gas in atomarer Form enthält (z. B. Wasserstoff, Neon oder Quecksilber). An beiden Enden der Röhre sind Elektroden eingeschmolzen. Legt man zwischen den Elektroden eine Hochspannung an, so leuchtet das Gas.

Energiesparlampe

Viele Lampen, die wir im Alltag benutzen, sind in Wirklichkeit Gasentladungslampen, so z. B. die intensiv gelb leuchtenden *Natriumdampflampen* einiger Straßenbeleuch-

Natriumdampflampe

tungen, aber auch *Leuchtstoffröhren* (darunter Neonröhren). In ihnen wird eigentlich ultraviolettes Licht erzeugt, die Leuchtstoffschicht auf der Innenseite der Röhre wandelt es aber in das gewünschte sichtbare Licht um. Die gängigen *Energiesparlampen* sind ebenfalls (gebogene und verkleinerte) Leuchtstoffröhren.

Leuchtstoffröhre

Zerlegt man das Licht einer mit Wasserstoff gefüllten Gasentladungsröhre mit einem Gitter, so sieht man kein kontinuierliches Spektrum, sondern ein sogenanntes *Linienspektrum*.

Linienspektrum von Wasserstoff

Da jedem Ort auf dem Schirm genau eine Wellenlänge, also auch genau eine Frequenz, entspricht, ist die Deutung dieses Spektrums einfach: Wasserstoff emittiert offenbar nur Licht mit ganz bestimmten Frequenzen! Das bedeutet auch: Es gibt nur ganz bestimmte Energiewerte – die Energie ist *gequantelt!*

Wie groß ist z. B. die Energie derjenigen Photonen, die die rote Linie verursachen? Mit der Methode aus dem siebten Kapitel kann man ihre Wellenlänge messen (→ S. 265 f.). Dabei ergibt sich: $\lambda = 657\ nm$. Diese Photonen haben daher die Energie:

$$W = h \cdot f = h \cdot \frac{c}{\lambda} = 6{,}626 \cdot 10^{-34}\ Js \cdot \frac{3 \cdot 10^8\ \frac{m}{s}}{657 \cdot 10^{-9}\ m} = 3{,}03 \cdot 10^{-19}\ J = 1{,}89\ eV$$

Quanten- und Atomphysik

Johann Jakob Balmer

Der Schweizer J. Balmer (1825–98) wollte wissen, ob die Frequenzen der Linien einer mathematischen Gesetzmäßigkeit genügen. Durch Tüfteln und Herumprobieren fand er tatsächlich eine Formel, die die Lage aller Linien korrekt beschrieb. Diese Formel wurde von dem Schweden J. Rydberg (1854–1919) so erweitert, dass sie auch für Linien gilt, die im Ultravioletten und Infraroten gefunden wurden. Sie lautet:

$$f = f_R \cdot \left(\frac{1}{n_1^2} - \frac{1}{n_2^2} \right)$$

mit $f_R = 3{,}2898 \cdot 10^{15}\ s^{-1}$ (sogenannte Rydbergfrequenz). Dabei können n_1 und n_2 die Werte 1, 2, 3, usw. annehmen und es gilt: $n_2 > n_1$.

Eine Begründung für diese Formel konnten die beiden Tüftler nicht geben. Dies blieb dem dänischen Physiker Niels Bohr (1885–1962) vorbehalten.

Niels Bohr

Energieniveaus in Atomen

Aus der Rydbergformel kann man (durch Multiplizieren mit h) leicht eine Formel für die auftretenden Photonenenergien gewinnen. Niels Bohr fiel auf, dass diese Energien immer *Differenzen* von Ausdrücken sind:

$$W = h \cdot f = h \cdot f_R \cdot \left(\frac{1}{n_1^2} - \frac{1}{n_2^2} \right) = h \cdot f_R \cdot \frac{1}{n_1^2} - h \cdot f_R \cdot \frac{1}{n_2^2}$$

Also müsste man sich doch – so Bohrs Idee – vorstellen können, dass es im Atom verschiedene *feste Energiezustände* gibt und dass die Emission eines Photons bedeutet, dass das Atom von einem höheren in einen niedrigeren Energiezustand wechselt. Dabei nimmt das Photon gerade die Differenz der beiden Zustände mit auf den Weg. Die in der Formel auftretenden natürlichen Zahlen wären dann so etwas wie die Nummern der Zustände. Zur Veranschaulichung stellen Sie sich ein Bankkonto vor, bei dem aus irgendeinem Grund nur die Guthaben von zwei Euro, sieben Euro und zehn Euro erlaubt sind. Beträgt das Guthaben nun gerade zehn Euro, dann können Sie drei Euro oder acht Euro abheben, nicht jedoch fünf Euro, weil das nicht zu einem erlaubten Guthaben führen würde. Übertragen auf das Atom könnte man sagen, dass das emittierte Photon die Auszahlung der Energiebeträge übernimmt. Übrigens hat auch ein normales Bankkonto in Wirklichkeit gequantelte Guthabenwerte, denn kleinere Beträge als ein Cent kann man nicht abheben.

Aus den bekannten Frequenzen der Spektrallinien konnte Bohr jetzt die Energiezustände (auch: *Energieniveaus*) des Wasserstoffatoms berechnen und zeichnen. Jedem Übergang zwischen irgendwelchen Niveaus entspricht dabei genau eine Linie. Das Nullniveau für die Energie wird willkürlich festgelegt: Läuft n_1 gegen unendlich, so geht der erste Term in der Formel gegen null. Von dieser Marke aus werden alle anderen Energien gezählt. Da immer von null abgezogen wird, ergeben sich *negative* Energiewerte.

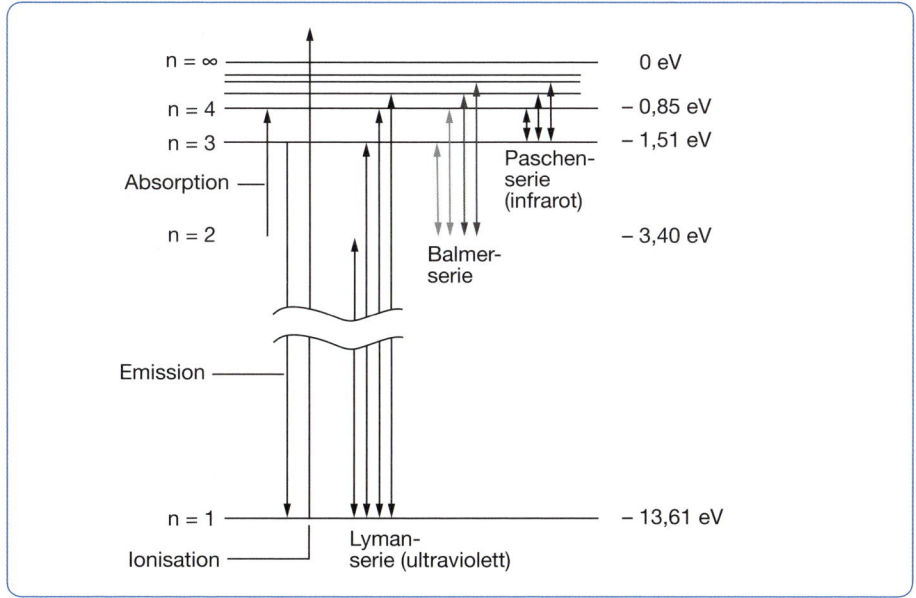

Energieniveaus von Wasserstoff

Finden Sie den oben berechneten Übergang, der zur roten Linie gehört, im Diagramm wieder? Richtig, es ist der Übergang zwischen $n = 3$ und $n = 2$ in der Balmerserie!

Niels Bohr lieferte zu dieser Idee gleich noch ein sehr anschauliches Bild vom Atom mit, das Bohr'sche Atommodell. Dieses Modell wird im nächsten Abschnitt auftauchen (→ S. 310f.). Bohrs wichtigste Leistung besteht jedoch darin, überhaupt erst erkannt zu haben, dass es in Atomen getrennte (man sagt auch: *diskrete*) Energieniveaus gibt.

Quantenhafte Absorption

Ein Atom kann nicht nur immer Energie abgeben, genauso wenig, wie Sie von Ihrem Konto immer nur Geld abheben können. Es muss auch Einzahlungen geben. Wie wird – z. B. in einer Gasentladungslampe – der Energievorrat der Atome aufgefüllt?

James Franck

Die beiden deutschen Physiker J. Franck (1882–1964) und G. Hertz (1887–1975) entwickelten zur Beantwortung dieser Frage eine spezielle Röhre, die mit Quecksilberdampf gefüllt war und in der Elektronen beschleunigt wurden. Sie kamen zu dem Schluss, dass die Elektronen mit den Gasatomen unelastische Stöße ausführen und dabei Energie an die Atome übertragen, sodass diese dann in einen höheren Energiezustand wechseln. Das folgende Bild zeigt den Versuchsaufbau.

Gustav Hertz

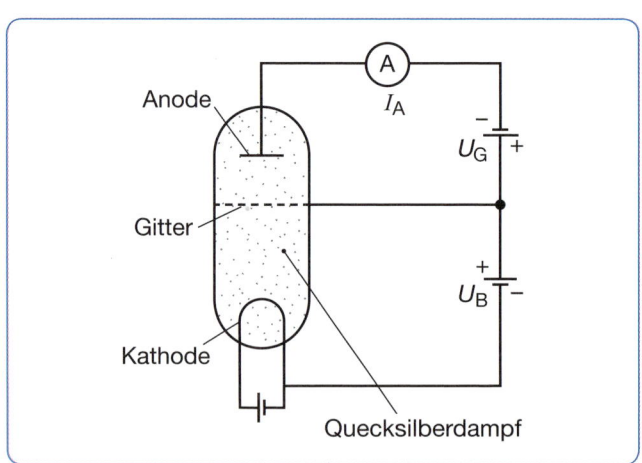

Aufbau des Franck-Hertz-Versuches

Die Elektronen werden durch die Beschleunigungsspannung U_B zum in der Röhre befindlichen *Gitter* hin beschleunigt. Nach Passieren des Gitters müssen sie – ähnlich wie bei dem Versuch zum Fotoeffekt – gegen eine kleine Gegenspannung U_G anlaufen. Erhöht man von null ausgehend allmählich die Spannung U_B, so steigt die Stromstärke zunächst, weil die Elektronen genug Energie besitzen, um die Gegenspannung zu überwinden. Ab 4,9 Volt (also ab einer Elektronenenergie von 4,9 Elektronvolt) jedoch sinkt die Stromstärke plötzlich wieder ab. Dies kann man so deuten, dass viele Elektronen ihre Energie an die Quecksilberatome abgeben und dadurch nicht mehr in der Lage sind, die Gegenspannung zu überwinden. Nach weiteren 4,9 Volt wiederholt sich das Ganze abermals. Wir müssen annehmen, dass Elektronen, die ihre gesamte Energie bei einem ersten Stoß verloren hatten, anschließend wieder beschleunigt wurden und nun einen zweiten Stoß erlitten haben. Erhöhen wir die Spannung weiter, gibt es einen dritten Einbruch der Stromstärke und so fort.

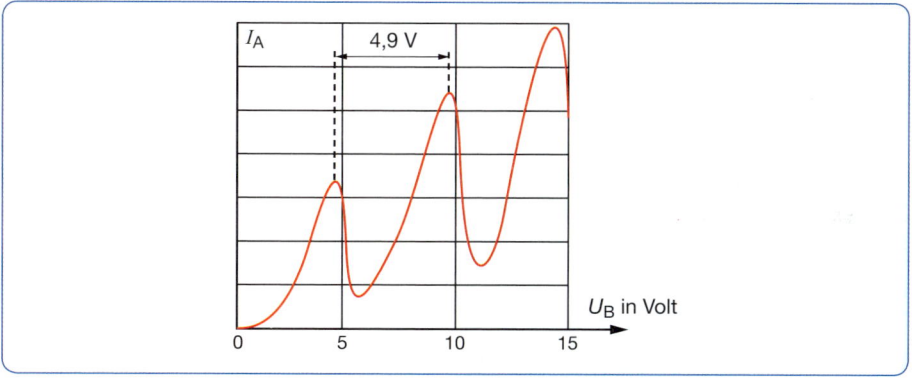

Auswertung des Franck-Hertz-Versuches

Die periodisch aufeinanderfolgenden Stromstärkemaxima mit anschließenden Minima zeigen eindeutig, dass die Quecksilberatome in dem durch den Versuch vorgegebenen Energiebereich nur eine einzige Energie aufnehmen können, nämlich 4,9 Elektronvolt. Die Absorption erfolgt also wie die Emission gequantelt und der Versuch bestätigt eindrucksvoll die Vorstellungen Bohrs.

Die Quecksilberatome können die aufgenommene Energie nicht lange speichern. Die durch die Stöße hervorgerufenen *angeregten* Zustände gehen nach kurzer Zeit (ca.

10^{-8} Sekunden) unter Aussendung eines Photons in *stabile* Zustände über. Zu der Energie von 4,9 Elektronvolt gehört die Wellenlänge von 254 Nanometern. Eine entsprechende im ultravioletten Bereich des Quecksilberspektrums liegende Linie konnten Franck und Hertz tatsächlich nachweisen.

Historische Atommodelle

Joseph John Thomson

Ernest Rutherford

Philipp Lenard

Im sechsten Kapitel haben wir mit der Vorstellung, dass alle Körper aus Atomen beziehungsweise Molekülen bestehen, Aggregatzustände beschrieben und das Verhalten von Gasen unter verschiedenen Bedingungen erklärt. Über die Eigenschaften der Atome und Moleküle mussten wir dabei fast keine Annahmen machen. Zum Beispiel reichte zur Erklärung der Zustände idealer Gase die Vorstellung von Kügelchen, die elastische Stöße ausführen können. In diesem Abschnitt begleiten wir die Physiker J. J. Thomson (1856–1940), P. Lenard (1862–1947), E. Rutherford (1871–1937) und den schon erwähnten Niels Bohr auf ihrer Suche nach weiteren Informationen über das Atom. Zuvor schauen wir uns kurz an, was auch diese Forscher schon über die Masse und Größe von Atomen wussten.

Masse und Größe von Atomen

Die *Masse* von Atomen kann man mit Massenspektrometern bestimmen (→ S. 181 ff.). Ein Wasserstoffatom hat die Masse $1{,}67 \cdot 10^{-27}$ kg. Das klingt zwar nach sehr wenig, das Wasserstoffatom besitzt damit aber immer noch 1835-mal mehr Masse als ein Elektron.

Die *Größe* von Atomen lässt sich mit dem bekannten *Ölfleckversuch* abschätzen: Man gibt einen Tropfen Öl, dessen Volumen man gemessen hat, auf eine Wasseroberfläche und geht davon aus, dass die entstehende Ölschicht genauso hoch ist wie ein Ölmolekül. Aus dem Flächeninhalt des Flecks und dem Volumen des Tropfens kann man die Höhe der Schicht und damit den Durchmesser der Ölmoleküle ermitteln. Da man weiß, aus wie vielen Atomen ein Ölmolekül besteht, ergibt sich daraus auch der ungefähre Durchmesser eines Atoms. Der Fleck wird dadurch sichtbar gemacht, dass man die Wasseroberfläche mit *Bärlappsporen* bestreut, die durch das Öl verdrängt werden. Der Versuch ergibt, dass Atome einen Durchmesser von ca. 10^{-10} Metern haben. Das ist ein Zehnmillionstel Millimeter!

Das Thomson'sche Rosinenkuchenmodell

Thomson beobachtete, dass bei Gasentladungen *Elektronen* sowie *positiv geladene Teilchen* auftreten, die die Eigenschaften des untersuchten Gases haben. Er schloss daraus, dass das Elektron Bestandteil des Atoms ist und bei den Versuchen vom „Restatom" getrennt wird. Das vom Elektron verlassene Teilchen ist wegen der negativen Ladung des Elektrons nicht mehr neutral, sondern positiv geladen: Es entsteht ein (in diesem Falle positiv geladenes) *Ion*. Nach Thomsons Vorstellung könnte ein Atom demnach aus einer gleichmäßig positiv geladenen Materialkugel bestehen, in die Elektronen eingebettet sind – wie Rosinen in einen Kuchen.

Rosinenkuchen

Das Rutherford'sche Atommodell

Um das Jahr 1900 kam man auf die Idee, Atome mit anderen Teilchen zu beschießen, um aus der Wechselwirkung Rückschlüsse auf die Atome zu ziehen. Zunächst zielte Lenard mit schnellen Elektronen auf Aluminiumfolien und stellte fest, dass die Elektronen überraschenderweise kaum abgelenkt wurden, so, als wären die Folien gar nicht vorhanden. Lenard drückte das Ergebnis so aus: „Das Innere des Atoms ist so leer wie das Weltall!" Dann probierte es Rutherford mit α-Teilchen (das sind Heliumkerne, → S. 325 f.) und dünnen Goldfolien. Obwohl α-Teilchen viel größer und schwerer sind als Elektronen, wurden auch sie kaum abgelenkt. Immerhin kam es in geringem Maße zu Streuungen, sodass das Atom nicht ganz leer sein konnte. Aus der Verteilung der Streuwinkel schätzte Rutherford die Größe der streuenden Teilchen ab.

Ihr Durchmesser beträgt demnach ca. 10^{-14} Meter, also $\frac{1}{10.000}$ des Atomdurchmessers!

Das Thomson'sche Modell war damit hinfällig. Man musste jetzt davon ausgehen, dass die positive Ladung nicht gleichmäßig im Atom verteilt ist, sondern sich in einem winzig kleinen Bereich konzentriert.

Rutherford entwickelte die Vorstellung, dass das Atom aus einer relativ großen *Atomhülle* (in der sich die Elektronen befinden) und einem sehr kleinen, positiv geladenen *Atomkern* besteht. Damit sich die Elektronen nicht aufgrund der elektrischen Anziehung auf den Kern zubewegen, musste er annehmen, dass sie den Kern umkreisen wie die Planeten die Sonne – wobei sie aber nicht durch die Gravitation, sondern durch die elektrischen Kräfte auf der Bahn gehalten werden.

> **Rutherford'sches Atommodell**
> Das Atom besteht aus einer Hülle mit dem Durchmesser 10^{-10} *m* und einem positiv geladenen Kern mit dem Durchmesser 10^{-14} *m*. Die in der Hülle befindlichen Elektronen umkreisen den Kern und werden durch elektrostatische Kräfte auf der Bahn gehalten.

Wenn Sie auf den Anstoßpunkt des Olympiastadions in München ein Reiskorn als „Atomkern" legen, dann stellt in diesem Maßstab das Zeltdach des Stadions die Atomhülle dar – so winzig klein ist der Atomkern!

Olympiastadion München

Das Bohr'sche Atommodell

Das Modell von Rutherford hat einen gravierenden Schönheitsfehler: Ein kreisendes Elektron stellt einen Hertz'schen Dipol dar (➔ S. 217 f.), also eine Antenne für elektromagnetische Strahlung. Es gibt also laufend Energie ab und müsste daher nach kurzer Zeit in den Kern stürzen. Das kann aber nicht stimmen, da unsere Umgebung recht stabil ist und die Atome offenbar ihre Größe behalten.

Dieses Problem löste Niels Bohr auf brachiale Weise: Er *behauptete* einfach, dass es Bahnen gebe, auf denen das Elektron strahlungsfrei kreisen könne. Den eklatanten Widerspruch zu bisherigen Erkenntnissen nahm er dabei in Kauf. Nach dem Motto „Der Erfolg heiligt die Mittel" formulierte er Bedingungen für die „erlaubten" strahlungsfreien Bahnen und deutete die Aufnahme und

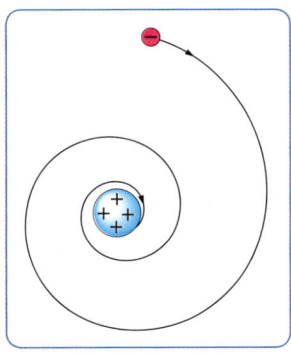

„Sterbendes" Rutherfordatom

Abgabe von Energie auf folgende Weise: Wenn ein Elektron von einer weiter außen liegenden auf eine weiter innen liegende Bahn wechselt, wird ein Photon emittiert. Umgekehrt kann auch ein Photon absorbiert werden – dann springt das Elektron auf eine weiter außen liegende Bahn. Das Energieniveauschema (siehe letzter Abschnitt) konnte nun also anschaulich gedeutet werden.

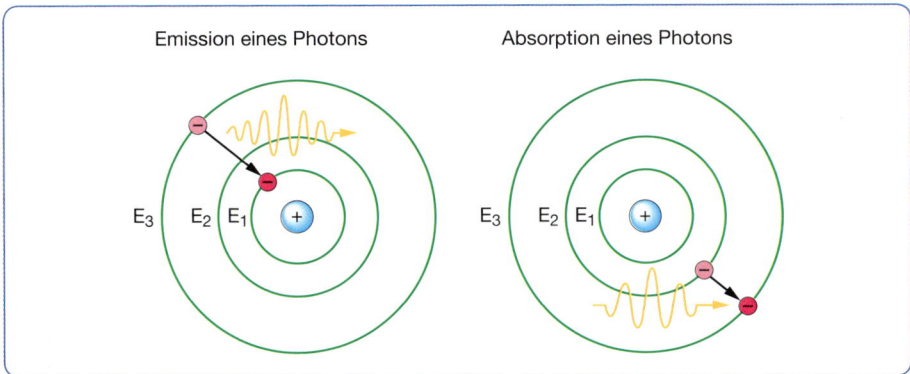

Emission und Absorption im Bohr'schen Atommodell

Bohr'sches Atommodell
Die Elektronen umkreisen strahlungsfrei den Atomkern. Dabei sind nur bestimmte Bahnen zugelassen. Die Emission und Absorption wird durch einen Sprung zwischen den Bahnen erklärt.

Bohr konnte mit seinem Modell die Frequenzen des Wasserstoffspektrums ausrechnen und erhielt genau die experimentell ermittelten Werte. Dieser bahnbrechende Erfolg zeigte, dass an seinen Annahmen etwas dran sein musste, obwohl sie gegen bisher für gültig gehaltene Gesetze verstießen. Allerdings ist Wasserstoff das einfachste Element, das es überhaupt gibt – in der Hülle befindet sich nur ein Elektron. Bei komplizierteren Atomen versagt das Modell. Außerdem verstößt es auch gegen quantenphysikalische Erkenntnisse, weil die geforderten exakten Elektronenbahnen voraussetzen, dass Ort *und* Impuls der Elektronen gleichzeitig genau bestimmt werden können. Wie wir schon wissen, ist das nicht möglich.

Ein neues Modell des Atoms musste also her. Leider konnte es kein auf klassische Art anschauliches Modell mehr sein.

Das quantenmechanische Atommodell

In den Jahren 1925 und 1926 entwickelten Heisenberg und der Österreicher Erwin Schrödinger (1887–1961) neue Atommodelle, mit denen die Schwächen des Bohr'schen Modells überwunden werden sollten. Beide Theorien – Heisenbergs *Matrizenmechanik* und Schrödingers *Wellenmechanik* – sind mathematisch gleichwertig. Wir betrachten hier die Wellenmechanik, da sie anschaulicher und eher verständlich ist.

Erwin Schrödinger

Die Schrödingergleichung

Aus dem Abschnitt „Welleneigenschaften von Elektronen" (→ S. 294 ff.) wissen wir, dass man Elektronen mit *Materiewellen* beschreiben kann, wobei das Quadrat der Amplitude der Wellenfunktion die *Antreffwahrscheinlichkeit* des Elektrons angibt. Schrödinger suchte nun nach Wellenfunktionen für das Atom – aber woher soll man solche Wellenfunktionen nehmen? Diese müssen sich nach Schrödingers Überzeugung aus einer universell gültigen *Grundgleichung* ergeben, so ähnlich wie auch alle Bewegungsabläufe der klassischen Mechanik aus dem Gesetz „Kraft gleich Masse mal Beschleunigung" folgen (→ S. 36 f.). Eine solche Grundgleichung lässt sich nicht herleiten, weil sie ja einen neuen Untersuchungsbereich beschreibt. Man kann höchstens versuchen, sich ihr intuitiv zu nähern.

Dies tat Schrödinger, indem er Analogien aus anderen Bereichen der Physik (dem Übergang von der geometrischen zur Wellenoptik) verwendete. Schließlich fand er eine Gleichung, von der er behauptete, es sei die gesuchte Grundgleichung. Sie erscheint gleich – aber erschrecken Sie nicht, wenn Sie sie nicht sofort verstehen. Das ist auf die Schnelle gar nicht möglich!

> Schrödingergleichung (zeitunabhängiger Teil):
> $$\Psi''(x,y,z) + \frac{8 \cdot \pi^2 \cdot m}{h^2}(W - W_{pot}) \cdot \Psi(x,y,z) = 0$$
> Ψ bedeutet die Wellenfunktion, m die Masse, W die gesamte und W_{pot} die potenzielle Energie des Elektrons. Ψ'' ist die zweite Ableitung von Ψ nach dem Ort.

Diese Gleichung ist ein Spezialfall der zeitabhängigen Gleichung. Wenn Ψ und W_{pot} nur vom Ort abhängen, genügt die Betrachtung des zeit*un*abhängigen Teils.

Die Schrödingergleichung ist eine sogenannte *Differenzialgleichung zweiter Ordnung*. Sie zu lösen heißt: zu einer gegebenen potenziellen Energie Wellenfunktionen Ψ und Elektronenenergien W zu finden, sodass sie erfüllt ist. Abhängig vom Potenzialverlauf kann das eine mathematisch anspruchsvolle Aufgabe sein. Wir schauen uns daher einen zwar einfachen, aber aufschlussreichen Potenzialverlauf an: den „linearen Potenzialtopf".

Der lineare Potenzialtopf

Der lineare Potenzialtopf ist ein sehr grobes und stark vereinfachtes Modell des Atoms. Während die potenzielle Energie des Elektrons im Feld des Kerns in Wirklichkeit vom Kehrwert des Abstandes vom Kern abhängt, wird beim Potenzialtopf

Squash

davon ausgegangen, dass in einem bestimmten Bereich gar keine Kräfte auf das Elektron wirken, dass W_{pot} aber außerhalb dieses Bereichs unendlich groß ist. Dadurch wirkt der Rand wie eine Wand, sodass eine Art „Topf" entsteht, in dem das Elektron gefangen ist und zwischen den Wänden hin und her geworfen wird – wie ein vollkommen elastischer Squashball in einem Squashcourt mit vollkommen elastischen Wänden. Die Abbildung unten zeigt einen auf eine Dimension reduzierten Potenzialtopf der Breite a.

Wir müssen jetzt eigentlich die Schrödingergleichung für diesen Verlauf der potenziellen Energie lösen. Davor können wir uns jedoch drücken! Etwas Entsprechendes ist uns nämlich schon begegnet ...

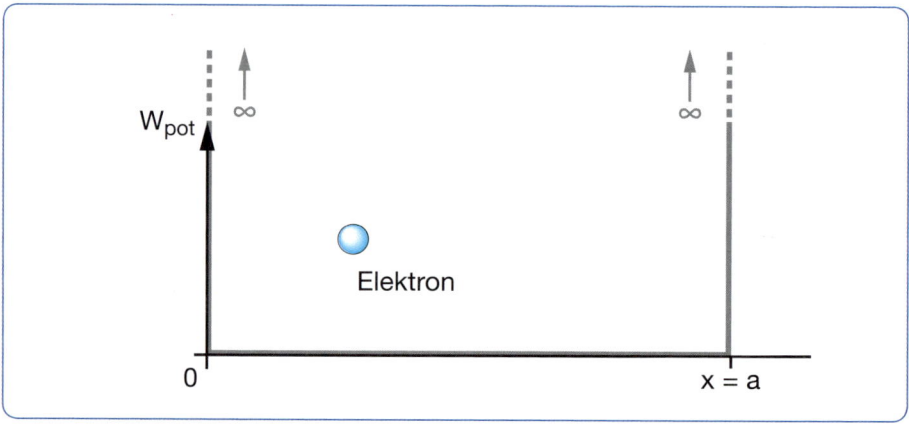

Die Amplitude der gesuchten Wellenfunktion und damit auch die Funktion selbst muss auf dem Rand und außerhalb des Topfs den Wert null haben, denn dort befindet sich das Elektron mit Sicherheit nicht. Eine solche Situation kam im zweiten Kapitel schon vor, und zwar bei der Untersuchung der Schwingung einer an beiden Enden eingespannten Saite (→ S. 124 f.). Es ergab sich, dass bei bestimmten Frequenzen *stehende Wellen* erzeugt werden, und zwar genau dann, wenn der Abstand der „Endknoten" ein Vielfaches der halben Wellenlänge ist. Die Wellenfunktion unseres Potenzialtopfs beschreibt also *stehende Wellen* und es gilt: $\frac{\lambda}{2} \cdot n = a$ (mit n = 1, 2, 3, ...), nach λ aufgelöst also:

$\lambda = \frac{2 \cdot a}{n}$

Merken Sie, wie der Hase läuft? Es sind nur gewisse Schwingungszustände möglich und andere nicht! Hier deutet sich also eine *Begründung* für die Quantelung an: Sie ist nicht mehr (wie bei Bohr) eine willkürliche Annahme, sondern folgt *zwangsläufig* aus Welleneigenschaften!

Wir berechnen jetzt mit der „Knotenbedingung" von oben und der Formel von de Broglie die kinetische Energie des Elektrons:

$$W = \frac{1}{2} \cdot m \cdot v^2 = \frac{1}{2} \cdot \frac{p^2}{m} = \frac{1}{2} \cdot \frac{h^2}{m \cdot \lambda^2} = \frac{1}{2} \cdot \frac{h^2 \cdot n^2}{m \cdot 4 \cdot a^2} = \frac{h^2}{8 \cdot m \cdot a^2} \cdot n^2$$

Es kommen also nicht beliebige Energien vor, sondern nur ganz bestimmte: Die Energie ist gequantelt! Die Zahl *n* „nummeriert" die Energieniveaus. Man fügt sie der Energie als Index hinzu und nennt sie *Quantenzahl*.

> Ein in einem linearen Potenzialtopf der Länge *a* eingeschlossenes Elektron hat die Energieniveaus:
> $$W_n = \frac{h^2}{8 \cdot m \cdot a^2} \cdot n^2 \quad (n = 1, 2, 3, \ldots)$$

Das folgende Bild zeigt schematisch die Energieniveaus des Potenzialtopfs.

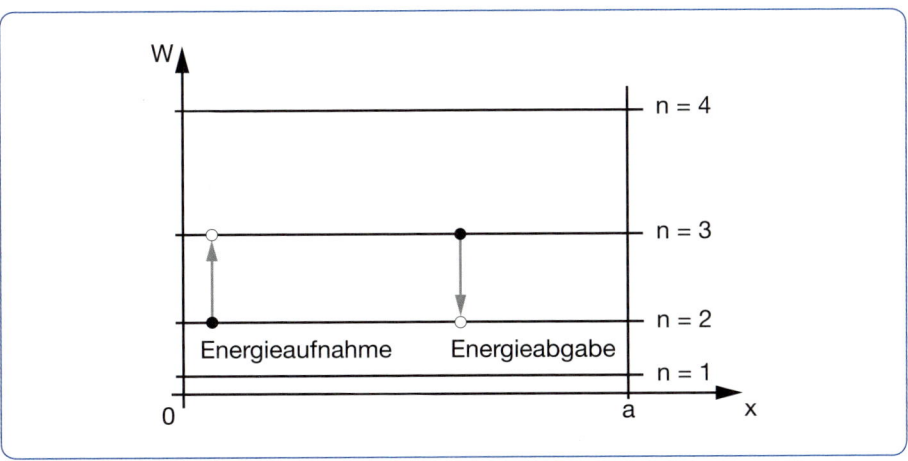

Das Potenzialtopfmodell ist relativ einfach; trotzdem ist es in realen Situationen anwendbar. Moleküle gewisser Farbstoffe wie z. B. Cyanin lassen sich als linearer Potenzialtopf beschreiben. Damit kann man vorhersagen, bei welchen Frequenzen sie das Licht absorbieren. Das Experiment bestätigt die Rechnung: Schickt man weißes Licht durch eine Cyaninlösung und zerlegt es anschließend spektral, so treten an den berechneten Stellen kleine schwarze Bereiche auf, weil das Licht dieser Frequenzen absorbiert wurde.

Orbitale

Die Lösung der Schrödingergleichung für das Wasserstoffatom und für weitere Atome mit mehr Elektronen führt zu stimmigen Resultaten, die experimentell bestätigt werden können – die Herleitung sprengt jedoch den Rahmen dieses Buchs. Man erhält Wellenfunktionen mit zugehörigen Energieniveaus, die von mehreren Quantenzahlen abhängen. Die entsprechenden räumlichen Verteilungen für die Antreffwahrscheinlichkeiten nennt man *Orbitale*. Das folgende Bild zeigt ein bestimmtes Orbital des Wasserstoffatoms, und zwar den der „Hauptquantenzahl" 2 und der „Nebenquantenzahl" 0 zugeordneten Zustand. Je intensiver ein Raumbereich „ge-

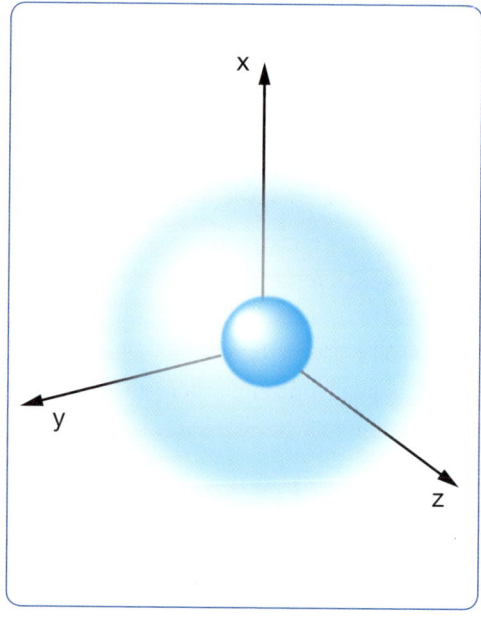

Beispiel für ein Orbital

schwärzt" ist, desto größer ist die Wahrscheinlichkeit, in diesem Bereich ein Elektron anzutreffen. In der Chemie werden Orbitale verwendet, um chemische Bindungen zu erklären.

Durch die Orbitale ist man nicht mehr auf klassische Elektronenbahnen angewiesen. Die Widersprüche des Bohr'schen Atommodells sind damit behoben.

Anwendungen der Quantenphysik

Die Quantenphysik ist keine graue Theorie, sondern selbstverständlicher Teil unseres Alltags. Das zeigen die folgenden Beispiele für technische Anwendungen.

Der Laser

„Laser" ist ein Kunstwort und bedeutet „Light Amplification by Stimulated Emission of Radiation", also „Lichtverstärkung durch stimulierte Emission von Strahlung".

Laser unterschiedlicher Bauart kommen in Laserpointern, Kassenscannern und DVD-Playern vor – wir alle kennen ihr charakteristisches intensives Licht. In der Medizin setzt man sie zur Behandlung von Netzhautablösungen und zum Abtragen von Augenhornhaut bei Fehlsichtigkeit ein. Energiereiche Laser werden bei Fertigungsprozessen zum Bohren, Schneiden und Fräsen von Material verwendet.

Materialbearbeitung mit einem Laser

Wie ein Laser funktioniert, schauen wir uns am Beispiel eines *Helium-Neon-Lasers* an. Er erzeugt das prägnante rote Licht mit der Wellenlänge von 632 Nanometern, das uns schon im siebten Kapitel begegnet ist (→ S. 265).

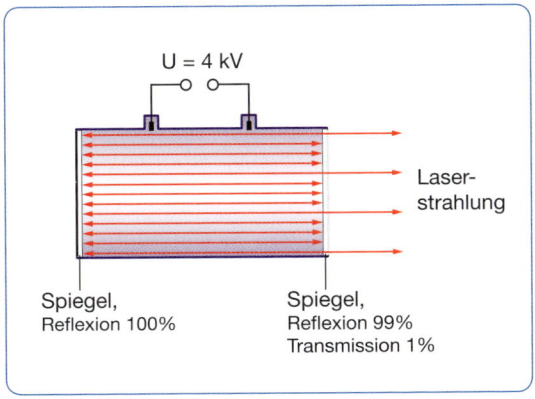

Man nehme eine Gasentladungsröhre, fülle sie mit den Gasen Helium und Neon und bringe an den Enden Spiegel an, wobei der eine Spiegel ein Prozent des Lichts durchlässt – fertig ist der Helium-Neon-Laser! Aus mehr Bauteilen besteht er wirklich nicht, aber wie arbeitet er?

Prinzip des Lasers

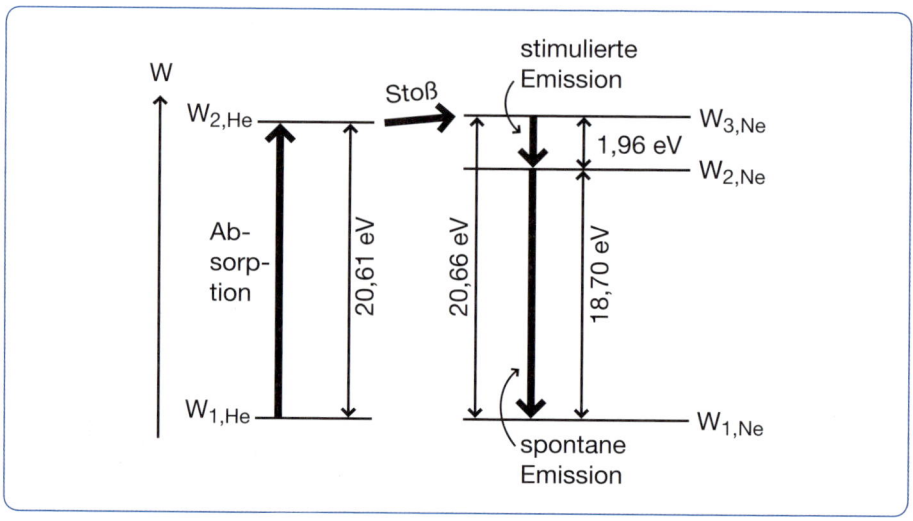

Energieniveaus beim Laser

Die Abbildung zeigt diejenigen Energieniveaus von Helium und Neon, die für den Laser bedeutsam sind. Man sieht, dass in beiden Atomen zufälligerweise fast gleiche Energieniveaus vorkommen, nämlich $W_{2,He}$ und $W_{3,Ne}$. Das Niveau $W_{3,Ne}$ hat überdies noch eine ganz besondere Eigenschaft: Es ist *metastabil*. Das bedeutet, dass das Atom in diesem Zustand relativ lange bleibt, bevor eine spontane Emission stattfindet. „Relativ lange" bezeichnet hier die Zeitspanne von 10^{-3} Sekunden. Das ist für uns Menschen zwar ein sehr kurzer Zeitraum, verglichen mit den im letzten Abschnitt erwähnten 10^{-18} Sekunden für einen „normalen" angeregten Zustand ist es aber im atomaren Bereich fast schon eine halbe Ewigkeit.

In diesem metastabilen Zustand liegt der eine von zwei Schlüsseln für das Verständnis des Lasers. Wir können uns nämlich jetzt Folgendes vorstellen: Die Elektronen der Gasladung regen durch Stöße die Heliumatome an, und diese geben (wiederum durch Stöße) Energie an das „benachbarte" metastabile Niveau der Neonatome ab – der geringe Energieunterschied wird durch die kinetische Energie der Heliumatome ausgeglichen. Normalerweise befindet sich kaum ein Neonatom in dem metastabilen Zustand, jetzt aber gibt es – bedingt durch den „Umweg" über das Helium – plötzlich sehr viele Atome, die in diesem Zustand sind; man spricht von einer *Besetzungsinver-*

sion. Aus dem metastabilen Zustand heraus finden kaum spontane Emissionen statt – und wenn doch, dann geht das Atom zunächst in den Zustand $W_{2,Ne}$ über und von dort durch spontane Emission in den Grundzustand.

Und nun kommt der zweite Schlüssel zum Verständnis: Die Atome im Zustand $W_{3,Ne}$ führen zwar ungern spontane Emissionen durch. Fliegt jedoch ein spontan emittiertes Photon der passenden Energie vorbei, dann kommt es zu *stimulierten Emissionen:* Aus irgendeinem Grund, den keiner kennt, werden die Atome durch die Photonen animiert, nun selbst Photonen auszusenden. Für Nachschub sorgen die Elektronen und die Heliumatome – man sagt auch, dass sie die Neonatome in das metastabile Niveau „pumpen".

In der Entladungsröhre setzt folglich eine Kettenreaktion ein, in deren Verlauf immer mehr Photonen unterwegs sind. Diese werden von den Spiegeln reflektiert. Es laufen also (im Wellenbild gesprochen) Wellenzüge hin und her. Wählt man nun den Abstand der Spiegel so, dass die Bedingung für eine stehende Welle erfüllt ist, so kommt es zu großen Amplituden. Durch den teilweise durchlässigen Spiegel tritt ein scharf gebündelter und sehr intensiver Strahl aus, der außerdem hochgradig *monochromatisch* ist, das heißt eine sehr enge Spektrallinie verursacht.

Die Leuchtdiode (LED)

Leuchtdioden („LED", *Light Emitting Diode*) sind Halbleiterbauelemente. Sie werden seit vielen Jahren als Anzeigelampen in elektronischen Geräten verwendet, in letzter Zeit zunehmend jedoch auch in großen Lichtquellen wie Scheinwerfern oder neuartigen Energiesparlampen. Zu diesem Zweck schaltet man viele Leuchtdioden zu einer Lichtquelle zusammen.

Die atomaren Eigenschaften der Halbleiter werden in der *Festkörperphysik* untersucht. Diese können wir hier nur so weit anreißen, dass plausibel wird, wieso eine LED leuchtet.

Leuchtdiode

Als Halbleitermaterial wird meistens Silizium verwendet. In der Hülle des Siliziumatoms befinden sich 14 Elektronen, davon vier in der äußeren Schale. Diese vier sogenannten *Valenzelektronen* bestimmen die Bindungseigenschaften von Silizium. Die Atome ordnen sich zu einem Kristallgitter an, wie das folgende Bild veranschaulicht (gezeichnet sind jeweils die vier Valenzelektronen).

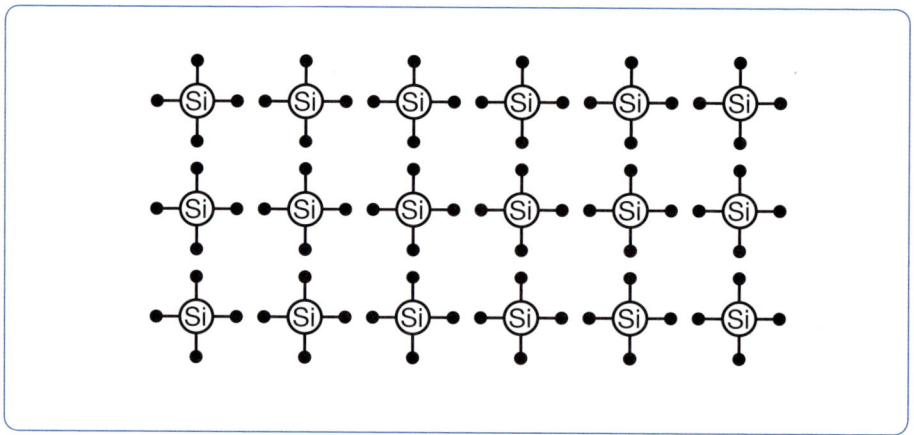

Ein Gitter hat andere energetische Eigenschaften als ein Einzelatom: Statt diskreter schmaler Energieniveaus gibt es nun breite *Energiebänder*. Die beiden höchsten Bänder sind das *Leitungsband* und das *Valenzband*. Zwischen diesen Bändern befindet sich bei Halbleitern eine *Bandlücke*.

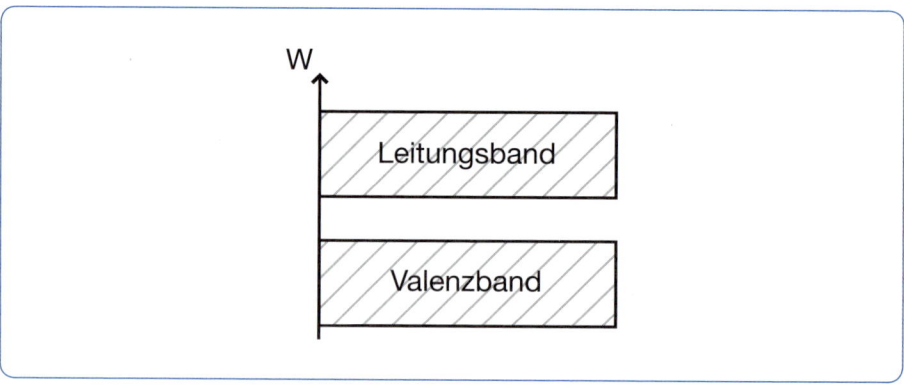

Die meisten Halbleiterbauelemente enthalten *dotierte* Kristalle. Dotieren heißt: Man fügt in den Kristall Fremdatome ein, die ein Elektron mehr (n-Dotierung) oder weniger (p-Dotierung) haben.

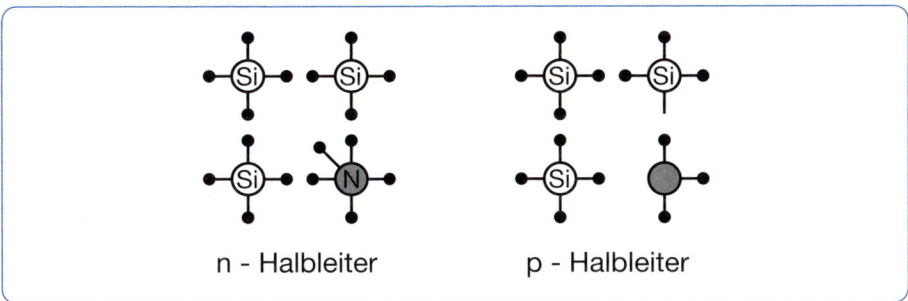

n - Halbleiter   p - Halbleiter

Die zusätzlichen Elektronen des n-Kristalls sind locker gebunden und können sich relativ frei bewegen. Aber auch die Lücken des p-Kristalls sind auf eine bestimmte Weise beweglich: In die Lücke kann ein anderes Valenzelektron springen. Dadurch befindet sich die Lücke nun dort, wo das Valenzelektron vorher war – die Lücke ist also gewandert. Im Kino beobachtet man manchmal etwas Ähnliches: Ist irgendwo ein Sitz frei und rücken die Zuschauer nacheinander jeweils einen Sitz weiter, so wandert die Lücke in die entgegengesetzte Richtung. Im p-dotierten Kristall verhalten sich die Lücken wie *positive* Ladungen (daher das „p"). Dotierte Kristalle sind aber insgesamt elektrisch neutral, sie haben nur mehr bewegliche Ladungsträger des einen oder anderen Vorzeichens.

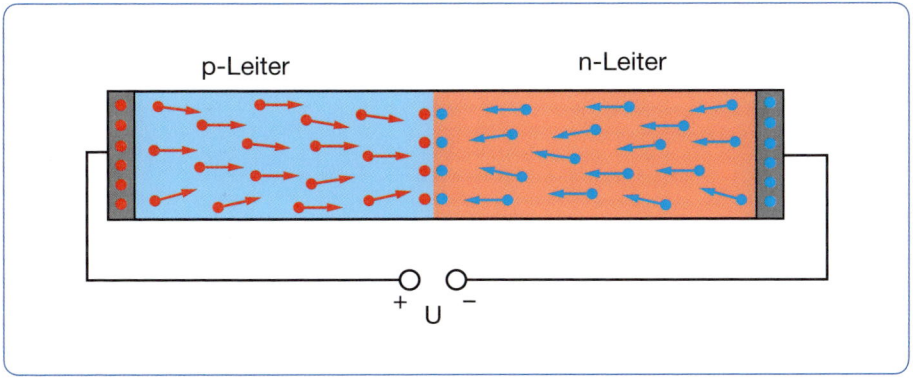

Nun kleben wir einen p- und einen n-dotierten Halbleiter zusammen. Man kann zeigen, dass um die Grenzschicht herum eine Zone entsteht, in der fast keine beweglichen Ladungsträger mehr vorhanden sind. Verbindet man nun die p-Schicht mit dem Pluspol und die n-Schicht mit dem Minuspol einer Energiequelle, so dringen ab einer Spannung von etwa 0,7 Volt Elektronen aus der n-Schicht und Lücken aus der p-Schicht in die Grenzzone ein und *rekombinieren:* Die Elektronen springen in die Lücken und füllen sie. Energetisch bedeutet dies, dass die Elektronen vom Leitungs- ins Valenzband wechseln. Dabei wird ein Photon emittiert. Das Licht einer LED entstammt also der Rekombination von Elektronen und Lücken in der Grenzschicht.

Halbleiterdioden gibt es auch in nicht leuchtenden Versionen. Da sie aber immer aus einer n- und einer p-Schicht bestehen und weil sie den Strom immer nur in einer Richtung durchlassen, werden sie in Schaltungen als *Gleichrichter,* also als eine Art Ein-Weg-Ventil, verwendet. Auch die schon besprochenen Solarzellen sind eigentlich Halbleiterdioden, die als umgekehrte Leuchtdioden arbeiten.

Nanotechnologie

Verschiedene Forschungsbereiche, denen allen gemeinsam ist, dass sie sich mit Größenordnungen um 10^{-9} Meter beschäftigen, werden seit einigen Jahren unter dem Begriff „Nanotechnologie" zusammengefasst. Nanoforscher untersuchen den Aufbau bestimmter Materialien, insbesondere ihre Oberfläche, und verwenden dabei quantenphysikalische Erkenntnisse. Ziel ist die Herstellung von neuartigen Verbindungen. Beispielsweise werden Kunststoffe, Lacke und Füllmaterialien mit bisher unbekannten Eigenschaften entwickelt. Auf dem Wunschzettel der Forscher stehen auch neuartige Medikamente.

X. Kern- und Elementarteilchenphysik

Radioaktivität

Henri Becquerel

Mit der Entdeckung der natürlichen Radioaktivität durch den Franzosen Henri Becquerel (1852–1908) begann die Erforschung des Atomkerns, denn es stellte sich bald heraus, dass dieser die Quelle der radioaktiven Strahlung ist. Die Kernphysik führte zu faszinierenden Einsichten darüber, was die Welt „im Innersten zusammenhält". Auf der anderen Seite ermöglichen ihre Ergebnisse die Entwicklung der schrecklichsten Waffe, die der Mensch je erfunden hat. Spätestens seit den Abwürfen der Atombomben über Hiroshima und Nagasaki im August 1945 müssen sich die Physiker immer wieder nach der Verantwortung fragen lassen, die sie für ihre Entdeckungen tragen.

Die zweitletzte Etappe unserer Reise durch die Physik führt uns zu den kleinsten Dingen, die der Mensch bisher untersucht hat: in die Welt der Atomkerne und Elementarteilchen.

Natürliche radioaktive Strahlung

Ein Warnschild vor radioaktiver Strahlung löst in uns Unbehagen aus. Zu Recht, denn diese Strahlung ist gefährlich und wir können sie weder riechen noch schmecken – die Natur hat uns kein „Radioaktivitäts-Sinnesorgan" spendiert. Die Strahlung schwärzt aber z. B. Fotoplatten durch schwarzes Papier hindurch. Anhand dieser Wirkung wurde sie von Becquerel im Jahre 1896 entdeckt. Die Strahlungsquelle war ein Uransalzpräparat. In den

Warnschild Radioaktivität

Kern- und Elementarteilchen... 324

Pierre Curie

folgenden Jahren fanden Becquerel, seine Mitarbeiterin Marie Curie (1867–1934) und ihr Ehemann Pierre Curie (1859–1906) heraus, dass es eine ganze Reihe weiterer Stoffe gibt, die dauernd vor sich hin strahlen, ohne dass man sie daran hindern kann – man spricht von *natürlicher* Radioaktivität.

Marie Curie

Nachweis radioaktiver Strahlung

Ein einfach handhabbares Nachweisgerät für radioaktive Strahlung ist das von Hans Geiger (1882–1945) und Walter Müller (1905–79) entwickelte *Geiger-Müller-Zählrohr* (man sagt dazu kurz auch *Geigerzähler*). Es beruht auf der *ionisierenden* Wirkung der Strahlung. Das Zählrohr enthält in der Mitte einen Draht und ist mit Edelgas (z. B. Argon oder Krypton) gefüllt. Die Eintrittsöffnung besteht aus einer dünnen Glimmerschicht, die die Strahlung durchlässt. Zwischen dem Draht und dem Gehäuse liegt eine Spannung von ca. 500 Volt. Tritt nun radioaktive Strahlung in das Gehäuse

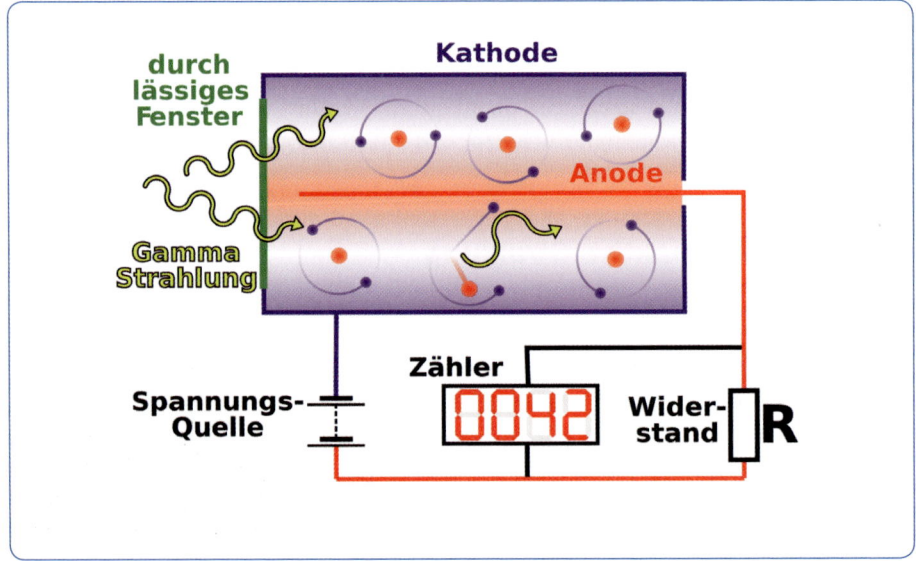

Funktionsweise des Geigerzählers

ein, ionisiert sie längs ihres Wegs die Edelgasatome, trennt also die Elektronen von den Restatomen, die dadurch zu Ionen werden. Das Gas enthält nun bewegliche Ladungsträger (Elektronen und Ionen) und kann den elektrischen Strom leiten. Der Eintritt der Strahlung führt deshalb zu einem Stromstoß, den man über eine geeignete Schaltung auswerten kann. Zum Beispiel lässt sich ein Lautsprecher ansteuern, durch den sich die Strahlung als eine Folge knackender Geräusche bemerkbar macht. Man kann das Zählrohr so einstellen, dass es praktisch jede Strahlung (unabhängig von ihrer Energie) registriert. Es lässt sich aber auch so betreiben, dass man die Energie der Strahlung messen kann.

Strahlungsarten

Um die physikalische Natur der radioaktiven Strahlung zu erkunden, hat man sie den üblichen Prozeduren unterworfen und untersucht, wie sie sich in magnetischen Feldern verhält und auf welche Weise sie mit Materie in Wechselwirkung tritt. Dabei wurde festgestellt, dass sie in Wirklichkeit aus drei verschiedenen Anteilen besteht, die man mit den ersten Buchstaben des griechischen Alphabets kennzeichnet:

α-Strahlung kann Papier nicht durchdringen und verhält sich in einem Magnetfeld so, wie positiv geladene Teilchen es auch tun würden. Sie besteht also aus atomaren *Teilchen.* Durch Untersuchungen mit Massenspektrografen und durch Auswertung des Emissionsspektrums eingefangener Teilchen hat man herausgefunden, dass α-Strahlung aus *Heliumkernen* besteht, also aus Heliumatomen, denen die beiden Elektronen fehlen.

β-Strahlung kann Papier durchdringen, wird aber von einer einige Millimeter dicken Aluminiumschicht gestoppt. Im Magnetfeld verhält sie sich wie ein negativ geladenes Teilchen. Genauere Untersuchungen haben ergeben, dass β-Strahlung aus *Elektronen* besteht, die teilweise extrem schnell sind (bis zu 99,9 Prozent der Lichtgeschwindigkeit).

γ-Strahlung durchdringt auch dickere Aluminiumschichten fast ungeschwächt und kann erst durch etwa fünf bis zehn Zentimeter Blei abgeschirmt werden. Sie lässt sich durch Magnetfelder nicht ablenken. Man hat mithilfe der Kristallgitterspektroskopie, die wir in Kapitel neun bereits kennengelernt haben, herausgefunden, dass die γ-Strahlung eine sehr kurzwellige elektromagnetische Strahlung mit Wellenlängen im Bereich von 10^{-10} bis 10^{-15} Metern ist (→ S. 295 f.).

> α-Strahlung besteht aus Heliumkernen, β-Strahlung aus Elektronen. γ-Strahlung ist kurzwellige elektromagnetische Strahlung.

Strahlenbelastung und Dosimetrie

Radioaktive Strahlung schädigt durch ihre ionisierende Wirkung biologisches Gewebe. Um die Gefährlichkeit der Strahlung einschätzen zu können, muss man ihre Wirkung messen können. Hiermit beschäftigt sich die *Dosimetrie*.

Die Strahlung überträgt Energie an die absorbierende Materie, also z. B. an die betroffenen Körperzellen. Daher ist es naheliegend, zunächst die absorbierte Energie pro Masseneinheit zu bestimmen.

> Die *Energiedosis D* ist der Quotient aus absorbierter Energie W und Masse *m*:
> $$D = \frac{W}{m}$$
> Die Einheit der Energiedosis ist das Gray (*Gy*).
> Es ist: $1\ Gy = \frac{1\ J}{kg}$

Die Dosiseinheit ehrt den britischen Physiker Louis Gray (1905–65).

Leider ist die Energiedosis in Bezug auf die biologische Schädigung nur sehr begrenzt aussagekräftig, denn z. B. schädigt α-Strahlung das Gewebe viel stärker als β-Strahlung. Man multipliziert daher die Energiedosis mit einem Faktor, der die unterschiedliche biologische Wirkung berücksichtigt. Das Ergebnis ist die *Äquivalentdosis*.

> Die *Äquivalentdosis H* ist das Produkt aus der Energiedosis und einem von der Strahlungsart abhängigen Bewertungsfaktor q:
> $H = q \cdot D$
> Für α-Strahlung hat q den Wert 10, für β- und γ-Strahlung den Wert 1.
> Die Einheit der Äquivalentdosis ist das Sievert (Sv).
> Es ist: $1\ Sv = q \cdot 1\ Gy$

Die Einheit *Sv* ehrt den Schweden Rolf Sievert (1896–1966).

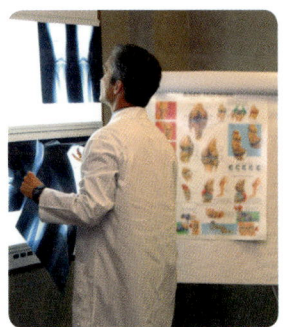

Arzt mit Röntgenaufnahmen

Da wir – ohne es verhindern zu können – andauernd von Teilchen der kosmischen Höhenstrahlung getroffen werden und außerdem in geringem Maße in der Natur vorkommende radioaktive Stoffe einatmen und mit der Nahrung aufnehmen, sind wir einer *natürlichen Strahlenbelastung* ausgesetzt. Die entsprechende Strahlendosis beträgt in Deutschland im Mittel etwa zwei Millisievert pro Jahr. Dazu kommen *zivilisatorisch verursachte Belastungen*, z. B. aus Röntgenuntersuchungen und den Resten von Atombombenversuchen und dem Reaktorunfall in Tschernobyl im Jahre 1986. Während die medizinischen Quellen auch mit etwa zwei Millisievert pro Jahr zu Buche schlagen, liefern die anderen zivilisatorischen Ursachen kleinere Beiträge in der Größenordnung von 0,02 Millisievert pro Jahr.

Ist man kurzzeitig hohen Strahlungsintensitäten ausgesetzt, so führt eine Dosis von einem Sievert zur Strahlenkrankheit (Kopfschmerzen, Übelkeit, Erbrechen, Durchfall). Eine Dosis von sieben Sievert ist in nahezu 100 Prozent aller Fälle tödlich.

Kernkraftwerk Tschernobyl

Radioaktive Strahlung kann nicht nur für uns selbst, sondern auch für unsere Nachkommen gefährlich sein. Trifft sie nämlich auf die Keimzellen und Keimdrüsen, so kann es zu Schädigungen des Erbguts und dadurch zu Missbildungen der Kinder kommen.

Aufbau des Atomkerns

Die radioaktive Strahlung kann nicht aus der Atomhülle stammen, denn dort kommen – wie wir gesehen haben – nur Energien von ein paar Elektronvolt vor. Die Energie der radioaktiven Strahlung liegt in einer ganz anderen Größenordnung. Zum Beispiel hat ein α-Teilchen typischerweise eine Energie von einigen Megaelektronvolt ($1\ MeV = 10^6\ eV$) – das ist eine Million Mal mehr!

Wenn aber aus dem Kern Teilchen kommen, muss er selbst auch wieder aus kleineren Bausteinen zusammengesetzt sein. Was also ist in einem Atomkern drin?

Kernbausteine und Kernkräfte

Aus Streuversuchen mit der Rutherford-Methode kann man die Ladung der Atomkerne verschiedener Elemente bestimmen und erhält stets ganzzahlige Vielfache Z der Elementarladung. Zum Beispiel ergibt sich für Aluminium der Wert $Z = 13$; ein Aluminiumkern trägt also die Ladung $+ Z \cdot e$. Eine naheliegende Deutung für dieses Ergebnis ist: Im Kern befinden sich Z gleichartige positiv geladene Teilchen. Wir nennen diese Teilchen *Protonen;* Z heißt *Kernladungszahl.* Sie ist mit der chemischen *Ordnungszahl* identisch.

Schickt man nun zur weiteren Untersuchung z. B. Wasserstoff durch einen Massenspektrografen, so erlebt man eine Überraschung: Die Wasserstoffkerne haben keine einheitliche Masse, sondern kommen in drei Versionen vor: einer leichten, einer mittleren und einer schweren. Dabei ist die Masse der mittleren Kerne etwa doppelt, die der schweren Kerne etwa dreimal so groß wie die der leichten. Alle drei Sorten haben aber die Kernladungszahl Eins, enthalten also genau ein Proton. Der Verdacht liegt deshalb nahe, dass es im Kern ein weiteres Teilchen gibt, dessen Masse derjenigen des Protons fast entspricht, das aber elektrisch neutral ist. Dieses Teilchen wurde 1932 von J. Chadwick (1891–1974) tatsächlich nachgewiesen. Es heißt *Neutron.* Die Anzahl der Neutronen im Kern wird mit N bezeichnet.

Wasserstoff kann also in drei verschiedenen „Bauformen" vorkommen:
erstens mit einem Kern, der nur ein Proton enthält;
zweitens mit einem Kern aus einem Proton und einem Neutron („Deuterium");
drittens mit einem Kern aus einem Proton und zwei Neutronen („Tritium").
Kernarten (man sagt auch *Nuklide*), die in der Protonenzahl übereinstimmen, aber unterschiedlich viele Neutronen haben, nennt man *Isotope*. Deuterium ist also ein Wasserstoffisotop.

Neutronen und Protonen heißen zusammen *Nukleonen*. Die Anzahl der Nukleonen einer Kernart wird mit A bezeichnet und *Massenzahl* genannt. Mit der Angabe von zwei der drei Größen A, Z und N ist eine Kernart schon eindeutig festgelegt, da ja gilt: $A = Z + N$. Man gibt üblicherweise A und Z an und schreibt sie vor das chemische Symbol. Die folgende Abbildung zeigt die Wasserstoffisotope und die dazugehörigen Kennzeichnungen der Kernart.

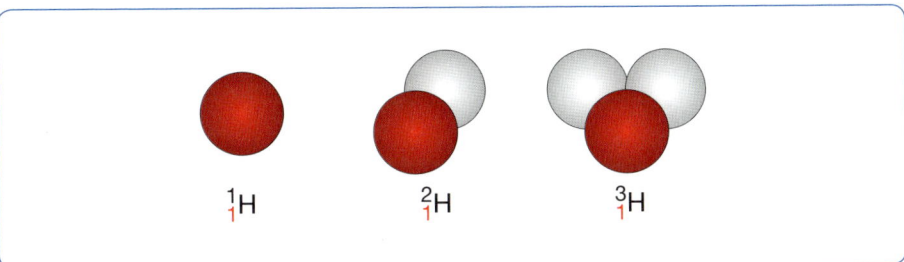

Wasserstoffisotope

> Ein Atomkern besteht aus Z Protonen und N Neutronen. Z heißt Kernladungszahl, N Neutronenzahl. Die Gesamtzahl der Nukleonen wird mit A bezeichnet. A heißt Massenzahl.
> Protonen sind positiv geladen und haben die Masse: $m_p = 1{,}6726231 \cdot 10^{-27}\ kg$
> Neutronen sind elektrisch neutral und haben die Masse: $m_n = 1{,}6749286 \cdot 10^{-27}\ kg$

Die Protonen stoßen sich wegen ihrer gleichnamigen Ladung gegenseitig ab. Trotzdem bilden sie (zusammen mit den Neutronen) stabile Kerne. Es muss also zwischen den Nukleonen zusätzlich noch eine anziehende Kraft geben, die nur über sehr kurze Entfernungen wirkt und den Kern trotz der Abstoßung zusammenhält. Diese Kraft nennt man *Kernkraft*. Sie ist eine neue Kraft und nicht etwa z. B. eine Gravitationskraft, denn man kann zeigen, dass die Gravitationskräfte im Atomkern vernachlässigbar klein sind.

Massendefekt und Bindungsenergie

Schickt man Deuterium durch einen Massenspektrografen, so findet man für die Masse des Deuteriumkerns den Wert $m_D = 3{,}3435860 \cdot 10^{-27}$ *kg*. Wir rechnen nach: Der Deuteriumkern besteht aus einem Proton und einem Neutron, also zählen wir die Massen aus dem blauen Kasten von S. 329 zusammen und erhalten $3{,}3475517 \cdot 10^{-27}$ *kg*.

Moment mal ... da stimmt doch etwas nicht!
Der Deuteriumkern hat eine *kleinere* Masse als die Kernbausteine zusammen, und zwar um den Wert $\Delta m = 0{,}0039657 \cdot 10^{-27}$ *kg*! Wenn wir einmal annehmen, dass die Zahlen korrekt sind und wir uns nicht verrechnet haben, worin liegt dann die Ursache für die Abweichung, den sogenannten *Massendefekt?* Nun, wenn Albert Einstein noch am Leben wäre, würde er sagen: „Das ist doch klar! Ich habe doch in meiner speziellen Relativitätstheorie herausgefunden, dass Masse und Energie *äquivalent* sind. Wenn sich nun ein Proton und Neutron zu einem Kern zusammentun, wird Energie *frei*. Diese frei werdende Energie entspricht einem Verlust an Masse, und das ist genau der Massendefekt."

Die frei werdende Energie können wir mit Einsteins berühmter Formel ausrechnen:

$$W = \Delta m \cdot c^2 = 3{,}56 \cdot 10^{-13} \, J = 2{,}22 \, MeV$$

Diese Energie muss man umgekehrt auch in den Kern stecken, um die Nukleonen wieder voneinander zu trennen. Sie heißt *Bindungsenergie*. Die folgende Abbildung zeigt die Bindungsenergie pro Nukleon in Abhängigkeit von der Massenzahl. Sie hat ungefähr bei $A = 60$ ein Maximum. Sowohl für leichtere als auch für schwerere Kerne lohnt es sich, diesem Maximum zuzustreben, weil dadurch Bindungsenergie frei wird. In den Abschnitten über *Kernspaltung* (→ S. 333 ff.) und *Kernfusion* (→ S. 339 ff.) wird uns genau dieser Effekt beschäftigen.

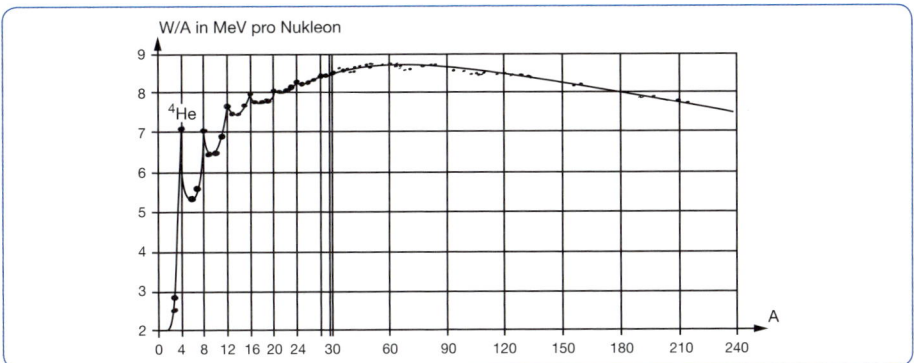

Bindungsenergie

> Vereinigen sich einzelne Nukleonen zu einem Atomkern, so wird Energie frei. Dabei wird ein Teil der Nukleonenmasse in Energie umgewandelt.

Im sechsten Kapitel trat die Einheit der Stoffmenge, das „Mol", auf (→ S. 230). Es ist festgelegt als die Anzahl der Teilchen, die in zwölf Gramm (= 0,012 *kg*) des Kohlenstoffisotops $^{12}_{6}C$ enthalten sind. Man kommt auf diese Anzahl, indem man die 0,012 Kilogramm durch die (mit dem Massenspektrografen ermittelte) Masse eines $^{12}_{6}C$-Atoms teilt. Diese Masse ist aufgrund des Massendefekts etwas kleiner als die Summe der Massen von sechs Protonen und sechs Neutronen.

Kernzerfall

α-Strahlung besteht aus $^{4}_{2}He$-Teilchen (*He* bedeutet Helium). Sendet also ein Kern ein α-Teilchen aus, so zerfällt er – es bleibt ein Restkern übrig, der zu einem anderen chemischen Element gehört. Zum Beispiel zerfällt *Americium* durch Emission von α-Teilchen zu *Neptunium*:

$^{241}_{95}Am \rightarrow {}^{237}_{93}Np + {}^{4}_{2}He + 5,48\ MeV$

β-Strahlung entsteht dadurch, dass ein Neutron in ein Proton und ein Elektron zerfällt, welches den Kern verlässt. Folglich muss auch beim β-Zerfall ein anderes Element entstehen. Außerdem wird, wie man 1953 direkt nachweisen konnte, ein weiteres, uns bisher unbekanntes Elementarteilchen emittiert, das Antineutrino (Symbol: $\bar{\nu}$). Hier ein Beispiel:

$$^{198}_{79}Au \rightarrow {}^{198}_{80}Hg + {}^{0}_{-1}e + \bar{\nu}$$

Dieses Goldisotop zerfällt also zu Quecksilber! Aber zum Glück für die Goldreserven gibt es auch stabiles Gold!

Die β-Strahlung heißt genauer eigentlich β^--Strahlung, denn es tritt besonders bei künstlich erzeugten Nukliden auch noch eine β^+-Strahlung auf, bei der ein *Positron* (das positiv geladene Gegenstück zum Elektron) und ein *Neutrino* emittiert werden.

Zerfällt ein radioaktiver Kern, so kann es sein, dass der Folgekern wieder radioaktiv ist und so weiter. So entsteht eine *Zerfallskette,* deren Ende ein stabiles Nuklid bildet.

Zerfallsgesetz und Halbwertszeit

Wann ein gegebener Kern zerfallen wird, lässt sich leider nicht vorhersagen. Man kann nur statistische Aussagen über eine große Anzahl von Kernen machen. Von 1.000.000 Radonkernen des Isotops $^{220}_{86}Rn$ sind nach 55,8 Sekunden nur noch 500.000 Kerne übrig, nach weiteren 55,8 Sekunden nur noch 250.000 und so weiter – der Zerfall folgt einem *exponentiellen Zerfallsgesetz,* welches unten angegeben wird. Die 55,8 Sekunden bezeichnet man als *Halbwertszeit* dieses Radonisotops. Es gibt auch sehr viel längere Halbwertszeiten. Beispielsweise hat das Kohlenstoffisotop $^{14}_{6}C$ die Halbwertszeit von 5730 Jahren. Dies nutzt man für archäologische Altersbestimmungen aus. Zum Beispiel ist das Todesjahr des Gletschermannes „Ötzi" mit der C-14-Methode bestimmt worden. Das Ergebnis: Er starb ca. 3200 v. Chr. Die Idee dieser Methode ist die folgende: Das Isotop $^{14}_{6}C$ kommt in der Atmosphäre und – bedingt durch den Stoffwechsel – in allen Lebewesen zusammen mit den anderen Kohlenstoffisotopen in einem festen und bekannten Verteilungsverhältnis vor. Stirbt das Lebewesen, so ist der Kohlenstoffaustausch mit der Atmosphäre unterbunden und der C-14-Anteil sinkt wegen des radioaktiven Zerfalls. Misst man also diesen Anteil, kann man auf den Todeszeitpunkt zurückschließen.

> Sind zum Zeitpunkt $t = 0$ von einem radioaktiven Nuklid n_0 Kerne vorhanden, so gilt für die Anzahl n der Kerne zu einem beliebigen Zeitpunkt t:
> $n(t) = n_0 \cdot \exp(-\lambda \cdot t)$
> λ bezeichnet die Zerfallskonstante.
>
> Die Halbwertszeit T eines radioaktiven Nuklids gibt an, in welcher Zeitspanne sich die Zahl der vorhandenen instabilen Kerne halbiert. Es gilt: $T = \dfrac{\ln 2}{\lambda}$. Dabei ist ln der natürliche Logarithmus, die Umkehrfunktion der exp-Funktion.

Kernspaltung

Im Jahre 1938 arbeiteten Otto Hahn (1879–1968), Fritz Straßmann (1902–80) und Lise Meitner (1878–1968) in Berlin an Versuchen zur Erzeugung neuer schwerer Elemente: Sie beschossen Urankerne mit Neutronen und hofften, dass die Neutronen von den Kernen eingefangen würden. Anschließend sollten dann durch β-Zerfall schwerere Kerne entstehen. Lise Meitner flüchtete während der laufenden Versuche nach Schweden, um einer Verfolgung durch die Nationalsozialisten wegen ihrer jüdischen Abstammung

Lise Meitner

zu entgehen. Sie wurde jedoch von Otto Hahn auf dem Laufenden gehalten und trug aus dem Exil heraus per Brief wesentlich zur Deutung der Experimente bei. Diese zeigten nämlich ganz unerwartete Ergebnisse: Es entstanden keineswegs neue schwere Kerne! Stattdessen ließen sich Stoffe wie Barium (Z = 56) und Krypton (Z = 36) nachweisen, die vorher mit Sicherheit nicht da waren. Wie sollte man das deuten? Wenn Sie 56 und 36 zusammenzählen, ahnen Sie schon, zu welchem Schluss Hahn, Strassmann und Meitner kamen: Da sich 92 – die Ordnungszahl des Urans – ergibt, folgerten sie: Ein Neutron kann einen Urankern *spalten*, sodass daraus zwei Bruchstücke (und, wie wir sehen werden, ein paar Neutronen) werden.

Otto Hahn und Fritz Straßmann

Nur sieben Jahre nach diesen harmlos anmutenden Laborversuchen kam die erste Kernspaltungsbombe zum Einsatz, und die Diskussion über die friedliche Nutzung der Kernenergie beschäftigt uns auch heute noch. Mit Kernspaltungen kann man sehr große Energiemengen freisetzen. Wie kommt das?

Physikalische Vorgänge bei der Kernspaltung

Eine typische Kernspaltung sieht so aus:

$$^{235}_{92}U + ^{1}_{0}n \rightarrow ^{144}_{56}Ba + ^{89}_{36}Kr + 3 \cdot ^{1}_{0}n$$

Ein Neutron trifft auf einen $^{235}_{92}U$-Kern und bildet zusammen mit diesem einen hochangeregten Zwischenkern, der schnell in zwei mittelschwere Bruchstücke sowie drei freie Neutronen zerfällt. (Manchmal sind es auch zwei Neutronen, die Bruchstücke können nämlich etwas verschieden ausfallen.) Außerdem wird Bindungsenergie frei, und zwar etwa 200 Megaelektronvolt pro Spaltung (als kinetische Energie der Spaltprodukte).

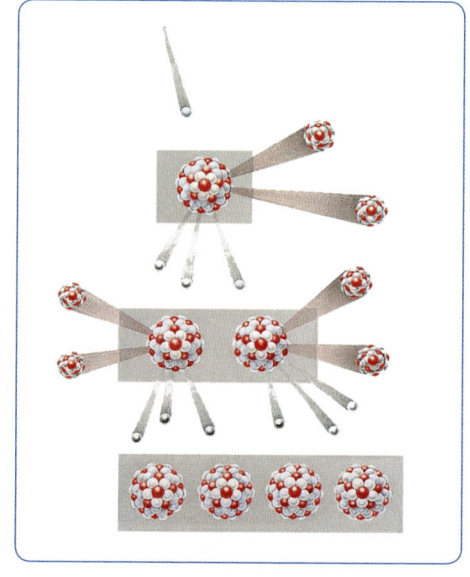

Kernspaltung

200 Megaelektronvolt sind im atomaren Maßstab zwar sehr viel, aber für unsere Alltagswelt verschwindend wenig. Mit einzelnen Kernspaltungen kann man also keine nennenswerten Energien gewinnen. Das Geheimnis der Energieerzeugung mit Kernspaltungen verbirgt sich woanders, und zwar bei den frei werdenden Neutronen! Sind nämlich genügend Urankerne vorhanden, können diese Neutronen neue Spaltungen auslösen. Dabei entstehen wieder freie Neutronen, die ihrerseits Kerne spalten und so weiter. Mit anderen Worten: Es kann zu einer Kettenreaktion kommen, bei der die Anzahl der gespaltenen Kerne lawinenartig wächst. Durch die

Vielzahl der Spaltungen wird eine riesige Energiemenge frei: Aus einem Kilogramm reinem $^{235}_{92}U$ kann man $8 \cdot 10^{13}\,J$ gewinnen, wenn man es schafft, alle Kerne zu spalten. Um diese Energie auf konventionellem Weg zu erzeugen, müsste man drei Millionen Tonnen Steinkohle verbrennen!

Es kommt nur dann zu einer Kettenreaktion, wenn eine bestimmte Mindestmenge an spaltbarem Material vorhanden ist. Diese sogenannte *kritische Masse,* die auch von der Form und der Anordnung des Materials abhängt, muss man auf technischem Weg erreichen.

Leider entsteht bei der Kernspaltung jede Menge radioaktive Strahlung: Sowohl die Ausgangskerne als auch die Spaltprodukte sind radioaktiv und auch bei der Spaltung selbst wird γ-Strahlung erzeugt. Außerdem können die reichlich vorhandenen Neutronen andere, zunächst inaktive Nuklide aktivieren, sie also radioaktiv machen. Man bekommt nie Energie ohne die Beigabe radioaktiver Strahlung!

> Bei einer Kernspaltung zerplatzt ein Kern in zwei mittelschwere Bruchstücke und einige Neutronen. Es wird dabei Energie in der Größenordnung 200 *MeV* frei.

Unkontrollierte Kettenreaktion: die Kernspaltungsbombe

Im Rahmen eines gigantischen Projekts unter Mitarbeit der klügsten Köpfe des Landes schafften es die USA, innerhalb weniger Jahre eine einsatzfähige Bombe zu entwickeln. Die am 9. August 1945 über Hiroshima abgeworfene „Atombombe", die eigentlich „Kernspaltungsbombe" heißen müsste, enthielt 64 Kilogramm Uran, das zu 80 Prozent aus $^{235}_{92}U$ bestand und in zwei unterkritische Portionen aufgeteilt war. Nach dem Abwurf wurde die eine Portion per Fernzündung mit einer konventionellen Sprengladung auf die andere geschossen, sodass die kritische Masse überschritten war. Die Neutronen der kosmischen Strahlung lösten nun die Kettenreaktion aus – die Bombe zündete.

Die Atombombe „Little Boy" kurz vor dem Abflug nach Hiroshima

Kern- und Elementarteilchen…

Nach der Explosion setzte zunächst eine intensive *radioaktive Anfangsstrahlung* ein, die einige Minuten dauerte. Gleichzeitig entstand am Ort der Explosion ein weithin sichtbarer Feuerball. Eine folgende *Hitzewelle* ließ noch in zehn Kilometer Entfernung Bäume in Flammen aufgehen. Die durch die Wärme bewirkte Ausdehnung der Luft führte anschließend zu einer *Druckwelle,* die 80 Prozent des Stadtgebiets zerstörte. Im Laufe der nächsten Minuten wurden die radioaktiven Spaltprodukte in die höheren Schichten der

Blick auf die zerstörte Stadt Hiroshima

Atmosphäre befördert, von wo aus sie als *Fallout* wieder auf die Erde gelangten. (Der Fallout einer Atombombe ist noch viele Jahre lang überall auf der Welt nachweisbar.)

Die Hiroshimabombe tötete sofort ca. 100.000 Menschen. Weitere 100.000 Menschen starben in den folgenden Jahren z. B. an Krebserkrankungen, die durch die hohe Strahlendosis ausgelöst wurden.

Kontrollierte Kettenreaktion: Kernkraftwerke

In einem Kohlekraftwerk verbrennt man Kohle, um damit Wasser zu erhitzen. Der Wasserdampf treibt eine Turbine an und diese wiederum einen Generator, der Wechselstrom erzeugt.

Kohlekraftwerk

Funktion eines Kernkraftwerks

Ein Kernkraftwerk funktioniert fast genauso. Der kleine Unterschied: Das Wasser wird nicht durch einen Verbrennungsvorgang erhitzt, sondern durch Kernspaltung: Im *Reaktor* befinden sich Uranbrennstäbe, die vom Wasser umflossen werden und in denen eine kontrollierte Kettenreaktion abläuft. Die Anreicherung mit spaltbarem Material beträgt dabei höchstens drei Prozent. Unter dieser Bedingung kann es niemals zu einer unkontrollierten Kettenreaktion kommen. Es ist also prinzipiell nicht möglich, dass ein Kernkraftwerk explodiert wie eine Atombombe.

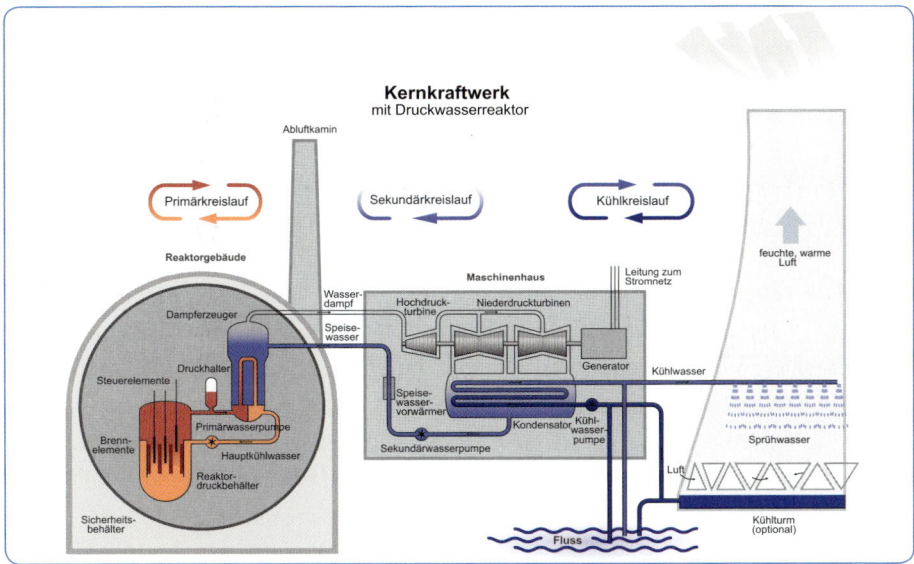

Kernkraftwerk mit Druckwasserreaktor

Die Abbildung zeigt schematisch die in Deutschland häufigste Bauform eines Reaktors, den *Druckwasserreaktor*. Das Wasser eines ersten Kreislaufes, das von den Brennstäben erhitzt wird, befindet sich unter hohem Druck, damit es nicht siedet. Es erwärmt über einen Wärmetauscher das Wasser eines zweiten Kreislaufs, in dem Dampf zum Betrieb der Turbine erzeugt wird.

Das Wasser erfüllt in diesem Reaktor zwei Aufgaben: Einerseits besorgt es den Wärmetransport, andererseits wirkt es als *Moderator*. Damit meint man, dass es Neutronen *abbremst*. Schnelle Neutronen mit Energien von einigen Megaelektronvolt, wie sie bei der Kernspaltung frei werden, verursachen nämlich nur dann weitere Spaltungen, wenn es in ausreichender Konzentration spaltbare Kerne gibt. Dies ist im Reaktor jedoch nicht der Fall. Langsame Neutronen mit Energien unter einem Elektronvolt lösen mit viel größerer Wahrscheinlichkeit Spaltungen aus und sorgen dafür, dass die kontrollierte Kettenreaktion weitergeht.

Die *Regelstäbe* enthalten Bor, das Neutronen absorbiert. Diese Stäbe lassen sich mehr oder weniger tief in den Reaktorkern einführen. Dadurch kann man die Kettenreaktion steuern oder auch ganz unterbrechen, wenn der Reaktor abgeschaltet werden soll.

Die Sicherheit von Kernkraftwerken

Seit Jahrzehnten findet eine öffentliche Diskussion darüber statt, ob man weiterhin auf Kernenergie setzen sollte oder nicht. Im Wesentlichen geht es dabei um drei Probleme:

Problem 1: Ein Kernreaktor kann zwar nicht explodieren wie eine Bombe, aber die radioaktiven Spaltprodukte verursachen eine intensive Nachwärme auch dann, wenn die Kettenreaktion unterbrochen wurde. Das bedeutet, dass man auch ein abgeschaltetes Kernkraftwerk nicht sich selbst überlassen kann, sondern für eine dauernde Kühlung sorgen muss, damit der Reaktor heil bleibt und keine radioaktiven Stoffe austreten. Es darf auch beim *größten anzunehmenden Unfall* (GAU) nicht unzulässig viel Radioaktivität ins Freie entweichen. Ein solcher GAU wäre z. B. der Bruch der Hauptkühlmittelleitung mit starkem Kühlmittelverlust. Was geschieht, wenn sich ein Reaktor nicht mehr beherrschen lässt (Super-GAU), wurde durch den Reaktorunfall in Tschernobyl am 26.4.1986 deutlich. Der dort verwendete Reaktortyp verwendete Grafit als Moderator und Wasser als Kühlmittel. Durch einen Bedienfehler bei einem technischen Experiment nahm die Zahl der Kernspaltungen und damit die Temperatur in einem Teil des Reaktorkerns plötzlich stark zu. Da nicht für ausreichende Kühlung gesorgt werden konnte, zerplatzten die Brennstäbe, der Grafit fing Feuer und die radioaktiven Stoffe wurden in die Atmosphäre emporgeschleudert. Auch wenn deutsche Kernkraftwerke aufgrund ihrer Bauart sicherer sind, stellt sich auch hier die Frage, ob die Notkühlung mit ausreichender Sicherheit funktioniert.

Problem 2: Die während des Betriebes auftretenden Spaltprodukte müssen zurückgehalten werden, damit sie nicht die Umwelt belasten. Das schafft man nicht zu 100 Prozent. Die Frage ist also, in welchem Umfang radioaktive Stoffe auch während des normalen Betriebes entweichen können.

Problem 3: Abgebrannte Brennelemente kann man zwar einer Wiederaufbereitungsanlage zuführen, wo noch vorhandenes spaltbares Material vom Rest getrennt und für neue Brennstäbe verwendet wird, aber zum größten Teil bleibt radioaktiver Müll übrig. Da die Radioaktivität sich nicht einfach abschalten lässt, muss man die Abfälle so lange irgendwo aufbewahren, bis die Strahlung abgeklungen ist. Leider kann das aber viele Generationen dauern, außerdem ist man noch auf der Suche nach sicheren Endlagerplätzen. Lange Zeit schienen dafür Salzstöcke wie in Gorleben infrage zu kommen. Die Experten sind sich aber nicht einig, ob ein Salzstock sich wirklich als Endlagerstätte eignet.

Radioaktiver Müll

Diesen nicht geklärten Nachteilen der Kernenergienutzung muss man auf der anderen Seite den Vorteil gegenüberstellen, dass Kernkraftwerke im Gegensatz zu konventionellen Kraftwerken das Klimaproblem nicht vergrößern, da sie keine Treibhausgase freisetzen.

Kernfusion

Die Kohle-, Öl- und Gasvorräte der Erde sind begrenzt und schaffen bei ihrer Verbrennung Klimaprobleme, die Kernenergie ist mit Sicherheitsrisiken und Lagerungsproblemen behaftet, mit regenerativen Energieformen kann man bisher nur einen kleinen Teil des Bedarfs abdecken – da ist die Nutzung der *Kernfusion,* also der Verschmelzung leichter Atomkerne zu schwereren, doch eine sehr verlockende Idee! Die Sonne macht vor, wie es geht: In ihrem Inneren fusioniert seit etwa 4,6 Milliarden Jahren Wasserstoff zu Helium. Dabei wird die Energie frei, von der unser aller Leben abhängt. Und Wasserstoff steht (als Bestandteil des Wassers) in den Ozeanen in praktisch unbegrenzter Menge zur Verfügung. Wenn wir künftig die Kernfusion auf technischem Wege nutzbar machen könnten: Wären unsere Energieprobleme dann auf einen Schlag gelöst?

Physikalische Vorgänge bei der Kernfusion

Wenn zwei Wasserstoffkerne miteinander verschmelzen sollen, müssen sie sich nahekommen. Das aber stellt ein Problem dar, denn die Kerne stoßen sich aufgrund ihrer gleichnamigen Ladung gegenseitig ab. Also müssen sie eine große kinetische Energie besitzen, um die abstoßenden Kräfte überwinden zu können und in den Wirkungsbereich der Kernkraft zu gelangen. Das aber bedeutet: Die Temperatur muss sehr hoch sein! Im Zentrum der Sonne ist es etwa 15 Millionen Kelvin heiß, außerdem beträgt die Dichte dort ca. 100 Gramm pro Kubikzentimeter. Unter diesen Bedingungen kommt es zu Kernfusionen. Eine typische Fusionsreaktion ist die Verschmelzung von Deuterium und Tritium zu Helium unter Aussendung eines Neutrons:

$$_1^2H + {}_1^3H \rightarrow {}_2^4He + {}_0^1n + 17,6\ MeV$$

Technik der Kernfusion

Die Gewinnung von Energie durch Kernfusion setzt voraus, dass es zunächst gelingt, extrem hohe Temperaturen zu erzeugen (siehe oben).

Und wenn man das geschafft hat, muss man die Kerne, die fusionieren sollen, irgendwie zusammenhalten. Leider kann man sie nicht einfach in einen Behälter füllen und den Deckel zuschrauben, denn auf der ganzen Welt gibt es kein Behältermaterial, das 15 Millionen Grad aushält. Also muss man eine Art Behälter ohne Wände bauen, und genau das wird versucht. Dabei kommt einem die Natur entgegen: Bei den genannten Temperaturen ist der Wasserstoff vollständig ionisiert, besteht also aus getrennt voneinander umherfliegenden Elektronen und Ionen. Einen solchen Zustand der Materie nennt man *Plasma*. Der Wasserstoff liegt also in Form bewegter geladener Teilchen vor. Bewegte Ladungen kann man aber, wie wir im vierten Kapitel gesehen haben, durch Magnetfelder beeinflussen (→ S. 180 ff.). Die Idee ist also, das Plasma in einem ringförmigen Behälter kreisen zu lassen, wobei es von Magnetfeldern auf der Bahn gehalten und daran gehindert wird, die Wände zu berühren.

Zur Erzeugung der erforderlichen hohen Temperaturen gibt es verschiedene Ansätze. Im sogenannten *Tokamak* wird das Transformatorprinzip ausgenutzt: Das Plasma bildet die Sekundärspule eines Transformators. Da sie sozusagen nur aus einer Windung besteht, lassen sich sehr große Stromstärken und damit auch hohe Temperaturen erreichen. Eine andere Möglichkeit, die untersucht wird, ist das Einschießen von Teilchen, die ihre Energie durch Stöße an das Plasma abgeben und es dadurch weiter erhitzen.

Bei den bisher durchgeführten Experimenten konnte man zwar kurzzeitig Kernfusionen in Gang bringen, es ist aber bisher noch nicht gelungen, der Versuchsanordnung mehr Energie zu entnehmen, als hineingesteckt wurde. Ob dies überhaupt geht, lässt sich heute noch nicht sagen. Im Jahr 2015 soll in Cadarache (Südfrankreich) ein von vielen Staaten gemeinsam finanzierter Testreaktor den Betrieb aufnehmen. Man hofft, dann erstmals mit der Fusion auch wirklich Energie gewinnen zu können.

> Bei der Fusion von Kernen mit kleiner Massenzahl wird Energie frei. Eine Fusion ist jedoch nur bei Temperaturen, die denen im Inneren der Sonne gleichen, möglich. Die Erzeugung von Energie durch Kernfusion ist im technischen Maßstab noch nicht gelungen.

Chancen und Risiken

Falls die Forscher es irgendwann schaffen sollten, einen Fusionsreaktor zu bauen, der tatsächlich Energie liefert: Wie nahe sind wir dann dem Traum von einer unerschöpflichen und unschädlichen Art der Energieerzeugung gekommen?

Zum Thema „unerschöpflich" ist Folgendes zu sagen: Alle Experimente konzentrieren sich zurzeit auf die Verschmelzung von Deuterium und Tritium nach der weiter oben angegebenen Reaktionsgleichung, weil diese Möglichkeit am ehesten realisierbar zu sein scheint. Deuterium kommt in der Natur in großer Menge vor, Tritium ist aber leider sehr selten und muss im Reaktor selbst „erbrütet" werden, indem man das Leichtmetall Lithium (bekannt als Bestandteil von Handyakkus) mit den reichlich vorhandenen Neutronen beschießt:

$${}^{1}_{0}n + {}^{6}_{3}Li \rightarrow {}^{4}_{2}He + {}^{3}_{1}H + 4{,}8 \text{ MeV}$$

Lithium kommt in der Erdkruste etwas häufiger als Blei und etwas seltener als Kupfer vor, aber man muss es suchen und abbauen. Diese Art der Kernfusion greift also durchaus auf begrenzte Ressourcen zu und ist nicht unerschöpflich!

Lithiumakkus

Und wie sieht es mit der Schädlichkeit aus? Auch ein Fusionsreaktor produziert Atommüll, allerdings in viel geringerem Maße als ein Spaltungsreaktor. Ein Fusionskraftwerk enthält Tritium, und Tritium ist leider radioaktiv. Außerdem aktivieren die Neutronen die Baumaterialien, aus denen der Reaktor besteht, diese strahlen also auch. Aber mehr kommt nicht hinzu! Sowohl die Mengen wie auch die Halbwertszeiten der radioaktiven Abfälle sind etwa um den Faktor 100 kleiner als beim Spaltungsreaktor. Die Probleme mit eventuell entweichender Radioaktivität und mit der Endlagerung von Abfällen sind also deutlich geringer – aber es gibt sie immer noch! Die Kernfusion ist keine völlig risikolose Art der Energieerzeugung.

Während die kontrollierte Nutzung der Kernfusion noch nicht gelungen ist, wurde die unkontrollierte Fusion schon in den 50er-Jahren des letzten Jahrhunderts realisiert. Nur kurze Zeit nach dem Ende des Zweiten Weltkriegs waren „Wasserstoffbomben" einsatzbereit. Das sind Bomben, in denen eine unkontrollierte und damit explosive Verschmelzung von Wasserstoff zu Helium stattfindet. Die erforderlichen hohen Temperaturen erreicht man mit einer herkömmlichen Kernspaltungsbombe. Eine Wasserstoffbombe ist also eine Fusionsbombe mit einer Spaltungsbombe als Zünder.

Wasserstoffbombe Castle Bravo

Elementarteilchen

Als die Physiker ab etwa 1930 versuchten, noch tiefer in die subatomare Welt einzudringen, erlebten sie so etwas wie den Babuschka-Effekt: Öffnet man eine Babuschkapuppe, um nachzuschauen, was sie enthält, so findet man noch eine Puppe! Nimmt man diese auseinander, so kommt eine weitere Puppe zum Vorschein. Und so geht es weiter: Egal, wie lange man das Spielchen fortsetzt, immer findet man neue Puppen, niemals kommt man zu einem Ende.

Die Physiker wünschten sich, endlich richtige Elementarteilchen zu finden und nicht nur solche, die wiederum aus anderen zusammengesetzt sind. Aber wie sie es auch anstellten: Die Natur reagierte nicht wie gewünscht, sondern präsentierte stattdessen immer neue „Puppen" in Form von bisher unbekannten Teilchen und ließ einen Blick auf die im Inneren verborgenen letzten Dinge nicht zu. So kamen irgendwann sogar Zweifel auf, ob es solche „letzten Dinge" wirklich gibt oder ob wir sie uns nur wünschen.

Durch Untersuchungen der kosmischen Höhenstrahlung und (ab ca. 1960) durch Experimente in Teilchenbeschleunigern entdeckte man eine Vielzahl neuer Teilchen, sodass das Wort vom „Teilchenzoo" die Runde machte. Wir unternehmen jetzt zunächst einen kleinen Rundgang durch diesen Zoo und schauen uns dessen Sehenswürdigkeiten an. Im nächsten Abschnitt versuchen wir dann, unsere Eindrücke zu ordnen und eine Art Zoologie der Elementarteilchen aufzustellen.

Positronen

Positronen sind die *Antiteilchen* der Elektronen: Sie besitzen die gleiche Masse wie jene, sind aber entgegengesetzt geladen. Wir haben sie im Zusammenhang mit dem Kernzerfall schon kennengelernt, sie kommen aber auch in der kosmischen Strahlung vor.

Mit dem Begriff *Antiteilchen* drückt der Physiker aus, dass zwei Teilchen in allen Quantenzahlen bis auf eine übereinstimmen und dass in dieser lediglich unterschiedliche Vorzeichen auftreten. Elektron und Positron unterscheiden sich nur durch das Vorzeichen der Ladung. Neutrale Teilchen können in Bezug auf andere Quantenzahlen in zwei Versionen vorkommen. Zum Beispiel gibt es zum Neutron ein Antineutron. Andere Teilchen – wie das Photon – besitzen jedoch keine Antipartner, weil sie (laut Theorie) ihr eigenes Antiteilchen sind.

Myonen

Myonen sind mit den Elektronen und Positronen insofern verwandt, als dass sie auch eine Elementarladung tragen, aber eine um den Faktor 207 größere Masse haben. Es gibt sie also – abhängig von der Ladung – in zwei verschiedenen Ausgaben als Teilchen-Antiteilchen-Paar (μ^+ und μ^-). Wie wir im Abschnitt über Zeitdilatation (→ S. 277 ff.) gesehen haben, zerfallen Myonen nach kurzer Zeit, und zwar in ein Elektron beziehungsweise Positron und ein *Neutrino*.

Neutrinos

Auch Neutrinos kamen in diesem Kapitel schon vor, und zwar beim β-Zerfall. Genauer gesagt handelte es sich dort um Antineutrinos. Neutrinos und Antineutrinos unterscheiden sich durch eine bestimmte Quanteneigenschaft, die sogenannte *Helizität*, der wir hier nicht genauer nachgehen. Die Existenz von Neutrinos beziehungsweise Antineutrinos wurde 1930 von Wolfgang Pauli (1900–58) theoretisch vorhergesagt: Ohne sie sei die Energie- und Impulsbilanz beim β-Zerfall verletzt. Da Neutrinos nur sehr selten mit anderen Teilchen wechselwirken, konnten sie erst 1956 direkt experimentell nachgewiesen werden.

Wolfgang Pauli

Pionen, Kaonen und Lambdateilchen

Pionen werden von den starken Kernkräften beeinflusst, haben eine etwa 200-mal größere Masse als das Elektron und kommen in einer neutralen, einer positiv geladenen und einer negativ geladenen Version vor.

Kaonen sind etwa halb so schwer wie Protonen und können wie die Pionen positiv oder negativ geladen oder neutral sein.

Lambdateilchen sind neutral und besitzen eine etwas größere Masse als Protonen.

Quarks

Sie haben den Überblick verloren? Kein Wunder – so ging es den Elementarteilchenphysikern auch! Man sehnte sich danach, ein System zu finden und nicht nur immer neue Teilchen nachzuweisen. Die Entdeckung der Quarks war ein erster Schritt in diese Richtung.

Beschießt man Nukleonen (also Protonen und Neutronen) mit Elektronen, so stellt man analog zu den Rutherford'schen Streuversuchen mit Atomkernen fest, dass die Nukleonen eine innere Struktur besitzen, also ihrerseits wieder aus anderen Teilchen bestehen.

Der US-Physiker Murray Gell-Mann (geb. 1929) fand 1964 heraus, dass sich die Nukleonen und alle anderen „mittelschweren" Teilchen (wie Pionen und Lambdateilchen) aus drei fundamentalen Bausteinen aufbauen lassen. Diese nannte er *Quarks*. Später führte man noch drei weitere Quarksorten ein; es sind also insgesamt sechs Quarks bekannt.

Murray Gell-Mann

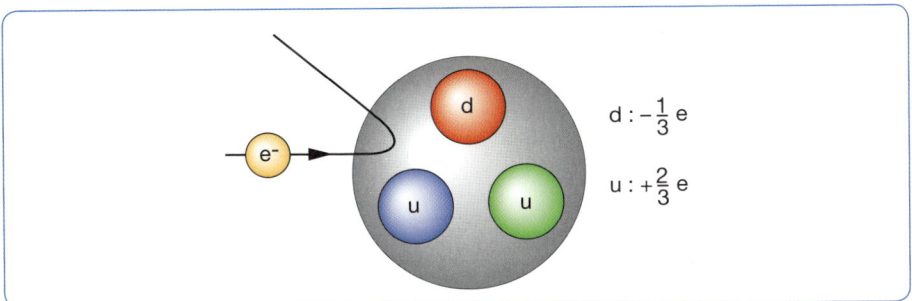

Quarks in einem Proton

Ein Proton besteht beispielsweise aus zwei „Up"-Quarks der Ladung $+\frac{2}{3} \cdot e$ und einem „Down"-Quark der Ladung $-\frac{1}{3} \cdot e$. Zählt man die Ladungen mit Vorzeichen zusammen, so ergibt sich immerhin $+e$, wie es sein muss – aber halt! Haben wir nicht gesagt, dass die Elementarladung die *kleinstmögliche* Ladung ist? Und nun soll es plötzlich doch Bruchteile davon geben? Nun, da Elementarteilchenphysiker nie um eine Ausrede verlegen sind, werden sie sagen: „Ja, aber Quarks kommen nie einzeln vor, sondern immer nur in Kombinationen – für einzelne Teilchen gilt die Aussage über die Elementarladungen also immer noch."

Den Begriff *Quark* hat Gell-Mann einer Erzählung von James Joyce entnommen. In *Finnegans Wake* heißt es: „Three quarks for Master Mark!", sinngemäß etwa: „Drei Dreikäsehochs ergeben einen Mann!"

Das Standardmodell

Das Standardmodell der Elementarteilchenphysik liefert eine systematische und mit den Experimenten im Einklang stehende Beschreibung der heute bekannten Teilchen und ihrer Wechselwirkungen.

In diesem Abschnitt schauen wir uns zunächst die Grundzüge dieses Modells an. Danach versuchen wir, eine Antwort auf die Frage zu finden, ob das Standardmodell schon der Weisheit letzter Schluss ist.

Kräfte und Wechselwirkungen

Vielleicht vermuten Sie, dass es in der Natur eine Vielzahl verschiedener Arten von Kräften gibt. In Wirklichkeit aber gehören alle vorkommenden Kräfte nur zu einer der folgenden vier Kategorien:

- Gravitationskraft
- elektromagnetische Kraft
- schwache Kraft
- starke Kraft

Die Gravitations- und elektromagnetischen Kräfte kennen wir aus dem ersten und vierten Kapitel (→ S. 88 ff., S. 150 ff. u. S. 176 ff.). Die *schwache Kraft* ist für den radioaktiven β-Zerfall verantwortlich, und mit der *starken Kraft* ist die Kernkraft gemeint, die den Atomkern trotz der abstoßenden Kräfte der Protonen zusammenhält.

Wie lassen sich Kräfte zwischen Elementarteilchen physikalisch beschreiben? Im Jahre 1935 hatte der Japaner Hideki Yukawa (1907–81) die Idee, die starke Kraft mithilfe von *Austauschteilchen* zu erklären. Um eine grobe Vorstellung davon zu bekommen, wie Yukawa das meinte, nehmen Sie an, dass Sie und ein Partner auf

Inlineskaten – hier ohne Medizinball

Inlineskates stehen und sich gegenseitig einen Medizinball zuwerfen. Der hin- und herfliegende Ball bewirkt eine *abstoßende* Kraft zwischen Ihnen und Ihrem Partner, weil er Energie und Impuls überträgt und Sie dadurch auseinanderdrängt.

Kräfte lassen sich also nach Yukawa als durch Austauschteilchen vermittelte Wechselwirkungen beschreiben. Auf eine genauere Darstellung dieser Wechselwirkungen, die abstrakt ist und mathematisch ans Eingemachte geht, müssen wir hier verzichten.

Bei der Wechselwirkung zwischen Quarks übernimmt das sogenannte *Gluon* die Rolle des Austauschteilchens. Die Kraft zwischen den Quarks wird nicht (wie bei der elektromagnetischen Wechselwirkung) durch die Ladung bestimmt, sondern durch eine neue Eigenschaft, die *Farbladung*. Damit ist nicht gemeint, dass Quarks bunt sind und man sie eventuell sogar anmalen kann, sondern es handelt sich um eine bestimmte Quanteneigenschaft, für die die Vorstellung von Farbe eine gute Gedächtnishilfe bietet.

Austauschteilchen der schwachen Wechselwirkung sind sogenannte W^--*Bosonen*.

Bisher enthält das Standardmodell nur die elektromagnetische, die starke und die schwache Wechselwirkung – es ist noch nicht gelungen, die Gravitation einzubinden. Auch ein die Gravitation vermittelndes Austauschteilchen, das *Graviton*, konnte noch nicht nachgewiesen werden.

Ordnung im Teilchenzoo

Wir ordnen nun die im „Teilchenzoo" des vorigen Abschnitts aufgetretenen Teilchen nach ihrer Masse einer von drei Gruppen zu und stellen anschließend einen Zusammenhang mit den oben beschriebenen Wechselwirkungen her.

- Elektronen und Neutrinos sowie ihre Antiteilchen gehören zu den *Leptonen* (von gr. *leptos* = leicht).
- Pionen und Kaonen sind *Mesonen* (von gr. *mesos* = „Mittel-").
- Protonen, Neutronen und Lambdateilchen sind *Baryonen* (von gr. *barys* = schwer).

Da Baryonen und Mesonen aus Quarks bestehen, gibt es laut Standardmodell nur drei verschiedene Arten von Teilchen: Leptonen, Quarks und Austauschteilchen.

Die folgende Tabelle fasst alle Teilchen und ihre Rolle bei der Wechselwirkung zusammen.

Wechselwirkung	Betroffene Teilchen	Austauschteilchen	Relative Stärke	Reichweite
starke	Quarks	Gluonen	1	10^{-15} m
elektromagnetische	geladene Teilchen	Photonen	10^{-2}	∞
schwache	Leptonen, Quarks	W^--Bosonen	10^{-5}	10^{-18} m
Gravitation	alle Teilchen	Gravitonen?	10^{-40}	∞

Ein Blick in die Zukunft

So detailliert das Standardmodell auch daherkommen mag: Bringt es uns eigentlich wirklich weiter? Vermittelt es uns grundlegend neue Einsichten? Oder verstellt es uns am Ende sogar den Blick, sodass wir den Wald vor lauter Bäumen nicht sehen? Ein schales Gefühl bleibt: Sieht ein „letzter Grund der Dinge", der Inhalt der innersten Babuschkapuppe, nicht anders aus?

Ein weiteres Manko des Standardmodells ist, dass es die Gravitation nicht einbezieht. Im nächsten Kapitel werden wir sehen, dass die Frage nach dem Ursprung des Weltalls aus physikalischer Sicht nur durch eine Quanten-Elementarteilchenphysik beantwortet werden kann, die die Gravitationswechselwirkung enthält.

> Das Standardmodell der Elementarteilchenphysik beschreibt in Übereinstimmung mit den experimentellen Befunden alle bekannten Elementarteilchen und ihre starken, schwachen und elektromagnetischen Wechselwirkungen.

Die in den letzten Jahrzehnten am häufigsten verfolgte Alternative zum Standardmodell ist die *Stringtheorie*. Sie fasst alle Teilchen als Anregungen eines einzigen elementaren Objekts, eines *Strings,* auf.

Für die Stringtheorie, die mathematisch sehr kompliziert ist, gibt es bisher keine experimentellen Tests. Ob sie den „Stein der Weisen" darstellt, lässt sich also noch nicht sagen.

XI. Astrophysik

Größen und Entfernungen im Weltraum

Auf der letzten Etappe unserer Reise durch die Physik wenden wir uns den großen Dingen zu: Wir erkunden das Weltall. Da jeder Blick in den Sternenhimmel gleichzeitig, wie wir sehen werden, ein Blick in die Vergangenheit ist, unternehmen wir damit auch eine Zeitreise. Sie wird uns fast bis zu dem Zeitpunkt führen, an dem das Universum entstand.

Zunächst entwerfen wir eine kosmische Landkarte: Welche Objekte gibt es im Weltraum, wie groß sind sie und wie weit sind sie von uns entfernt? Dabei wird sich zeigen, dass es nicht „die" Methode zur Entfernungsbestimmung gibt, sondern dass wir uns mit wachsendem Abstand zur Erde neue Verfahren ausdenken müssen. Hier kommt zunächst eine für kleine Abstände geeignete Methode.

Parallaxen

Strecken Sie bitte einen Arm aus und betrachten Sie Ihren Daumen mal mit dem einen, mal mit dem anderen Auge (indem Sie also jeweils das andere Auge schließen). Merken Sie, wie der Daumen dabei jeweils vor einer anderen Stelle des Hintergrunds (also z. B. der Wand) erscheint? Das ist klar, denn Sie schauen ja aus verschiedenen Richtungen auf den Daumen, was übrigens auch der Grund dafür ist, dass Sie räumlich sehen können. Der Winkel zwischen diesen beiden Richtungen heißt *Parallaxe*. Das folgende Bild (auf S. 351) stellt die Situation dar: E ist Ihr Kopf, S Ihr Daumen, und A und B bezeichnen die Positionen Ihrer Augen. γ ist dann die Parallaxe.

Daumen

Astrophysik

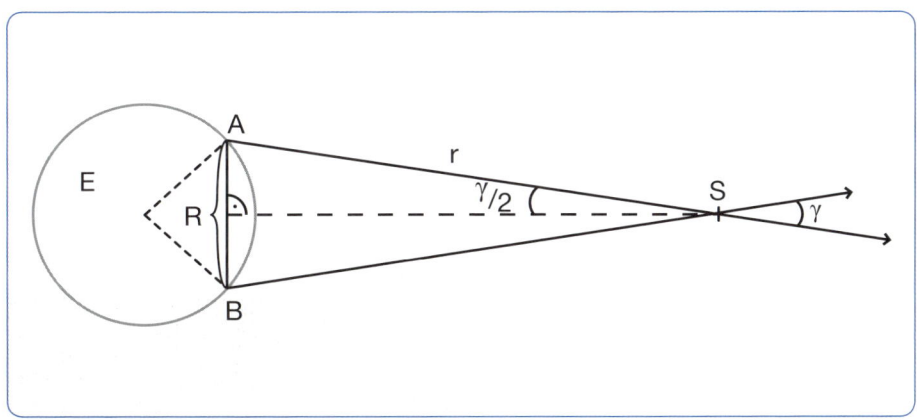

Erde und Mond

Wie kann man mithilfe einer Parallaxe Entfernungen messen? Wir transformieren den Daumenversuch ins Weltall: E ist nicht mehr Ihr Kopf, sondern die Erde, A und B sind Orte auf der Erde und S ist der Mittelpunkt des Mondes. Der Mond erscheint je nach Beobachtungsort vor einer anderen Stelle des als Hintergrund dienenden Fixsternhimmels. Dadurch lässt sich die Parallaxe γ mit Fernrohrpeilungen messen – sie beträgt immerhin fast ein Grad! Ist nun noch R, die Entfernung zwischen A und B, bekannt, so kann man den Abstand r zwischen A (beziehungsweise B) und S mit einer einfachen geometrischen Überlegung ermitteln: Das Dreieck ABS wird durch die gestrichelte Linie in zwei rechtwinklige Teildreiecke unterteilt. In diesen liest man ab:

$$\sin \frac{\gamma}{2} = \frac{\frac{1}{2} \cdot R}{r} = \frac{R}{2 \cdot r}$$

Ist $R = 6000$ km und misst man $\gamma = 0{,}905°$, so ergibt sich:

$$r = \frac{R}{2 \cdot \sin \frac{\gamma}{2}} \approx 380.000 \ km$$

Erde und Mond, vom Mars aus gesehen

Eigentlich müssen wir dieses Ergebnis jetzt noch auf den Mittelpunkt der Erde beziehen, denn es stellt ja nur den Abstand des Mondes von *A* (beziehungsweise *B*) und nicht vom Erdmittelpunkt dar. Dies erfordert ein paar einfache geometrische Überlegungen, die wir übergehen, weil es hier um das Prinzip gehen soll. Die Größenordnung unseres Ergebnisses bleibt dabei bestehen: Der Mond umkreist die Erde in einer Entfernung von ca. 380.000 Kilometern.

Der Abstand zwischen Erde und Sonne lässt sich auf dieselbe Weise ermitteln, nur ist die Parallaxe viel kleiner (sie hat für $R = 6000\ km$ den Wert $\gamma = 0{,}0023°$) und ihre Messung daher aufwendiger. Die Bahn der Erde um die Sonne ist, wie wir im ersten Kapitel gesehen haben, elliptisch (→ S. 90). Der *mittlere Bahnradius* und damit die mittlere Entfernung zwischen Erde und Sonne beträgt ca. 150.000.000 Kilometer.

Erde und Sonne

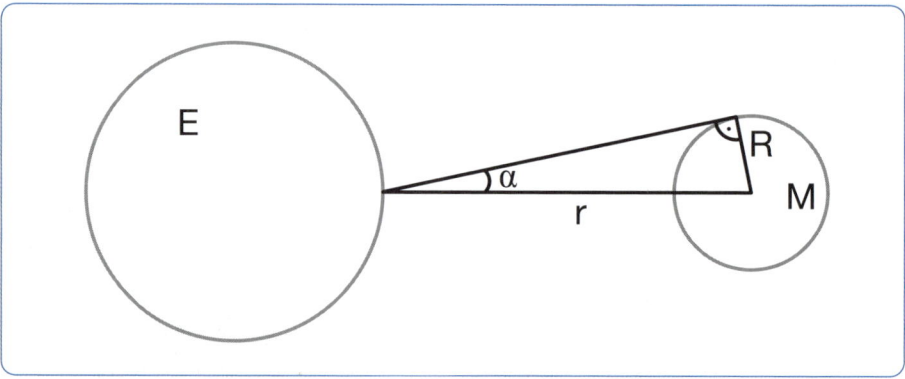

Bei bekanntem Abstand lässt sich die *Größe* des Mondes beziehungsweise der Sonne durch eine weitere Peilung leicht bestimmen (siehe Abbildung). Es ist: $\sin \alpha = \dfrac{R}{r}$, also $R = r \cdot \sin \alpha$.

Entsprechende Messungen haben für die Radien von Mond und Sonne die Werte 1740 Kilometer und 700.000 Kilometer ergeben. Da der Radius der Erde ca. 6400 Kilometer beträgt, passt der Erddurchmesser etwa 110-mal in den Sonnendurchmesser hinein!

Auch relativ erdnahe Fixsterne zeigen eine Parallaxe, also eine wechselnde Position vor der Kulisse weiter entfernter und damit unbeweglich erscheinender Sterne, wenn man sie zu verschiedenen Zeiten des Jahres betrachtet. Ursache für diese Parallaxe ist die Bewegung der Erde um die Sonne und die sich damit ändernde Blickrichtung. Analog zu der oben dargestellten Rechnung lässt sich nun die Entfernung naher Sterne bestimmen, wenn man sie zu verschiedenen Jahreszeiten anpeilt. Zum Beispiel hat das sonnennächste Sternsystem *Alpha Centauri* am südlichen Sternenhimmel, welches ein Doppelsternsystem ist, von der Sonne den Abstand $4{,}106 \cdot 10^{13}$ *km*. Das sind immerhin schon gut 40 Billionen Kilometer! Weil sich kein Mensch so große Zahlen vorstellen kann, versucht man, mithilfe der Lichtgeschwindigkeit griffigere Zahlen zu erhalten: Mit einem *Lichtjahr* ist die Entfernung gemeint, die das Licht in einem Jahr zurücklegt. Es heißt zwar Licht*jahr,* aber es ist trotzdem ein Abstand, keine Zeit gemeint. Ein Lichtjahr ergibt sich, wenn man die in einer Sekunde zurückgelegte Strecke ($3 \cdot 10^8$ *m*) auf ein Jahr hochrechnet.

> 1 Lichtjahr (*Lj*) ist die Entfernung, die das Licht in einem Jahr zurücklegt.
> Es ist: $1\ Lj = 9{,}461 \cdot 10^{15}$ *m*

Demnach ist Alpha Centauri $\dfrac{4{,}106 \cdot 10^{16}\ m}{9{,}461 \cdot 10^{15}\ m} = 4{,}34\ Lj$ von uns entfernt. Das Licht benötigt also etwas über vier Jahre, um von dort zu uns zu gelangen. Das bedeutet auch, dass wir das Sternsystem Alpha Centauri nicht so sehen, wie es „jetzt" aussieht, sondern so, wie es vor gut vier Jahren aussah. Der Blick in den Sternenhimmel ist also – wie schon erwähnt – ein Blick in die Vergangenheit. Auch das Licht der Sonne kommt verzögert bei uns an, allerdings nur um etwa 8,3 Minuten.

Über eine Entfernung von etwa 100 Lichtjahren hinaus lässt sich das Parallaxenverfahren nicht anwenden, weil die Winkel dann zu klein sind. So kommen wir also nicht weiter. Aber zum Glück hat uns die Natur einen Schlüssel für größere Entfernungen in die Hand gegeben, er musste nur gefunden werden. Das gelang der amerikanischen Astronomin Henrietta Leavitt (1868–1921). Hier ihre Entdeckung:

Cepheiden-Veränderliche

Sterne lassen sich, wie wir im nächsten Abschnitt sehen werden, in verschiedene Typen einteilen. Die *Cepheiden-Veränderlichen* (benannt nach Delta Cephei, dem bekanntesten Vertreter dieser Gattung) sind spezielle *Überriesen*, die eine bemerkenswerte Eigenschaft besitzen: Durch bestimmte Prozesse in ihrer Atmosphäre schwankt ihre Strahlungsleistung (von den Astronomen auch *Leuchtkraft* genannt) periodisch. Im sichtbaren Bereich wirkt sich das so aus, dass sie in einem bestimmten Rhythmus mal heller und mal weniger hell leuchten. Leavitt stellte nun fest, dass es eine eindeutige Beziehung zwischen der Periodendauer der Schwankung und der mittleren Strahlungsleistung des Sterns gibt. Die genaue mathematische Form dieses Zusammenhangs übergehen wir hier – für uns ist nur wichtig, dass man aus der Periodendauer die Strahlungsleistung *errechnen* kann. Grob gesagt und bezogen auf den sichtbaren Bereich leuchtet ein Cepheidenstern im Mittel umso heller, je größer die Periodendauer der Schwankung ist.

Henrietta Swan Leavitt

Was hat dies nun mit Entfernungsbestimmungen zu tun? Ganz einfach: Unser Messgerät auf der Erde empfängt nur einen bestimmten (sehr geringen) Teil der gesamten Strahlung des Sterns, und dieser Teil hängt von der Entfernung ab – die empfangene Intensität ist umgekehrt proportional zum Quadrat des Abstands. Von zwei Cepheiden-Veränderlichen mit gleicher Periodendauer muss also derjenige, der uns weniger hell erscheint, weiter entfernt sein, und man kann genau ausrechnen, um wie viel weiter weg er ist. Das einzige Problem: Es sind nur relative Aussagen möglich (etwa: „Der Veränderliche A ist dreimal weiter entfernt als der Veränderliche B"). Man muss also die Entfernung mindestens eines einzigen Cepheidensterns kennen, um absolute Werte ausrechnen zu können. Glücklicherweise gibt es jedoch Veränderliche, die uns so nahe sind, dass sich ihre Entfernung parallaktisch ermitteln lässt. Heute kann man mithilfe der in vielen Sternsystemen entdeckten Cepheiden-Veränderlichen Entfernungen bis zu 100.000.000 Lichtjahre bestimmen.

Den Einfluss des Abstands auf die beobachtete Helligkeit schloss Leavitt dadurch aus, dass sie nur Cepheiden-Veränderliche in der sogenannten *Kleinen Magellan'schen Wolke* untersuchte – einem Sternhaufen, der so weit von uns entfernt ist, dass alle darin vorhandenen Sterne praktisch denselben Abstand von der Erde haben.

NGC 346 in der Kleinen Magellan'schen Wolke

Der Abstand zwischen uns und dem benachbarten Andromeda-Sternsystem beträgt 2.500.000 Lichtjahre. Wenn wir das Andromedasystem anschauen (was mit einem einfachen Fernrohr ohne Weiteres möglich ist), sehen wir es so, wie es vor 2,5 Millionen Jahren war. Auf der Erde lebte zu dieser Zeit der *Australopithecus africanus,* ein Vormensch – den *Homo sapiens* gibt es erst seit etwa 600.000 Jahren.

Plastische Lebendrekonstruktion des Australopithecus africanus

Supernovae vom Typ Ia

Am Ende des Lebens gewisser Sterne steht, wie wir im nächsten Abschnitt sehen werden, eine gewaltige Explosion, die den Stern für wenige Wochen hell aufleuchten lässt. Er erscheint dann als sogenannte *Supernova* am Sternenhimmel. Eine Supernova vom „Typ Ia" wird in einem

Explosion einer Supernova vom Typ Ia

Größenvergleich zwischen Aldebaran, einem roter Riesen, *und der Sonne*

Doppelsternsystem erzeugt, in dem der eine Partner ein *weißer Zwerg* und der andere ein *roter Riese* ist. Für diesen speziellen Supernovatyp ist es gelungen, aus der spektralen Verteilung des bei uns ankommenden Lichts auf die bei der Explosion insgesamt abgestrahlte Energie zu schließen. Damit kennt man die absolute Helligkeit und kann wieder (wie bei den Cepheiden-Veränderlichen) mit der auf der Erde gemessenen Helligkeit und dem Abstandsgesetz die Entfernung ausrechnen.

Die Supernovae vom Typ Ia ermöglichen Abstandsbestimmungen von bis zu mehreren Milliarden Lichtjahren. Licht einer Supernova, das aus einer Entfernung von fünf Milliarden Lichtjahren stammt, wurde ausgesendet, als es unser Sonnensystem noch gar nicht gab.

> Zur Bestimmung von Entfernungen bis etwa 100 *Lj* nutzt man *Parallaxen*, bis etwa 10^8 *Lj Cepheiden-Veränderliche* und darüber hinaus *Supernovae vom Typ Ia*.

Sterne

Dass die Sonne unseren Planeten jeden Tag aufs Neue mit Licht und Wärme versorgt, halten wir für normal und selbstverständlich. Dabei war es nicht immer so und es wird auch nicht immer so bleiben: Die Sonne hat – wie alle Sterne – ein endliches „Leben", sie ist entstanden und wird vergehen. Die Änderungen ihres Zustands verlaufen aber so allmählich, dass wir sie nicht bemerken.

Im Konzert der Sterne spielt die Sonne nicht die erste Geige. Sie ist ein eher unauffälliges Orchestermitglied und nicht besonders groß oder leuchtstark. Aber sie ist eben „unser" Stern! Außerdem lassen sich viele typische Eigenschaften von Sternen wegen ihrer Nähe gut an ihr studieren. Wir erzählen daher in diesem Abschnitt zunächst die Lebensgeschichte der Sonne, so, wie computergestützte Modellrechnungen diese beschreiben. Anschließend schauen wir uns an, welche Entwicklungszustände von Sternen es überhaupt so gibt, und lernen dabei auch einige Exoten wie *Neutronensterne* und *schwarze Löcher* näher kennen.

Der Lebenszyklus der Sonne

Wie ist die Sonne entstanden? Drehen Sie die Zeit in Gedanken bitte etwa 4,5 Milliarden Jahre zurück und stellen Sie sich eine in den Weiten des Universums schwebende riesige Gas- und Staubwolke vor, die Wasserstoff, Helium und einen geringen Anteil (zwei Prozent) schwererer Elemente enthält. In dieser Wolke ereignet sich etwas Besonderes: Durch zufällige Strömungen oder durch den Einfluss benachbarter Sterne bildet sich eine lokale Materieverdichtung. Diese zieht aufgrund ihrer Gravitationswirkung weitere Teilchen an. Die Teilchenansammlung wird allmählich größer und dichter, Druck und Temperatur steigen. Schließlich avanciert das Verdichtungszentrum zum „Sternenstaubsauger" für die ganze Gegend. Außerdem leuchtet es, denn auf das Gebilde auftreffende geladene Teilchen werden gebremst, und das führt, wie wir im fünften Kapitel gesehen haben, zur Emission elektromagnetischer Strahlung (→ S. 217 ff.). Man könnte das Objekt also fast schon einen Stern nennen – aber eben nur fast, denn die entscheidende Eigenschaft fehlt ihm noch: Es beherrscht die Kernfusion noch nicht und ist daher nur ein sogenannter *Protostern*.

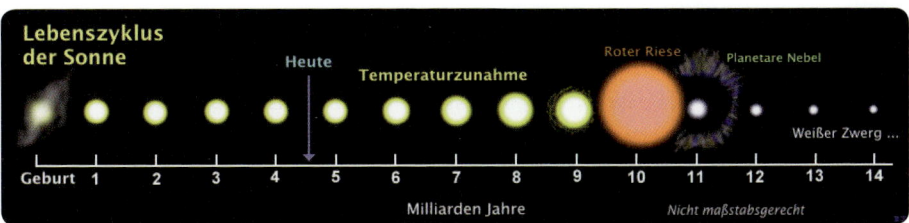

Wie machen wir nun aus dem Protostern einen richtigen Stern? Ganz einfach: Wir tun gar nichts, das geschieht nämlich von selbst! Durch die Gravitationswirkung steigen Druck und Temperatur im Zentrum des Objekts immer weiter an und nach etwa zehn Millionen Jahren setzen dort ganz von allein die ersten Kernfusionen ein. Bald wird in großem Stil Wasserstoff in Helium verwandelt und die frei werdende Energie verursacht einen nach außen wirkenden Strahlungsdruck, der der Gravitation entgegen-

Astrophysik 358

wirkt und ein weiteres Kollabieren verhindert. Unser Objekt hat sich also dank der Kernfusion stabilisiert und einen Gleichgewichtszustand erreicht, in dem es jetzt etwa zehn Milliarden Jahre lang bleiben wird: dem Zustand des *Wasserstoffbrennens*. Wir dürfen das Objekt jetzt mit vollem Recht einen Stern nennen!

Übrigens konnten sich in der Nähe zeitgleich mit dem Protostern ein paar weitere kleinere Verdichtungen bilden, die jedoch wegen ihrer geringen Masse und Größe nicht den Hauch einer Chance hatten, selbst Sterne zu werden. Stattdessen mussten sie sich damit abfinden, den neuen Stern als *Planeten* zu umkreisen. Auf einigen dieser Planeten entstand bald eine erkaltete, feste Oberfläche über einem noch glühenden Kern. Zu dieser Gruppe gehörte auch der dritte Planet von innen, der sich außerdem durch angenehme Temperaturen und viel flüssiges Wasser auszeichnete. Auf diesem Planeten entwickelte sich aus irgendeinem Grund *Leben*. Etwa 4,5 Milliarden Jahre später gab eine Gattung, die sich Mensch nannte, dem Planeten den Namen *Erde* und dem jeden Tag wieder am Himmel erscheinenden Fusionsreaktor den Namen *Sonne*.

Die Erde – der blaue Planet

Venus

Wie sieht die Zukunft der Sonne aus? Eins ist sicher: Der Wasserstoffvorrat hält nicht ewig, sondern „nur" etwa weitere 5,5 Milliarden Jahre. Dann wird die Asche zum Brennstoff: Die Temperatur im Kern der Sonne steigt weiter, und ab ca. 100 Millionen Grad fusionieren Heliumkerne zu Kohlenstoff. Die mit dieser neuen Art der Energiegewinnung zusammenhängenden Prozesse verursachen eine rötliche Farbe des ausgesendeten Lichts und eine starke Ausdehnung der Sonne: Sie wird zum *roten Riesen* und verschluckt dabei die beiden inneren Planeten Merkur und Venus. Die Erde ist zu diesem Zeitpunkt schon seit Längerem unbewohnbar. Entweder gibt es also die Menschen nicht mehr oder sie haben eine Umsiedlung auf einen anderen Planeten geschafft.

Merkur

Astrophysik

Planetarer Nebel

Nachdem im Kern der Sonne auch der Heliumvorrat aufgebraucht ist, setzen dort (bei nach wie vor steigenden Temperaturen) Fusionen zu noch schwereren Elementen (bis hin zum Sauerstoff) ein, während in weiter außen liegenden Schalen das Helium- beziehungsweise Wasserstoffbrennen fortgesetzt wird. Die Erhitzung führt schließlich dazu, dass die gesamte äußere Hülle der Sonne abgestoßen wird und als sogenannter *planetarer Nebel* ins Weltall wandert.

Für weitere Fusionen reicht die Temperatur im Zentrum der Sonne nicht mehr aus, da ihre Masse zu klein ist. Das Ende ist daher unausweichlich: Etwa 100 Millionen Jahre, nachdem die Sonne ein roter Riese geworden ist, kann sie dem Gravitationsdruck nichts mehr entgegensetzen und kollabiert zu einem *weißen Zwerg*, der einen Kern aus stark verdichtetem Kohlenstoff und Sauerstoff enthält und dessen Radius nur etwa 10.000 Kilometer beträgt. Da die ausgesendete Energie nicht ersetzt werden kann, wird die Sonne etwa 14 Milliarden Jahre nach ihrer Geburt nicht mehr leuchten. Mehr als ein kalter Ascheklumpen bleibt von ihr nicht übrig.

Ordnung am Sternenhimmel: das Hertzsprung-Russel-Diagramm

Ejnar Hertzsprung (1873–1967) und Henry Norris Russell (1877–1957) kamen auf die Idee, die Strahlungsleistung der Sterne über ihrer Oberflächentemperatur aufzutragen, um sie zu klassifizieren. Dabei entstand folgendes Diagramm:

In y-Richtung ist die relative Strahlungsleistung $\frac{P}{P_S}$ bezogen auf die Leistung P_S der Sonne dargestellt.

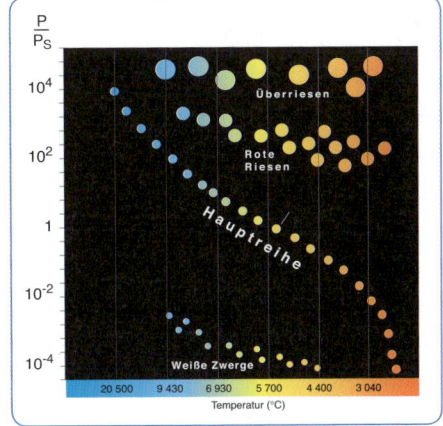

Hertzsprung-Russel-Diagramm

Man sieht, dass die Sterne nicht gleichmäßig über die Diagrammfläche verteilt sind, sondern Inseln bilden, denen man verschiedene Sternarten zuordnen kann. Die größte Insel ist die sogenannte *Hauptreihe,* der auch die Sonne angehört. Daneben finden wir die *weißen Zwerge* und die *roten Riesen*, außerdem die besonders großen *Überriesen.*

Nun gehört ein Stern – wie wir am Beispiel der Sonne gesehen haben – nicht von der Geburt bis zum Tod derselben Sternart an, sondern wechselt im Laufe seines Lebens mehrmals die Identität. Man kann daher das Diagramm auch als eine Art Landkarte deuten, auf der die Sterne während ihrer Entwicklungsphasen bestimmte Wege zurücklegen. Die Sonne wird in einigen Milliarden Jahren zunächst zum Gebiet der roten Riesen und dann zu den weißen Zwergen wandern. Die Räume zwischen den Gebieten passiert sie relativ schnell – hier ist kein länger dauernder stabiler Zustand möglich.

Das Ende der Sterne

Die Sonne gibt am Ende ihres Lebens klein bei – ihr Ende ist recht unspektakulär. Dies liegt an ihrer relativ bescheidenen Masse. Sterne mit größerer Masse verabschieden sich dagegen mit einem wahren Donnerschlag und fristen anschließend ihr Dasein als bizarre und noch nicht vollständig erforschte Objekte: als *Neutronensterne* oder als *schwarze Löcher.*

In einem Stern, in dessen Zentrum der Wasserstoff- und Heliumvorrat aufgebraucht ist, finden fortlaufend neue Fusionsreaktionen statt, die immer schwerere Elemente erzeugen. Ab ca. acht Sonnenmassen reichen die Temperaturen aus, um nacheinander alle Elemente bis zum Eisen entstehen zu lassen. Die Energieausbeute wird aber bei jedem Fusionsschritt kleiner, wie die flacher werdende

Krebsnebel

Bindungsenergiekurve (→ S. 331) zeigt. Der Stern muss deshalb in immer schnellerem Rhythmus neue Fusionen „erfinden". Aber diese Art der Energiegewinnung hat ein plötzliches Ende, denn oberhalb des Eisens ist – wie wir gesehen haben – mit Fusionen überhaupt keine Energie mehr zu erzielen. In dem Augenblick, in dem der Kern ganz zu Eisen geworden ist, kollabiert er innerhalb von Sekunden, es gibt einen Rückstoß und der gesamte Stern explodiert in einem riesigen Energieausbruch, der ihn über mehrere Tage so hell leuchten lassen kann wie sonst eine ganze Galaxie: Er ist zur *Supernova* geworden. Der Krebsnebel (siehe Abbildung) besteht aus den Überresten einer im Jahre 1054 explodierten und damals von chinesischen Astronomen beobachteten Supernova.

Was geschieht nach der Explosion? Die (verglichen mit der Sonne) sehr viel größeren Gravitationskräfte pressen den Restkern mit extremer Kraft zusammen. Dabei werden die Hüllen der Atome in die Atomkerne gedrückt; Elektronen und Protonen verbinden sich zu Neutronen. Bei gewissen Sternen kommt der Prozess jetzt zum Stillstand, und es bleibt ein sogenannter *Neutronenstern* übrig: ein Gebilde aus dicht gepackten Neutronen, dessen Durchmesser nur 20 Kilometer beträgt, der aber extrem viel Masse in sich vereinigt: Ein Kubikzentimeter Materie eines Neutronensterns würde etwa 100 Milliarden Kilogramm auf die Waage bringen!

Bei noch massereicheren Sternen kann der Gravitationsdruck so groß werden, dass selbst das Licht nicht mehr entweichen kann. Wie wir im achten Kapitel gesehen haben, unterliegt ja auch das Licht der Gravitation (→ S. 285 f.), und bei extremen Gravitationskräften kann es in einem Bereich um den Reststern „gefangen" sein. Da wir das Gebilde folglich nicht sehen können, hat es einen passenden Namen bekommen: *schwarzes Loch*. Das Wort *Loch* soll auf eine weitere besondere Eigenschaft dieses seltsamen Objekts hindeuten: Bei schwarzen Löchern kommt der Gravitationskollaps nicht (wie beim Neutronenstern) zum Stillstand, sondern das Volumen wird immer kleiner und erreicht schließlich den Wert null. Dort ist dann jedoch die Dichte unendlich groß. Mit *unendlich großen* Werten kann man aber nicht rechnen. Am Ort des schwarzen Lochs ist also keine mathematische Beschreibung möglich, die uns bekannten Naturgesetze sind dort außer Kraft gesetzt und die Theorie hat ein „Loch". Mathematisch gesprochen liegt an diesem Ort eine sogenannte *Singularität* vor. Sie sehen: Schwarze Löcher sind an Merkwürdigkeit kaum zu überbieten!

> Sterne entstehen aus *interstellaren Materiewolken*. Mit Einsetzen der Kernfusion sind sie zunächst *Hauptreihensterne* und werden dann *rote Riesen* oder *Überriesen*. Masseärmere Sterne enden als *weiße Zwerge*, massereichere nach einer Supernova-Explosion als *Neutronensterne* oder *schwarze Löcher*.

Sternsysteme

Sind die Sterne im Weltall verteilt wie die Rosinen in einem Teig – also im Großen und Ganzen gleichmäßig? Der Anblick des Sternenhimmels in einer klaren Nacht legt dies nahe, aber die folgende berühmte Aufnahme des Hubbleweltraumteleskops beweist, dass es nicht so ist! Das Bild zeigt einen kleinen Ausschnitt des Nachthimmels, der so gewählt ist, dass keine nahen Sterne den Blick verstellen.

Deepfield

Lassen Sie bitte das Bild einen Moment wirken! Es ist erstaunlich: Man sieht nicht etwa einzelne Sterne; vielmehr ist jedes der Gebilde eine ganze *Galaxie* für sich, besteht also selbst wieder aus einer Vielzahl von Sternen! (Große Sternsysteme heißen *Galaxien*, kleine nennt man *Sternhaufen*.)

Mit den heute zur Verfügung stehenden technischen Mitteln können etwa *50 Milliarden Galaxien* beobachtet werden, von denen jede im Durchschnitt etwa *100* bis *200 Milliarden Sterne* enthält. Die Aufnahme des Hubbleteleskops ist ein eindrucksvoller Beleg für die unvorstellbare Größe des Universums.

Bevor wir ganz „größen-wahnsinnig" werden, schauen wir uns lieber in unserer kosmischen Heimat um. Die Sonne gehört auch einer Galaxie an. Unsere Galaxie darf als Einzige auch *die Galaxis* genannt werden, was ihrer herausragenden Stellung (jedenfalls für uns) gerecht wird. Wie sieht die Galaxis aus?

Die Galaxis

Alle einzelnen Sterne, die am Nachthimmel erscheinen, gehören zur Galaxis. Vermessungen ihrer Orte haben gezeigt, dass unser Sternsystem von außen betrachtet genauso aussieht wie die *Andromedagalaxie,* unsere kosmische Nachbarin: Es hat die Form einer Scheibe und besitzt mindestens zwei große Spiralarme. Die Sonne mitsamt Planetensystem befindet sich etwas weiter außen

Andromedagalaxie

in einem dieser Arme. Der Blick in die Scheibe hinein stellt sich uns als ein schwach schimmerndes Band am Sternenhimmel dar. Dieses Band trägt seit langer Zeit den Namen *Milchstraße*, wir sind daher Bewohner der *Milchstraßengalaxie.* In anderen Richtungen sehen wir weniger Sterne der Galaxis, wir schauen dann aus der Scheibe hinaus ins Weltall.

Die Milchstraße hat einen Durchmesser von ca. 100.000 Lichtjahren. Sie rotiert um ihr Zentrum, wobei sie die Spiralarme im Kreis hinter sich herzieht. Die Sonne benötigt für einen Umlauf auf ihrem galaktischen Rundkurs etwa 220 bis 240 Millionen Jahre.

Schematische Darstellung der Milchstraße

Rotverschiebung

Als die Physiker in den 20er-Jahren des vergangenen Jahrhunderts die Spektren verschiedener Galaxien auswerteten, machten sie eine merkwürdige Entdeckung. Mit dieser Entdeckung wollen wir uns ausführlich beschäftigen, denn sie wird uns eine grundlegende Aussage über das Universum ermöglichen.

Um erklären zu können, was die Forscher sahen und was sie daran wunderte, schauen wir uns kurz das Spektrum des von der Sonne ausgehenden Lichts an. Dieses Spektrum ist – wie das einer Glühlampe – kontinuierlich, enthält aber eine Vielzahl schwarzer Linien.

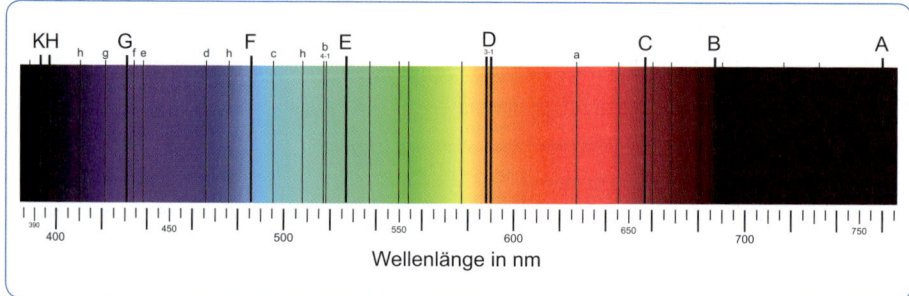

Grafische Repräsentation der Frauenhoferlinien

Diese schon lange bekannten sogenannten *Fraunhofer'schen Linien* (nach dem deutschen Physiker Joseph von Fraunhofer (1787–1826)) entstehen dadurch, dass die in der Atmosphäre der Sonne vorhandenen Atome bestimmte Strahlungsfrequenzen absorbieren, die dann in dem auf der Erde ankommenden Licht fehlen. Damit sind die Linien also so etwas wie die Fingerabdrücke der absorbierenden Elemente, und ihre Lage im Spektrum ist sehr genau bekannt.

Joseph von Fraunhofer

In den Spektren der Galaxien fanden die Physiker nun ebenfalls Fraunhofer'sche Linien, und das Linienmuster entsprach dem der Sonne – mit einem gravierenden Unterschied: Die zu einer bestimmten Galaxie gehörenden Linien waren alle um ein Stück in Richtung auf das rote Ende des Spektrums hin verschoben, und diese *Rotverschiebung* nahm mit der Entfernung der Galaxie von der Erde zu. Die Untersuchung der Rotverschiebung machte Edwin Hubble (1889–1953), nach dem auch das Weltraumteleskop benannt wurde, berühmt.

Warum zeigen die Galaxien eine Rotverschiebung?

Eine naheliegende Erklärungsmöglichkeit besteht darin, die Änderung der Wellenlänge mit einer Relativbewegung zwischen der Quelle (also der Galaxie) und dem Empfänger (also der Erde) zu begründen. Entfernen sich Quelle und Empfänger voneinander, so sind die Abstände zwischen auf der Erde eintreffenden, aufeinanderfolgenden Wellenbergen größer als bei gleichbleibender Entfernung, weil jeder neue Wellenberg eine etwas größere Strecke zurückzulegen hat als sein Vorgänger. Wir beobachten daher eine größere Wellenlänge und folglich eine Rotverschiebung. Genau genommen muss man zusätzlich die Zeitdilatation berücksichtigen. Die Quelle stellt – von uns aus gesehen – eine bewegte „Uhr" dar. Die ausgesendete Frequenz ist daher kleiner als die einer relativ zu uns ruhenden Quelle. Dies ändert aber – wie sich nachrechnen lässt – nichts daran, dass eine Relativbewegung, die den Abstand vergrößert, immer zu einer Rotverschiebung führt.

Die hier skizzierte Erscheinung heißt *Dopplereffekt* (nach dem Österreicher Christian Doppler (1803–53)). Wir alle kennen diesen Effekt in seiner akustischen Variante: Der Sirenenton eines vorbeifahrenden Polizeiautos wird von uns als tiefer werdend wahr-

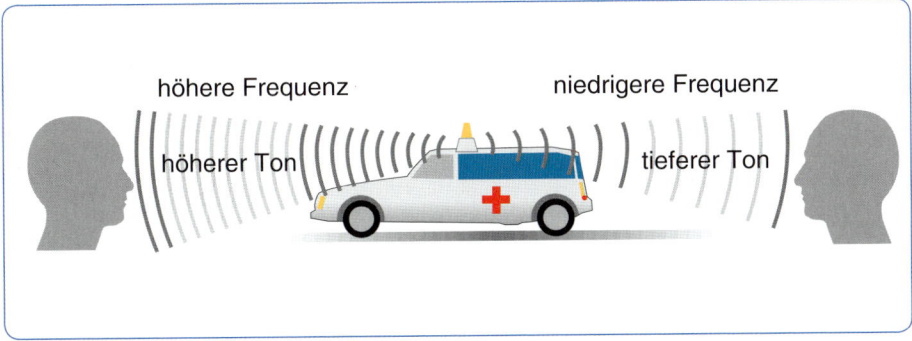

Dopplereffekt

genommen, weil die beim Ohr ankommenden Wellenlängen kleiner sind, wenn das Auto auf uns zukommt, und größer, wenn es sich von uns entfernt – jeweils verglichen mit den bei einem ruhenden Auto registrierten Wellenlängen.

Christian Doppler

Die Rotverschiebung könnte man also versuchsweise durch die Annahme erklären, dass alle Galaxien außer unserer eigenen in Bewegung sind und sich von uns entfernen. An dieser Annahme ist, wie wir sehen werden, etwas dran, aber insgesamt ist sie zu einfach, und zwar aus zwei Gründen:

Erstens: Warum sollten sich alle Galaxien ausgerechnet von *uns* entfernen? Wir haben doch gerade erst festgestellt, wie winzig und unbedeutend unser Sonnensystem im kosmischen Zusammenhang ist!

Zweitens: Der Dopplerdeutung liegt die stillschweigende Annahme zugrunde, dass sich die Galaxien *in* einem Raum bewegen, so, als wäre zuerst ein fertiger Behälter da gewesen, der nun von den Galaxien nach und nach ausgefüllt würde. Eine solche Vorstellung vom Raum als einer zeitlich unveränderlichen Kulisse für die Objekte der Welt ist aber, wie wir seit dem achten Kapitel wissen, überholt (→ S. 284 f.). Nach Einstein *entsteht* die Struktur des Raumes (genauer der Raum-Zeit) erst durch die Massenverteilung der in ihr enthaltenen Objekte. Der Raum war also nicht *vor* den Galaxien da, sondern beide bedingen sich im Hinblick auf ihre Entstehung gegenseitig.

Wir müssen die Deutung der Rotverschiebung so verfeinern, dass sie diese beiden Einwände berücksichtigt. Dies tun wir zu Beginn des folgenden Abschnitts!

> Sterne sind nicht unstrukturiert im Raum verteilt, sondern gehören *Sternsystemen* (Sternhaufen und Galaxien) an. Die Spektren der Galaxien zeigen eine Rotverschiebung, die mit wachsender Entfernung zunimmt.

Entwicklung des Universums

Die Frage, ob das Universum *dynamisch* oder *statisch* ist, ob es sich also mit der Zeit ändert oder nicht, war lange offen, ist aber inzwischen eindeutig zugunsten der dynamischen Variante entschieden worden: Das Universum entwickelt sich. In diesem Abschnitt schauen wir uns diejenigen Prozesse an, die diese Entwicklung steuern.

Das expandierende Universum

Die gekrümmte Raum-Zeit können wir uns beim besten Willen nicht vorstellen – dazu ist unser Gehirn einfach nicht gemacht. Wir sind darauf angewiesen, uns anschauliche Analogien auszudenken, die unserem dreidimensional denkenden Gehirn zugänglich sind und die uns eine bildliche Vorstellung von Einsteins Begriffen vermitteln können. Eine solche Analogie ist das *Luftballonmodell*.

Bitte pusten Sie einen Luftballon halb auf und malen Sie mit einem Filzstift eine Vielzahl kleiner Galaxien auf die Gummihaut. Die Oberfläche des Ballons soll das Universum gewisser Lebewesen darstellen, die aufgrund ihrer Evolution nur zweidimensional denken können: Für sie gibt es nur Länge und Breite, Höhen liegen außerhalb ihrer Vorstellungswelt. Das Universum ist für diese Lebewesen eine nach allen Seiten hin unbegrenzte Ebene, da sie die Krümmung der Luftballonoberfläche nicht wahrnehmen können. Diese Lebewesen fragen sich: „Wo ist die Welt zu Ende?" Und: „Was kommt dahinter?" Wir Menschen kennen natürlich die Antwort, aber mit unserer Antwort können die Flächenwesen nicht viel anfangen. Wir sagen z. B.: „*In Wirklichkeit* gibt es noch eine weitere Dimension, die ihr nur nicht kennt. In der wirklichen Welt ist euer Universum *gekrümmt*. Wenn ihr eine Rakete lange genug ‚geradeaus' fliegen lasst, kommt sie irgendwann wieder am Ausgangspunkt an. Euer Universum hat zwar keine Begrenzungen, aber es ist auch nicht unendlich groß. Es ist sinnlos zu fragen, was ‚dahinter' kommt." Falls es kluge Köpfe unter den Flächenwesen gibt, die unseren Ausführungen

Luftballon

Glauben schenken, werden diese vielleicht versuchen, *eindimensionale* Analogien zu entwickeln, um sich ein *Bild* von der Krümmung zu machen – aber warum eine Rakete, die man nach vorn losschießt, irgendwann hinten wieder auftauchen sollte, das wird sich ihnen niemals wirklich erschließen.

Sie sehen: Unsere Situation gleicht derjenigen der Flächenwesen, sie ist nur gewissermaßen um eine Dimension verschoben. Wir versuchen daher, uns noch etwas weiter in die Luftballonwelt hineinzudenken, um Hinweise darauf zu bekommen, wie sich die Rotverschiebung der Galaxien aus dem letzten Abschnitt angemessen deuten lässt.

Pusten Sie bitte den Luftballon etwas weiter auf und fassen Sie dabei eine der aufgemalten Galaxien verstärkt ins Auge: Dort sollen unsere Flächenwesen leben. Wie stellt sich ihnen der Aufblasvorgang dar? Ganz klar: Sie sind der Meinung, dass alle anderen Galaxien sich von der ihrigen entfernen. Das ist in gewisser Weise auch richtig, aber von unserem übergeordneten Standpunkt aus müssen wir ihnen Folgendes sagen: „Ihr tut so, als würden sich die Galaxien innerhalb des Raums bewegen, in Wirklichkeit dehnt sich aber der Raum selbst aus!" Die Filzstiftgalaxien haben wir ja auf die Gummihaut gemalt, daher müssen sie wohl oder übel die Dehnung mitmachen – sie können sich aber nicht relativ zur Gummihaut bewegen. Außerdem müssen wir die egozentrische Selbstüberschätzung der Flächenwesen deutlich ansprechen: „Ihr glaubt, dass alle Galaxien sich ausgerechnet *von euch* wegbewegen und dass ihr daher so etwas wie der Mittelpunkt der Welt seid. Aber *jede* Galaxie entfernt sich von *jeder* anderen! Bewohner anderer Galaxien hätten denselben Eindruck wie ihr." Ob dies die Flächenwesen überzeugen wird, darf bezweifelt werden – vielleicht hat ihnen die „Flächenkirche" ja über mehrere Jahrhunderte etwas anderes erzählt ...

Jetzt ist Ihnen bestimmt klar, wie wir die Rotverschiebung der Galaxien deuten können: Sie zeigt in der Tat eine Art Bewegung an, aber es ist in erster Linie nicht die Bewegung der Galaxien durch den Raum, sondern es ist die Ausdehnung des Raums selbst: Das Universum expandiert, und alle Längen, die man misst – darunter auch die Wellenlängen des ausgesendeten Lichts – werden laufend größer. Die Wellenlänge ändert sich dabei in einer bestimmten Zeitspanne natürlich umso stärker, je weiter das aussendende Objekt von uns entfernt ist – ganz in Übereinstimmung mit der Beobachtung, dass die Rotverschiebung mit der Entfernung zunimmt.

Der Urknall

Das Universum expandiert also. Aber dies muss ja dann – wenn wir sozusagen den Film rückwärtslaufen lassen – auch bedeuten, dass das Universum einmal ganz klein gewesen ist. Man kann sogar abschätzen, wann das war: Legt man die heutige (aus den Rotverschiebungen und Entfernungen der Galaxien bestimmte) Expansionsgeschwindigkeit zugrunde, hat alles vor etwa 13 Milliarden Jahren angefangen, und zwar mit einem im wahrsten Sinne des Wortes „weltbewegenden" Ereignis: dem *Urknall*.

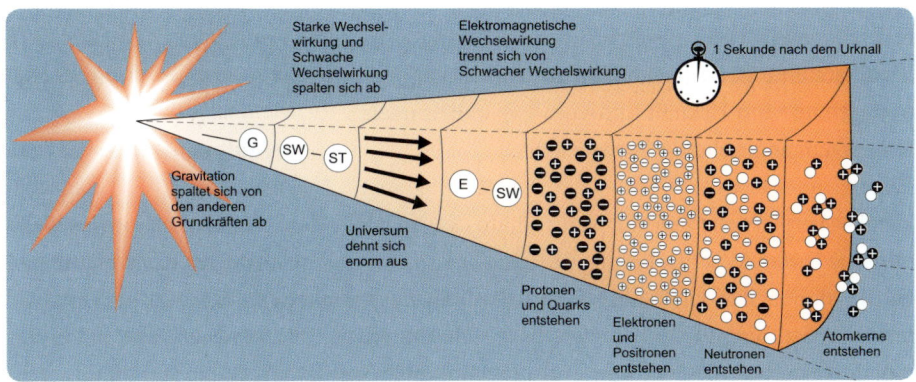

Leider konnten wir nicht Zeugen dieses Vorgangs sein, von außen schon gar nicht, denn wie sollten wir das Universum von außen betrachten können? Daher müssen wir, wenn wir uns dem Urknall nähern wollen, folgende Taktik anwenden: Wir nehmen *heutige* Beobachtungen zum Anlass, um Modelle für *damals* aufzustellen. Falls ein solches Modell Vorhersagen macht, die die heutigen Beobachtungen stützen, dann sagen wir: Ja, so könnte es gewesen sein – wenn es nämlich anders gewesen wäre, würden wir andere Dinge beobachten.

Die Entdeckung der *kosmischen Hintergrundstrahlung* ist das wichtigste Beispiel für eine solche heutige Beobachtung, die zu einem Modell über lange zurückliegende Vorgänge geführt hat. Die Deutung dieser Strahlung erlaubt uns immerhin eine Aussage darüber, wie das Universum 400.000 Jahre nach dem Urknall aussah, also (für kosmische Verhältnisse) sehr kurz danach.

Die kosmische Hintergrundstrahlung

Bei radioastronomischen Messungen registrierten Arno Penzias (geb. 1933) und Robert Wilson (geb. 1936) im Jahre 1965 eine langwellige elektromagnetische Strahlung, die keiner bestimmten Quelle zugeordnet werden konnte und die aus allen Himmelsrichtungen gleichmäßig einfiel. Das Spektrum dieser Strahlung entspricht dem eines schwarzen Körpers der Temperatur von drei Kelvin (→ S. 247 f.), sie heißt daher auch *Drei-Kelvin-Hintergrundstrahlung* (ganz genau sind es 2,7 Kelvin). Die Existenz dieser Strahlung wird heute als eine der entscheidenden Stützen für die Vorstellung vom Urknall und vom expandierenden Universum angesehen. Aber wieso?

Robert Woodrow Wilson (links) und Arno Penzias

Die Antwort ist nahe liegend, wenn wir uns klarmachen, dass eine Expansion des Weltalls eine laufende Vergrößerung aller Längen, insbesondere also auch der Wellenlänge von Photonen, bedeutet. Wenn es stimmt, dass das Universum dauernd größer wird, muss die Strahlung früher kurzwelliger, also energiereicher, gewesen sein. In der Tat passt die heute gemessene Hintergrundstrahlung genau zu folgender Vorstellung über ihre Entstehungsgeschichte:

Etwa 100.000 Jahre nach dem Urknall bestand das Universum aus einem Plasma aus Elektronen und Atomkernen und außerdem aus elektromagnetischer Strahlung, die sich mit dem Plasma im Gleichgewicht befand. Die Photonen konnten keine größere Strecke zurücklegen, ohne gestreut zu werden, das Universum war daher undurchsichtig. Durch die Expansion sank die Temperatur ständig, und als sie 3000 Kelvin unterschritten hatte, bildeten sich Atome. Jetzt fand, da geladene Teilchen fehlten, keine Streuung mehr statt (nur geladene Teilchen streuen) und das Universum wurde durchsichtig. Etwa 400.000 Jahre nach dem Urknall reichte die Energie der Photonen für Wechselwirkungen mit Teilchen nicht mehr aus. Seitdem sind sie dazu verurteilt, unentwegt den Raum zu durcheilen. Dies tun sie bis heute, nur hat ihre Wellenlänge aufgrund der Expansion im Laufe der Zeit stark zugenommen. Was wir heute also registrieren, ist die „abgekühlte" Strahlung von damals. Dass es sie gibt, stützt die Vorstellung von einem expandierenden und sich abkühlenden Universum. Sie ist gewissermaßen das Nachglühen des Urknalls.

Dunkle Energie und dunkle Materie

Bis zum Jahre 1998 ging man davon aus, dass die Gravitationswirkung der Galaxien aufeinander zu einer allmählichen Verlangsamung der Expansion des Universums führt. Messungen, die auf Entfernungsbestimmungen weit entfernter Supernovae beruhen, zeigten dann jedoch, dass das nicht so ist, sondern dass die Expansionsgeschwindigkeit *zunimmt.* Es muss also eine das Weltall erfüllende Energieart geben, die eine *abstoßende* Gravitationswirkung besitzt. Diese Energieart nennt man *dunkle Energie,* und der Begriff drückt sehr gut aus, was man bisher über sie weiß, nämlich praktisch nichts – außer, dass es sie geben muss.

Es kommt sogar noch dicker: Die Masse einer Galaxie kann man auf zwei voneinander unabhängigen Wegen bestimmen: zum einen durch eine Abschätzung der Anzahl der Sterne und der leuchtenden Gasnebel in der Galaxie und zum anderen durch die Auswertung ihrer Bewegung: Galaxien sind Mitglieder von *Galaxienhaufen,* und auf die rotierenden Galaxienhaufen kann das Gravitationsgesetz angewendet werden (so ähnlich wie wir im ersten Kapitel die Masse von Erde und Sonne bestimmt haben (→ S. 95)). Dabei stellt man leider fest: Es fehlt Masse, und zwar ziemlich viel! Die durch die Abschätzung ermittelte sichtbare Masse reicht bei Weitem nicht aus, um die erforderliche Gravitationswirkung zu erzeugen. Also

Kompakter Galaxienhaufen HCG 87

muss es auch *dunkle Materie* (mit *anziehender* Wirkung) geben, und über diese weiß man exakt genauso wenig wie über die dunkle Energie.

Man schätzt, dass die dunkle Energie 70 Prozent der Energie des Universums liefert. Weitere 26 Prozent werden durch die der dunklen Materie äquivalente Energie beigesteuert. Der Rest ist das Äquivalent der sichtbaren Materie. Dafür bleiben lediglich vier Prozent übrig!

Es wirkt merkwürdig und befremdlich, aber es scheint wahr zu sein: 96 Prozent aller Materie- beziehungsweise Energieformen entziehen sich bisher unserer Beobachtung. Es liegt noch sehr viel Forschungsarbeit vor uns!

> Die Vorstellung, dass das Universum aus einem Urknall hervorging und dass es seitdem expandiert, wird durch die *Rotverschiebung* der Galaxien und durch die Existenz der kosmischen *Hintergrundstrahlung* gestützt. Diskrepanzen zwischen den bisherigen Modellen und neueren Beobachtungen weisen darauf hin, dass nur vier Prozent der Energie des Universums sichtbarer Materie entsprechen.

Der Anfang der Welt

Über die Geburt des Universums können die Einstein'schen Gleichungen keine Auskunft geben, weil sie genau dort eine Singularität enthalten. Aber es könnte natürlich sein, dass es uns nicht grundsätzlich verwehrt ist, physikalisches Wissen über den Anfang der Welt zu erlangen, sondern dass wir einfach bisher noch über keine geeignete Theorie verfügen. Grob gesagt gibt es zurzeit zwei große physikalische Theorien: Die *allgemeine Relativitätstheorie* für die „großen" und die *Quantentheorie* für die „kleinen" Dinge. Eine Zusammenführung dieser beiden Gedankengebäude zu einer einheitlichen *Theorie der Quantengravitation* könnte vielleicht genaueren Aufschluss über den Urknall geben. An einer solchen umfassenden Theorie wird gearbeitet, sie existiert bisher aber nur in Fragmenten.

Bis vor etwa 500 Jahren konnte man die Frage, wie die Welt entstanden ist, nur in Form von Mythen beantworten. Der Physik ist es mit ihren Methoden gelungen, Vorstellungen von der Entstehung des Universums zu entwickeln, die durch Beobachtungen und Experimente gestützt werden. Damit haben wir Menschen die rein spekulative Ebene verlassen und sind einen kleinen Schritt weitergekommen – auch wenn es uns vielleicht niemals möglich sein wird, das Rätsel unserer Existenz ganz und gar aufzuklären. Wir sind eben – wie in der Einleitung bemerkt – gefangen in Raum und Zeit.

An dieser Stelle – quasi am Anfang der Welt – endet unsere Reise durch die Physik. Einige Sehenswürdigkeiten haben wir uns genau angeschaut, auf andere konnten wir nur einen kurzen Blick werfen, weil die Reisezeit sonst nicht ausgereicht hätte. Aber es muss ja nicht Ihre letzte Physikreise gewesen sein: Viele gute Bücher, Internetseiten und Fernsehsendungen laden zu weiteren Exkursionen ein, und vielleicht kommt ja sogar ein „All-inklusive"-Aufenthalt in Form eines Physikstudiums für Sie infrage.

Wann brechen Sie zu Ihrer nächsten Reise durch die Physik auf?

Register

A

A/D-Wandler … 141
absolute Temperatur … 229
absolute Temperaturskala … 229
absoluter Nullpunkt … 229
absoluter Raum … 273
Absorption … 247
Absorption, quantenhafte … 306
Absorptionsvermögen … 247, 249
Achse, optische … 258
Aerodynamik … 82
Aggregatzustand … 227, 308
allgemeine Relativitätstheorie … 272, 283ff., 372
Alpha Centauri … 353
α-Strahlung … 325ff.
Altimeter … 82
Americium … 331
Ampere (Einheit) … 158f.
Ampère, André-Marie … 158
Amperemeter … 159, 165, 179
Amplitude … 102, 136
Amplitudenmodulation … 220
analoger Verstärker … 196
Analysator … 183
Andromedagalaxie … 363
Andromeda-Sternsystem … 355
Anlage, fotovoltaische … 197
Anlage, solarthermische … 197
Anode … 171f., 290
Antenne … 217f.
Antineutrino … 332
Äquivalentdosis … 326f.
Äquivalenzprinzip … 283f.
Arbeit, physikalische … 48f., 51
archimedisches Gesetz … 78
Argon … 324
Aristoteles … 30, 88
Astrologie … 89
Astronomie … 89
astronomisches Fernrohr … 261f.
Äther … 273f.
Atom … 183, 287ff.
atomares Gas … 302
Atombombe … 282, 335f.
Atomhülle … 310
Atomkern … 310, 323, 328ff., 370
Atomkraftwerk … 201
Atommodell, Bohr'sches … 306, 310ff., 316
Atommodell, quantenmechanisches … 312
Atommodell, Rutherford'sches … 309f.
Atomphysik … 173
Auftrieb … 77ff.
Auftriebskraft … 77f.
Auftriebskraft, dynamische … 84
Auge … 261, 270
Augenlinse … 261
Augustinus … 7
Auslenkung, momentane … 101
Austauschteilchen … 348
Australopithecus africanus … 355
Autolichtmaschine … 188
Axiom … 44

B

Babuschka-Effekt … 342
Bahngeschwindigkeit … 28
ballistische Kurve … 24
Balmer, J. … 304
Balmerserie … 305
Barium … 333
Bärlappensporen … 309
Barometer … 12
Baryonen … 347f.
Batterie … 147, 156
Becquerel, Henri … 323f.
Beleuchtungsspalt … 263
Bell, Alexander Graham … 143
Bernoulli, Daniel … 86
Bernoulli-Gesetz … 86
Beschleunigung … 17, 28f.
Beschleunigungsarbeit … 50ff.
beschränktes Wachstum … 129
Besetzungsinversion … 318f.
β-Strahlung … 325ff.
Beugung … 262ff.
Bewegung, Brown'sche … 225f., 228
Bewegung, gleichförmige … 10ff., 21, 33, 44
Bewegung, gleichmäßig beschleunigte … 17f., 21, 29
Bewegungsenergie … 53
Bezugssystem … 33, 45
Bifurkation … 130
Bilanzgleichung … 234
Bildweite … 259
binäres Zahlensystem … 141
Bindungsenergie … 330
Blindstrom … 206
Bogenmaß … 26ff.
Bohr, Niels … 304, 306, 311f., 315
Bohr'sches Atommodell … 306, 310ff., 316
Boltzmann, Ludwig … 240
Born, Max … 298
Bragg, William Lawrence … 296
Brahe, Tycho … 89
Braun, Karl Ferdinand … 171
Braun'sche Röhre … 171f.
Brecht, Bertholt … 32

Register

Brechungsgesetz 256, 258
Brechungsindex 256
Brechungswinkel 257
Brechzahl 256
Brennpunkt 259
Brennstrahl .... 258f.
Brennweite .... 260f.
Broglie, Louis-Victor de .... 294f.
Brown, Robert 225
Brown'sche Bewegung 225f., 228

C

Carnot, Nicolas Léonard Sadi 236, 238
Carnot'scher Kreisprozess 236ff., 243
Celsius, Anders 223
Celsiusskala 223, 229
Cepheiden-Veränderliche 354, 356
Chadwick, J. 328
Chaos, deterministisches 128
Chaosforschung 25
chaotische Vorgänge .... 125ff.
chemische Ordnungszahl 328
chemische Verbindung 183
Clausius, Rudolf 239
Compton, A. H. 293
Compton-Effekt .... 293f.
Coriolis, Gaspard Gustave de 47
Coriolis-Kraft .... 46f.
Coulomb (Einheit) .... 149f.
Coulomb, Charles de 149
Curie, Marie 324
Curie, Pierre 324
Cyanin 316

D

D/A-Wandler 141
Dampfmaschine 236
Dampfturbine 201
Dämpfung 99
Dauermagnet 186
Davisson, C. 296
Delta Cephei 354
destruktive Interferenz 121
Detektor 183
deterministisches Chaos 128
Deuterium .... 329f., 340f.
diastolischer Druck 72
Dichte .... 65ff.
Differenzialgleichung zweiter Ordnung 313
Diode 171
Dioptrien 260
Dipol, Hertz'scher 217ff., 310
Doppelspalt .... 262ff.
Doppelspaltexperiment .... 263f.
Doppelspaltversuch, Young'scher .... 263f.
Doppler, Christian .... 365f.
Dopplereffekt 365

Dosimetrie .... 326ff.
dotierte Kristalle 321
DRAM-Chip 170
Drehimpuls .... 61ff.
Drehimpulserhaltung .... 63ff.
Drehkondensator 216
Drehspule 178
Drehspulmessgerät .... 159, 178f.
Drehstrom 210
Dreifingerregel der rechten Hand 177, 181
Drei-Kelvin-Hintergrundstrahlung 370
Drittes Newton'sches Gesetz 45, 59, 93
Druck .... 76ff.
Druck, diastolischer 72
Druck, hydrostatischer 86, 88
Druck, systolischer 72
Druckmessgerät .... 71f.
Druckwasserreaktor 337
Dunkelschaltung 194
dunkle Energie .... 371f.
dunkle Materie .... 371f.
Durchschnittsgeschwindigkeit 16
Dynamik 34
dynamische Auftriebskraft 84

E

Ebene, schiefe 18, 50
Effekt, glühelektrischer .... 170f.
Effekt, lichtelektrischer 288
Effektivspannung 205
Effektivstromstärke 205
Effektivwert 205
Eigenfrequenz 112f., 125
Eigenschwingung 124f., 139
Einfallswinkel 257
Einheitskreis 27, 104
Einspeisevergütung 199
Einstein, Albert 7, 272, 275, 330
Einzelspalt .... 298ff.
elastischer Stoß 59
elektrische Energie 163
elektrische Energiequelle .... 156, 160, 163f.
elektrische Feldstärke .... 115, 150f.
elektrische Leistung 164
elektrische Schwingung .... 213ff.
elektrische Spannung .... 154ff.
elektrische Stromstärke .... 157ff.
elektrischer Leiter 162
elektrischer Pol 174
elektrischer Strom 146ff., 160
elektrischer Stromkreis 156
elektrischer Widerstand 160
elektrisches Feld 150ff., 169, 183, 218
Elektrode .... 148, 170f.
elektrodynamischer Lautsprecher 187
Elektrolytkondensator 168
Elektromagnet .... 173, 184ff.

Register

elektromagnetische Induktion .... 187f.
elektromagnetische Kraft 246
elektromagnetische Welle 113, 217ff., 270
Elektromotor 173, 176, 186, 188
Elektronen 150, 157, 166ff., 170ff.,180ff., 203, 293, 325f., 347, 370
Elektronenmikroskop 267
Elektronenvolt 184
Elektrosmog 221
Elementarladung .... 172f.
Ellipse 90
Elongation 101f., 123, 141
Emission 247
Emission, quantenhafte .... 302ff.
Emitter 194
Energie im Gravitationsfeld, potenzielle 53, 57
Energie, dunkle .... 371f.
Energie, elektrische 163
Energie, innere .... 227, 232ff.
Energie, kinetische 53ff., 59, 63, 110, 154, 170, 182, 214, 229, 232, 340
Energie, potenzielle 54, 110, 155, 157, 182, 214
Energieausweis 243
Energiebänder 320
Energiebedarfswert .... 243, 245f.
Energiebilanz 291
Energieerhaltung .... 54ff.
Energieerhaltungssatz der Mechanik .... 56f.
Energieerhaltungssatz 48, 54, 56f., 231f., 293
Energieniveau 305f., 315, 318, 320
Energieniveauschema 311
Energiepass 48, 243
Energiequelle 147, 169, 171, 187, 322
Energiequelle, elektrische .... 156, 160, 163f.
Energiesparlampe 48, 164, 303, 319
Energiezustand, fester 304
Entropie .... 238ff.
Entropiestrom 239
Erde 31, 64ff., 88, 92ff., 176, 351f., 358, 365
Ersatzwiderstand 165
Erster Hauptsatz der Wärmelehre .... 231ff.
erstes Newton'sches Gesetz 63
Erwärmung, globale 222
erzwungene Schwingung 112
Euklid 285
Euklidische Geometrie 285

F

Fadenpendel 99ff., 127
Fadenstrahl 181
Fadenstrahlrohr 181
Fahrenheit, Daniel Gabriel 224
Fahrenheitskala 224
Fahrraddynamo 188
Fall, freier .... 13f., 17, 21f.
Fallbeschleunigung 17, 30, 39, 93

Farad 168
Faraday, Michael 153, 168
Faraday'scher Käfig .... 150, 152f.
Farbe .... 267ff.
Farbladung 347
Farbspektrum, kontinuierliches 302
Federenergie 55
Federenergie, potenzielle 53
Federkonstante 38
Federkraft .... 37f.
Feder-Schwere-Pendel .... 103ff.
Feigenbaum, Mitchell 126
Feld, elektrisches 150ff., 169, 183, 218
Feld, magnetisches 173, 175, 183, 185, 218
Feldeffekttransistor (FET) 197
feldfrei 150
Feldlinien 152, 175
Feldspule 189
Feldstärke 153
Feldstärke, elektrische .... 115, 150f.
Feldstärke, magnetische 176f., 182
Fernrohr 32, 89, 261
Fernrohr, astronomisches .... 261f.
fester Energiezustand 304
fester Körper .... 226f.
Festkörperphysik 319
Feynman, R. 301
Fläche 73
Flächensatz 90
Flaschenzug 51
Fluorkohlwasserstoffe (FCKW) 242
Flussdichte, magnetische 177
Flüssigkeit .... 226f.
Fotoeffekt 288, 291
Fotovoltaik 197
Fotovoltaikanlage .... 198ff.
fotovoltaische Anlage 197
Fotozelle 289
Foucault, Bernard Léon 46
Fourier, Jean Baptiste 139
Fourieranalyse .... 139f.
Fouriersynthese .... 139f.
Fraktale 128
Franck, J. .... 306ff.
Franck-Hertz-Versuch .... 306f.
Frauenhofer'sche Linien 364
Fraunhofer, Joseph von 364
freier Fall .... 13f., 17, 21f.
Frequenz .... 101, 136ff.
Frequenzmodulation 220
Frequenzspektrum .... 139f.
Funktechnik 217
Funktion, quadratische 15

G

Galaxie .... 362ff.
Galaxienhaufen 286, 371

Register

Galilei, Galileo ... 30, 32
γ-Strahlung ... 325ff.
Gangunterschied ... 120f.
Gas ... 71, 227
Gas, atomares ... 302
Gas, ideales ... 228ff., 239
Gas, reales ... 228
Gasentladung ... 146
Gasentladungslampe ... 302
Gasgleichung, universelle ... 230
Gaskonstante, universelle ... 230
Gastheorie, kinetische ... 228
GAU ... 338
gedämpfte Schwingung ... 102
Gegenstandsweite ... 259
Geiger, Hans ... 324
Geiger-Müller-Zählrohr ... 324
Geigerzähler ... 324
gekrümmte Raum-Zeit ... 284f., 367
Gell-Mann, Murray ... 345
Generator ... 201, 211
Geometrie der Raum-Zeit ... 283
Geometrie, Euklidische ... 285
geometrische Optik ... 253ff.
Geräte, optische ... 257ff.
Germer, L. ... 296
Gesamtwiderstand ... 167
geschlossener Stromkreis ... 161
Geschwindigkeit ... 11ff.
Geschwindigkeits-Zeit-Diagramm ... 16f.
Geschwindigkeits-Zeit-Gesetz ... 16f.
Gesetz von Bernoulli ... 86
Gesetz, archimedisches ... 78
Gesetz, Ohm'sches ... 160ff.
Gesetze, Kepler'sche ... 89ff.
Gesetze, Newton'sche ... 44f.
Gewichtskraft ... 39, 42, 73, 78, 97, 100, 108
Gitter ... 264f., 267, 307
gleichförmige Bewegung ... 10ff., 21, 33, 44
gleichmäßig beschleunigte Bewegung ... 17f., 21, 29
Gleichrichter ... 322
Gleichspannung ... 212
Gleichstrom ... 189f.
Gleichstrom-Elektromotor ... 179
Gleichstrommotor ... 173
Gleitreibungskraft ... 96
Gleitreibungszahl ... 97
Glimmlampe ... 146ff.
globale Erwärmung ... 222
glühelektrischer Effekt ... 170f.
Glühlampe ... 162
Gluon ... 347f.
Gold ... 332
Goldene Regel der Mechanik ... 51
Gravitation ... 31, 88
Gravitationsgesetz ... 88, 91, 93f.
Gravitationsgesetz, Newton'sches ... 286
Gravitationskraft ... 40, 88, 91, 346
Gravitationslinsen ... 286
Gravitationswelle ... 113, 286
Gravitationswirkung ... 357
Gravitonen ... 347f.
Gray (Einheit) ... 326
Gray, Louis ... 326
Grundton ... 140
Guericke, Otto von ... 80

H

Haftkraft ... 96f.
Haftreibungszahl ... 97
Hahn, Otto ... 333
Halbkugeln, Magdeburger ... 80
Halbleiter ... 192ff., 322
Halbleiterbauelemente ... 319
Halbleiterdiode ... 197
Halbwertszeit ... 332
Hall, Edwin ... 177
Hallsonde ... 177
harmonische Schwingung ... 103ff., 135
Hauptmaximum ... 299
Hauptreihensterne ... 362
Hebebühne, hydraulische ... 76
Heisenberg, Werner ... 301, 312
Heisenberg'sche Unschärferelation ... 298ff.
Heißleiter ... 195
Heißluftmotor ... 236f.
Helium ... 317f., 331, 340, 357, 359f.
Heliumkern ... 325f.
Helium-Neon-Laser ... 317
Hellschaltung ... 195
Helmholtz, Herrmann von ... 231
Henry (Einheit) ... 191
Henry, Joseph ... 191
Hertz, G. ... 306ff.
Hertz, Heinrich Rudolf ... 101, 217
Hertz'scher Dipol ... 217ff., 310
Hertzsprung, Ejnar ... 359
Hertzsprung-Russel-Diagramm ... 359f.
Hintergrundstrahlung, kosmische ... 369ff.
Hochspannungsnetz ... 212
Höhenmesser ... 82
Homo sapiens ... 355
Hooke'sches Gesetz ... 38, 54, 103, 108
horizontaler Wurf ... 20, 22ff.
Hörschwelle ... 142
Hubarbeit ... 50, 52
Hubble, Edwin ... 365
Hubbleweltraumteleskop ... 267
Huygens, Christiaan ... 266
Huygens'sches Prinzip ... 266
Hydrodynamik ... 82f.
Hydrostatik ... 83
hydrostatischer Druck ... 86, 88

I/J

ideales Gas 228ff., 239
Impedanz .... 205f.
Impuls 58ff., 300
Impulserhaltung 59
Impulserhaltungssatz 60, 293
Induktion, elektromagnetische .... 187f.
Induktionsgesetz 190
Induktionsspule .... 189f.
Induktivität 191
Inertialsystem 33f., 45f., 275
Infrarotlampe 244
inkompressibel 68
Inkompressibilität 86
innere Energie .... 227, 232ff.
Intensität 248
Interferenz .... 118ff., 262ff., 295f.
Interferenz, destruktive 121
Interferenz, konstruktive 121, 265
Interferenzbedingung .... 120f.
Interferenzbild 296
Interferenzmuster 266, 274
Interferenzphänomen 264
Interferenzspektrum 269
interstellare Materiewolke 362
Ion 183, 309
Ionisator 183
irreversibler Vorgang 235, 240
isothermer Vorgang 237
Isotop 329
Iteration 128
Jolly, Philipp von 25
Joule 49
Joule, James Prescott 49, 231
Joyce, James 345
Jupitermond .... 250ff.

K

Käfig, Faraday'scher .... 150, 152f.
Kaonen 344, 347
Kapazität 168
Kathode 290
Kausalität, schwache .... 126ff.
Kausalität, starke .... 126ff.
Kelvin, Lord William 224, 229
Kepler, Johannes 89
Kepler'sche Gesetze .... 89ff.
Keramikkondensator 168
Kernfusion .... 330, 339ff.
Kernkraft 330
Kernkraftwerk .... 336ff.
Kernladungszahl .... 328f.
Kernreaktor 282
Kernspaltung .... 330, 333ff.
Kernspaltungsbombe .... 335f.
Kettenreaktion 335
Kettenreaktion, kontrollierte .... 336ff.
Kettenreaktion, unkontrollierte .... 335f.
Kilogramm .... 35f.
Kinematik 34
kinetische Energie 53ff., 59, 63, 110, 154, 170,
                                        182, 214, 229, 232, 340
kinetische Gastheorie 228
Klang .... 134ff.
Klangfarbe 140
klassische Physik 25, 275
Kleine Magellan'sche Wolke 355
Klimawandel 222
Kohlekraftwerk 201
Kohlendioxyd (CO_2) 249
Kohlenstoff 332
Kollektor 194
kommunizierende Röhren .... 75ff.
Kommutator 173, 179
Kompressor 242
Kompressorkühlschrank 241
Kondensator 168ff., 205
Kondensor 263
Konduktor .... 147f., 150f.
Konstantan 163
Konstante 15
Konstanz der Lichtgeschwindigkeit .... 275, 278ff.
konstruktive Interferenz 121, 265
kontinuierliches Farbspektrum 302
kontinuierliches Spektrum 268, 303
Kontinuitätsgleichung .... 85f.
kontrollierte Kettenreaktion .... 336ff.
Konvektion 244
Konvexlinse 258
Kopfwelle 134
Körper, fester .... 226f.
Körper, schwarzer .... 246ff.
kosmische Hintergrundstrahlung .... 369ff.
Kraft .... 36f.
Kraft, elektromagnetische 346
Kraft, resultierende 41
Kraft, rücktreibende 100, 108
Kraft, schwache 346
Kraft, starke 346
Kräftezerlegung 41
Kraftmesser .... 38f.
Kraftwerk 210
Kreisbewegung 40
Kreisprozess, Carnot'scher 236ff., 243
Kreiswelle 118, 134, 264
Kristalle, dotierte 321
Kristallgitter 320
Kristallgitterspektroskopie 326
kritische Masse 335
Kryolith 269
Krypton 324, 333
Kurve, ballistische 24
kurzwellige elektromagnetische Strahlung 326

Register

L

Ladung...........................146ff., 158, 163, 168
Ladung, negative..149f.
Ladung, positive...149f.
Ladungsträger..171, 180
Lageenergie..53
Lambdateilchen.....................................344, 347
Länge..9f.
Längenkontraktion..280
Laser...317ff.
Laue, Max von...295
Lautsprecher..188f., 196
Lautsprecher, elektrodynamischer...................187
Lautstärke..141ff.
Leavitt, Henrietta..354
Leerlaufspannung..198
Leistung, elektrische......................................164
Leiter...180
Leiter, elektrischer..162
Leitungsband..320
Lenard, P..308f.
Leptonen...347f.
Leuchtdiode (LED)....................................319ff.
Leuchtkraft...354
Leuchtstoffröhre..303
Lichtablenkung...285
Lichtbrechung..256f.
Lichtbündel..253f., 262
lichtelektrischer Effekt...................................288
Lichtgeschwindigkeit........250ff., 272ff., 282, 353
Lichtjahr..353
Lichtstrahlen..253f.
Lichtuhr...277f.
Linearbeschleuniger......................................184
linearer Potenzialtopf.................................313ff.
Linien, Fraunhofer'sche................................364
Linienspektrum...303
linksdrehende Zyklone....................................47
Linse, vergütete..269
Linsenformel..260
Loch, schwarzes...................................357, 360ff.
Longitudinalwelle..................................115, 132
Lorentz, Hendrik..180
Lorentzkraft..........................176ff., 180ff., 186,
                                        189, 203
Lorenz, Edward..126
Lot..255, 257
Luftballonmodell...367
Luftdruck...79f., 223
Luftdruckmessgerät..12
Luftpumpe...230
Luftwiderstandskraft......................................97f.

M

Mach, Ernst...134
Machkegel...134
Magellan'sche Wolke, Kleine.........................355

Magnet..127, 173ff.
Magnetfeld...........................175f., 178, 180, 185ff.
magnetische Feldstärke.........................176f., 182
magnetische Flussdichte................................177
magnetischer Pol..174
magnetisches Feld...........173, 175, 183, 185, 218
Magnetpendel..127ff.
Mandelbrot, Benoît.......................................126
Manometer...71f., 86
Masse..35f.
Masse, kritische..335
Masse, relativistische............................280f., 292
Massendefekt...330
Massenspektrograf................................328, 330f.
Massenspektrometer...............................183, 308
Massenspektrometrie..............................181, 183
Massenspektrum...183
Massenzahl..329
Materie, dunkle..371f.
Materiewelle.............................113, 295f., 312
Materiewolke, interstellare............................362
Matrizenmechanik..312
Maxwell, James Clerk...........................217, 270
Mayer, Robert..231
mechanische Schwingung............................131f.
mechanische Wärmelehre..............................228
Meißner, Alexander......................................215
Meißner'sche Rückkopplungsschaltung......215f.
Meitner, Lise..333
Membran..72
Membranmanometer.....................................71f.
Mesonen...347f.
metastabil..318
Meter..9
metrisches System..9
Michelson, Albert Abraham..........................273f.
Michelson-Experiment................................272ff.
Michelson-Interferometer..............................273
Mikrofon..188f., 196
Mikroprozessor...196
Mikroskop...261, 267
Milchstraßengalaxie......................................363
Millikan, Robert Andrews.............................172
Millikan-Versuch...172f.
Minuspol.......................147, 149, 157, 169,
                                   189, 322
Mittelpunktstrahl..258
Mittelspannungsnetz.....................................210
moderne Physik..25
Modulation..220
Mol...230
Momentanbeschleunigung...............................18
momentane Auslenkung................................101
Momentangeschwindigkeit..............................16
Mond...88, 95, 351f.
monochromatisch..319
Morley, Edward..273

Müller, Walter...324
multikristalline Zelle...197
Myonen...279f., 343f.

N

Nanotechnologie...322
Natriumdampflampe...302
Naturkonstante, universelle...94, 253, 291
natürliche Radioaktivität...324
Nebel, planetarer...359
Nebenmaximum...299
negative Ladung...149f.
Neon...317f.
Neonröhre...303
Neptunium...331
Netzhaut...261
Netzkopplung...199
Neutrino...332, 344, 347
Neutron...328f., 347
Neutronenstern...357, 360ff.
Newton, Isaac...36, 43f., 88, 91
Newton'sche Gesetze...44f.
Newton'sche Reibung...98
Newton'sches Gesetz, drittes...45, 59, 93
Newton'sches Gesetz, erstes...63
Newton'sches Gesetz, zweites...40
Newton'sches Gravitationsgesetz...286
Niederspannungsnetz...210
Nordpol (Magnet)...174f., 177
Nordpol...46
Nukleon...329
Nullpunkt, absoluter...229

O

Oberton...139f.
Objektiv...260, 262, 267
Observatorium...89
Ohm, Georg Simon...161
Ohm'scher Widerstand...179, 203, 205
Ohm'sches Gesetz...160ff.
Okular...262
Ölfleckversuch...308
Optik, geometrische...253ff.
optische Achse...258
optische Geräte...257ff.
Orbital...316
Ordnungszahl, chemische...328
Ørsted, Hans Christian...185
Oszillator...114ff., 123, 128, 288
Oszillograf...172, 180, 187
Ötzi...332

P

Parabel...15
Parallaxe...350ff., 356
Parallelschaltung...166f.
Pascal (Einheit)...70

Pascal, Blaise...70
Pendel...46f., 58, 100f., 115, 148, 150f.
Penzias, Arno...370
Periodendauer...100
Periodizität, räumliche...117
Phasengeschwindigkeit...117
Phasenverschiebung...112
Phon...145
Phonzahl, tierische...141, 145
Photon...289ff., 319, 348, 370
Photonenimpuls...292
Photonenmasse...292
Physik, klassische...25, 275
Physik, moderne...25
Physik, theoretische...25
physikalische Arbeit...48f., 51
Pionen...344, 347
Planck, Max...25, 248
Planck'sches Wirkungsquantum...291
Planet...358
planetarer Nebel...359
Plasma...340, 370
Platin-Iridium-Legierung...9
Plattenkondensator...152, 154, 168, 172
Pluspol...147, 149, 157, 169, 189, 322
Poincaré, Henri...126
Pol...147, 157, 160ff.
Pol, elektrischer...174
Pol, magnetischer...174
positive Ladung...149f.
Positron...332, 343
Potenzial...156
Potenzialtopf, linearer...313ff.
Potenzialtopfmodell...316
potenzielle Energie im Gravitationsfeld...53, 57
potenzielle Energie...54, 110, 155, 157, 182, 214
potenzielle Federenergie...53
Primärspule...189, 207
Prinzip der Energieerhaltung...234
Prinzip, Huygens'sches...266
Probeladung...151, 154f.
Proton...328f., 347
Protostern...357f.
Prozessgröße...234
Pulsare...286
Pythagoras am Einheitskreis...110

Q

quadratische Funktion...15
Quanten...287ff.
quantenhafte Absorption...306
quantenhafte Emission...302ff.
quantenmechanisches Atommodell...312
Quantenobjekte...301
Quantentheorie...372
Quantenzahl...315

R

Quarks	344f., 348
Quecksilber	223, 332
Quecksilberthermometer	223

R

radioaktive Strahlung	323ff., 335
Radioaktivität	323ff.
Radioaktivität, natürliche	324
Raum, absoluter	273
räumliche Periodizität	117
Raum-Zeit	283ff.
Raum-Zeit, gekrümmte	284f., 367
Reaktionskraft	43f.
Reaktionszeit	19
reales Gas	228
Reflexion	254ff.
Reflexionsgesetz	255
Reflexionsgitter	269
Reibung	95ff., 231
Reibung, Newton'sche	98
Reibung, Stokes'sche	98
Reibungsarbeit	50
Reibungskraft	31, 102
Reihenschaltung	165f.
relativistische Masse	280f., 292
Relativitätspostulate	275, 278ff.
Relativitätsprinzip	275, 278ff.
Relativitätstheorie	25, 33, 272ff.
Relativitätstheorie, allgemeine	272, 283ff., 372
Relativitätstheorie, spezielle	272, 275ff.
Resonanz	112f.
Resonanzfrequenz	113
resultierende Kraft	41
reversibler Vorgang	235, 239f.
Richtgröße	109
Riemann, Bernhard	285
Riese, roter	356, 358, 360ff.
Röhre, Braun'sche	171f.
Röhren, kommunizierende	75f.
Rømer, Ole	250ff.
Röntgenstrahlung	293, 295f.
Rosinenkuchenmodell, Thomson'sches	309f.
Rotation	61ff.
Rotationsbewegung	62
Rotationsenergie	62f.
roter Riese	356, 358, 360ff.
Rotor	173
Rotverschiebung	364ff., 372
Rückkopplung	128, 215f.
Rückkopplungsschaltung, Meißner'sche	215f.
rücktreibende Kraft	100, 108
Ruheenergie	282
Ruhelage	100
Ruhemasse	292
Rundfunk	217
Russel, Henry Norris	359
Rutherford, E.	308f.
Rutherford'scher Streuversuch	345
Rutherford'sches Atommodell	309f.
Rutherford-Methode	328
Rydberg, J.	304
Rydbergformel	304

S

Sammellinse	257ff.
Santbech, Daniel	19
Satz des Pythagoras	24, 279
Satz von der Erhaltung der Energie	48, 54, 56f.
Satz von der Erhaltung des Impulses	60
Schall	131ff.
Schallgeschwindigkeit	132f.
Schallintensität	141
Schallintensitätspegel	143
Schallmauer	133
Schallplatte	140
Schallquelle	131, 135f.
Schallschwingung	131ff.
Schallwelle	131ff., 142
Schaltbild	147
Schaltung	157, 164f., 193
Schaltung, integrierte	197
Schaukel	213f.
Scheinwerfer	319
schiefe Ebene	18, 50
schräger Wurf	20, 24f.
Schrödinger, Erwin	312f.
Schrödingergleichung	312f., 316
schwache Kausalität	126ff.
schwache Kraft	346
schwarzer Körper	246ff.
schwarzes Loch	357, 360ff.
Schwebung	136f.
Schweißstromquelle	209
Schweredruck	72ff., 78, 81
Schwerkraft	39
Schwerpunkt	94f.
Schwimmblase	79
Schwingkreis	138, 213ff.
Schwingung	99, 135ff.
Schwingung, elektrische	213ff.
Schwingung, erzwungene	112
Schwingung, gedämpfte	102
Schwingung, harmonische	103ff., 135
Schwingung, mechanische	131f.
Schwingung, ungedämpfte	102
Schwingungen, selbst erregte	111
Schwingungsbild	135ff.
Schwingungsdämpfung	102
Schwingungsdauer	100
Schwingungszahl	101
Sekundärspule	189, 207
Sekunde	8
selbst erregte Schwingung	111
Selbstinduktion	191

Register

Sievert (Einheit) 327
Sievert, Rolf 327
Silizium 197, 320
Singularität 361
Sinuskurve 104
Skalarprodukt 49
solarthermische Anlage 197
Solarzelle .... 197f.
Sonne .... 31, 64, 88, 90, 95, 248, 352, 357ff.
Spannarbeit 50, 52
Spannenergie 53
Spannung 147, 155f., 159ff., 164, 166, 168, 170
Spannung, elektrische .... 154ff.
Spannungsteiler 195
Spektrum .... 267ff., 302f.
Spektrum, kontinuierliches 268, 303
spezielle Relativitätstheorie .... 272, 275ff.
Spiegelbild .... 254f.
Spule 173, 176, 178f., 185f., 189, 206, 214
starke Kausalität .... 126ff.
starke Kraft 346
stehende Welle 122ff., 219, 314
Steigungsdreieck 12
Sterne .... 356ff.
Sternhaufen 362, 366
Sternsystem 366
Stimmgabel .... 134f.
Stirling, Robert 237
Stokes'sche Reibung 98
Stoß, elastischer 59
Stoß, unelastischer 59
Stoß, zentraler 58
Stoßdämpfer 102
Strahlenbelastung .... 326ff.
Strahlung, kurzwellige elektromagnetische ... 326
Strahlung, radioaktive 323ff., 335
Strahlungsgleichgewicht 249
Strahlungsspektrum .... 247f.
Straßmann, Fritz 333
Streuversuch, Rutherford'scher 345
Stringtheorie 349
Strom, elektrischer 146ff., 160
Stromkreis 170
Stromkreis, elektrischer 156
Stromkreis, geschlossener 161
Stromlinien 87
Stromlinienprofil 84
Stromstärke 150, 154, 160ff., 167, 177, 179
Stromstärke, elektrische .... 157ff.
Strömungsgeschwindigkeit .... 86f.
Stromverbundnetz 210
Südpol (Magnet) 174, 177
Super-GAU 338
Supernova vom Typ Ia 355f., 361, 371
Superpositionsprinzip 119ff., 137
Synchrotron .... 183f.
Synchrotronstrahlung 184
Synthesizer 137, 139, 216
Syrakus, Archimedes von 78
System, metrisches 9
systolischer Druck 72

T

Teilchenbeschleuniger .... 181, 183f.
Teilchenbild 297
Temperatur, absolute 229
Temperaturmessung .... 222ff.
Temperaturskala, absolute 229
Temperaturskala, thermodynamische 224
Tesla (Einheit) 177
Tesla, Nicola 177
theoretische Physik 25
Theorie der Gravitation 283
Theorie der Quantengravitation 372
Theorie des gekrümmten Raums 285
thermodynamische Temperaturskala 224
Thomsom, J. J. .... 308f.
Thomson'sches Rosinenkuchenmodell .... 309f.
tierische Phonzahl 141, 145
Ton .... 134ff.
Torricelli, Evangelista 72
Tragfläche .... 82f.
Trägheit 35, 41, 100, 214
Trägheitsgesetz 34, 44
Trägheitsmoment .... 62ff.
Trägheitsprinzip 30ff., 63
Transformator .... 207ff.
Transistor .... 193ff.
Translation .... 61f.
Transversalwelle 115
Treibhauseffekt 246, 249
Tritium .... 340ff.

U

U_{BE}-I_C-Kennlinie 194
Überriese 354, 360, 362
Überschallknall .... 133f.
Unabhängigkeitsprinzip 21
unelastischer Stoß 59
ungedämpfte Schwingung 102
universelle Gasgleichung 230
universelle Gaskonstante 230
universelle Naturkonstante 94, 253, 291
Universum .... 367ff.
unkontrollierte Kettenreaktion .... 335f.
Unschärferelation, Heißenberg'sche .... 298ff.
Unterbrecher .... 190f.
Urankern 333
Urkilogramm .... 35f.
Urknall .... 369ff.
Urmeter 9
U-Wert .... 245f.

Register

V

Vakuum ... 14, 132, 159, 253
Valenzband ... 320
Valenzelektronen ... 320
Verbindung, chemische ... 183
vergütete Linse ... 269
Verhulst, Pierre-François ... 129
Verhulst-Dynamik ... 129
Verschiebungsgesetz, Wien'sches ... 248
Verstärker ... 196
Verstärker, analoger ... 196
vertikaler Wurf ... 20, 24f.
Vojager 1 ... 30f.
Volta, Alessandro Giuseppe ... 155
Voltmeter ... 159, 165, 179, 190
Vorgang, irreversibler ... 235, 240
Vorgang, isothermer ... 237
Vorgang, reversibler ... 235, 239f.
Vorgänge, chaotische ... 125ff.

W

Wachstum, beschränktes ... 129
Wägesatz ... 36
Wahrscheinlichkeitswelle ... 113
Wärme ... 227
Wärmedurchgangskoeffizient ... 245
Wärmeenergie ... 211
Wärmelehre, mechanische ... 228
Wärmeleitung ... 244
Wärmemitführung ... 244
Wärmepumpe ... 241ff.
Wärmestrahlung ... 244f.
Wärmetransport ... 243ff.
Wärmetransportart ... 244f.
Wasserkraftwerk ... 201
Wasserstoff ... 329, 357, 360
Wasserstoffatom ... 316
Wasserstoffbombe ... 342
Wasserstoffbrennen ... 358
Wasserstoffspektrum ... 312
Wasserturm ... 74f.
Wasserwelle ... 263
Watt ... 51f.
Watt, James ... 51
Wechselrichter ... 199
Wechselspannung ... 156, 189, 207
Wechselstrom ... 201ff., 212
Wechselstromwiderstand ... 205f.
Wechselwirkung ... 42ff.
Wechselwirkungsgesetz ... 44
Wechselwirkungsprinzip ... 44
Wegstrecke ... 49
Weg-Zeit-Abhängigkeit ... 21
Weg-Zeit-Diagramm ... 12, 14

Weg-Zeit-Funktion ... 108
Weg-Zeit-Gesetz ... 14, 17
weißer Zwerg ... 356, 359ff.
Welle ... 113ff.
Welle, elektromagnetische ... 113, 217ff., 270
Welle, stehende ... 122ff., 219, 314
Wellenerscheinung ... 219
Wellenlänge ... 117, 248
Wellenmechanik ... 312
Wellenwanne ... 118
Weltraumteleskop ... 365
Wetter ... 126, 130
Widerstand ... 166f., 171
Widerstand, elektrischer ... 160
Widerstand, Ohm'scher ... 179, 203, 205
Widerstandsbeiwert ... 83
Wiederaufbereitungsanlage ... 339
Wien, Wilhelm ... 248
Wien'sches Verschiebungsgesetz ... 248
Wilson, Robert ... 370
Windenergieanlage ... 25
Windgenerator ... 83
Winkelgeschwindigkeit ... 26ff., 64
Wirkungsquantum, Planck'sches ... 291
Wurf, horizontaler ... 20, 22ff.
Wurf, schräger ... 20, 24f.
Wurf, vertikaler ... 20, 24f.
Wurfbewegungen ... 19ff.
Würfel ... 126

Y

Young, Thomas ... 263
Young'scher Doppelspaltversuch ... 263f.
Yukawa, Hideki ... 346f.

Z

Zahlensystem, binäres ... 141
Zeit ... 7ff.
Zeitdilatation ... 277ff.
Zelle, multikristalline ... 197
zentraler Stoß ... 58
Zentralheizung ... 244
Zentrifugalkraft ... 45
Zentripetalkraft ... 40, 45, 182
Zerfallsgesetz ... 332
Zerfallskette ... 332
Zink ... 288
Zündkerze ... 190f.
Zündspule ... 190
Zweiter Hauptsatz der Wärmelehre ... 238, 240
zweites Newton'sches Gesetz ... 40
Zwerg, weißer ... 356, 359ff.
Zyklone, linksdrehende ... 47
Zylinder ... 190

Bildnachweis

dpa: S. 35 m.r.; S. 57; S. 61; S. 62 r.; S. 267 u.r.
Fabbri: Cover (Flaschenzug); S. 13; S. 24; S. 25; S. 30 u.l.; S. 36 u.r.; S. 51 o.l.; S. 51 u.r.; S. 70 u.r.; S. 78 o.r.; S. 80 m.l.; S. 86; S. 89 u.l.; S. 101; S. 111 u.l.; S. 133 u.l.; S. 217; S. 231 u.l.; S. 248; S. 263; S. 285 r.; S. 304 r.; S. 312
fotolia.de: .shock S. 261 u.r.; abcmedia S. 243 o.; aberenyi S. 159 m.l.; AGITA LEIMANE S. 341; Al Rublinetsky S. 78 u.l.; alekc79 S. 209 o.l.; Alexander Sokol S. 174 u.l.; Aliaksandr Markau S. 269 u.; AliveandCooking S. 179; aljoscha-foto S. 170 m.r.; Alta.C S. 232; Andrii IURLOV S. 281; Andrzej Estko S. 142 l.; Anne Katrin Figge S. 148; Antony McAulay S. 270; Athanasia Nomikou S. 9 m.r.; awfoto S. 36 o.l.; bananna S. 160 r.; barneyboogles S. 34; Bernd Kröger S. 210; Bosko Martinovic S. 303 o.r.; caraman S. 91; Carmen Steiner S. 114 l.; Carola Schubbel S. 222 o.r.; chilly S. 42; Christian Schwier S. 230 u.r.; clear-viewstock S. 89 m.l.; Comugnero Silvana S. 68 m.r.; crimson S. 207 o.; D200 S. 192; Daniel Bujack S. 96 m.r.; Daniel Etzold S. 162; Daniel Hohlfeld S. 298 u.; Darren Baker S. 141 o.l.; David Lloyd S. 193 m.l.; DeadPrezidents S. 83; demarco S. 319; DerSchmock S. 131 o.r.; DIREKTHIER S. 176 r.; Dmitry Naumov S. 97; dpis S. 14 l.; drx S. 141 m.r.; Dusan Radivojevic S. 72 o.l.; DWP S. 142 r.; DWP S. 69; EastWest Imaging S. 81; Eddi S. 201 l.; Eisenhans S. 146 r.; Eisenhans S. 261 m.l.; Entropia S. 287 o.; Erin Mawby S. 261 o.r.; ExQuisine S. 48 o.l.; Forgiss Cover (Paraglider); fox17 S. 132 o.l.; Francois du Plessis S. 131 u.l.; Franz Pfluegl S. 346; fred goldstein S. 58 m.r.; FrederickRM S. 351 m.l.; Gerd Gropp S. 289; Gina Sanders S. 94; Giordano Aita Cover (Kompass); goce risteski S. 352; Gordon Bussiek S. 170 .l.; Guido Miller S. 254; Günter Menzl S. 155 o.l.; guukaa S. 199; Herbie S. 14 r.; Huebi S. 8; imageteam S. 118 o.r.; iMAGINE S. 342 u.r.; imago13 S. 18 u.l.; Ina Bigalke S. 174 o.r.; Increa S. 212; ingenium-design.de S. 11; Ingo Bartussek S. 245; Instantly S. 267 o.l.; James Steidl S. 327 m.l.; JB S. 244 u.; Jenseman04 S. 230 o.l.; Jenson S. 118 m.r.; Joerg Krumm S. 188; Johanna Mühlbauer S. 253; Julian Weber S. 103 l.; Jürgen Haag S. 297; K. Krueger S. 158 o.l.; Kati Neudert S. 189; klikk S. 367; Konstantin Sutyagin S. 213 o.; Kristan S. 10 m.r.; Leonid Nyshko S. 198; Ljupco Smokovski S. 313; Lori Boggetti S. 99; Luminis S. 187; M.Tomczak S. 260 l.; Magnilion S. 293 u.; Maik Blume S. 89 m.r.; manu S. 213 u.; Marc CECCHETTI S. 169; Marco Greco S. 222 m.r.; Marek Kosmal S. 146 l.; Markus Kauf S. 74; Marsel S. 276; Martin Hochrein S. 95; Martina Berg S. 63; masa44 S. 235 m.l.; Matthias Krüttgen S. 37; mhp S. 196 u.l.; Michael Höfner S. 32 u.l.; Michal Kolodziejczyk S. 88 m.l.; Mike Thompson S. 124; Mokai S. 257 r.; Mr Flibble S. 64 m.l.; Murat Subatli S. 10 u.l.; nebucadnezzar S. 271; Neobrain S. 154 o.; Noel Powell S. 32 o.l.; oki S. 168; Oleg Kozlov S. 50 o.l.; oliver-marc steffen S. 229; Oscar Brunet S. 62 l.; Otto Durst S. 309; panimo S. 287 u.; PanOptika S. 140; PaulPaladin S. 31; Pavel Losevsky S. 258; PeJo S. 243 u.r.; Pepie S. 160 l.; Peter Baxter S. 241; Philipp Bohn S. 76 o.l.; philipus S. 231 o.r.; photlook S. 317; Phototom S. 244 o.; Phototom S. 197; Pierre Landry S. 82 o.l.; pmphoto S. 48 m.r.; proffelice S. 39 m.r.; R.-Andreas Klein S. 85 m.l.; Raffalo S. 102; raven S. 147 u.l.; Reimar Barnstorf S. 159 u.r.; Reinhold Stansich S. 269 o.; Rob Byron S. 72 o.r.; Roland Sili S. 193 o.r.; Rolf Klebsattel S. 147 o.l.; Sacha81 S. 235 o.r.; sashpictures S. 282 o.; sashpictures S. 323 u.; Semen Barkovskiy S. 235 u.r.; SerrNovik S. 50 o.r.; sest S. 79 u.r.; Simon Ebel S. 70 o.l.; Smileus S. 136; sonya etchison S. 250 o.r.; Spectral-Design S. 339; Stas Perov S. 283; Stefan Redel S. 350 u.; Stephanie Bandmann S. 303 o.l.; Stephen Finn S. 65; SXPNZ S. 240 o.r.; Tein S. 196 m.r.; Thaut Images S. 273 o.l.; thegarden S. 43; Thomas Brugger S. 114 r.; Thomas Duchauffour S. 207 m.; thomas haltinner S. 76 m.r.; tiero S. 58 u.l.; Tobias Machhaus S. 176 l.; Tommy Windecker S. 85 u.r.; Torsten Schon S. 67 m.l.; Torsten Schon S. 250 m.; Torsten Schon S. 119; Twilight_Art_Pictures S. 164, S. 302; Udo Kroener S. 260 r.; Udo Kroener S. 82 u.r.; Uwe Malitz S. 221; Vadim Ponomarenko S. 139; Vlad Turchenko S. 73; Vojtech Vlk S. 98; WernerHilpert S. 218; WOGI S. 126; Yvonne Bogdanski S. 132 u.r.
Lidman: Cover (Glühbirne; Magnetfeld); S. 40; S. 46 o.r.; S. 46 u.l.; S. 49, S. 231 u.m.; S. 50 u.l.; S. 67 u.r.; S. 72 o.r.; S. 79 o.r.; S. 80 u.; S. 85 o.l.; S. 89 o.l.; S. 96 u.l.; S. 118 u.l.; S. 153 o.l.; S. 154 u.; S. 172 o.l.; S. 202; S. 224; S. 225 o.r.; S. 236 l.; S. 236 r.; S. 242; S. 251 o.; S. 256; S. 268 o.; S. 273 m.r.; S. 285 l.; S. 323 o.; S. 324 l.; S. 324 r.; S. 327 u.r.; S. 333 m.r.; S. 334; S. 350 o.; S. 358 m.l.; S. 358 o.r.; S. 359 u.; S. 365; S. 369
pixelio.de: Kurt Michel S. 222 u.l.; Momo111; Cover (Seifenblase)
Prof. Dr. R. Matzdorf, Universität Kassel S. 128;
Dirk Hünniger, Lizenz cc-by-sa S. 324
San Jose, Niabot S. 337
Originally Tablizer and translated into German by Ribald, Lizenz cc-by-sa S. 357